Molekulardynamik

Hauke Paulsen

Molekulardynamik

Grundlagen der Simulation großer Biomoleküle in Physik, Chemie und Biologie

Hauke Paulsen
Institut für Physik, Universität zu Lübeck
Lübeck, Deutschland

ISBN 978-3-662-70862-0   ISBN 978-3-662-70863-7 (eBook)
https://doi.org/10.1007/978-3-662-70863-7

Die Deutsche Nationalbibliothek verzeichnet diese Publikation in der Deutschen Nationalbibliografie; detaillierte bibliografische Daten sind im Internet über https://portal.dnb.de abrufbar.

© Der/die Herausgeber bzw. der/die Autor(en), exklusiv lizenziert an Springer-Verlag GmbH, DE, ein Teil von Springer Nature 2025

Das Werk einschließlich aller seiner Teile ist urheberrechtlich geschützt. Jede Verwertung, die nicht ausdrücklich vom Urheberrechtsgesetz zugelassen ist, bedarf der vorherigen Zustimmung des Verlags. Das gilt insbesondere für Vervielfältigungen, Bearbeitungen, Übersetzungen, Mikroverfilmungen und die Einspeicherung und Verarbeitung in elektronischen Systemen.
Die Wiedergabe von allgemein beschreibenden Bezeichnungen, Marken, Unternehmensnamen etc. in diesem Werk bedeutet nicht, dass diese frei durch jede Person benutzt werden dürfen. Die Berechtigung zur Benutzung unterliegt, auch ohne gesonderten Hinweis hierzu, den Regeln des Markenrechts. Die Rechte des/der jeweiligen Zeicheninhaber*in sind zu beachten.
Der Verlag, die Autor*innen und die Herausgeber*innen gehen davon aus, dass die Angaben und Informationen in diesem Werk zum Zeitpunkt der Veröffentlichung vollständig und korrekt sind. Weder der Verlag noch die Autor*innen oder die Herausgeber*innen übernehmen, ausdrücklich oder implizit, Gewähr für den Inhalt des Werkes, etwaige Fehler oder Äußerungen. Der Verlag bleibt im Hinblick auf geografische Zuordnungen und Gebietsbezeichnungen in veröffentlichten Karten und Institutionsadressen neutral.

Einbandabbildung: © Der Autor

Planung/Lektorat: Gabriele Ruckelshausen
Springer Spektrum ist ein Imprint der eingetragenen Gesellschaft Springer-Verlag GmbH, DE und ist ein Teil von Springer Nature.
Die Anschrift der Gesellschaft ist: Heidelberger Platz 3, 14197 Berlin, Germany

Wenn Sie dieses Produkt entsorgen, geben Sie das Papier bitte zum Recycling.

*Für Adriana, Chiara, Alba und Niels-Martin
und zum Gedenken an meine Eltern*

Vorwort

Dieses Lehrbuch ist aus Vorlesungen hervorgegangen, die ich seit zwei Jahrzehnten an der Universität zu Lübeck halte, insbesondere im Rahmen des hiesigen Masterstudiengangs Biophysik. In diesen Vorlesungen wurde mir immer wieder die Frage nach einem begleitenden Lehrbuch gestellt; eine Frage, auf die ich keine mich wirklich befriedigende Antwort geben konnte. Zwar gibt es eine Reihe ausgezeichneter Lehrbücher, nahezu alle in englischer Sprache, die die Molekulardynamik (im Deutschen auch oft als Moleküldynamik bezeichnet) zum Thema haben, doch sind diese durchgängig auf einem sehr fortgeschrittenen Niveau verfasst und dementsprechend nicht leicht zugänglich für Studierende, die sich erstmals mit diesem Thema befassen wollen. Ich habe dies immer als Lücke empfunden, denn die Molekulardynamik gewinnt – nicht zuletzt durch die nach wie vor exponentiell steigende Leistung verfügbarer Rechner – in Disziplinen wie Physik, Chemie und Biologie stetig an Bedeutung. Meine Hoffnung ist nun, dass dieser Band helfen kann diese Lücke etwas zu füllen, dass er sowohl eine verständliche Einführung für Bachelor- und Masterstudierende, als auch eine nützliche Referenz für diejenigen sein kann, die sich auf fortgeschrittenem Niveau – etwa im Rahmen einer Promotion – mit Molekulardynamiksimulationen beschäftigen. Dazu enthält dieser Band mehr als 70 Verständnisfragen und Übungsaufgaben mit Lösungen, die die Lesenden beim Selbststudium unterstützen sollen, und mehr als 300 Literaturhinweise, die Fortgeschrittenen bei einer vertieften Beschäftigung mit dem Stoff nutzbringend sein können. Umfangreiche Beispielsdateien, um die beschriebenen Simulationsrechnungen selbstständig nachzuvollziehen, finden sich unter https://github.com/sn-code-inside/molekulardynamik-1.

Der Inhalt des Buches ist an vielen Stellen, besonders in den als *Vertiefung* gekennzeichneten Abschnitten, ausführlicher und rigoroser als eine Vorlesung mit zwei Semesterwochenstunden es sein könnte. Diese Darstellung sollte dadurch in sich abgeschlossen sein und nichts voraussetzen, was nicht im ersten Semester eines naturwissenschaftlichen Studiums in einer Einführung in die Physik gelehrt wird. Die meisten Passagen dürften auch mit Abiturwissen in Physik und Mathematik verständlich sein.

Viele Studierende haben durch Fragen und Anregungen in meinen Vorlesungen unbewusst zu diesem Buch beigetragen, wofür ich Ihnen sehr dankbar bin. Namentlich erwähnen kann ich an dieser Stelle leider nur diejenigen, die in ganz besonderer Weise beigetragen haben. Herrn Niclas Ludolph und Herrn

Yannik Kasprzak danke ich ganz herzlich für ihre detaillierte Durchsicht des ganzen Manuskripts und für viele hilfreiche Verbesserungsvorschläge. Sehr herzlich danke ich auch dem ehemaligen Direktor des Instituts für Physik der Universität zu Lübeck, Alfred X. Trautwein und seinem Nachfolger Christian G. Hübner, ohne die dieses Lehrbuch nicht hätte entstehen können. Dies gilt auch für die Betreuerinnen von Seiten des Springer-Verlages, Frau Gabriele Ruckelshausen, Frau Margit Maly und Herrn Rahul Ravindran, denen ebenfalls großer Dank gebührt. Nicht zuletzt möchte ich meiner Frau und unseren Kindern danken, für die Durchsicht von Teilen des Manuskripts und vor allem für Ihr Verständnis dafür, dass dieses Manuskript auch manche Urlaubs- und Feiertage für sich in Anspruch genommen hat.

Über Hinweise auf Fehler, kritische Anmerkungen und Verbesserungsvorschläge an hauke.paulsen@uni-luebeck.de würde ich mich sehr freuen und möchte mich schon im Voraus bei den Lesenden dafür bedanken.

Lübeck
im Juli 2025

Hauke Paulsen

Inhaltsverzeichnis

1	**Einleitung**..	1
2	**Ein praktisches Beispiel**.....................................	7
	2.1 Vorbereitung..	9
	2.1.1 Struktur	9
	2.1.2 Topologie.......................................	10
	2.1.3 Simulationsbox	12
	2.1.4 Lösungsmittel...................................	13
	2.2 Equilibrierung	13
	2.2.1 Energieminimierung..............................	13
	2.2.2 NVE-Simulation................................	14
	2.2.3 NVT-Simulation	15
	2.2.4 NpT-Simulation	15
	2.3 Produktion von Trajektorien	16
	2.3.1 Replicas für parallele MD-Simulationen.............	16
	2.3.2 Abtastung des Phasenraums......................	17
	2.4 Auswertung	17
	2.4.1 Reaktionskoordinaten	17
	2.4.2 Landschaft der Gibbs-Energie	18
	2.5 Wissenscheck...	21
	2.5.1 Zusammenfassung	21
	2.5.2 Verständnisfragen...............................	21
3	**Atome und Moleküle**...	25
	3.1 Klassische Atome und Moleküle	27
	3.1.1 Eigenschaften der Atome.........................	28
	3.1.2 Eigenschaften der Moleküle	32
	3.2 Quantenmechanische Atome	37
	3.2.1 Unschärferelation und De-Broglie-Wellenlänge	38
	3.2.2 Das Wasserstoffatom	41
	3.2.3 Atome mit vielen Elektronen......................	46
	3.3 Born-Oppenheimer-Näherung	51
	3.3.1 Schwere Kerne – leichte Elektronen	53
	3.3.2 Molekulare Schrödinger-Gleichung.................	55
	3.3.3 Potentialhyperfläche	58

	3.3.4 Klassische Kerne	59
	3.3.5 Grenzen der Born-Oppenheimer-Näherung	60
3.4	Quantenmechanische Moleküle	66
	3.4.1 Das H_2^+-Molekül	66
	3.4.2 Das Wasserstoffmolekül	73
	3.4.3 Beliebige Moleküle	76
3.5	Wissenscheck	80
	3.5.1 Zusammenfassung	80
	3.5.2 Verständnisfragen	81
	3.5.3 Aufgaben	82

4 Simulationsboxen ... 87
4.1 Reflektierende Wände ... 88
4.2 Periodische Randbedingungen ... 90
    4.2.1 Periodizität in zwei Dimensionen ... 91
    4.2.2 Erhaltungsgrößen ... 92
4.3 Globale und lokale Koordinaten ... 93
    4.3.1 Globaler Ortsvektor ... 93
    4.3.2 Lokaler Ortsvektor ... 93
    4.3.3 Torus als Veranschaulichung ... 94
4.4 Minimum Image Convention ... 95
    4.4.1 Kovalente Bindungen ... 98
    4.4.2 Minimaler Abstand ... 99
4.5 Größeneffekte ... 99
    4.5.1 Selbstdiffusionskoeffizient ... 100
    4.5.2 Artefakte ... 100
4.6 Wissenscheck ... 101
    4.6.1 Zusammenfassung ... 101
    4.6.2 Verständnisfragen ... 102
    4.6.3 Aufgaben ... 103

5 Wechselwirkungen ... 105
5.1 Kraft und Potential ... 107
    5.1.1 Additivität ... 108
5.2 Bindende Wechselwirkungen ... 108
    5.2.1 Bindungslänge ... 109
    5.2.2 Bindungswinkel ... 112
    5.2.3 Diederwinkel ... 113
    5.2.4 Kreuzterme ... 116
5.3 Nichtbindende Wechselwirkungen ... 117
    5.3.1 Van-der-Waals-Kraft ... 118
    5.3.2 Coulomb-Wechselwirkung ... 125
5.4 Constraints ... 139
    5.4.1 Lagrange'sche Multiplikatoren ... 140
5.5 Kraftfelder ... 143
    5.5.1 Atomtypen ... 144

	5.5.2 Optimierung der Parameter	145
	5.5.3 Häufig verwendete Kraftfelder	147
	5.5.4 Wassermodelle	149
5.6	Wissenscheck	151
	5.6.1 Zusammenfassung	152
	5.6.2 Verständnisfragen	152
	5.6.3 Aufgaben	153

6 Integration der Bewegung ... 161

6.1	Trajektorien	162
	6.1.1 Abstrakte Koordinaten	162
	6.1.2 Diskretisierung	164
	6.1.3 Taylor-Entwicklung	165
6.2	Euler-Verfahren	166
	6.2.1 Standard-Euler-Verfahren	166
	6.2.2 Symplektisches Euler-Verfahren	166
	6.2.3 Weg-Zeit-Gesetz	167
	6.2.4 Vergleich der Euler-Verfahren	168
6.3	Berechenbarkeit und Chaos	171
	6.3.1 Ljapunow-Exponenten	172
	6.3.2 Beschattungslemma	174
6.4	Eigenschaften von Integratoren	176
	6.4.1 Genauigkeit der Positionen	177
	6.4.2 Zeitumkehrinvarianz	179
	6.4.3 Energieerhaltung	181
	6.4.4 Symplektische Integratoren	183
6.5	Verlet-Algorithmus	195
	6.5.1 Positions-Verlet-Algorithmus	195
	6.5.2 Geschwindigkeits-Verlet-Algorithmus	198
	6.5.3 Leap-Frog-Algorithmus	199
	6.5.4 Vergleich der Verlet-Integratoren	200
6.6	Multiskalenverfahren	204
	6.6.1 RESPA-Verfahren	205
6.7	Weitere Integratoren	212
	6.7.1 Predictor-Corrector-Methoden	212
	6.7.2 Runge-Kutta-Verfahren	214
6.8	Wissenscheck	215
	6.8.1 Zusammenfassung	215
	6.8.2 Verständnisfragen	216
	6.8.3 Aufgaben	217

7 Ensembles ... 223

7.1	Makrozustände	224
	7.1.1 Wahrscheinlichkeiten von Mikrozuständen	224
	7.1.2 Entropie	225
	7.1.3 Makroskopische Zustandsgrößen	228

7.2	Mikrokanonisches Ensemble		230
	7.2.1	Thermodynamisches Potential	230
	7.2.2	Teilsysteme	231
	7.2.3	Equilibrierung	235
	7.2.4	Simulation makroskopischer Systeme	236
7.3	Kanonisches Ensemble		236
	7.3.1	Boltzmann-Verteilung	237
	7.3.2	Maxwell-Boltzmann-Geschwindigkeitsverteilung	239
	7.3.3	Gleichverteilungssatz	240
	7.3.4	Innere Energie	240
	7.3.5	Freie Energie	241
	7.3.6	Zusätzliche Koordinaten	243
	7.3.7	Inverse Temperatur	244
	7.3.8	Temperaturfluktuationen	244
7.4	Isotherm-Isobares Ensemble		248
	7.4.1	Isotherm-isobare Zustandssumme	248
	7.4.2	Druckschwankungen	249
7.5	Mittelung		252
	7.5.1	Zeitmittel	253
	7.5.2	Ensemblemittel	253
	7.5.3	Replicas	254
	7.5.4	Fehlerbetrachtung	256
7.6	Wissenscheck		258
	7.6.1	Zusammenfassung	258
	7.6.2	Verständnisfragen	259
	7.6.3	Aufgaben	260

8 Thermostate 263
- 8.1 Eigenschaften von Thermostaten 264
  - 8.1.1 Mikroskopische Temperatur 264
  - 8.1.2 Equilibrierung 266
  - 8.1.3 Konformationen im kanonischen Ensemble 266
  - 8.1.4 Ergodizität 267
  - 8.1.5 Dynamik im kanonischen Ensemble 267
  - 8.1.6 Aufteilung der kinetischen Energie 267
  - 8.1.7 Energiefluktuationen 268
  - 8.1.8 Erhaltungsgrößen 269
  - 8.1.9 Verbindung von Integrator und Thermostat 269
- 8.2 Isokinetische Thermostate 270
  - 8.2.1 Gauß-Thermostat 270
  - 8.2.2 Naive Geschwindigkeitsskalierung 271
  - 8.2.3 Moderne isokinetische Verfahren 272
- 8.3 Berendsen-Thermostat 272
  - 8.3.1 Kinetik erster Ordnung 274
  - 8.3.2 Kein bekanntes Ensemble 275

8.4	Velocity-Rescale-Thermostat	276
8.5	Nosé-Hoover-Thermostat	277
8.6	Langevin-Thermostat	281
8.7	Andersen-Thermostat	282
	8.7.1 Kollisionsfrequenz	283
8.8	Wissenscheck	284
	8.8.1 Zusammenfassung	284
	8.8.2 Verständnisfragen	285
	8.8.3 Aufgaben	285

9 Barostate ... 289
- 9.1 Eigenschaften von Barostaten ... 290
  - 9.1.1 Momentaner Druck ... 290
  - 9.1.2 Equilibrierung ... 295
  - 9.1.3 Fluktuationen des Volumens ... 295
  - 9.1.4 Verbindung von Integrator, Thermostat und Barostat ... 296
  - 9.1.5 Skalierung der Simulationsbox ... 297
- 9.2 Berendsen-Barostat ... 297
- 9.3 Andersen-Barostat ... 298
- 9.4 Parrinello-Rahman-Barostaten ... 301
- 9.5 Wissenscheck ... 303
  - 9.5.1 Zusammenfassung ... 303
  - 9.5.2 Verständnisfragen ... 304
  - 9.5.3 Aufgaben ... 304

A Mathematische Grundlagen ... 307

B Theoretische Mechanik ... 311

C Lösungen zu Verständnisfragen und Aufgaben ... 323

Stichwortverzeichnis ... 347

Abkürzungsverzeichnis

AMBER	*A*ssisted *M*odel *B*uilding with *E*nergy *R*efinement
CHARMM	*C*hemistry at *HA*rvard *M*acromolecular *M*echanics
DFT	Dichtefunktionaltheorie
FRET	*F*örster-*R*esonanz-*E*nergie-*T*ransfer
GROMACS	*GRO*ningen *MA*chine for *C*hemical *S*imulations
IUPAC	*I*nternational *U*nion of *P*ure and *A*pplied *C*hemistry, zu deutsch Internationale Vereinigung für reine und angewandte Chemie
LINCS	*LIN*ear *C*onstraint *S*olver, Verfahren zur Berücksichtigung einer nicht zu großen relativen Anzahl fester Bindungslängen bei der Integration der Bewegung
LCAO	*L*inear *C*ombination of *A*tomic *O*rbitals
MD	*M*olecular *D*ynamics, zu deutsch Molekulardynamik oder Moleküldynamik
MC	*M*onte-*C*arlo-Simulation
NAMD	*NA*noscale *M*olecular *D*ynamics program
NMR	*N*uclear *M*agnetic *R*esonance, zu deutsch Kernspinresonanzspektroskopie
NVE	Konstante Werte für Teilchenzahl N, Volumen V und Energie E
NpT	Konstante Werte für Teilchenzahl N, Druck p und Temperatur T
NVT	Konstante Werte für Teilchenzahl N, Volumen V und Temperatur T
PES	*P*otential *E*nergy *S*urface, Potentialhyperfläche
PME	*P*article-*M*esh-*E*wald-Verfahren
PPPM	*P*article-*P*article-*Particle*-*M*esh-Verfahren
QCISD(TQ)	*Q*uadratic *C*onfiguration *I*nteraction with *S*ingle and *D*ouble Excitations and Energy Contributions from *T*riple and *Q*uadruple Excitations
RATTLE	Iteratives Verfahren, mit dem Randbedingungen im Geschwindigkeits-Verlet-Algorithmus berücksichtigt werden können
RESPA	*RE*ference *S*ystem *P*ropagator *A*lgorithm
RMSD	*R*oot *M*ean *S*quare *D*eviation
SHAKE	Verfahren zur Berücksichtigung von Randbedingungen bei der Integration der Bewegung

SHAPE	Fortentwicklung von SHAKE mit erweiterter Anwendbarkeit
SETTLE	Analytische Version von RATTLE und SHAKE
SPME	Smooth-Particle-Mesh-Ewald-Verfahren
TIPnP	*T*ransferable *I*ntermolecular *P*otential with n *P*oints, generische Bezeichnung für ein Wassermodell mit n Punktladungen (meist $n = 1, ..., 5$)
WIGGLE	Alternative zu RATTLE und SHAKE mit erhöhter Genauigkeit

Abbildungsverzeichnis

Abb. 2.1	Schema für die MD-Simulation eines in Wasser gelösten Peptids bei konstanter Temperatur und konstantem Druck	8
Abb. 2.2	Struktur vom Peptid Ala_9 für drei verschiedene Konfigurationen, die als gefaltet (A), teilweise entfaltet (B) und vollständig entfaltet (C) bezeichnet werden können. Das spiralförmig aufgewickelte graue Band (Cartoondarstellung) soll die von der Aminosäurenkette gebildete α-Helix symbolisieren.	9
Abb. 2.3	Kubische Simulationsbox mit einer Kantenlänge von 3,5 nm gefüllt mit Ala_9 (linkes Bild) und gefüllt mit Ala_9 und 4023 Wassermolekülen (rechts). Das Peptid befindet sich nur der besseren Übersicht halber jeweils in der Mitte der Box. Tatsächlich ist die Position des Peptids relativ zum Ursprung der Box wegen der periodischen Randbedingungen ohne Bedeutung	12
Abb. 2.4	Verschiedene Reaktionskoordinaten für Ala_9 in Abhängigkeit von der Zeit: Fadenabstand R_f, Gyrationsradius R_g, lösungsmittelzugängliche Oberfläche A_s, RMSD und durchschnittliche Länge der Wasserstoffbrücken (von oben nach unten)	19
Abb. 2.5	Gibbs-Energie G von Ala_9 bei 300 K und 1 bar in Abhängigkeit von verschiedenen Reaktionskoordinaten: dem Fadenabstand R_f, dem Gyrationsradius R_g, der lösungsmittelzugänglichen Oberfläche A_s, dem RMSD und der durchschnittlichen Länge der Wasserstoffbrücken (von oben nach unten). Für die im Text genannten Beispielskonfigurationen A (gefaltet), B (teilweise entfaltet) und C (vollständig entfaltet) werden die Werte der jeweiligen Reaktionskoordinaten durch Pfeile markiert.	20
Abb. 3.1	Strukturformeln des Methanols: Einfache Strichformel (links), Keilstrichformel (Mitte) und Elektronenformel (rechts)	33
Abb. 3.2	Dreidimensionale Darstellung der Geometrie des Dialaninpeptids: **a** Kovalente Bindungen als Stäbchen, **b** Stäbchen und Kugeln für kovalente Bindungen und Atome, **c** Atome als Van-der-Waals-Kugeln und **d** Darstellung der für Lösungsmittel zugänglichen Oberfläche	35

Abb. 3.3	Strukturformel des FOOF-Moleküls mit Abständen und Bindungswinkel (links) und Blick entlang der O-O-Bindungsachse mit Diederwinkel (rechts)	37
Abb. 3.4	**a** Unbegrenzter Wellenzug mit exakt bestimmbarer Wellenlänge; **b** Gauß'sches Wellenpaket, darstellbar als Fourier-Integral von Sinusfunktionen verschiedener Wellenlängen	39
Abb. 3.5	Für 1s-, 2s- und 2p-Orbitale ist in der linken Abbildung der Radialteil $R(r)$ dargestellt und in der rechten Abbildung die Wahrscheinlichkeitsdichte $w(r)$, das Elektron im Abstand r vom Kern anzutreffen	44
Abb. 3.6	Isoflächendarstellung der 1s-, $2p_x$-, $2p_y$- und $2p_z$-Orbitale	46
Abb. 3.7	Quantenmechanisch berechnete Potentialhyperfläche des H_2O-Moleküls (links) durch Isokonturlinien und (rechts) als in einen dreidimensionalen Raum eingebettete Fläche in Abhängigkeit von Bindungsabstand und Bindungswinkel	59
Abb. 3.8	Schematische Darstellung eines Franck-Condon-Übergangs (roter Pfeil) vom tiefsten zum nächsthöheren Energieniveau mit anschließender strahlungsloser Relaxation (blaue Pfeile). Der grau schraffierte Bereich zeigt den Bereich, in dem die Born-Oppenheimer-Näherung zusammenbricht.	61
Abb. 3.9	Energie des H_2^+-Moleküls für den Grundzustand $1\sigma_g$ (durchgezogene Linie) und den ersten angeregten Zustand $1\sigma_u$ (unterbrochene Linie) in Abhängigkeit vom Bindungsabstand R (nach (1965, 1965)). Der Einschub zeigt die rein elektronische Energie ohne die Coulomb-Abstoßung der Kerne für die gleichen elektronischen Zustände	68
Abb. 3.10	Schematische Darstellung von Amplitude (oben) und Betragsquadrat (unten) der beiden in der Energie tiefstliegenden Molekülorbitale $\psi_{1\sigma u}$ (durchgezogene Linie) und $\psi_{1\sigma u}$ (unterbrochene Linie) entlang der Molekülachse des H_2^+-Moleküls. Die Positionen der beiden Atomkerne sind mit A und B gekennzeichnet	70
Abb. 3.11	Schematische Darstellungen der Beiträge zur elektronischen Wellenfunktion eines Wasserstoffmoleküls: **a** ionische Determinanten AA und BB, **b** neutrale Determinanten AB und BA (siehe Text)	75
Abb. 3.12	sp^3-Hybridorbitale, die durch Linearkombination von 2s-, $2p_x$-, $2p_y$- und $2p_z$-Orbitalen gebildet werden (siehe Gl. 3.135)	77
Abb. 4.1	Die durchgezogene rote Linie gibt die simulierte Dichte (in willkürlichen Einheiten) von harten Kugeln in Abhängigkeit vom Wandabstand an (nach Henderson und van Swol (1984)). Die unterbrochene grüne Linie zeigt die durchschnittliche Teilchendichte im Inneren der Box an	89

Abb. 4.2	Simulationsboxen mit periodischen Randbedingungen: kubische Box (links), Oktaederstumpf (Mitte) und hexagonales Prisma (rechts), jeweils mit einem globulären Protein.........	91
Abb. 4.3	Periodische Randbedingungen in 2 und 3 Dimensionen: (**a**) Quadratische Simulationszelle (rot umrandet) mit einem CO- und einem N_2-Molekül sowie acht Nachbarzellen. Der gelbe Kreis veranschaulicht die *Minimum Image Convention* (siehe Abschn. 4.4). Die Indizes (0) und (1) am Kohlenstoffatom bezeichnen zwei aufeinanderfolgende Zeitpunkte. Das Zahlenpaar in der linken unteren Ecke eines jeden Quadrates kennzeichnet die Boxen entsprechend den Variablen u und v in Gl. (4.2). (**b**) Explosionszeichnung einer kubischen Simulationsbox (rot) mit ihren 26 Nachbarboxen (grau)...............	92
Abb. 4.4	Ein ebenes Rechteck mit periodischen Randbedingungen (**a**) wird zuerst zu einem Zylinder – mit periodischen Randbedingungen am linken und rechten Rand – aufgerollt (**b**) und anschließend zu einem Torus gebogen (**c**), wobei die Metrik verzerrt wird. Die rote Linie, die im Fall des Torus geschlossen ist, gibt die geradlinige Bewegung eines Teilchens wieder..	94
Abb. 4.5	Quadratische Simulationszelle (rot umrandet) mit einem Na^+- und einem Cl^--Ion sowie acht Nachbarzellen (grau umrandet). Der gelbe Kreis veranschaulicht die Minimum Image Convention. Der Abstand zwischen den beiden Ionen innerhalb einer Zelle ist größer als der Abstand zwischen dem Chlorion einer Zelle und dem Natriumion der rechts benachbarten Zelle	97
Abb. 4.6	Protein in einer mit Wasser gefüllten Simulationsbox: (**a**) Darstellung unter Verwendung lokaler Koordinaten und (**b**) unter Verwendung globaler Koordinaten mit Molekülschwerpunkten innerhalb der Simulationsbox..........................	98
Abb. 4.7	Diffusionskoeffizient D gegen inverse Boxlänge a^{-1} mit Regressionsgerade (nach Yeh und Hummer (2004))..........	100
Abb. 4.8	Elektrostatische Wechselwirkungen zwischen Ionen an speziellen Positionen in der Simulationsbox als Beispiel für Artefakte periodischer Randbedingungen...................	101
Abb. 5.1	Schematische Darstellung einzelner bindender (V_{str}, V_{bend}, V_{tors}) und nichtbindender (V_{el}, V_{vdW}) Beiträge zu V_{FF} für ein Dialaninpeptid (siehe Abschn. 5.2.1, 5.2.2, 5.2.3, 5.3.1 und 5.3.2)................................	106
Abb. 5.2	Bindungspotential des Wasserstoffmoleküls: Harmonisches (rote Linie), kubisches (blau) und quartisches Potential (orange) sowie Morse-Potential (grau). Die schwarzen Kreuze stehen für quantenmechanisch (B3LYP+cc-pVDZ) berechnete Energiewerte..	111

Abb. 5.3	Blick auf das Ethanmolekül (H_3C-CH_3) in Richtung der C-C-Bindungsachse. Die verschattete Konformation (**a**) mit H-C-C-H-Diederwinkeln von 0°, 120° und 240° ist energetisch weniger günstig als die gestaffelte Konformation (**b**) mit Diederwinkeln von 60°, 180° und 300°	114
Abb. 5.4	Diederpotential V_{tors} für Ethan (durchgezogne Linie) und *n*-Butan (gepunktete Linie).	115
Abb. 5.5	Normalschwingungen des Kohlendioxidmoleküls: **a)** Biegeschwingung ($\omega \approx 2 \cdot 10^{13}\,s^{-1}$), **b)** asymmetrische Streckschwingung ($4 \cdot 10^{13}\,s^{-1}$) und **c)** symmetrische Streckschwingung ($7 \cdot 10^{13}\,s^{-1}$)	117
Abb. 5.6	Schematische Darstellungen der elektronischen Konfiguration eines Heliumdimers: **a)** energetisch günstige, **b)** energetisch ungünstige Konfiguration	119
Abb. 5.7	Quantenmechanisch (Post-Hartree-Fock, siehe Text) berechnete potentielle Energie (+) des Heliumdimers und Anpassung durch ein Lennard-Jones-Potential (durchgezogene Linie)	120
Abb. 5.8	Abschneidefunktionen für abstandsabhängige Potentiale: S_1 (durchgezogene Linie), S_2 (gestrichelt) und S_3 (gepunktet) mit $R_c = 1$ nm und $R_s = 0{,}8$ nm. Siehe Text zur Definition von S_1, S_2 und S_3	124
Abb. 5.9	Eindimensionale Kette von äquidistanten, alternierenden Na^+- und Cl^--Ionen zur Veranschaulichung der langen Reichweite des Coulomb-Potentials. Im Text wird die potentielle Energie des gelb unterlegten Chlorions berechnet.	129
Abb. 5.10	Mit Hilfe der Gauß'schen Fehlerfunktion wird das Coulomb-Potential (durchgezogene Linie) in zwei Summanden aufgeteilt, von denen der eine, kurzreichweitige (gestrichelte Kurve) sehr schnell auf null abfällt und der andere, langreichweitige (gepunktete Kurve) für $r \to 0$ nicht divergiert und deshalb im reziproken Raum schnell abfällt.	130
Abb. 5.11	Die durch eine Deltafunktion dargestellte Ladungsdichte einer Punktladung (links) lässt sich auch durch die Summe aus einer abgeschirmten Ladungsdichte (Mitte) und einer entsprechenden Korrektur (rechts) wiedergeben.	134
Abb. 5.12	Das Coulomb-Potential geladener Atome (gefüllte Kreise) wird durch auf Gitterpunkten verteilte Ladungen (offene Kreise) approximiert. In diesem Schema wird eine lineare Interpolation dargestellt. Die Flächen der Kreise stehen für die Größe der Ladung.	138
Abb. 5.13	Wassermodelle unterscheiden sich in der Anordnung der Partialladungen, die im Molekül angeordnet sind. In Dreipunktmodellen werden drei Partialladungen an den Atomzentren angeordnet (links). Vierpunktmodelle enthalten	

	zusätzlich eine Punktladung, die einen Teil der Partialladung des Sauerstoffs enthält, in einer Symmetrieebene des Moleküls zwischen den beiden Wasserstoffatomen (Mitte links). Fünfpunktmodelle platzieren je eine solche negative Punktladung an die beiden Positionen der freien Elektronenpaare des Sauerstoffatoms (Mitte rechts). Sechspunktmodelle fügen noch eine weitere Punktladung hinzu (rechts)	150
Abb. 6.1	Auslenkung eines harmonischen Oszillators, simuliert mit dem Standard-Euler-Verfahren (blaue Kurve), mit dem Weg-Zeit-Gesetz (rot) und mit dem symplektischen Euler-Verfahren (grün). Das letzte Verfahren fällt in diesem Fall mit der analytischen Lösung (gelb) praktisch zusammen............	168
Abb. 6.2	Energie eines harmonischen Oszillators, simuliert mit dem Standard-Euler-Verfahren (blaue Kurve) und mit dem Weg-Zeit-Gesetz (rot). Die mit dem symplektischen Euler-Verfahren (grün) berechnete Energie fällt praktisch mit der analytisch berechneten Energie (gelb) zusammen...............	169
Abb. 6.3	Simulation einer mit Wasser gefüllten Box mit periodischen Randbedingungen und 12 nm Kantenlänge über einen Zeitraum von 10 ns. **a** Die blaue Kurve gibt die globalen x- und y-Koordinaten eines zufällig ausgewählten Wassermoleküls wieder, das sich innerhalb dieser 10 ns diffusiv vom Startpunkt (1) bis zum Endpunkt (2) bewegt. Wird unter ansonsten gleichen Bedingungen die anfängliche x-Koordinate des Wassermoleküls um 1 pm erhöht, bewegt sich das Molekül auf einer mit zunehmender Zeit immer stärker abweichenden Bahn (rote Kurve) zum Endpunkt (3). Das grau unterlegte Quadrat zeigt die Größe der periodischen Simulationsbox an. **b** Die blauen Kreise stehen für die über alle Wassermoleküle der Box gemittelte, zeitabhängige Wurzel aus der quadratischen Abweichung (*root mean square deviation*, RMSD) der Molekülkoordinaten der beiden unter (**a**) genannten Trajektorien voneinander. Die grüne Linie kennzeichnet einen Bereich, der von einem Ljapunow-Exponenten dominiert wird...	173
Abb. 6.4	Links: Skizze eines mathematischen Doppelpendels mit den Pendelmassen, den Stablängen und Auslenkungswinkeln m_1, l_1 und θ_1 beziehungsweise m_2, l_2 und θ_2. Rechts: Mit dem Geschwindigkeits-Verlet-Algorithmus simulierte Winkeldifferenz $\theta_1 - \theta_2$. Die mit einem Zeitschritt von $\Delta t = 0{,}25$ ms berechnete Kurve (durchgezogene blaue Linie) wird in diesem Beispiel als quasiexakt angesehen. Die mit $\Delta t = 0{,}25$ s berechnete Trajektorie (offene blaue Kreise) weicht nach einigen Sekunden erkennbar von der exakten Kurve ab, stimmt aber perfekt mit einer anderen quasiexakten Trajektorie überein	

	(unterbrochene rote Linie), die mit $\Delta t = 0{,}25$ ms und geringfügig abweichenden Anfangsbedingungen berechnet wurde und als Schatten-Trajektorie bezeichnet wird	175
Abb. 6.5	Skizze zur Wahl eines optimalen Zeitschritts Δt. Ein zu kleines Δt (linkes Bild) macht die Rechnung unnötig aufwendig, ein zu großes (rechtes Bild) kann zu falschen Ergebnissen führen, in diesem Beispiel wird eine tatsächlich stattfindende Kollision „übersehen".	178
Abb. 6.6	Zu Beginn einer MD-Simulation ist die untere Hälfte einer Simulationsbox mit Heliumatomen gefüllt (linke Abbildung). Nach einer Simulationszeit von 10 ns ist die Simulationsbox gleichmäßig mit Atomen gefüllt (rechte Abbildung). Nach Umkehrung aller Geschwindigkeiten führt die Simulation wieder zum Ausgangszustand zurück. Dargestellt wird die Projektion der Atomkoordinaten auf eine Ebene senkrecht zur z-Achse	181
Abb. 6.7	Kontinuierliche (links) und diskrete (rechts) Trajektorie im Phasenraum eines Systems mit einem Positionsfreiheitsgrad	184
Abb. 6.8	Phasenraumvolumen (links) und Erhaltung von Parallelogrammflächen unter Koordinatentransformationen (rechts).	185
Abb. 6.9	Infinitesimale Phasenraumtransformation: Der Phasenraumpunkt $(q, p)^t$ wird in den neuen Punkt $(Q, P)^t$ transformiert. Dabei wird das infinitesimale Rechteck bei $(q, p)^t$ flächenerhaltend in ein Parallelogramm bei $(Q, P)^t$ überführt. Wir verwenden ∂_q und ∂_p als Kurzformen für die partiellen Ableitungsoperatoren ∂/∂_q beziehungsweise ∂/∂_p.	188
Abb. 6.10	Hintereinanderausführung von Abbildungen beim symplektischen Euler-Verfahren.........................	193
Abb. 6.11	Hintereinanderausführung von Abbildungen beim Verlet-Algorithmus	198
Abb. 6.12	Skizze des LeapFrogAlgorithmus	200
Abb. 7.1	Schematische Darstellung des mikrokanonischen (oben), kanonischen (Mitte) und isotherm-isobaren Ensembles (unten).	229
Abb. 7.2	Schematische Darstellung eines Systems im mikrokanonischen Ensemble mit zwei Teilsystemen	232
Abb. 7.3	Wahrscheinlichkeit für eine Energiefluktuation αE für zwei gleich große Teilsysteme mit der Gesamtenergie E in Abhängigkeit von der Anzahl der simulierten Teilchen N: 10^9 (durchgezogene Line, —), 10^6 (- · -), 10^5 (· · ·) und 10^4 (- -)	234
Abb. 7.4	Ein simuliertes Heliumgas, das anfänglich auf die untere Hälfte einer kubischen Simulationsbox beschränkt ist, füllt die Box 10 ns nach Aufhebung der Beschränkung vollständig aus (siehe auch Abb. 6.6)	236

Abb. 7.5	Im mikrokanonischen Ensemble über die kinetische Energie berechnete Temperatur T für Wasserboxen mit 2 nm (rot), 5 nm (grün) und 12 nm (blau) Kantenlänge	246
Abb. 7.6	Druckschwankungen in Wasserboxen mit 2 nm (blau) und 12 nm (rot) Kantenlänge simuliert im NVE-Ensemble bei 300 K..	250
Abb. 7.7	Cartoon-Darstellung des Cold Shock Proteins Csp A (1994)...	255
Abb. 7.8	Verteilung des Gyrationsradius für das Protein Csp A bei Umgebungsdruck (gepunktete Linie) und bei einem äußeren Druck von 2 kbar (durchgezogene Linie) simuliert im NpT-Ensemble bei 300 K	255
Abb. 7.9	Aus einem Zufallsexperiment erhaltene Fehler des Mittelwertes für die ursprünglichen Daten (Iteration 0) und für blocktransformierte Daten (Iterationen 1-11). Die durchgezogene Kurve dient der Führung des Auges	258
Abb. 8.1	Temperaturfluktuationen aus einer NVT-Simulation mit dem Berendsen-Thermostaten mit $\tau = 100$ fs (rot) und aus einer NVE-Simulation (blau)................................	273
Abb. 8.2	Temperatursprung von 300 K auf 350 K simuliert mit dem Berendsen-Thermostaten mit Zeitkonstanten τ von 50 fs (grün), 100 fs (rot) und 200 fs (blau).....................	275
Abb. 8.3	Temperatursprung von 300 K auf 350 K simuliert mit verschiedenen Thermostaten mit vergleichbarer Parameterisierung: Berendsen (rot), Nosé-Hoover (grün), v-Rescale (blau), stochastisch (violett), Langevin (türkis)......	278
Abb. 8.4	Die gefüllten blauen Kreise stehen für die Teilchen des realen Systems deren Dynamik berechnet wird. Die offenen grauen Kreise stellen ein virtuelles ideales Gas dar, dessen Dynamik nicht berechnet wird. Stattdessen werden die Impulse so ausgewürfelt, dass sie der Maxwell-Boltzmann'schen Geschwindigkeitsverteilung entsprechen	283
Abb. 9.1	Druckschwankungen in einer Wasserbox mit 12 nm Kantenlänge simuliert bei $T = 300$ K im NVE-Ensemble für Zeiten zwischen 0 und 2 ps und danach bei $T = 300$ K und $p = 1$ bar mit dem Berendsen- (rot) und dem Parrinello-Rahman-Barostaten (grün). Mit beiden Barostaten sind die Druckschwankungen um ein Vielfaches größer als der durchschnittliche Druck von 1 bar	303
C.1	Die Aufsicht auf ein gleichmäßiges hexagonales Prisma liefert ein regelmäßiges Sechseck mit Kantenlänge a, das sich in sechs gleichseitige Dreiecke zerlegen lässt. Die Höhe dieser Dreiecke (blaue unterbrochene Linie) ist gleich dem Radius des Inkreises (rote Linie) des Sechseckes	329

Einleitung 1

Als klassische Molekulardynamik (MD), oft auch als Moleküldynamik, wird eine computergestützte Methode bezeichnet, die die Wechselwirkungen zwischen Atomen und Molekülen durch empirische Potentiale beschreibt und die Dynamik dieser Teilchen durch eine Diskretisierung der Newtonschen Mechanik berechnet. Klassische MD-Simulationen grenzen sich gegenüber *Ab-initio*-MD-Simulationen dadurch ab, dass in der klassischen Simulation die Elektronen nur implizit durch die empirischen Potentiale der Atome berücksichtigt werden, wohingegen sie in einer *Ab-initio*-Simulation durch eine elektronische Wellenfunktion beschrieben werden. Von einer Monte-Carlo-Simulation (MC) unterscheiden sich MD-Simulationen durch ihre zeitliche Dimension: Während bei einer MC-Simulation die Folge der simulierten Zustände zufällig sein kann, sind von einer MD-Simulation erzeugte Trajektorien stark korreliert und beschreiben die Dynamik des untersuchten Systems.

Molekulardynamik im Lauf der Zeit
Studien eines Systems harter Kugeln, die elastische Stöße ausführen können, von Alder und Wainwright (Alder und Wainwright 1957, 1959) werden allgemein als erste Beispiele für MD-Simulationen angesehen. Im Jahr 1964 zeigte Rahman (Rahman 1964), wie sich mit einem System von „Lennard-Jones-Teilchen" Eigenschaften von Flüssigkeiten simulieren lassen. Sieben Jahre später präsentierte er zusammen mit Stillinger eine Arbeit über ein System von 216 steifen Molekülen (Rahman und Stillinger 1971), die als erste MD-Simulation von flüssigem Wasser gilt. Danach vergingen nur noch sechs Jahre, bis durch McCammon, Gelin und Karplus die erste Studie an einem großen Biomolekül vorgelegt wurde (McCammon et al. 1977), einem Protein mit 58 Aminosäuren und 4 gebundenen Wassermolekülen, das für einen Zeitraum von knapp 10 ps simuliert wurde. Gut vier Jahrzehnte später konnte bereits eine komplette Zellorganelle mit mehr als hundert Millionen Atomen über einen Zeitraum einer Mikrosekunde simuliert werden (Singharoy et al. 2019). Die

im Laufe der Jahrzehnte stetig gewachsenen Anwendungsmöglichkeiten von MD-Simulationen spiegeln sich auch in einer zunehmenden Anzahl wissenschaftlicher Veröffentlichungen wider. Laut Literaturdatenbank Scopus wurden im Jahr 1980 rund 200 Fachaufsätze veröffentlicht, bei denen der Suchbegriff „molecular dynamics" in Titel oder Abstract enthalten ist. Im Jahr 2000 waren es schon knapp 9000 Artikel und im Jahr 2023 schließlich fast 24.000. Auch zahlreiche Wissenschaftspreise wurden für Arbeiten auf dem Gebiet der MD-Simulation vergeben, bis hin zum Nobelpreis für Chemie, der 2013 an Martin Karplus, Michael Levitt und Arieh Warshel für ihre jahrzehntelangen Beiträge zur Molekulardynamik verliehen wurde. Elf Jahre später wurde dieser Preis auch an Demis Hassabis und John Jumper verliehen, die ein alternatives Verfahren zur Strukturvorhersage großer Moleküle entwickelt haben, das sich auf Methoden künstlicher Intelligenz (KI) gründet (Jumper et al. 2021; Abramson et al. 2024). Einerseits konkurrieren MD-Simulationen mit solchen KI gestützten Verfahren, andererseits werden sie durch diese ergänzt und profitieren von ihnen.

Wozu Simulationen?
Der bevorzugte Weg, um aus den Gleichungen, die die Gesetze der Physik verkörpern, Vorhersagen abzuleiten, besteht in der analytischen Lösung dieser Gleichungen. Ist dies nicht möglich, versucht man es ersatzweise mit Methoden wie der Störungsrechnung oder mit numerischen Verfahren. Je komplexer das System ist, das man untersuchen möchte, desto geringer sind die Chancen auf diesem Weg zum Erfolg zu gelangen.

Ist die Komplexität so hoch, dass jeder Versuch, alle Freiheitsgrade eines Systems zu kontrollieren, völlig aussichtslos ist, weil die Anzahl der Freiheitsgrade von der Größenordnung der Avogadro-Zahl ist ($N_A = 6{,}022 \cdot 10^{23}$), lässt sich im Rahmen der Thermodynamik durch eine radikale Reduktion der Anzahl der Freiheitsgrade auf einige wenige und durch Anwendung der Statistik eine einfache und exakte Lösung für das derart vergröberte System finden. Ein gutes Beispiel hierfür ist das ideale Gas, das nur noch durch die Größen Druck, Volumen und Temperatur beschrieben wird, für die sich in Form der Zustandsgleichung idealer Gase ein exakter Zusammenhang finden lässt.

Bei Systemen „mittlerer Komplexität", also bei einer Zahl von Freiheitsgraden die deutlich größer als eins und deutlich kleiner als die Avogadro-Zahl ist, sind in der Regel beide vorher genannten Wege versperrt: Weder ist eine direkte Lösung der Gleichungen, die das System beschreiben, möglich, noch ist der statistische Ansatz praktikabel. In solchen Fällen können Simulationen einen Ausweg bieten, indirekt zu den gewünschten Vorhersagen über das Verhalten des Systems zu kommen. Als Test dieses vergleichsweise neuen, erst mit der Verfügbarkeit starker Computerleistung gangbaren Weges kann man beispielsweise ein ideales Gas simulieren und wird dann, wenn ein geeignetes Verfahren für die Simulation gewählt wurde, die Zustandsgleichung idealer Gase reproduzieren. Solche und ähnliche Tests können zwar kein neues Wissen schaffen, sollten aber regelmäßig durchgeführt werden, um dort das nötige Vertrauen in die Methode der Simulationsrechnung zu stärken, wo sie neue Erkenntnisse liefert. Widerstehen sollte man selbstverständlich der Versuchung, die

Ergebnisse der Simulation „passend zu machen". Die Parameter, die in den empirischen Potentialen und an anderen Stellen zahlreich vorhanden sind, sollten also nicht gezielt so verändert werden, dass ein einzelnes experimentelles Ergebnis perfekt reproduziert wird. Die gelegentlich anzutreffende Formulierung „in excellent agreement with" in wissenschaftlichen Veröffentlichungen sollte immer mit einer anfänglichen Skepsis aufgenommen werden, denn aufgrund der vielen Näherungen, die bei klassischen MD-Simulationen unvermeidlich sind, ist eine perfekte Übereinstimmung zwischen Simulation und Experiment selten. In seinem sehr lebendig geschriebenen Aufsatz „Simulations: The dark side" (Frenkel 2013) beschreibt Daan Frenkel mögliche Fallstricke bei der Planung und Durchführung von Simulationen und diskutiert, was Simulationen leisten können – und was nicht.

Möglichkeiten und Grenzen
Klassische MD-Simulationen müssen für die Berechnung der Wechselwirkungen nicht nach jedem Zeitschritt eine elektronische Vielteilchen-Wellenfunktion durch Lösung der Schrödinger-Gleichung bestimmen und sind deshalb um viele Größenordnungen schneller als *Ab-initio*-Simulationen. Die von den Elektronen ausgeübten Kräfte werden bei den klassischen Simulationen vielmehr implizit durch die empirischen Potentiale berücksichtigt. Der Verzicht auf explizite Elektronen bedeutet, dass es bei klassischen MD-Simulationen praktisch keine Möglichkeit gibt, etwas über die elektronische Struktur der Atome und Moleküle zu erfahren, mit der möglichen Ausnahme einer groben Abschätzung der Polarisierung von Atomen. Eng damit verbunden ist das Unvermögen, die Bildung und das Aufbrechen chemischer Bindungen zu beschreiben. Phänomene wie chemische Reaktionen und Katalyse liegen damit außerhalb der Reichweite klassischer MD-Simulationen.

Mit dieser Methode können also nur solche Systeme untersucht werden, die bezüglich der chemischen Bindungen stabil sind. Dazu können Festkörper ebenso gehören, wie Flüssigkeiten und Gase. Besonders häufig werden klassische MD-Simulationen für die Erforschung komplexer Systeme wie in Wasser gelöster, großer Biomoleküle verwendet, insbesondere für die Untersuchung von Proteinen, Lipiden, Kohlenhydraten, DNA und RNA. Ein herausragendes Beispiel hierfür ist die Faltung und Entfaltung von Proteinen. Von diesen Molekülen ist die Primärstruktur, also die Abfolge der Aminosäuren in der Kette, die das Protein bildet, meistens bekannt. Unbekannt ist aber in aller Regel die Tertiärstruktur, also die genaue dreidimensionale Anordnung aller Atome des Proteins. Diese ist essentiell für die Funktion des Proteins und deshalb von großer Bedeutung sowohl für die Grundlagenforschung als auch für Anwendungen wie etwa die Entwicklung von Medikamenten. Neben dieser statischen Eigenschaft von Proteinen spielt auch ihre Dynamik eine große Rolle, in jedem Fall bei ihrer Faltung aber oft auch bei ihrer Funktion. Die Proteindynamik findet auf einer Zeitskala statt, die von Femtosekunden (Streckschwingungen von Wasserstoffatomen) bis zu Minuten (Faltung) reicht. Zumindest ein Teil dieser Zeitskala lässt sich bereits heute durch MD-Simulationen abdecken.

Durch die Möglichkeit, Systeme mit sehr vielen Teilchen zu untersuchen (gegenwärtig mehr als 10^8), eignen sich MD-Simulationen dazu Vielteilchen-Effekte zu ergründen. Ein ebenso frühes wie spektakuläres Beispiel hierfür ist die Entdeckung von Alder und Wainwright, dass auch Teilchen, die nur durch ein abstoßendes Potential miteinander wechselwirken können, einen Phasenübergang erster Ordnung von der festen zur flüssigen Phase durchlaufen können (Alder und Wainwright 1957).

Grundlegende Algorithmen
Das Fundament jeder klassischen MD-Simulation bilden empirische Potentiale, die die Wechselwirkungen zwischen Atomen und Molekülen beschreiben, zu denen sowohl die chemische Bindung gehört, als auch die elektrostatischen Kräfte und die Van-der-Waals-Kräfte. Diese Potentiale enthalten eine – Kraftfeld genannt – sehr große Anzahl von Parametern, die so geschätzt wurden, dass MD-Simulationen experimentelle Daten so gut wie möglich reproduzieren. Sind die Kräfte zwischen den Teilchen berechnet, wird ihre Dynamik mit Hilfe einer Diskretisierung der Newtonschen Bewegungsgleichungen kalkuliert. Simulationen in diesem Rahmen erzeugen ein mikrokanonisches Ensemble, bei dem die Gesamtenergie des Systems eine Erhaltungsgröße ist. Um die simulierten Ergebnisse besser mit experimentellen Daten zu vergleichen, die meist bei konstanter Temperatur und konstantem Druck erhalten werden, verwendet man bei der Simulation Algorithmen, die als Thermostat und Barostat bezeichnet werden, durch die ein kanonisches beziehungsweise isotherm-isobares Ensemble erzeugt wird.

Aufbau dieser Einführung
Das Ziel dieses Lehrbuches ist eine erste Einführung in die Grundlagen der klassischen Moleculardynamik mit dem Fokus auf Untersuchungen von großen, in Wasser gelösten Biomolekülen. Im folgenden Kap. 2 wird als praktisches Beispiel eine einfache MD-Simulation präsentiert, die jeder an heute gebräuchlichen PCs nachvollziehen kann. Unterstützendes Material hierzu findet sich unter https://github.com/sn-code-inside/molekulardynamik-1. Kap. 2 kommt ohne mathematische Formeln aus und sollte ohne besondere Vorkenntnisse der Physik verständlich sein. Anhand des dort geschilderten Beispiels werden nacheinander die Grundlagen von MD-Simulationen angesprochen, die in den folgenden Kapiteln ausführlich behandelt werden: die Modellatome und die Rechtfertigung ihrer Verwendung durch die Quantenmechanik (Kap. 3), die Simulationsbox und periodische Randbedingungen (Kap. 4), die Wechselwirkungen zwischen den Modellatomen beschrieben durch das Kraftfeld (Kap. 5), der Integrator, mit dem die Dynamik des Systems berechnet wird (Kap. 6), die Ensemble der Thermodynamik und ihre Bedeutung für MD-Simulationen (Kap. 7), der Thermostat, der ein äußeres Wärmebad nachahmt (Kap. 8), und schließlich der Barostat (Kap. 9), durch den das System externen Druck erfährt. Die Behandlung fortgeschrittener, über diese Grundlagen hinausgehender Verfahren, wie etwa die gesteuerte Moleculardynamik, und die Diskussion von über das kurze Beispiel aus Kap. 2 hinausgehenden Anwendungen würde den Rahmen dieser kurzen Einführung sprengen. Hier sei auf die unten genannte weiterführende Literatur verwiesen.

Weiterführende Literatur
Für alle, die sich ausführlicher und tiefgehender mit der Molekulardynamik befassen möchten, stehen zahlreiche ausgezeichnete Werke zur Verfügung. Stellvertretend für alle sollen hier einige Bücher genannt werden, mit denen der Autor mehr als mit den übrigen vertraut ist. Ein Standardwerk auf dem Gebiet der MD-Simulationen ist das Buch „Computer Simulation of Liquids" von Michael P. Allen und Dominic J. Tildesley aus dem Jahr 1987, das 2017 in der zweiten, wesentlich überarbeiteten Auflage erschienen ist, die auch neuere Entwicklungen enthält (Allen und Tildesley 2017). Die umfangreiche und zugleich sehr anschauliche Abhandlung „Molecular Modelling", die sich ohne besondere Vorkenntnisse erschließt, wurde von Andrew R. Leach verfasst (Leach 2009). Ebenfalls schon mit geringen Vorkenntnissen gut verständlich ist das Buch „Numerische Simulation in der Moleküldynamik" von Michael Griebel, Stephan Knapek, Gerhard Zumbusch und Attila Caglar (Griebel et al. 2004), das einen besonderen Schwerpunkt auf die Algorithmik legt aber auch viele sehr anschauliche grundlegende Beispiele enthält. Besonders auf die algorithmischen Aspekte der Molekulardynamik geht auch Dennis C. Rapaport in „The Art of Molecular Dynamics Simulation" ein (Rapaport 2007). Der Band „Understanding Molecular Simulation" von Daan Frenkel und Berend Smit (Frenkel und Smit 2001) erfordert etwas mehr Vorkenntnisse der Physik, bietet dafür auch stärker in die Tiefe gehende Analysen. Das Buch „Simulating the Physical World" von Herman J. C. Berendsen (Berendsen 2007), einem der Programmentwickler eines weitverbreiteten MD-Programmpaketes, geht ausführlich auf die Hierarchie der Modellierung von der Quantenmechanik über die klassische Molekulardynamik bis hin zur Langevin-Gleichung ein. „Molecular Modeling and Simulation" von Tamar Schlick (Schlick 2006) schildert detailliert die theoretischen und praktischen Aspekte der Algorithmen klassischer MD-Simulationen. Eine mathematisch anspruchsvolle Diskussion der klassischen Molekulardynamik finden Fortgeschrittene in „Molecular Dynamics" von Ben Leimkuhler und Charles Matthews (Leimkuhler und Matthews 2015). Ebenfalls besonders an Fortgeschrittene wendet sich das Lehrbuch „Statistical Mechanics: Theory and Molecular Simulation" von Mark E. Tuckerman (Tuckerman 2015), das die Molekulardynamik vom Standpunkt der theoretischen und statistischen Mechanik her beleuchtet.

Literatur

Abramson, Josh u. a. (June 2024). „Accurate structure prediction of biomolecular interactions with AlphaFold 3". In: *Nature* 630.8016, S. 493–500. https://doi.org/10.1038/s41586-024-07487-w.
Alder, B. J. und T. E. Wainwright (1957). „Phase Transition for a Hard Sphere System". In: *The Journal of Chemical Physics* 27.5, S. 1208–1209. https://doi.org/10.1063/1.1743957.
Alder, B. J. und T. E. Wainwright (1959). „Studies in Molecular Dynamics. I. General Method". In: *The Journal of Chemical Physics* 31, S. 459–466. https://doi.org/10.1063/1.1730376.
Allen, Michael Patrick und Dominic J. Tildesley (2017). *Computer simulation of liquids*. 2nd ed. Oxford: Oxford university press. ISBN: 978-0-19-880320-1.
Berendsen, Herman J. C. (2007). *Simulating the physical world: hierarchical modeling from quantum mechanics to fluid dynamics*. Cambridge: Cambridge University Press.
Frenkel, Daan (2013). „Simulations: The dark side". In: *The European Physical Journal Plus* 128. https://doi.org/10.1140/epjp/i2013-13010-8.

Frenkel, Daan und Berend Smit (2001). *Understanding molecular simulation: from algorithms to applications*. Computational science series. San Diego, Calif.: Acad. Press.

Griebel, Michael u. a. (2004). *Numerische Simulation in der Molekü ldynamik: Numerik, Algorithmen, Parallelisierung, Anwendungen*. Berlin: Springer.

Jumper, John u. a. (2021). „Highly accurate protein structure prediction with AlphaFold". In: *Nature* 596.7873, S. 583–589. https://doi.org/10.1038/s41586-021-03819-2.

Leach, Andrew R. (2009). *Molecular modelling: principles and applications*. Harlow: Pearson/Prentice Hall.

Leimkuhler, B. und Charles Matthews (2015). *Molecular dynamics: with deterministic and stochastic numerical methods*. Cham: Springer.

McCammon, J. Andrew, Bruce R. Gelin und Martin Karplus (1977). „Dynamics of folded proteins". In: *Nature* 267, S. 585–590. https://doi.org/10.1038/267585a0.

Rahman, A. (1964). „Correlations in the Motion of Atoms in Liquid Argon". In: *Physical Review* 136, A405–A411. https://doi.org/10.1103/PhysRev.136.A405.

Rahman, A. und F. H. Stillinger (1971). „Molecular Dynamics Study of Liquid Water". In: *The Journal of Chemical Physics* 55.7, S. 3336–3359. https://doi.org/10.1063/1.1676585.

Rapaport, Dennis C. (2007). *The art of molecular dynamics simulation*. Cambridge: Cambridge Univ. Press.

Schlick, Tamar (2006). *Molecular modeling and simulation: an interdisciplinary guide*. New York: Springer.

Singharoy, Abhishek u. a. (2019). „Atoms to Phenotypes: Molecular Design Principles of Cellular Energy Metabolism". In: *Cell* 179.5, 1098–1111.e23. https://doi.org/10.1016/j.cell.2019.10.021.

Tuckerman, Mark E. (2015). *Statistical mechanics: theory and molecular simulation*. Oxford: Oxford Univ. Press.

Ein praktisches Beispiel

2

Inhaltsverzeichnis

2.1	Vorbereitung	9
2.2	Equilibrierung	13
2.3	Produktion von Trajektorien	16
2.4	Auswertung	17
2.5	Wissenscheck	21

Dieses Kapitel steht für sich allein und unterscheidet sich in Art und Ziel von den folgenden. Es richtet sich besonders an Lesende, die sich für die praktischen Aspekte von Simulationen der Molekulardynamik (MD) interessieren und die sich anhand eines ausgewählten Beispiels einen Eindruck von den Möglichkeiten dieser Technik verschaffen wollen. Für ein tieferes und umfassenderes Verständnis der Grundlagen wird an den passenden Stellen auf die folgenden Kapitel verwiesen, dieses Kapitel kann aber auch für sich allein gelesen werden. Das Kapitel enthält keine Formeln und erfordert praktisch keine Vorkenntnisse in Physik.

Als Beispiel wählen wir das Peptid Ala_9, das aus neun Aminosäuren des Typs Alanin besteht. Die Struktur und die Dynamik dieses Peptids, das hier stellvertretend für große Biomoleküle stehen soll, wurde mit NMR[1] (Rule und Hitchens 2010) und mit MD-Simulationen gründlich untersucht (Graf et al. 2007; Ayaz et al. 2021).

Wir konstruieren eine Startstruktur des Peptids mit einem Moleküleditor und platzieren diese in einer Box mit periodischen Randbedingungen (siehe Kap. 4), die anschließend mit Wassermolekülen aufgefüllt wird. Es wird dann eine MD-Simulation bei Raumtemperatur durchgeführt und beobachtet, wie sich die Kette

---

[1] NMR (nuclear magnetic resonance, zu deutsch Kernspinresonanzspektroskopie), ist eine experimentelle Methode, mit der sich die Struktur von in Flüssigkeiten gelösten Proteinen bis zu einer Masse von etwa 30 kDa (was der Masse von 2500 Kohlenstoffatomen entspricht) bestimmen lässt. Dabei wird ausgenutzt, dass die Präzession eines Kernspins um ein starkes äußeres Magnetfeld von der chemischen Umgebung des Kerns abhängt.

© Der/die Autor(en), exklusiv lizenziert an Springer-Verlag GmbH, DE, ein Teil von Springer Nature 2025
H. Paulsen, *Molekulardynamik*, https://doi.org/10.1007/978-3-662-70863-7_2

von Aminosäuren in unregelmäßigen Abständen entfaltet und dann wieder zu einer
α-Helix auffaltet, einer in Proteinen häufig vorhandenen Sekundärstruktur.[2]

Für jede der während der MD-Simulation erzeugten Konfigurationen wird eine Reaktionskoordinate (siehe Abschn. 2.4.1) berechnet. Anschließend wird in einem Histogramm festgehalten, wieviele Konfigurationen zu verschiedenen Werten der Reaktionskoordinate gehören. Der mit der Boltzmann-Konstanten k_B und der absoluten Temperatur multiplizierte negative Logarithmus der im Histogramm gespeicherten Häufigkeiten wird als Gibbs-Energie gegen die Reaktionskoordinate aufgetragen.

Die in diesem Kapitel beschriebenen MD-Simulationen wurden mit dem Programm GROMACS (Abraham et al. 2015, 2023) durchgeführt, einem der weitverbreitesten Programmpakete für MD-Simulationen (alle notwendigen Dateien, um diese Simulationen selber durchzuführen finden sich unter https://github.com/sn-

- Vorbereitung eines Systems aus Peptid und Wasser
  - Struktur: Kartesische Koordinaten aller Atome
  - Topologie: Atomtypen, chemische Bindungen und Kraftfeld
  - Simulationsbox: Boxform und Boxgröße
  - Peptid in der Box platzieren und Leerräume mit Wassermolekülen füllen

- Equilibrierung von Peptid und Wasser
  - Energieminimierung → Gleichgewicht der intermolekularen Kräfte
  - Kurze MD-Simulation im *NVE*-Ensemble → Gleichgewicht zwischen kinetischer und potentieller Energie
  - Kurze MD-Simulation im *NVT*-Ensemble → Gleichgewicht mit dem äußeren Wärmebad
  - Kurze MD-Simulation im *NpT*-Ensemble → Gleichgewicht mit dem äußeren Wärmebad und dem externen Druck

- Produktion von Trajektorien
  - Replicas für parallele MD-Simulationen
  - Abtastung des Phasenraums: Lange MD-Simulation im *NpT*-Ensemble

- Auswertung der Trajektorien
  - Reaktionskoordinaten
  - Landschaft der Gibbs-Energie

Abb. 2.1 Schema für die MD-Simulation eines in Wasser gelösten Peptids bei konstanter Temperatur und konstantem Druck

---

[2] Unter Sekundärstruktur eines Proteins verstehen wir die lokale Konfiguration des Rückgrats der Aminosäurenkette, die durch Wasserstoffbrücken (siehe Abschn. 5.3) zusammengehalten wird. Bei dem hier betrachteten Peptid beobachten wir eine schraubenförmige Sekundärstruktur, die sogenannte α-Helix.

code-inside/molekulardynamik-1). Die folgende Beschreibung sollte aber auf alle geläufigen MD-Simulationsprogramme anwendbar sein, so auch auf die ebenfalls weitverbreiteten Programme NAMD (Phillips et al. 2005), AMBER (Case et al. 2023) oder CHARMM (Brooks et al. 2009).

Wir teilen die einzelnen Schritte, die bei der hier vorgestellten MD-Simulation ausgeführt werden müssen, in vier Abschnitte ein, die Vorbereitung, die Equilibrierung, die Produktion und die Auswertung (siehe auch Abb. 2.1).

2.1 Vorbereitung

Bevor wir mit einer MD-Simulation für das Ala_9 beginnen können, sind einige Vorbereitungen erforderlich. Als Erstes benötigen wir eine geometrische Struktur, der dann eine Topologie genannte Datei hinzugefügt wird. Diese enthält die erforderlichen Einzelheiten über die im Peptid auftretenden Atomtypen und chemischen Bindungen, ohne die eine klassische MD-Simulation nicht möglich wäre. Weiterhin müssen wir eine Simulationsbox auswählen, in der wir das Protein platzieren und die anschließend mit Wasser gefüllt wird.

2.1.1 Struktur

Wir beginnen mit der geometrischen Struktur des Peptids Ala_9. Dazu bestimmen wir drei kartesische Koordinaten für jedes der 93 Atome des Peptids mit Hilfe des Struktureditors Avogadro (Hanwell et al. 2012). Die Struktur wird in Abb. 2.2 als Stäbchenmodell dargestellt (vergleiche Abb. 3.2). Zusätzlich wird die Sekundärstruktur durch eine Cartoondarstellung angedeutet (in diesem Fall ein halbtransparentes graues Band, das zu einer Spirale aufgewickelt ist, um eine α-Helix schematisch darzustellen).

Mit insgesamt $3 \cdot 93$ Koordinaten haben wir eigentlich 6 Koordinaten mehr bestimmt als für die Beschreibung der Struktur nötig wären, denn durch diese Koordi-

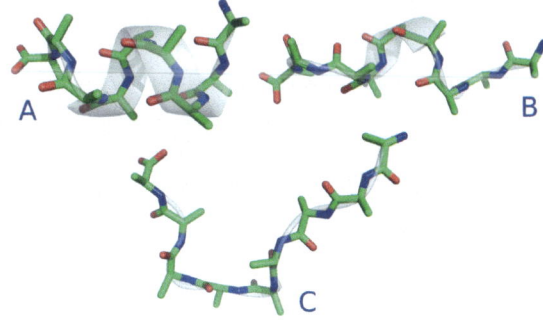

Abb. 2.2 Struktur vom Peptid Ala_9 für drei verschiedene Konfigurationen, die als gefaltet (A), teilweise entfaltet (B) und vollständig entfaltet (C) bezeichnet werden können. Das spiralförmig aufgewickelte graue Band (Cartoondarstellung) soll die von der Aminosäurenkette gebildete α-Helix symbolisieren

naten wird auch die Lage des Massenmittelpunktes[3] festgelegt und die Orientierung der Molekülachsen.

Bei größeren Proteinen mit Tausenden von Atomen ist es nicht möglich, die geometrische Struktur des *nativen* Zustands mit einem Struktureditor zu bestimmen. Zwar ist es grundsätzlich kein Problem auf diese Weise die geometrische Struktur eines großen Proteins im *entfalteten* Zustand zu konstruieren. Doch liegen die Faltungszeiten von Proteinen im Bereich von wenigen Mikrosekunden bis zu vielen Minuten und sind damit viel zu lang, um eine solche Faltung in einer MD-Simulation zu verfolgen. Daher darf man nur in außerordentlich günstigen Fällen hoffen, die gefaltete Struktur durch eine MD-Simulation aus einer ungefalteten zu gewinnen.

Eine Alternative bieten Datenbanken mit Proteinstrukturen, die durch Röntgenstrukturanalysen, NMR-Experimente oder Kryoelektronenmikroskopie bestimmt wurden, wie etwa die RCSB Protein Data Bank (Berman 2000). In manchen Fällen kann es auch ausreichen, wenn experimentelle Methoden wie NMR oder FRET (*F*örster-*R*esonanz-*E*nergie-*T*ransfer)[4] (Hellenkamp et al. 2018) Teilinformationen über die geometrische Struktur liefern, die dann mit einem Struktureditor vervollständigt werden kann. Ist keine experimentelle Struktur verfügbar, besteht auch die Möglichkeit, die Struktur mit Methoden der Bioinformatik zu bestimmen. Besonders erfolgreich ist hier das Programm AlphaFold (Jumper et al. 2021; Abramson et al. 2024).

2.1.2 Topologie

Für eine quantenmechanische MD-Simulation ist es für den Start einer Rechnung ausreichend, den Typ und die Position eines jeden Atoms im Peptid zu kennen, da die Wechselwirkungen zwischen den Atomen nur durch die Schrödinger-Gleichung und das Coulomb-Gesetz bestimmt werden. Klassische MD-Simulationen beruhen aber auf einer Reihe von empirischen Potentialen für die weitere Informationen nötig sind, die wir vor Beginn einer MD-Simulation zur Verfügung stellen müssen, meist in einer eigenen Datei, die als Topologie des Moleküls bezeichnet wird. Wir unterscheiden in solchen Simulationen zwischen bindenden und nichtbindenden Wechselwirkungen (Abschn. 5.2 und 5.3).

2.1.2.1 Chemische Bindungen

Die stärksten Wechselwirkungen in unserem Peptid sind die chemischen oder kovalenten Bindungen. Diese können im Rahmen einer klassischen MD-Simulation weder gebildet noch gebrochen werden. Wir müssen also vor Beginn der Simula-

---

[3] Oft wird statt des Massenmittelpunktes der geläufigere Begriff Schwerpunkt verwendet, da bei für die Molekulardynamik typischen Fragestellungen beide Punkte praktisch deckungsgleich sind.
[4] Als Förster-Resonanzenergietransfer wird die strahlungsfreie Energieübertragung zwischen zwei Farbstoffen verstanden, aus deren Effizienz auf den Abstand zwischen den Farbstoffen geschlossen werden kann.

tion festlegen, welche Atome miteinander eine chemische Bindung ausbilden. Dazu können wir eigenhändig eine Liste erstellen, was aber schon bei kleinen Peptiden sehr mühsam und bei großen Proteinen praktisch undurchführbar ist. Stattdessen lassen wir diese Liste von einer dafür vorgesehenen Routine erledigen, die bei allen größeren MD-Simulationsprogrammen vorhanden ist. Diese Routine spezifiziert auch bei jedem Atom den dazugehörigen Typ: Je nach Anzahl der Bindungen, die ein Atom ausbildet, und nach Art der Bindungspartner wird für das Atom ein bestimmter Typ festgelegt. So hat beispielsweise das Kohlenstoffatom in einem Methanmolekül (CH_4) einen anderen Typ als das Kohlenstoffatom in einem Methanolmolekül (CH_3OH). Um die richtigen Atomtypen bestimmen zu können, benötigen die dafür vorgesehenen Routinen natürlich „vernünftige" kartesische Koordinaten als Eingabe: Zufällig im Raum verstreute Atome können nicht als Molekül erkannt werden. Aber auch eine vernünftige Geometrie garantiert nicht die erfolgreiche Erstellung der Topologie. Während diese für Aminosäuren und daraus zusammengesetzte Proteine und ähnliche in MD-Simulationen häufig verwendete Moleküle meist problemlos möglich ist, können weniger oft simulierte Moleküle schnell Probleme bereiten. In solchen Fällen können dafür spezialisierte, von den großen MD-Simulationsprogrammen unabhängige Programmpakete, wie etwa SwissParam (Zoete et al. 2011) Abhilfe schaffen.

Welche Atomtypen den einzelnen Atomen zugewiesen werden, hängt auch davon ab, welches Modell wir für die empirische Modellierung der bindenden Wechselwirkungen wählen. Bei MD-Simulationen wird ein solches Modell als „Kraftfeld" bezeichnet (Abschn. 5.5). Es gibt eine Vielzahl verschiedener Kraftfelder, die für unterschiedliche Aufgaben zugeschnitten sind. Wir wählen für unser Peptid das Kraftfeld CHARMM27 (Abschn. 5.5.3.2), das für Proteine gut geeignet ist, zusammen mit dem Wassermodell TIP3P (Abschn. 5.5.4). Durch die Wahl des Kraftfeldes werden nicht nur die Atomtypen festgelegt, sondern auch eine große Anzahl von Parametern, die erforderlich sind um die bindenden Kräfte innerhalb des Peptids berechnen zu können.

2.1.2.2 Nichtbindende Wechselwirkungen

Neben der chemischen Bindung benötigen wir für eine realistische Beschreibung eines in Wasser gelösten Peptids auch noch nichtbindende Wechselwirkungen (präziser müssten wir eigentlich von Bindungen sprechen, die nicht zu den chemischen Bindungen gehören, denn unter den nichtbindenden Wechselwirkungen fassen wir sowohl anziehende als auch abstoßende Wechselwirkungen zusammen). Sieht man von den elektrostatischen Kräften zwischen Ionen ab, müssen auch die nichtbindenden Wechselwirkungen parametrisiert werden. Die entsprechenden Parameter hängen vom Atomtyp ab und sind durch das Kraftfeld festgelegt.

2.1.3 Simulationsbox

Im unendlich ausgedehnten Vakuum, bei Temperaturen oberhalb des absoluten Nullpunkts wird jede Flüssigkeit schließlich verdunsten und zwar umso schneller je höher die Temperatur ist. Wir brauchen also eine Begrenzung des Raums, der unserem Peptid einschließlich Wassermolekülen zur Verfügung steht. Harte Wände können für die Simulation von auf festen Schichten adsorbierten Molekülen oder von Membranoberflächen sinnvoll sein. Für Flüssigkeiten sind harte Wände aber untypisch, deshalb wählt man für in Wasser gelöste Biomoleküle normalerweise eine Simulationsbox mit periodischen Randbedingungen (Abschn. 4.2). Von allen in Frage kommenden Formen für die Box wählen wir den Würfel aus, weil sich viele Aspekte der periodischen Randbedingungen hier einfacher verstehen lassen als bei komplizierteren Formen. Als Nächstes müssen wir die Kantenlänge des Würfels bestimmen. Sie muss mindestens so groß sein, dass unser Peptid vollständig Platz in der Simulationsbox findet, da es aufgrund der periodischen Randbedingungen sonst zu Wechselwirkungen des Peptids mit sich selbst kommen kann. Häufig wird die Box so groß gewählt, dass auf allen Seiten des Biomoleküls noch Platz für zwei oder mehr Lagen von Wassermolekülen ist.

Wir setzen die Kantenlänge auf einen relativ zur Größe des Peptids verhältnismäßig hohen Wert von 5 nm (siehe Abb. 2.3). Auf diese Weise hat nicht nur das zu einer Helix aufgefaltete Peptid Ala_9 Platz in der Simulationsbox sondern auch eine entfaltete Ala_9-Kette. Da die für eine MD-Simulation erforderliche Rechenzeit grob proportional zur Teilchenzahl und damit auch zum Volumen ist, kostet uns die vergleichsweise große Box viel Rechenzeit.

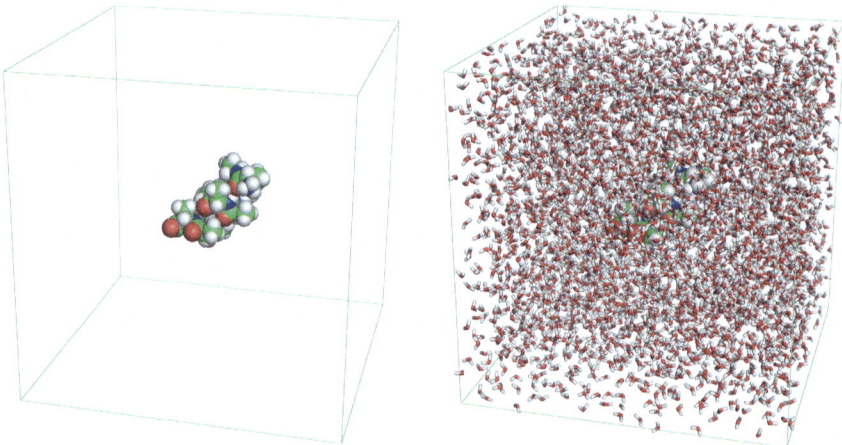

Abb. 2.3 Kubische Simulationsbox mit einer Kantenlänge von 3,5 nm gefüllt mit Ala_9 (linkes Bild) und gefüllt mit Ala_9 und 4023 Wassermolekülen (rechts). Das Peptid befindet sich nur der besseren Übersicht halber jeweils in der Mitte der Box. Tatsächlich ist die Position des Peptids relativ zum Ursprung der Box wegen der periodischen Randbedingungen ohne Bedeutung

▶ **Merksatz 2.1** Die erforderliche Rechenzeit für eine MD-Simulation ist ungefähr proportional zum Volumen der Simulationsbox.

Wegen der geringen Größe des Peptids ist das in diesem Fall kein Problem, aber bei einem großen Protein würde uns eine derart großzügige Box viel Rechenzeit kosten.

2.1.4 Lösungsmittel

Große Biomoleküle werden meist in ihrer natürlichen Umgebung untersucht, nämlich in wässriger Lösung. Dazu fügen wir der Simulationsbox, die bisher nur das Ala$_9$-Peptid enthält, soviele Wassermoleküle hinzu wie es der Dichte von Wasser bei Umgebungsbedingungen entspricht. Diese Aufgabe wird von allen gängigen MD-Simulationsprogrammen nahezu automatisch für uns erledigt (siehe auch Abb. 2.3, rechtes Bild). In unserem Fall wurden 4023 Wassermoleküle in die Box gefüllt. Wir dürfen aber nicht zu viel erwarten: Die auf diese Weise erzeugte Anordnung von Peptid und Wasser befindet sich nicht im Gleichgewicht, sondern muss noch equilibriert werden. Das gilt selbst dann, wenn das MD-Programm eine sorgfältig equilibrierte und gespeicherte Wasserbox auf die von uns gewünschte Größe zurechtschneidet und einige Wassermoleküle entfernt um Platz für das Peptid zu schaffen.

2.2 Equilibrierung

Die im vorigen Abschnitt erzeugte Simulationsbox mit Peptid und Wasser befindet sich nicht im Gleichgewicht, denn das System ist in einem Zustand, der unter Umgebungsbedingungen recht unwahrscheinlich ist. Insbesondere müssen wir damit rechnen, dass sich einige Atome in diesem System ungewöhnlich nahe gekommen sind und deshalb viel potentielle Energie besitzen, die nach kurzer Zeit in kinetische Energie umgewandelt werden kann. Die dann folgenden hohen Teilchengeschwindigkeiten können im Extremfall das MD-Simulationsprogramm zum Absturz bringen. In den folgenden Schritten entfernen wir deshalb soviel potentielle Energie wie möglich, bis wir ein lokales Energieminimum erreichen. Danach wird das System in aufeinander folgenden kurzen Simulationen im mikrokanonischen, kanonischen und isotherm-isobaren Ensemble (siehe Kap. 7) equilibriert. In manchen Fällen kann es sinnvoll sein, die internen Koordinaten des untersuchten Biomoleküls zumindest während des ersten Equilibrierungsschrittes durch *constraints* (Abschn. 5.4) festzuhalten. Dies ist besonders dann wichtig, wenn die Entwicklung des Biomoleküls aus einem Nichtgleichgewichtszustand heraus untersucht werden soll.

2.2.1 Energieminimierung

Der erste Equilibrierungsschritt besteht in der Energieminimierung. Dabei wird nur die potentielle Energie minimiert. Die kinetische Energie wird nicht beachtet. Sie verschwindet oft, weil man zu Beginn der Einfachheit halber alle Geschwindigkeiten gleich null setzt. Die Energieminimierung ist immer dann von Bedeutung, wenn irgendwo im System eine große Menge an potentieller Energie vorhanden ist, etwa weil sich zwei Atome viel zu nahe sind und die abstoßenden Kräfte deshalb sehr groß sind. Würde man in einem solchen Fall auf die Energieminimierung verzichten, könnte die potentielle Energie in der anschließenden NVE-Simulation (eine Simulation bei der die Teilchenzahl N, das Volumen V und die Energie E konstant gehalten werden – siehe Abschn. 7.2) in kinetische Energie umgewandelt werden und damit zu sehr hohen Geschwindigkeiten führen, wodurch die Integration der Bewegungsgleichungen des Systems (Kap. 6) instabil werden kann. Ist dies nicht der Fall, kann die Energieminimierung auch übersprungen werden, vorsichtshalber empfiehlt es sich aber sie immer durchzuführen. Bei der Energieminimierung wird die Geometrie des gesamten Systems, bestehend aus den Positionen aller Atome des Peptids und der Wassermoleküle, in aufeinanderfolgenden Schritten so lange geändert, bis im Rahmen der Abbruchkriterien ein Energieminimum erreicht wird. Wir erhalten dabei eine Abfolge von Zuständen des Systems, die jeweils die Positionen und die Geschwindigkeiten aller Atome umfassen (wenn diese nicht ohnehin gleich null sind). Diese Folge von Zuständen fassen wir jedoch nicht als Trajektorie im Sinn von Abschn. 6.1 auf, denn es handelt sich hier nicht um eine von den im System wirkenden Kräften erzeugte Bewegung, die so auch im realen System ablaufen würde.

2.2.2 *NVE*-Simulation

Der zweite Equilibrierungsschritt besteht in einer MD-Simulation im mikrokanonischen *NVE*-Ensemble (Abschn. 7.2). Als Startpunkt dieser Simulation verwenden wir die letzte energieminimierte Konfiguration aus dem ersten Equilibrierungsschritt. Für diese Simulation müssen wir einen sogenannten Integrator auswählen, der aus den gegebenen Wechselwirkungen zwischen den Atomen durch eine Diskretisierung der aus dem zweiten Newtonschen Gesetz folgenden Bewegungsgleichungen eine Trajektorie berechnet (Kap. 6). Im allereinfachsten Fall addiert der Integrator zu jeder Position eines Atoms das Produkt aus Zeitschritt und Geschwindigkeit und zu jeder Geschwindigkeit eines Atoms das Produkt aus Zeitschritt und Beschleunigung (auf das Atom wirkende Kraft geteilt durch dessen Masse). Wir entscheiden uns für einen komplizierteren aber leistungsfähigeren Integrator, den Leap-Frog-Algorithmus (Abschn. 6.5.3) mit einem Zeitschritt von 1 fs. Wenn wir durch *constraints* (Abschn. 5.4) die Länge der Wasserstoffbindungen festhalten, wäre auch ein Zeitschritt von 2 fs möglich, wodurch wir die Anzahl der Integratorschritte und damit auch die erforderliche Rechenleistung halbieren könnten. Ein noch größerer Zeitschritt würde den Integrator instabil werden lassen (Abschn. 6.4.1.3).

Wäre die vorhergehende Energieminimierung vollkommen gewesen, wäre also unser System exakt im Energieminimum (und wären damit alle Kräfte im Gleichgewicht zueinander), dann würde die *NVE*-Simulation keine Dynamik liefern, denn wir haben den Atomen noch keine Geschwindigkeiten gegeben. Deshalb würfeln wir

2.2 Equilibrierung

zu Beginn dieser Simulation für jedes Atom eine Geschwindigkeit entsprechend der Maxwell-Boltzmann'schen Geschwindigkeitsverteilung (Abschn. 7.3.2) aus, wobei wir eine Temperatur von 300 K vorgeben. Das bedeutet nicht, dass unser System jetzt eine Temperatur von 300 K hat, denn die mit diesen Geschwindigkeiten verbundene kinetische Energie wird sich im Laufe der Simulation zu etwa der Hälfte in potentielle Energie umwandeln. Der Sinn unserer *NVE*-Simulation besteht darin, dass wir das System so weit ins Gleichgewicht bringen, dass eine NVT-Simulation (eine Simulation bei der die Teilchenzahl N, das Volumen V und die Temperatur T konstant gehalten werden – siehe Abschn. 7.3) stabil laufen kann. Wir vermuten, dass eine Simulationsdauer von 10 ps dafür mehr als ausreichen sollte. Am Ende dieser Simulation erhalten wir eine Datei mit Positionen und Geschwindigkeiten für jedes Atom des Systems, die wir als Startpunkt für den nächsten Equilibrierungsschritt verwenden.

2.2.3 *NVT*-Simulation

Das im *NVE*-Ensemble simulierte System hat keine genau definierte Temperatur, sondern (im besten Fall) eine konstante Energie. In Experimenten an Biomolekülen wird aber in aller Regel die Temperatur kontrolliert, nicht die Gesamtenergie. Deswegen schließen wir als dritten Equilibrierungsschritt eine Simulation im *NVT*-Ensemble an. Wir benötigen dazu zusätzlich zum Integrator einen sogenannten Thermostaten (Kap. 8), der (in der Regel über Gleichverteilungssatz und kinetische Energie) die Temperatur unseres Systems immer in Richtung der von uns gewünschten Temperatur $T = 300$ K lenkt. Grob gesagt leistet der Thermostat dies, indem er die Geschwindigkeiten aller Atome etwas erhöht oder etwas erniedrigt, je nachdem ob die aus der über den Gleichverteilungssatz (Abschn. 7.3.3) aus der kinetischen Energie berechnete Temperatur unter oder über dem Sollwert liegt. Die meisten MD-Simulationsprogramme bieten verschiedene Thermostaten zur Auswahl. Unsere Wahl fällt auf den weitverbreiteten v-Rescale-Thermostaten von Bussi et al. (2007) (siehe auch Abschn. 8.4). Neben der Temperatur geben wir dem Thermostaten noch die Zeitkonstante $\tau_t = 0{,}1$ ps vor, die in etwa beschreibt, welche Zeit der Thermostat benötigt, um die Differenz zwischen der Temperatur unseres Systems und der vorgegebenen Temperatur um den Faktor e zu verkleinern. Während der Simulation können wir uns fortwährend die Temperatur ausgeben lassen. Die ausgegebenen Werte schwanken um wenige Kelvin um den Gleichgewichtswert von 300 K. Unser System sollte sich daher nach 10 ps im thermischen Gleichgewicht befinden. Der Zustand unseres Systems am Ende der *NVT*-Simulation dient als Startpunkt für den folgenden, letzten Equilibrierungsschritt.

2.2.4 *NpT*-Simulation

Die natürliche Umgebung von Biomolekülen ist ein Wärmebad mit konstanter Temperatur und konstantem Druck und entspricht dem isotherm-isobaren Ensemble.

Um eine Trajektorie zu erhalten, die ein solches Ensemble erzeugt, muss dem Integrator und dem Thermostaten noch ein Barostat (Kap. 9) zur Seite gestellt werden. Barostaten verringern oder erhöhen das Volumen der Simulationsbox, indem (im einfachsten Fall) die Koordinaten aller Atome gleichmäßig mit einem Faktor multipliziert werden, der geringfügig unter oder über eins liegt, je nachdem wie hoch der innere Druck des Systems ist, und steuern diesen dadurch. Um das System ins Gleichgewicht mit dem äußeren Druck zu bringen, nutzen wir zunächst für 5 ps den Berendsen-Barostaten (Abschn. 9.2), der besonders robust ist. Anschließend wechseln wir für weitere 5 ps zum Parrinello-Rahman-Barostaten (Abschn. 9.4), der Trajektorien erzeugt, die näher am isotherm-isobaren Ensemble liegen, der aber bei zu großen Abweichungen vom Gleichgewicht zu Oszillationen neigt. Der Stabilität der Simulation wegen wählen wir für beide Barostaten eine Zeitkonstante von $\tau_p = 0{,}8$ ps, die fast eine Größenordnung über der Zeitkonstanten τ_t des Thermostaten liegt. Wir lassen uns neben der momentanen Temperatur auch den momentanen Druck ausgeben. Anders als bei der Temperatur betragen die Schwankungen des Drucks ein Vielfaches des Gleichgewichtswertes, was an der geringen Größe unseres Systems liegt. Die Fluktuationen des Drucks nehmen mit der Wurzel der Teilchenzahl ab, das heißt, wir bräuchten ein System mit einer um Größenordnungen höheren Teilchenzahl, um Druckschwankungen zu erhalten, die kleiner als der Erwartungswert des Drucks sind (Abschn. 9.1.3). Am Ende dieses letzten Equilibrierungsschrittes erhalten wir eine Datei mit Positionen und Geschwindigkeiten für alle Atome, die der Ausgangspunkt für sogenannte Produktionsrechnungen sind. Dies sind Simulationsrechnungen, die eine Trajektorie mit Konfigurationen erzeugen, die gemäß dem gewünschten Ensemble verteilt sind, in diesem Fall also gemäß dem isotherm-isobaren Ensemble. Insgesamt haben wir 30 ps für die Equilibrierung verwendet, mehr als unbedingt nötig, aber nur ein Bruchteil der Simulationszeit der Produktionsrechnungen, für die wir 5 µs veranschlagen.

2.3 Produktion von Trajektorien

Während der sogenannten Produktionsrechnungen wird die Dynamik des in Wasser gelösten Ala_9 über eine möglichst lange Zeit simuliert, in unserem Fall über 5 µs. Grundsätzlich eignen sich Simulationsrechnungen dieser Art gut für eine parallele Berechnung (Kutzner et al. 2015, 2019). Unser System ist jedoch nicht sehr groß und lässt sich nicht beliebig stark parallelisieren. Statt eine einzige Trajektorie zu erzeugen, könnten wir aber auch eine große Zahl von Trajektorien für verschiedene Anfangszustände, sogenannte Replicas (Elber und Karplus 1987), generieren.

2.3.1 Replicas für parallele MD-Simulationen

Die Zustände, von denen aus parallele Trajektorien gestartet werden, sollten möglichst verschieden sein, damit statistisch unabhängige Ergebnisse erzielt werden. Unabhängige Replicas können beispielsweise durch eine NpT-Simulation bei erhöh-

2.4 Auswertung

ter Temperatur (350 K) erzeugt werden, indem in regelmäßigen Abständen von einigen Nanosekunden simulierter Zeit die momentane Konfiguration als Replica gespeichert wird, die als Startpunkte für unabhängige Trajektorien dienen. Der Vorteil der Verwendung von Replicas ist die ausgezeichnete Parallelisierbarkeit: Jeder Prozessor kann eine unabhängige MD-Simulation ausführen, so dass es keine Overhead-Verluste durch eine Aufteilung von Rechenaufgaben gibt.

2.3.2 Abtastung des Phasenraums

Die MD-Simulationen sollen im Idealfall so lange laufen, bis der gesamte Phasenraum durch die Trajektorien repräsentativ abgetastet wird. Unter dem Phasenraum verstehen wir die Gesamtheit aller möglichen Zustände unseres Systems und die repräsentative Abtastung soll bedeuten, dass die verschiedenen Zustände in unseren Trajektorien mit der gleichen Häufigkeit auftreten, wie wir sie im Experiment unter den Bedingungen konstanter Temperatur und konstanten Drucks finden.

2.4 Auswertung

Die aus den Produktionsrechnungen erhaltenen Trajektorien enthalten eine Fülle von detaillierten Informationen über die Struktur und die Dynamik von Ala_9 in wässriger Lösung. In diesem kurzen Beispiel fokussieren wir uns auf einen einzigen Punkt: Wir wollen eine Landschaft der Gibbs-Energie des in Wasser gelösten Ala_9 in Abhängigkeit verschiedener Reaktionskoordinaten erstellen.

2.4.1 Reaktionskoordinaten

Mit der Definition von Reaktionskoordinaten (Peters 2016; Rogal 2021; Kasprzak et al. 2025) verfolgt man das Ziel, die riesige Anzahl von Freiheitsgraden eines Systems (in unserem Fall etwa 30 000 kartesische Koordinaten und Geschwindigkeiten) auf einige wenige, am besten nur einen relevanten Freiheitsgrad zu reduzieren. Die übrigen Freiheitsgrade werden entweder als irrelevant ignoriert oder als Wärmebad aufgefasst, das die Dynamik der Reaktionskoordinaten in Form von Reibungskonstanten und Zufallskräften beeinflusst.

Eine solche Reaktionskoordinate ist eine Funktion aller kartesischen Koordinaten und Geschwindigkeiten und erlaubt die Formulierung von effektiven Theorien zur Beschreibung der Proteindynamik wie beispielsweise die Eyring-Theorie (Wynne-Jones und Eyring 1935) (im Englischen auch *transition state theory* genannt) mit deren Hilfe sich die Geschwindigkeit abschätzen lässt, mit der ein System von einem stabilen Zustand in einen anderen übergeht. Weiterhin sind Reaktionskoordinaten die Voraussetzung für die Entwicklung von mechanistischen Modellen, die wesentliche Einblicke in die Proteinfunktionalität bieten können (für ein anschauliches Beispiel siehe (Henzler-Wildman et al. 2007)).

Wir betrachten fünf Beispiele für den Versuch, eine Reaktionskoordinate zu definieren, die die Dynamik des Ala$_9$ sinnvoll beschreibt. Das erste Beispiel ist durch den Fadenabstand R_f des Peptids gegeben, also durch den Abstand zwischen dem ersten und dem letzten Atom der Aminosäurenkette. Der Fadenabstand steht hier stellvertretend für den allgemeinen Fall, bei dem der Abstand zwischen zwei verschiedenen Atomen des Proteins als Reaktionskoordinate dient. Eine solche Reaktionskoordinate hat den Vorteil, dass die aus einer MD-Simulation erhaltenen Werte direkt mit den Ergebnissen von NMR- oder FRET-Experimenten (Hirschfeld et al., 2013; Hellenkamp et al. 2018) verglichen werden können. Auch für die Untersuchung von Proteinen, die mechanischen Kräften ausgesetzt sind, etwa durch Rasterkraftmikroskope oder optische Pinzetten, kann der Fadenabstand als Reaktionskoordinate sinnvoll sein (Heidarsson et al. 2013).

Das zweite Beispiel für eine Reaktionskoordinate ist der Gyrationsradius R_g (siehe Vertiefung 7.5), der ein Maß für die Kompaktheit des Proteins ist. Als drittes Beispiel verwenden wir die einem Lösungsmittel zugängliche Oberfläche A_s des Proteins. Bei der Auswertung von MD-Simulationen für ein schnell faltendes Protein haben Scaletti und Koautoren (Scaletti et al. 2024) sowohl R_g als auch A_s als Reaktionskoordinate untersucht. Dabei wurde eine starke Korrelation zwischen beiden Koordinaten deutlich.

Als viertes Beispiel verwenden wir das RMSD (*Root Mean Square Deviation*), das die Wurzel aus der quadratischen Abweichung der augenblicklichen Koordinaten von den Koordinaten einer Referenzstruktur angibt, in der Regel der des gefalteten Peptids. Das letzte Beispiel für eine Reaktionskoordinate, die wir im Fall von Ala$_9$ von Ayaz et al. (2021) übernehmen, ist die durchschnittliche Länge der drei Wasserstoffbrücken (Abschn. 5.3), die das Peptid in seiner nativen Konfiguration zusammenhalten.

Die zeitliche Entwicklung dieser fünf Reaktionskoordinaten wird in Abb. 2.4 über einen Zeitraum von 4 μs verglichen. Dabei zeigt sich eine starke Korrelation zwischen allen fünf Koordinaten. Die Unterschiede zwischen den verschiedenen Reaktionskoordinaten werden deutlicher, wenn man diese nutzt um eine Landschaft der Gibbs-Energie zu berechnen.

2.4.2 Landschaft der Gibbs-Energie

Unser Ziel ist es jetzt, die Gibbs-Energie G als Funktion einer Reaktionskoordinate darzustellen. Dazu berechnen wir für jede Konfiguration der Trajektorie die Reaktionskoordinate q und bilden dann ein Histogramm, das angibt, wieviele Konfigurationen jeweils zu einzelnen diskreten Intervallen der Koordinate gehören. Der mit Boltzmann-Konstante k_B und Temperatur T multiplizierte negative Logarithmus der so berechneten Häufigkeiten $h(q)$ ist bis auf eine bedeutungslose Konstante gleich der Gibbs-Energie

$$G(q) = -k_B T \ln h(q) \qquad (2.1)$$

2.4 Auswertung

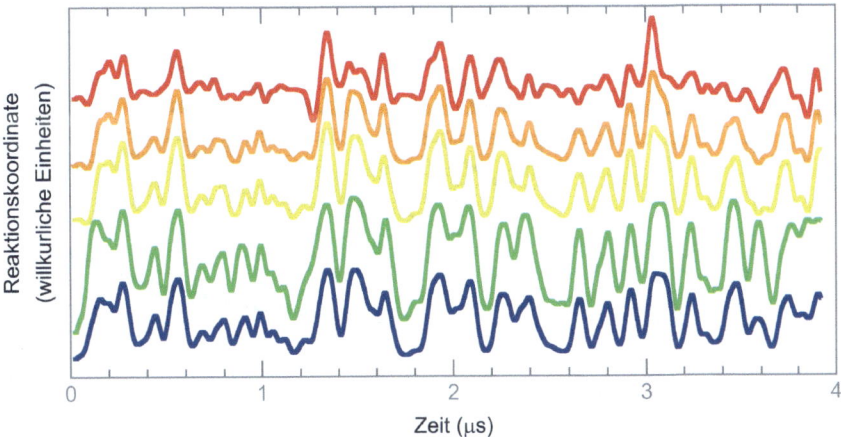

Abb. 2.4 Verschiedene Reaktionskoordinaten für Ala$_9$ in Abhängigkeit von der Zeit: Fadenabstand R_f, Gyrationsradius R_g, lösungsmittelzugängliche Oberfläche A_s, RMSD und durchschnittliche Länge der Wasserstoffbrücken (von oben nach unten)

des Systems (Abschn. 7.4), die wir damit als Funktion der Reaktionskoordinate darstellen können (Abb. 2.5).

Für alle fünf Reaktionskoordinaten ist sehr deutlich ein globales Minimum erkennbar, das dem gefalteten Zustand von Ala$_9$ entspricht. Mehr oder weniger deutlich ausgeprägt zeigen die Energielandschaften über A_s, RMSD und R_h auch ein zweites Minimum. Zwischen diesen beiden Minima liegt ein Maximum der Gibbs-Energie G, das einem Übergangszustand entspricht, der bei der Faltung oder Entfaltung des Peptids durchlaufen werden muss. Die Höhe der Aktivierungsbarriere, die hier, je nach Reaktionskoordinate, bei einigen kJ mol^{-1} liegt, ist einer der zentralen Parameter, die die Entfaltungsdynamik des Peptids bestimmen. Bei den Reaktionskoordinaten R_f und R_g fehlt ein solches Minimum der Gibbs-Energie für den entfalteten Zustand und beim Fadenabstand ist zudem die Reihenfolge der Konfigurationen vertauscht. Für das Beispiel des Ala$_9$ erscheinen der Gyrationsradius R_g und der Fadenabstand R_f als Reaktionskoordinate weniger brauchbar, während besonders das RMSD und die durchschnittliche Wasserstoffbrückenlänge R_h als geeignet wirken.

Aus den berechneten Trajektorien lassen sich viele weitere Informationen gewinnen, die aber den angestrebten Rahmen dieses kurzen Beispiels sprengen würden (eine ausführlichere Behandlung findet sich in (Kasprzak et al. 2025)). Erwähnt werden soll aber noch die zeitliche Dimension der durch eine MD-Simulationen erzeugten Trajektorie: Während eine Monte-Carlo-Simulation nur die Wahrscheinlichkeit verschiedener Zustände ermitteln aber keinerlei Informationen über die zeitliche Abfolge liefern kann, enthüllt eine MD-Trajektorie auch den zeitlichen Zusammenhang zwischen den Zuständen. Dadurch lässt sich auch die Kinetik der Faltungs- und Entfaltungsvorgänge berechnen.

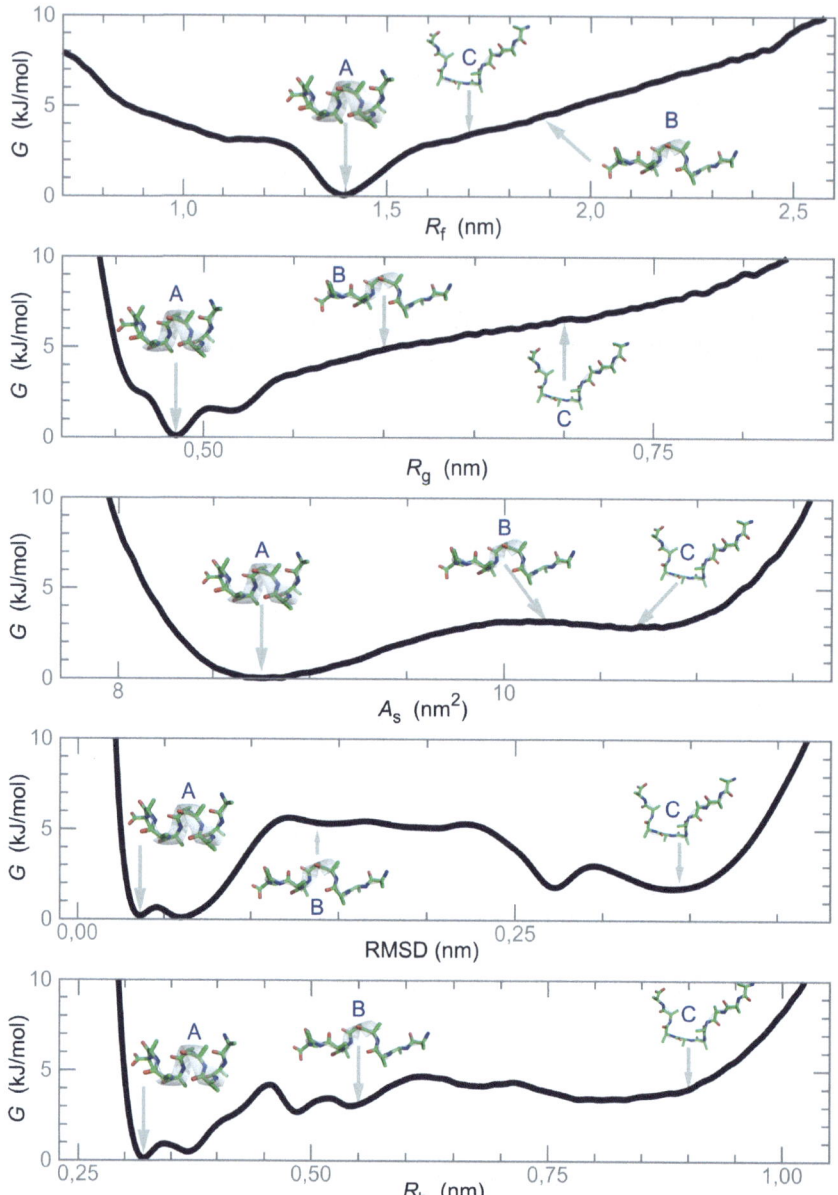

Abb. 2.5 Gibbs-Energie G von Ala$_9$ bei 300 K und 1 bar in Abhängigkeit von verschiedenen Reaktionskoordinaten: dem Fadenabstand R_f, dem Gyrationsradius R_g, der lösungsmittelzugänglichen Oberfläche A_s, dem RMSD und der durchschnittlichen Länge der Wasserstoffbrücken (von oben nach unten). Für die im Text genannten Beispielskonfigurationen A (gefaltet), B (teilweise entfaltet) und C (vollständig entfaltet) werden die Werte der jeweiligen Reaktionskoordinaten durch Pfeile markiert

2.5 Wissenscheck

Nach einer Zusammenfassung dieses Kapitel bieten Verständnisfragen und Aufgaben die Möglichkeit, das Verständnis der behandelten Themen zu vertiefen.

2.5.1 Zusammenfassung

Am Beispiel eines kurzen Peptids, des Ala_9, das stellvertretend für große Biomoleküle stehen soll, werden die typischen Arbeitsschritte einer MD-Simulation beschrieben. Dabei wird bei den einzelnen Schritten jeweils auf die ausführlichen Darstellungen in den folgenden Kapiteln verwiesen. Eine typische MD-Simulation lässt sich in vier Abschnitte unterteilen: Vorbereitung, Equilibrierung, Produktion und Auswertung.

In der Vorbereitung werden Anfangskoordinaten für das zu untersuchende Molekül, in diesem Fall das Ala_9-Peptid, erstellt und es wird eine Topologie bestimmt, die Atomtypen und chemische Bindungen enthält und das Kraftfeld festlegt. Weiterhin wird eine Simulationsbox gewählt und mit dem Peptid und einem Lösungsmittel, meist Wasser, gefüllt.

In der Equilibrierungsphase wird das System (im Beispiel also Peptid plus Wasser) in vier Schritten ins Gleichgewicht geführt. Im ersten Schritt werden die inneren Kräfte durch eine Energieminimierung ins Gleichgewicht gebracht, wodurch potentielle Energie entfernt wird, die sonst zu numerischen Problemen führen könnte. Im zweiten Schritt wird durch eine *NVE*-Simulation ein Gleichgewicht zwischen kinetischer und potentieller Energie hergestellt. Im dritten und vierten Schritt wird das System durch eine *NVT*- beziehungsweise *NpT*-Simulation ins Gleichgewicht mit der Temperatur des äußeren Wärmebads und mit dem externen Druck gebracht.

An die Equilibrierung schließt sich die Produktionsrechnung an, die eine möglichst lange Trajektorie erzeugt, durch die im Idealfall der gesamte Phasenraum repräsentativ abgetastet wird. Die so gewonnene Trajektorie kann dann ausgewertet werden. In diesem Beispiel werden die Konfigurationen der Trajektorie gegen eine Reaktionskoordinate histogrammiert, um eine Landschaft der Gibbs-Energie zu erhalten.

2.5.2 Verständnisfragen

2.1 Startstruktur
Wie kann man eine Startstruktur für ein großes Biomolekül für eine MD-Simulation erhalten?

2.2 Topologie
Warum benötigt man für eine klassische MD-Simulation mehr als nur die Koordinaten der Atome?

2.3 Wasser
Muss eine MD-Simulation Wasser einschließen, auch wenn nur das darin gelöste Biomolekül von Interesse ist?

2.4 Simulationsbox
Kann bei MD-Simulationen auf eine Simulationsbox verzichtet werden?

2.5 Equilibrierung
Ist es unbedingt erforderlich, vor der Produktionsrechnung eine Equilibrierung durchzuführen?

2.6 Thermostat
Lassen sich mit einer *NVE*-Simulation die gleichen Ergebnisse erzielen wie mit einem Thermostaten?

2.7 Zeitdauer
Welche Zeitdauer sollte simuliert werden?

Literatur

Abraham, Mark u. a. (2023). „GROMACS 2023 Manual". In: Publisher: Zenodo Version Number: 2023. https://doi.org/10.5281/ZENODO.7588711.

Abraham, Mark James u. a. (2015). „GROMACS: High performance molecular simulations through multi-level parallelism from laptops to supercomputers". In: *SoftwareX* 1–2, S. 19–25. https://doi.org/10.1016/j.softx.2015.06.001.

Abramson, Josh u. a. (June 2024). „Accurate structure prediction of biomolecular interactions with AlphaFold 3". In: *Nature* 630.8016, S. 493–500. https://doi.org/10.1038/s41586-024-07487-w.

Ayaz, Cihan u. a. (2021). „Non-Markovian modeling of protein folding". In: *Proceedings of the National Academy of Sciences* 118.31, e2023856118. https://doi.org/10.1073/pnas.2023856118.

Berman, H. M. (2000). „The Protein Data Bank". In: *Nucleic Acids Research* 28.1, S. 235–242. https://doi.org/10.1093/nar/28.1.235.

Brooks, B. R. u. a. (2009). „CHARMM: The biomolecular simulation program". In: *Journal of Computational Chemistry* 30.10, S. 1545–1614. https://doi.org/10.1002/jcc.21287.

Bussi, Giovanni, Davide Donadio und Michele Parrinello (2007). „Canonical sampling through velocity rescaling". In: *Journal of Chemical Physics* 126, S. 014101. https://doi.org/10.1063/1.2408420.

Case, D.A. u. a. (2023). *Amber 2023*. San Francisco.

Elber, R. und M. Karplus (1987). „Multiple Conformational States of Proteins: A Molecular Dynamics Analysis of Myoglobin". In: *Science* 235.4786, S. 318–321. https://doi.org/10.1126/science.3798113.

Graf, Jürgen u. a. (2007). „Structure and Dynamics of the Homologous Series of Alanine Peptides: A Joint Molecular Dynamics/NMR Study". In: *Journal of the American Chemical Society* 129.5, S. 1179–1189. https://doi.org/10.1021/ja0660406.

Hanwell, Marcus D u. a. (2012). „Avogadro: an advanced semantic chemical editor, visualization, and analysis platform". In: *Journal of Cheminformatics* 4.1, S. 17. https://doi.org/10.1186/1758-2946-4-17.

Literatur

Heidarsson, Pétur O. u. a. (2013). „Conformational Dynamics of Single Protein Molecules Studied by Direct Mechanical Manipulation". In: *Advances in Protein Chemistry and Structural Biology.* Bd. 92. Elsevier, S. 93–133. https://doi.org/10.1016/B978-0-12-411636-8.00003-1.

Hellenkamp, Björn u. a. (2018). „Precision and accuracy of single-molecule FRET measurements— a multi-laboratory benchmark study". In: *Nature Methods* 15.9, S. 669–676. https://doi.org/10.1038/s41592-018-0085-0.

Henzler-Wildman, Katherine A. u. a. (2007). „Intrinsic motions along an enzymatic reaction trajectory." In: *Nature* 450, S. 838–844.

Hirschfeld, Verena, Hauke Paulsen und Christian G. Hübner (2013). „The spectroscopic ruler revisited at 77 K". In: *Physical Chemistry Chemical Physics* 15.40, S. 17664. ISSN: 1463-9076, 1463-9084. (visited on 08/22/2024).

Jumper, John u. a. (2021). „Highly accurate protein structure prediction with AlphaFold". In: *Nature* 596.7873, S. 583–589. https://doi.org/10.1038/s41586-021-03819-2.

Kasprzak, Y. u. a. (Feb. 2025). „Hydrogen bonds vs RMSD: Geometric reaction coordinates for protein folding". In: *Journal of Chemical Physics* 162, S. 074107. https://doi.org/10.1063/5.0241564.

Kutzner, Carsten, Szilárd Páll, Martin Fechner, Ansgar Esztermann, Bert L. De Groot u. a. (2015). „Best bang for your buck: GPU nodes for GROMACS biomolecular simulations". In: *Journal of Computational Chemistry* 36.26, S. 1990–2008. https://doi.org/10.1002/jcc.24030.

Kutzner, Carsten, Szilárd Páll, Martin Fechner, Ansgar Esztermann, Bert L. Groot u. a. (2019). „More bang for your buck: Improved use of GPU nodes for GROMACS 2018". In: *Journal of Computational Chemistry* 40.27, S. 2418–2431. https://doi.org/10.1002/jcc.26011.

Peters, Baron (May 27, 2016). „Reaction Coordinates and Mechanistic Hypothesis Tests". In: *Annual Review of Physical Chemistry* 67.1, S. 669–690. https://doi.org/10.1146/annurev-physchem-040215-112215.

Phillips, James C. u. a. (2005). „Scalable molecular dynamics with NAMD". In: *Journal of Computational Chemistry* 26.16, S. 1781–1802. https://doi.org/10.1002/jcc.20289.

Rogal, Jutta (Nov. 2021). „Reaction coordinates in complex systems-a perspective". In: *The European Physical Journal B* 94.11, S. 223. https://doi.org/10.1140/epjb/s10051-021-00233-5.

Rule, Gordon S. und T. Kevin Hitchens (2010). *Fundamentals of protein NMR spectroscopy.* Dordrecht: Springer.

Scaletti, Carla u. a. (May 2024). „Hydrogen bonding heterogeneity correlates with protein folding transition state passage time as revealed by data sonification". In: *Proceedings of the National Academy of Sciences* 121.22, e2319094121. https://doi.org/10.1073/pnas.2319094121.

Wynne-Jones, W. F. K. und H. Eyring (1935). „The absolute rate of reactions in condensed phases". In: *J. Chem. Phys* 3, S. 492–502.

Zoete, Vincent u. a. (2011). „SwissParam: A fast force field generation tool for small organic molecules". In: *Journal of Computational Chemistry* 32.11, S. 2359–2368. https://doi.org/10.1002/jcc.21816.

Atome und Moleküle

3

Inhaltsverzeichnis

3.1	Klassische Atome und Moleküle	27
3.2	Quantenmechanische Atome	37
3.3	Born-Oppenheimer-Näherung	51
3.4	Quantenmechanische Moleküle	66
3.5	Wissenscheck	80

Der Begriff Atom stammt von dem altgriechischen Wort ἄτομος, was man etwa als *unteilbar* übersetzen könnte. Der griechische Philosoph Demokrit verwendete diesen Ausdruck im 5. Jahrhundert vor Christus, um seine Vorstellung zu beschreiben, dass sich alle Materie aus kleinsten Einheiten zusammensetzt, die nicht weiter zerteilt werden können. Seiner Zeit entsprechend gründete Demokrit diese Vorstellung auf philosophische Überlegungen und nicht auf experimentelle Befunde. Erste Experimente, die die Atomhypothese stützen konnten, wurden erst im ausgehenden 18. und im beginnenden 19. Jahrhundert von Chemikern ausgeführt, die eine Reihe von Beobachtungen machten, für die die Annahme von kleinsten, unteilbaren Einheiten eine einfache Erklärung bieten konnte. Gegen Ende des 19. Jahrhundert, als sich die Atomhypothese in der Chemie bereits fest etabliert hatte, wurde es möglich die innere Struktur von Atomen mit physikalischen Methoden zu untersuchen. Dabei wurde offenbar, dass diese nicht unteilbar sind, sondern aus Elektronen und einem positiv geladenen Kern bestehen. Weiterhin lässt sich der Aufbau der Atome nicht aus der klassischen Physik heraus verstehen, da es energetisch günstiger wäre, wenn die Elektronen sich direkt im Kern aufhielten. Erst die in der ersten Hälfte des 20. Jahrhunderts entwickelte Quantenmechanik konnte dieses Problem lösen. Quantenmechanische Rechnungen erlauben es zumindest im Prinzip, alle Eigenschaften von Atomen und Molekülen *ab initio,* das heißt ohne über die Naturkonstanten hinausgehendes Vorwissen, zu berechnen. Je nach Fragestellung können solche Rechnungen aber so aufwendig werden, dass es vorteilhaft sein kann, Eigenschaften von

Molekülen im Rahmen der klassischen Physik zu berechnen, wobei zwangsläufig in erheblichem Umfang Vorwissen eingebracht werden muss. Da solche klassischen Rechnungen der Gegenstand dieses Lehrbuches sind, beginnt dieses Kapitel mit Abschn. 3.1, der Atome und Moleküle klassisch beschreibt.

Während bei quantenmechanischen Simulationen zur Molekulardynamik (MD) Elektronen und Kerne die elementaren Konstituenten des simulierten Systems darstellen, bilden bei klassischen MD-Simulationen Atome und Ionen die grundlegenden Bestandteile. Der klassische Ansatz beruht unter anderem darauf, dass wesentliche Eigenschaften der Atome erhalten bleiben, wenn diese Moleküle formen, und dass die Grundbausteine des simulierten Systems nur insoweit realistisch gestaltet werden müssen, wie es erforderlich ist um die Eigenschaften des Systems als Ganzes zu berechnen. Einzelne Atome werden deshalb in klassischen MD-Simulationen nur modellhaft beschrieben. Viele Eigenschaften tatsächlicher Atome, insbesondere ihre elektronische Struktur, fehlen solchen Modellatomen notgedrungen.

Der Fokus dieses klassischen Ansatzes liegt auf einer zumindest näherungsweise korrekten Beschreibung der zwischenatomaren Wechselwirkungen, wie sie in Gleichgewichtssituationen vorkommen. Die Bildung oder das Aufbrechen von chemischen Bindungen können so nicht beschrieben werden. Moleküle sind deswegen im Rahmen von klassischen MD-Simulationen fest vorgegebene Einheiten, die lediglich ihre geometrische Form innerhalb gewisser Grenzen ändern können, die aber nicht neu gebildet werden oder zerfallen können. Für eine auch quantitativ zufriedenstellende Beschreibung der Eigenschaften von Molekülen reicht es nicht aus, Atome allein durch ihre Ordnungs- oder Kernladungszahl zu charakterisieren. Vielmehr erhalten die Atome unterschiedliche Eigenschaften in Abhängigkeit von ihren Bindungspartnern in den vorgegebenen Molekülen. Es gibt daher nicht *das* Kohlenstoffatom, sondern viele: Das Kohlenstoffatom im Methanmolekül ist ein anderes als das Kohlenstoffatom im Kohlendioxidmolekül (siehe auch Abschn. 5.5).

Elektronen, die man bildlich als den „Kitt" bezeichnen könnte, der die Moleküle zusammenhält, tauchen in einem solchen klassischen Modell nicht auf. Schon aufgrund ihrer geringen Masse und sehr hohen Beweglichkeit können sie nicht Teil einer klassischen Beschreibung der Moleküle sein. Stattdessen wird ihr Einfluss implizit in den klassischen Potenzialen berücksichtigt, die Wechselwirkungen der Atome beschreiben.

In Abschn. 3.1 wird im Wesentlichen alles über Atome und Moleküle gesagt, was für MD-Simulationen von Bedeutung ist. Die darauf folgenden Abschn. (3.2-3.4) können daher grundsätzlich übersprungen werden. Wenn ein tieferes Verständnis der klassischen Beschreibung von Atomen und Molekülen angestrebt wird, können diese Abschnitte aber eine Hilfestellung bieten. In Abschn. 3.2 wird anhand der quantenmechanischen Beschreibung des Wasserstoffatoms deutlich, warum Atome nicht punktförmig sind und warum sie sich nicht durchdringen können. Außerdem wird skizziert, wie sich auch die elektronische Struktur schwererer Atome mit Hilfe der für das Wasserstoffatom erhaltenen Orbitale beschreiben lässt. Die empirisch gewonnenen Begriffe Valenz und Oxidationszahl lassen sich so auf die Quantenmechanik zurückführen. Geht man in der Quantenmechanik vom Atom zum Molekül über, so ist zunächst nicht klar, inwieweit die Struktur der Atome in dieser neuen Einheit erhalten bleibt. Die in Abschn. 3.3 vorgestellte Born-Oppenheimer-Näherung liefert die Rechtfertigung dafür, dass wir einem Molekül eine stabile geometrische Struktur zuordnen können, die durch die Gleichgewichtskoordinaten der Kerne festgelegt ist. In Abschn. 3.4 schließlich wird gezeigt, dass sich die elektronische Struktur eines Moleküls mit Hilfe der für die Atome erhaltenen Orbitale darstellen lässt. Dabei wird insbesondere der Ursprung der kovalenten Bindung diskutiert, die in einer klassischen Beschreibung der Moleküle durch empirische Potentiale (siehe Abschn. 5.2) modelliert werden muss.

3.1 Klassische Atome und Moleküle

In der Frühzeit der chemischen Theorie der Atome war die Unterscheidung von Atomen und Molekülen oft noch unscharf. Amadeo Avogadro, der 1811 als einer der ersten den Begriff des Moleküls in die chemische Literatur einführte und selber sehr klare Vorstellungen von diesen Begriffen hatte, trug wohl zur anfänglichen Verwirrung bei, denn er verwendete die Bezeichnungen *Molécule élémentaire* und *Molécule constituante* für das, was wir im heutigen Sprachgebrauch Atom beziehungsweise Molekül nennen, während er bei Teilchen im Allgemeinen (Atome ebenso wie Moleküle) einfach nur vom *Molécule* sprach (Tilden 1921). Das nach ihm benannte Gesetz von Avogadro gilt dann auch für beides, für Atome und Moleküle, und besagt, dass bei gegebenen Werten für Druck, Temperatur und Volumen eines Gases, die Anzahl der Teilchen, die sich in diesem Gasvolumen aufhalten immer gleich groß und damit unabhängig von der Teilchensorte ist. Aus heutiger Sicht ist dieses Gesetz eine Folgerung aus der Zustandsgleichung idealer Gase und wir können es mit Hilfe der Allgemeinen Gaskonstante $R \approx 8{,}314 \text{ J mol}^{-1} \text{ K}^{-1}$ so schreiben, dass durch

$$N = N_A \frac{pV}{RT} \tag{3.1}$$

die Anzahl der Teilchen innerhalb des Volumens V (bei gegebenen Werten für den Druck p und die Temperatur T) angegeben wird. Der Wert der nach Avogadro benannten und im SI-System als exakt festgelegten Naturkonstanten

$$N_A = 6{,}022\,140\,76 \cdot 10^{23} \text{ mol}^{-1} \tag{3.2}$$

war zu seinen Lebzeiten allerdings noch nicht bekannt und so konnte man auch dann, wenn die Dichte ρ eines Gasvolumens bekannt war, mit Hilfe von Avogadros Gesetz die Masse

$$m = \frac{\rho RT}{p N_A} \tag{3.3}$$

eines Teilchens noch nicht absolut bestimmen, wohl aber das relative Massenverhältnis

$$\frac{m_1}{m_2} = \frac{\rho_1}{\rho_2} \tag{3.4}$$

zweier Teilchensorten 1 und 2, das einfach dem Verhältnis der gemessenen Gasdichten entspricht. Ordnet man zum Beispiel einem Teilchen Wasserstoffgas 2 Masseneinheiten zu, dann folgt aus Dichtemessungen, dass einem Teilchen Sauerstoffgas 32 Masseeinheiten zukommen.

Aus dem Gesetz der multiplen Proportionen, das John Dalton in seinem Buch *A New System of Chemical Philosophy* (Dalton 1808) verwendete, kann man schlussfolgern, dass sich die Teilchenmassen immer als Summe von ganzzahligen Vielfachen elementarer Massen darstellen lassen müssen. Wie diese elementaren Massen zu bestimmen sind, war anfänglich nicht klar. Es war das Verdienst von Stanislao Cannizzaro den – schon von Avogadro vermuteten – Unterschied zwischen Atommasse und Molekülmasse eindeutig herauszuarbeiten (Graebe 1912), insbesondere auf dem berühmt gewordenen Chemikerkongress in Karlsruhe im Jahr 1860. Spätestens seit Cannizzaro war damit die Atomhypothese für die Chemie unverzichtbar geworden.

In der Physik hielt diese Hypothese dagegen erst mit Verspätung Einzug. Die unter anderem von Rudolf Clausius, James Clerk Maxwell und Ludwig Boltzmann in den sechziger Jahren des 19. Jahrhunderst vorangetriebene kinetische Gastheorie half dann aber Josef Loschmidt, erstmals den Durchmesser der Teilchen in einem vorgegebenen Gasvolumen und ihre Anzahl größenordnungsmäßig abzuschätzen.[1]

3.1.1 Eigenschaften der Atome

Die Hypothese von der Existenz der Atome erwies sich in der Chemie als überaus fruchtbar, auch wenn sich die Atome noch lange Zeit einer direkten Beobachtung entzogen. Nach und nach konnten jedoch einige Eigenschaften der Atome, wie Radius, Masse und Ladung bestimmt werden. Mit diesen Eigenschaften und geeignet gewählten empirischen Potentialen lassen sich physikalische Systeme wie reale Gase oder Ionenkristalle durch klassische Modelle verstehen.

3.1.1.1 Masse und Radius

Josef Loschmidt nutzte 1866 einen von Physikern aus der kinetischen Gastheorie abgeleiteten Mittelwert für die freie Weglänge von Luftmolekülen, um den Durchmesser eines Luftteilchens auf etwa 9,7 Å zu schätzen. Diese Schätzung lag etwa um den Faktor drei zu hoch, was hauptsächlich an dem ungenauen Wert für die freie Weglänge lag (Becker 2001). Eine weitere Abschätzung zur Größe der Moleküle lieferte 1890 Lord Rayleigh mit seinem Ölfleckversuch. Aus dem Volumen und der Fläche eines Ölfilms, der eine Wasseroberfläche bedeckte und als monomolekular angesehen wurde, konnte auf einen Moleküldurchmesser im Bereich von Bruchteilen

---

[1] Gleichzeitig blieb Annahme, dass Atome die grundlegenden Bestandteile aller Materie sei, in der Physik noch längere Zeit umstritten. Legendär geworden ist die Anekdote, nach der der bekannte Physiker und Anhänger einer positivistischen Erkenntnistheorie, Ernst Mach, jedem, der von Atomen sprach, entgegnet haben soll „Hams schon eins gesehen?" (Fischer 2022).

eines Nanometers geschlossen werden. Aufbauend auf Albert Einsteins theoretischer Beschreibung der Brown'schen Molekularbewegung (Einstein 1905) konnte Jean Perrin 1908 genauere Schätzungen für die Masse und den Radius von Atomen und Molekülen liefern. Dabei wurde verständlich, warum Atome für das Auge unsichtbar sind: ihr Durchmesser ist um mehr als drei Größenordnungen kleiner als die Wellenlänge des sichtbaren Lichts und damit viel kleiner als das Auflösungsvermögen jedes Lichtmikroskops.

Die Kenntnis von Masse und Durchmesser der Atome erlaubt es ein erstes, allereinfachstes klassisches Atommodell für MD-Simulationen aufzustellen. In diesem Modell, manchmal als Dalton-Modell bezeichnet, werden Atome als harte Kugeln aufgefasst, die durch Angabe von Masse und Radius schon vollständig beschrieben sind (Allen und Tildesley 1987). Ist der Abstand R der Mittelpunkte zweier solcher kugelförmiger Atome größer als die Summe $a_1 + a_2$ ihrer Radien, gibt es keine Wechselwirkung. Erst wenn der Abstand gleich dieser Summe ist, kommt es zu einem vollkommen elastischen Stoß. Als anschauliches, makroskopisches Beispiel kommen Billiardkugeln einem solchen Modell recht nahe. Mathematisch lässt sich diese Wechselwirkung durch das Modellpotential

$$V_{\text{HS}}(R) = \begin{cases} \infty & \text{für} \quad R < a_1 + a_2 \\ 0 & \text{sonst} \end{cases} \tag{3.5}$$

beschreiben (HS für englisch *hard spheres*).[2] So einfach das Modell harter Kugeln auch ist, reicht es doch aus, um ein interessantes und nicht triviales physikalisches System zu simulieren, das ideale Gas. Wählt man die Atomradien der harten Kugeln infinitesimal klein, lässt sich durch MD-Simulationen die Zustandsgleichung idealer Gase ebenso numerisch bestätigen wie die Maxwell-Boltzmann'sche Geschwindigkeitsverteilung. Das Modell des idealen Gases kann trotz seiner Einfachheit viele Gesetzmäßigkeiten zur Beschreibung von Gasen erklären, wie etwa die Gesetze von Boyle, Gay-Lussac oder Amontons, versagt aber im Allgemeinen mangels anziehender Wechselwirkung bei der Beschreibung der Kondensation von Gasen (Ausnahmen bestätigen die Regel, siehe etwa die bekannte Arbeit von Alder und Wainwright (Alder und Wainwright 1957)).

Dieser Mangel des Dalton-Modells lässt sich beispielsweise durch das **Lennard-Jones-Potential** (siehe Abschn. 5.3.1.3)

$$V_{\text{LJ}}(R) = E_0 \left[\left(\frac{R_0}{R}\right)^{12} - 2\left(\frac{R_0}{R}\right)^6 \right], \tag{3.6}$$

beheben. Der Gleichgewichtsabstand R_0 entspricht hier in etwa der Summe $a_1 + a_2$ der Atomradien im Potential V_{HS}, während die Bindungsenergie E_0 natürlich kein

---

[2] Um mit diesem Potential praktisch zu rechnen, muss man es etwas modifizieren, damit die Kraft $F = -\partial V/\partial R$ nicht divergiert.

Gegenstück im Modell der harten Kugeln hat. Der erste Term in den eckigen Klammern auf der rechten Seite von Gl. (3.6) sorgt dafür, dass dieses Potential abstoßend ist (Pauli-Abstoßung, siehe auch Abschn. 5.3.1.1), sofern der Abstand R der Atome den Gleichgewichtsabstand R_0 unterschreitet. Bei größeren Abständen überwiegt betragsmäßig der zweite, anziehende Term des Potentials (Van-der-Waals-Anziehung, siehe Abschn. 5.3.1.2).

Das Lennard-Jones-Potential (3.6) ist dafür gedacht, schwache Bindungen zwischen neutralen Atomen zu modellieren. Schon in den Anfängen der Molekulardynamik wurde es erfolgreich angewandt, um die Virialkoeffizienten in einer als Reihenentwicklung geschriebenen Zustandsgleichung realer Gase zu bestimmen (M. N. Rosenbluth und A. W. Rosenbluth 1954). Am Beispiel von Edelgasen wie etwa Helium, Neon, Argon, Krypton und Xeon wurde gezeigt, dass sich mit Hilfe des Lennard-Jones-Potentials auch die Kondensation von Gasen simulieren lässt (McDonald und Singer 1970; Tchouar et al. 2003). Je genauer man jedoch insbesondere leichte Gase wie Helium untersucht, desto mehr wird eine quantenmechanische Beschreibung erforderlich (Liu et al. 2010).

3.1.1.2 Ladung

Zu Beginn des 20. Jahrhunderts wurde in den Atommodellen von Joseph John Thomson (1903) und von Ernest Rutherford (1911) postuliert, dass Atome nicht elementar sind, sondern aus positiv und negativ geladenen Teilchen bestehen. Nach dem Modell von Rutherford, das sich schnell durchsetzen konnte, bestehen Atome aus einem positiv geladenen, schweren Kern mit einem Durchmesser von ein bis zwei Femtometern und aus mehreren leichten, praktisch punktförmigen Elektronen mit einer negativen Ladung in Höhe der Elementarladung $e = 1{,}602\,176\,634 \cdot 10^{-19}$ C. Von Atomen im engeren Sinne sprechen wir nur, wenn sich die Ladung des Kernes und der Elektronen genau ausgleichen. Enthält die Elektronenhülle zu wenige oder zu viele Elektronen, verwenden wir die Bezeichnung positiv beziehungsweise negativ geladenes Ion. Die Wechselwirkung zwischen zwei Ionen mit Ladungen Q_1 und Q_2 können wir für Abstände R, die viel größer als die Ionenradien sind, im Rahmen der klassischen Elektrostatik durch das **Coulomb-Potential**

$$V_C(R) = \frac{1}{4\pi\varepsilon_0} \frac{Q_1 Q_2}{R} \tag{3.7}$$

beschreiben (wobei $\varepsilon_0 \approx 8{,}854 \cdot 10^{-12}\,\text{A\,s\,V}^{-1}\,\text{m}^{-1}$ die elektrische Feldkonstante oder die Permittivität des Vakuums ist, siehe Abschn. 5.3.2), bei kleineren Abständen R kommen Quanteneffekte zum Tragen. Die Kombination des klassischen Coulomb-Potentials mit einem empirischen Potential wie dem Lennard-Jones-Potential oder ähnlichen erlaubt die klassische MD-Simulation von aus Ionen zusammengesetzten Kristallen, wie etwa dem Kochsalzkristall (siehe zum Beispiel (Lewis und Singer 1975) oder (Lanaro und Patey 2015)).

Die Bildung von Molekülen jedoch lässt sich mit den hier vorgestellten klassischen Potentialen nicht erklären, was schon daran liegt, dass diese Potentiale richtungsunabhängig sind. Um die Molekülbildung in einem klassischen Rahmen zu erklären, müssen den empirischen Atommodellen daher weitere Eigenschaften zugeordnet werden.

3.1.1.3 Valenzen und Oxidationszahlen

Alle Atommodelle, von den harten Kugeln bis zur Quantenmechanik, sehen isolierte Atome als sphärisch symmetrisch an. Trotzdem ist es nicht möglich, die Wechselwirkung zwischen Atomen in Molekülen mit drei oder mehr Atomen allein durch Potentiale zu beschreiben, die nur vom Abstand abhängen. Schon zu Beginn des 19. Jahrhunderts erkannten Chemiker, dass sich die Atome der unterschiedlichen Elemente bei der Bildung von Molekülen nicht in beliebiger Weise kombinieren lassen. Beispielsweise lassen sich homonukleare zweiatomige Moleküle bei Umgebungsbedingungen nur aus den Elementen Wasserstoff, Sauerstoff, Stickstoff, Fluor und Chlor bilden (Hammond 2022). Auf ein anderes Beispiel führt die Frage, wieviele Wasserstoffatome ein Atom höchstens binden kann: Kohlenstoff, Stickstoff, Sauerstoff und Fluor bilden Moleküle mit genau vier, drei, zwei beziehungsweise einem Wasserstoffatom.

Diese Beobachtungen lassen sich durch das Konzept der kovalenten Bindung (siehe Abschn. 3.4) und der **Valenz** erklären. Jedem Element wird dabei eine Valenz (oder Wertigkeit) zugeordnet, die angibt, wieviele kovalente Bindungen ein Atom mit anderen Atomen ausbilden kann. Dem Wasserstoff wird die Valenz eins zugeordnet und den oben genannten Elementen von Kohlenstoff bis Fluor genau die Valenz, die der Anzahl an gebundenen Wasserstoffatomen entspricht. Bei der Bildung von Molekülen müssen sich nun die einzelnen Atome so miteinander verbinden, dass jedes Atom an sovielen kovalenten Bindungen teilhat, wie es seiner Valenz entspricht. Im Wassermolekül muss es daher je eine Bindung zwischen dem Sauerstoffatom und den beiden Wasserstoffatomen geben, aber keine Bindung zwischen den Wasserstoffatomen untereinander. Neben einfachen kovalenten Bindungen sind auch Doppel- oder Dreifachbindungen möglich. So existiert im Stickstoffmolekül eine Dreifachbindung, wodurch die Valenzen beider Stickstoffatome abgesättigt werden.

Die Absättigung der Valenzen ist jedoch nur eine notwendige, aber noch keine hinreichende Bedingung dafür, dass ein stabiles Molekül aus einer bestimmten Kombination von Elementen gebildet werden kann. Zusätzlich wird den Atomen deshalb eine **Oxidationszahl** zugeordnet, mit der Forderung, dass die Summe aller Oxidationszahlen in einem neutralen Molekül null ergeben soll. So besitzen die Wasserstoffatome im Wassermolekül jeweils die Oxidationszahl $+1$, während dem Sauerstoffatom die Oxidationszahl -2 zugeschrieben wird. Die Oxidationszahl eines Atoms ist allerdings keine Konstante, sondern kann sich abhängig von den Bindungspartnern im Molekül ändern, so dass auch das Molekül Sauerstoffdifluorid existiert, in dem das Sauerstoffatom die Oxidationszahl $+2$ und die Fluoratome die Oxidationszahl -1 besitzen.

Mit Hilfe der Valenz und der Oxidationszahl sind wir in der Lage, vorherzusagen, welche Kombinationen von Atomen stabile Moleküle bilden können. Auch die Konnektivität der Moleküle lässt sich prognostizieren, wir wissen also, welches Atom mit welchem anderen eine kovalente Bindung eingeht. Um auch quantitative Voraussagen machen zu können, um also zu bestimmen, wie die dreidimensionale Geometrie eines Moleküls aussieht, oder wieviel Energie man benötigt, um das Molekül aufzuspalten, benötigen wir über die Valenzen und Oxidationszahlen hinaus Potentiale, die die kovalenten Bindungen beschreiben. Wie sich empirische Potentiale konstruieren lassen, die diese Aufgaben leisten können, wird Gegenstand von Kap. 5 sein.

Begriffe, wie Valenz, Oxidationszahl oder kovalente Bindung lassen sich zwar nicht aus der Quantenmechanik deduzieren, diese Theorie hilft aber, diese Begriffe besser zu verstehen, und ermöglicht quantitative Aussagen (siehe Abschn. 3.2 und 3.4).

▶ **Merksatz 3.1** Auch in einem klassischen Modell können Atome untereinander feste Bindungen eingehen. Die Anzahl der Bindungen, die ein Atom eingehen kann, werden duch empirische Werte wie Valenz und Oxidationszahl bestimmt, die den Atomtypen zugeordnet werden.

3.1.2 Eigenschaften der Moleküle

Moleküle (in der älteren Literatur auch Molekeln genannt) sind die kleinsten Einheiten eines reinen Stoffes, die unter vielen Gesichtspunkten noch die gleichen Eigenschaften haben, wie eine makroskopische Probe. Bei vielen Stoffen wie zum Beispiel Mineralen oder Metallen existieren allerdings keine solchen Einheiten. Zu Anfang des 19. Jahrhunderts war die Unterscheidung zwischen Atomen und Molekülen noch unscharf. Nach gängigem Sprachgebrauch sollte eine Einheit, um als Molekül bezeichnet zu werden, unter Umgebungsbedingungen stabil genug sein, um spektroskopisch charakterisiert werden zu können. Die Internationale Vereinigung für Reine und Angewandte Chemie (IUPAC) versteht unter einem Molekül eine elektrisch neutrale Einheit, die aus mehr als einem Atom besteht und eine Potentialhyperfläche[3] mit mindestens einem Vibrationszustand besitzt (Gold 2019; Muller 1994).

Die in der Definition eines Moleküls erforderliche Stabilität erreichen Verbindungen von Atomen normalerweise nur dadurch, dass jedes Atom des Moleküls mindestens eine kovalente Bindung (siehe Abschn. 3.4) zu einem der anderen Atome ausbildet. Wassercluster (Keutsch und Saykally 2001), die durch Wasserstoffbrückenbindungen zusammengehalten werden, sind nach dieser Definition daher keine Moleküle.

3.1.2.1 Summenformeln

Das ursprünglichste und einfachste Charakteristikum eines Moleküls ist seine Summenformel, das heißt die Angabe wieviel Atome von jedem Element in dem Molekül enthalten sind, also zum Beispiel H_2O für Wasser, um anzuzeigen, dass Wassermo-

---

[3] Die Potentialhyperfläche beschreibt die Abhängigkeit der potentiellen Energie eines Moleküls von dessen geometrischer Struktur und wird in Abschn. 3.3.3 ausführlich behandelt.

3.1 Klassische Atome und Moleküle

leküle aus einem Sauerstoff- und zwei Wasserstoffatomen bestehen. Dass für jedes Molekül eine eindeutig definierte Summenformel existieren muss, ergibt sich aus Daltons Gesetz der multiplen Proportionen (Dalton 1808). Mit Hilfe der Summenformeln der Moleküle lässt sich die Stöchiometrie von chemischen Reaktionen ermitteln, also das durch ganze Zahlen angebbare Verhältnis der Reaktanten zueinander, wie etwa bei der Knallgasreaktion

$$2 \cdot H_2 + O_2 \rightarrow 2 \cdot H_2O.$$

Die Reihenfolge der Elemente innerhalb einer Summenformel ist nicht eindeutig. Nach dem Hill-System werden zunächst die Kohlenstoffatome, dann die Wasserstoffatome und schließlich alle übrigen Elemente in alphabetischer Reihenfolge aufgeführt (ist kein Kohlenstoff vorhanden, wird auch der Wasserstoff alphabetisch eingereiht). Das Methanolmolekül bekommt so die Summenformel CH_4O. Es ist beispielsweise aber auch möglich, das Molekül in Untereinheiten zu zerlegen und diese in der Reihenfolge zunehmender Elektronegativität zu ordnen. Nach dieser Regel bekäme Methanol die Summenformel H_3COH.

Der Summenformel und ebenso allen folgenden Darstellungen eines Moleküls liegt die implizite Annahme zugrunde, dass die einzelnen Atome, aus deren Zusammenschluss ein Molekül hervorgeht, ihre grundlegenden Eigenschaften beibehalten und sich auch innerhalb des Moleküls identifizieren lassen. Die Untersuchung der Ladungsdichte in Molekülen durch Röntgenbeugung und durch quantenmechanische Rechnungen zeigt, dass die kovalenten Bindungen zwischen den Atomen zu so geringen Verschiebungen der elektronischen Ladungsdichte führen, dass die Annahme von Atomen in Molekülen sehr gut gerechtfertigt ist (Bader 1994).

3.1.2.2 Strukturformeln

Informationen über die der Summenformel hinaus liefern Strukturformeln, wie sie in Abb. 3.1 dargestellt sind. Einfache Strichformeln beschreiben die Konnektivität des Moleküls und den Typ der kovalenten Bindungen (ein-, zwei-, dreifach), die Keilstrichformel gibt zusätzlich Hinweise zur dreidimensionalen Struktur des Moleküls, während die Elektronenformel Aussagen zur elektronischen Struktur (Abschn. 3.4) macht, genauer gesagt zur Verteilung der Valenzelektronen.

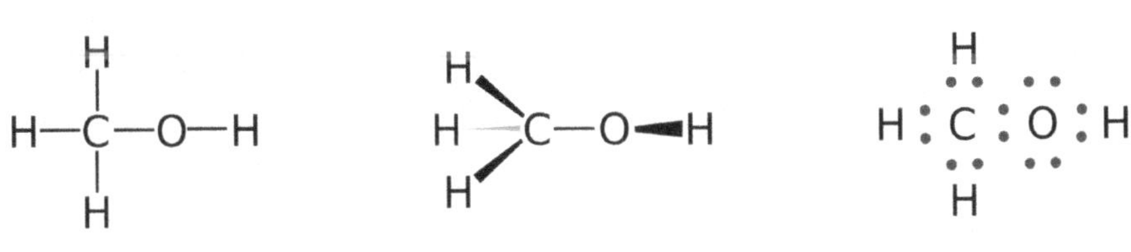

Abb. 3.1 Strukturformeln des Methanols: Einfache Strichformel (links), Keilstrichformel (Mitte) und Elektronenformel (rechts)

3.1.2.3 Geometrische Struktur

Während Aussagen über die Konnektivität der Moleküle bereits im 19. Jahrhundert aus empirischen Regeln für die Valenzen und Oxidationszahlen der Elemente abgeleitet wurden, konnten geometrische Molekülstrukturen erst wesentlich später durch experimentelle Untersuchungen aufgeklärt werden. Die ersten Experimente dazu wurden 1913 durch William Henry Bragg und William Lawrence Bragg durchgeführt, die mit Hilfe der Beugung von Röntgenstrahlung an Kristallen die Struktur von Kochsalz und Diamant aufklären konnten. Mit zunehmender Weiterentwicklung dieser Technik konnten immer größere Moleküle untersucht werden, darunter auch große Biomoleküle wie DNA und Proteine. Heute werden auch Verfahren wie die Beugung von Elektronenstrahlen und die Kernspinresonanz (NMR) für die Strukturaufklärung großer Biomoleküle verwendet.

Starre Moleküle

Der Definition einer geometrischen Molekülstruktur liegt die Annahme zugrunde, dass die Atome eines Moleküls feste Abstände zueinander einhalten, dass ein Molekül also als starrer Körper betrachtet werden kann, dessen einzige Freiheitsgrade die Translation seines Massenmittelpunktes und die Rotation um seine Trägheitsachsen sind. Dies schließt Schwingungen der Atome um eine Gleichgewichtslage nicht aus, solange die Amplituden dieser Schwingungen klein genug sind. Diese Annahme wird durch die Untersuchung der Röntgenbeugung von Molekülen experimentell bestätigt und durch die Born-Oppenheimer-Näherung (Abschn. 3.3) theoretisch gerechtfertigt.

Um die Position eines Atoms im Raum anzugeben, sind drei Koordinaten erforderlich, für ein Molekül mit N Atomen daher insgesamt $3N$ Koordinaten. Da für die Struktur eines Moleküls aber weder die Lage seines Massenmittelpunkts noch die Orientierung des Moleküls im Raum von Bedeutung sind, verringert sich die Anzahl der Koordinaten um sechs. Für die Festlegung der geometrischen Struktur sind also $3N - 6$ Koordinaten ausreichend. Eine Ausnahme bilden die linearen Moleküle, die wir – was die Verteilung der Massen angeht – in sehr guter Näherung mit einem unendlich dünnen Stab gleichsetzen dürfen; hier sind $3N - 5$ Koordinaten erforderlich.

Mit Hilfe moderner Computergrafik lässt sich die dreidimensionale Struktur auch großer Moleküle auf vielfältige Weise darstellen, wobei jede Darstellungsform ihre eigenen Vor- und Nachteile hat. Die Visualisierung kovalenter Bindungen als Stäbchen (Abb. 3.2a) gibt einen guten Überblick über die Konnektivität des gesamten Moleküls, macht es aber schwer, das vom Molekül eingenommene Volumen einzuschätzen. Zu diesem Zweck sind raumfüllende Darstellungen wie in Abb. 3.2c und d besser geeignet, allerdings um den Preis, dass immer nur ein Teil des Moleküls sichtbar ist.

▶ **Merksatz 3.2** In der klassischen Molekulardynamik werden Moleküle als im Wesentlichen starre Körper aufgefasst, deren geometrische Struktur durch die Angabe der kartesischen Koordinaten der Atomkerne festgelegt ist. Schwingungen der Atome um die Gleichgewichtslage sind möglich, ebenso Drehungen von Teilen des Moleküls um Einfachbindungen.

3.1 Klassische Atome und Moleküle

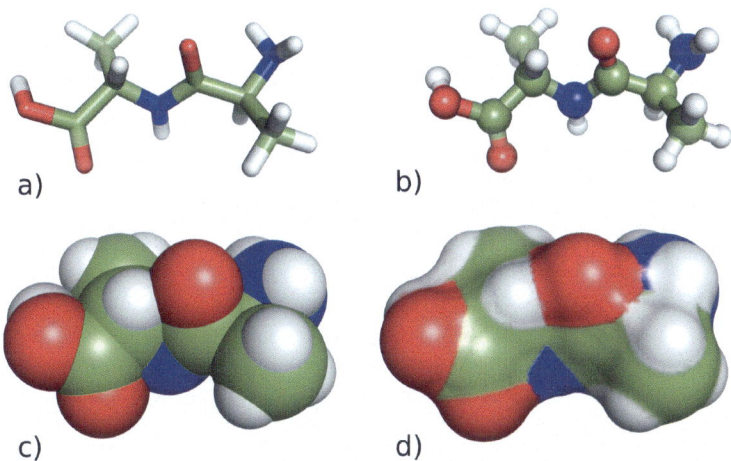

Abb. 3.2 Dreidimensionale Darstellung der Geometrie des Dialaninpeptids: **a** Kovalente Bindungen als Stäbchen, **b** Stäbchen und Kugeln für kovalente Bindungen und Atome, **c** Atome als Van-der-Waals-Kugeln und **d** Darstellung der für Lösungsmittel zugänglichen Oberfläche

Kartesische Koordinaten

Ein einfaches und weitverbreitetes Verfahren, die Geometrie eines Moleküls zu beschreiben besteht in der Angabe von kartesischen Koordinaten, also eines Tripels reeller Zahlen oder eines dreidimensionalen Vektors

$$\boldsymbol{R}_I = (X_I, Y_I, Z_I) \tag{3.8}$$

für die Position eines jeden Atomkerns I des Moleküls. Für ein Molekül mit N Atomkernen gibt es daher insgesamt $3N$ Koordinaten

$$X_1, Y_1, Z_1, X_2, Y_2, Z_2, \ldots, X_N, Y_N, Z_N, \tag{3.9}$$

die die geometrische Struktur des Moleküls beschreiben. Kartesische Koordinaten sind für die in MD-Simulationen nötigen Berechnungen die effizienteste Form die Molekülgeometrie darzustellen.

Einer der Nachteile von kartesischen Koordinaten, nämlich dass sechs (bei linearen Molekülen: fünf) mehr Koordinaten als nötig verwendet werden, fällt bei großen Biomolekülen mit Hunderten oder Tausenden von Atomen nicht ins Gewicht. Bei der Berechnung von Normalschwingungen in kartesischen Koordinaten ergeben sich aufgrund der überzähligen Koordinaten sechs Schwingungsmoden mit einer Schwingungsfrequenz von null (im Rahmen der numerischen Genauigkeit), die Translationen entlang der drei Koordinatenachsen und Rotationen um diese Achsen entsprechen.

Fraktionelle Koordinaten
Fraktionelle Koordinaten sind in der Kristallographie sehr geläufig (Borchardt-Ott und Sowa 2018). Die Koordinaten (u_I, v_I, w_I) geben die Position des Atomkerns I innerhalb der sogenannten Einheitszelle an. Die Einheitszelle ist der kleinste Baustein eines Kristalls, aus dem sich der gesamte Kristall durch regelmäßige Wiederholung zusammensetzen lässt. Die Vektoren $\boldsymbol{a}$, $\boldsymbol{b}$ und $\boldsymbol{c}$ stehen für die drei Kanten der Einheitszelle. Der kartesische Koordinatenvektor $\boldsymbol{R}_I = (X_I, Y_I, Z_I)$ lautet dann

$$\boldsymbol{R}_I = u_I \boldsymbol{a} + v_I \boldsymbol{b} + w_I \boldsymbol{c}. \tag{3.10}$$

In dem einfachen Fall, wo die drei Kantenvektoren paarweise aufeinander senkrecht stehen, lassen sich die fraktionellen Koordinaten einfach durch Multiplikation mit den Kantenlängen $a = |\boldsymbol{a}|$, $b = |\boldsymbol{b}|$ und $c = |\boldsymbol{c}|$ in kartesische Koordinaten

$$(X_I, Y_I, Z_I) = (u_I a, v_I b, w_I c) \tag{3.11}$$

umwandeln.

Interne Koordinaten
Interne Koordinaten geben nur die Lage eines Atomkernes in Bezug auf die übrigen Atomkerne des Moleküls an. Eine häufig verwendete Variante ist die sogenannte Z-Matrix. Dabei werden für das erste Atom keine Angaben gemacht, für das zweite Atom wird der Abstand zum ersten Atom angegeben, für das dritte Atom wird der Abstand zu einem vorherigen Atom und der Winkel zu einem weiteren Atom angegeben und für das vierte und alle folgenden Atome werden der Abstand, Winkel und Diederwinkel angegeben. Ein Beispiel für eine Z-Matrix ist in Tab. 3.1 für das Molekül FOOF gegeben (siehe auch Abb. 3.3). Die Z-Matrix für ein Molekül ist nicht eindeutig, es gibt eine Vielzahl verschiedener Varianten für dasselbe Molekül. Üblicherweise werden Bindungsabstände und Bindungswinkel verwendet.

Insgesamt werden für die ersten drei Atomkerne drei Koordinaten (zwei Abstände und ein Winkel) benötigt. Für jedes weitere Atom werden drei zusätzliche Koordinaten (ein Abstand und zwei Winkel) benötigt. Für ein Molekül mit N Atomkernen sind also $3 + 3(N-3)$ oder $3N - 6$ Koordinaten erforderlich. Die Z-Matrix erleichtert es, die Symmetrie eines Moleküls exakt festzulegen. Bei großen Biomolekülen ist dieser Vorteil jedoch ohne Belang, da solche Moleküle meist keine Symmetrie aufweisen.

Tab. 3.1 Beispiel einer Z-Matrix für FOOF

O_1						
O_2	O_1	122 pm				
F_3	O_1	158 pm	O_2	110°		
F_4	O_2	158 pm	O_1	110°	F_3	88°

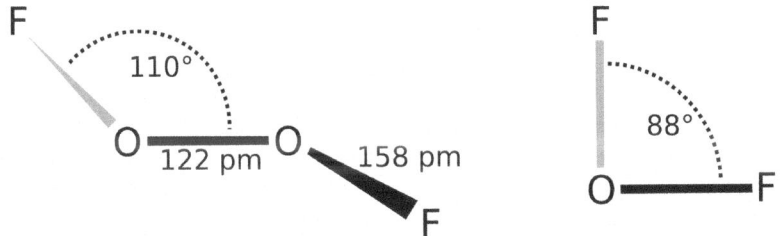

Abb. 3.3 Strukturformel des FOOF-Moleküls mit Abständen und Bindungswinkel (links) und Blick entlang der O-O-Bindungsachse mit Diederwinkel (rechts)

3.1.2.4 Partialladungen

Salze, also Stoffe, die aus positiven und negativen Ionen bestehen, lassen sich gut in Wasser aber schlecht in Hexan lösen (C_6H_{14}). Die starken Wechselwirkungen zwischen Wassermolekülen und Ionen belegen, dass die Atome im Wassermolekül nicht mehr elektrisch neutral sind. Es kommt stattdessen zur Verschiebung von elektrischer Ladung von den Wasserstoffatomen zum Sauerstoffatom, wodurch das Wassermolekül polar wird, während Hexan unpolar ist. Die Ladungsverschiebungen lassen sich empirisch durch das Konzept der Elektronenaffinität der Elemente erklären: Sauerstoffatome besitzen eine relativ hohe Elektronenaffinität, Wasserstoffatome dagegen eine niedrige und sind diesem Konzept zufolge bereit, elektronische Ladung abzugeben. Allerdings werden keine ganzzahligen Vielfachen von Elementarladungen abgegeben, sondern nur Bruchteile einer solchen Ladung. Aus diesem Grund werden die Ladungen, die eine klassische Betrachtung den Atomen im Molekül zuordnet, als Partialladungen bezeichnet. Eine solche Zuordnung lässt sich auch aus der korrekten quantenmechanischen Beschreibung von Molekülen nicht ohne Zusatzannahmen ableiten (siehe Abschn. 3.4.3) und ist daher nicht eindeutig. Will man die Wechselwirkungen zwischen Atomen eines Moleküls und zwischen verschiedenen Molekülen durch klassische Potentiale beschreiben, ist die Zuordnung von Partialladungen aber unverzichtbar. Die optimale Bestimmung solcher Partialladung gehört in die Konstruktion sogenannter Kraftfelder (siehe Abschn. 5.5).

3.2 Quantenmechanische Atome

Atomkerne haben einen Radius von einigen Femtometern (10^{-15} m), Elektronen sind mindestens 10.000-mal kleiner, wobei es derzeit unklar ist, ob dem Elektron überhaupt ein Radius zugeordnet werden kann. Die Bestandteile der Atome sind also wesentlich kleiner als die Atome selber, deren Durchmesser in der Größenordnung von Ångström (10^{-10} m) liegt.

3.2.1 Unschärferelation und De-Broglie-Wellenlänge

Eine vollständige Beschreibung aller Eigenschaften von Atomen ist nur im Rahmen der Quantenmechanik möglich, wie in Abschn. 3.2.2 am Beispiel des Wasserstoffatoms skizzenhaft gezeigt wird. Eine wesentliche Eigenschaft von Atomen, die sich in der klassischen Physik nicht erklären lässt, ist ihre Ausdehnung: Würde das Wasserstoffatom den Gesetzen der klassischen Physik unterliegen, hätte es einen Radius von null, denn die tiefste Energie wäre erreicht, wenn das Elektron im Kern ruhte. Dass Atome tatsächlich aber einen Durchmesser von wenigen Ångström aufweisen, lässt sich also nur mit Hilfe der Quantenmechanik verstehen. Dazu ist aber nicht der vollständige, mathematisch anspruchsvolle Apparat der Quantenmechanik notwendig, sondern es reicht aus (siehe beispielsweise (Gerthsen et al. 2015)), die **Heisenberg'sche Unschärferelation** vorauszusetzen, die besagt, dass sich grundsätzlich nicht alle Eigenschaften eines Teilchens gleichzeitig beliebig genau bestimmen lassen. Wenn beispielsweise der Ort des Elektrons auf der x-Achse durch die Koordinate x und der Impuls des Elektrons längs dieser Achse durch p beschrieben werden, dann gilt für die Unschärfe dieser Größen die Relation

$$\Delta x \, \Delta p \geq \hbar. \tag{3.12}$$

Dabei ist $\hbar = h/2\pi = 1{,}05457 \cdot 10^{-34}$ J s das reduzierte Plancksche Wirkungsquantum, eine Naturkonstante, und Δx und Δp sind die Unschärfen von Abstand und Impuls.[4] Die Unschärfe Δx der Ortsbestimmung gibt an, dass man bei einer Ortsmessung mit großer Wahrscheinlichkeit einen Wert aus dem Intervall $[x - \Delta x, x + \Delta x]$ findet,[5] für Δp gilt das Entsprechende.

Wenn der Ort eines Teilchens sehr genau bestimmt wird, lässt sich wenig über den Impuls aussagen und umgekehrt. Die Unschärferelation folgt aus der Beschreibung mikroskopischer Teilchen durch eine **Wellenfunktion** $\Psi(x, t)$, die von Ort und Zeit abhängt und deren Betragsquadrat $|\Psi(x, t)|^2$ als Wahrscheinlichkeitsdichte interpretiert werden kann, das Teilchen zur Zeit t am Ort x zu finden. Der Impuls eines solchen Teilchens ist umgekehrt proportional zur Wellenlänge

$$\lambda = \frac{h}{p} \tag{3.13}$$

dieser Funktion, auch **De-Broglie-Wellenlänge** genannt. Damit λ eindeutig bestimmt ist (kleines Δp), muss sich ein Wellenzug über viele Wellenlängen erstrecken und die Position des Teilchens ist entsprechend unbestimmt (großes Δx). Im Extremfall, wenn der Wellenzug nahezu unendlich lang ist, kann die Wellenlänge fast exakt

---

[4] Es gibt verschiedene Versionen der Unschärferelation, die sich in der auf der rechten Seite gegebenen oberen Grenze voneinander unterscheiden, abhängig davon, wie genau die Unschärfe Δx einer Messgröße x definiert wird.
[5] Genauere Definitionen für die Unschärfe Δx findet man in Lehrbüchern der Quantenmechanik, siehe etwa (Bartelmann et al. 2015).

3.2 Quantenmechanische Atome

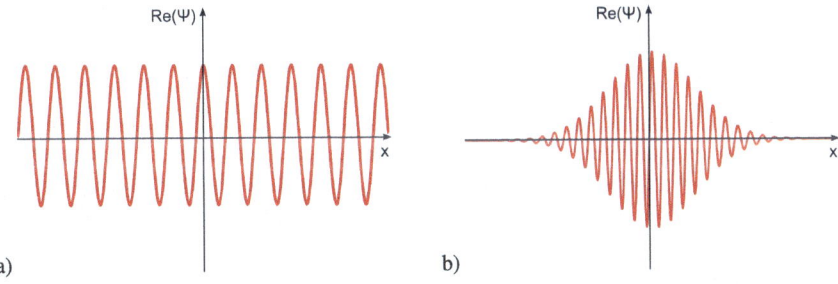

Abb. 3.4 a Unbegrenzter Wellenzug mit exakt bestimmbarer Wellenlänge; **b** Gauß'sches Wellenpaket, darstellbar als Fourier-Integral von Sinusfunktionen verschiedener Wellenlängen

bestimmbar sein (siehe Abb. 3.4a), aber es ist nichts über den Ort des Teilchens bekannt, denn $|\Psi(x,t)|^2$ ist über einen weiten Raumbereich von null verschieden. Erstreckt sich der Wellenzug dagegen nur über einige wenige Wellenlängen, dann lässt sich der Ort recht genau bestimmen (Abb. 3.4b), aber die De-Broglie-Wellenlänge und damit der Impuls werden unscharf, denn ein solches Wellenpaket ist mathematisch gesehen eine Überlagerung von Sinusfunktionen mit verschiedenen Wellenlängen. Die Bandbreite dieser Wellenlängen bestimmt die Unschärfe von λ und damit auch von p.

Im Folgenden beschränken wir uns dabei der Einfachheit halber auf ein eindimensionales Modell mit der Ortskoordinate x und der dazugehörigen Impulskoordinate p für das Elektron (die Berücksichtigung der übrigen Raumdimensionen bringt für unsere Zwecke hier keine grundlegenden Änderungen), dessen Gesamtenergie wir als Summe $E = T + V$ aus seiner mittleren kinetischen Energie

$$T = \frac{\overline{p^2}}{2m_e} \tag{3.14}$$

und seiner mittleren potentiellen Energie

$$V = -\frac{e^2}{4\pi\varepsilon_0}\overline{\left(\frac{1}{|x|}\right)} \tag{3.15}$$

im Coulomb-Potential des Atomkerns schreiben (hier steht $m_e = 9{,}109 \cdot 10^{-31}$ kg für die Masse des Elektrons und die Elementarladung e gibt den Betrag der negativen Ladung des Elektrons an). Die kinetische Energie des viel schwereren Atomkerns lassen wir unberücksichtigt, eine Rechtfertigung dafür findet sich in den Abschn. 3.2.2 und 3.3. Da die Orts- und Impulskoordinaten des Elektrons (im Massenmittelpunktsystem des Atoms mit dem Proton im Ursprung) im Mittel verschwinden,

$$\overline{x} = 0 \quad \text{und} \quad \overline{p} = 0, \tag{3.16}$$

können wir die gemittelten Werte von Abstandsquadrat und Impulsquadrat, $\overline{x^2}$ beziehungsweise $\overline{p^2}$, als Maß für die Unschärfen

$$\Delta x = \sqrt{\overline{x^2}} \quad \text{und} \quad \Delta p = \sqrt{\overline{p^2}} \qquad (3.17)$$

verwenden. Den mittleren Abstand des Elektrons vom Kern bezeichnen wir mit $a = \overline{|x|}$ und gehen vereinfachend davon aus, dass der Abstand des Elektrons vom Kern nur wenig um den Mittelwert a schwankt (x ist also meist $-a$ oder $+a$), so dass wir näherungsweise

$$\Delta x \approx a \quad \text{und} \quad \overline{\left(\frac{1}{|x|}\right)} \approx \frac{1}{a} \qquad (3.18)$$

setzen dürfen. Aus der Unschärferelation (3.12) folgt nun

$$\overline{p^2} = (\Delta p)^2 \geq \frac{\hbar^2}{(\Delta x)^2} \approx \frac{\hbar^2}{a^2}. \qquad (3.19)$$

Für die Gesamtenergie erhalten wir so die Abschätzung

$$E \geq \frac{\hbar^2}{2m_e a^2} - \frac{1}{4\pi\varepsilon_0} \frac{e^2}{a}. \qquad (3.20)$$

Die Ableitung dieses Ausdrucks nach a verschwindet für

$$a_0 = \frac{4\pi\varepsilon_0 \hbar^2}{m_e e^2} \approx 0{,}529\,\text{Å}. \qquad (3.21)$$

Diese Größe wird auch als **Bohr'scher Radius** bezeichnet und gibt für das Wasserstoffatom die Größenordnung des Radius an. Bei einer exakten quantenmechanischen Behandlung dieses Atoms (Abschn. 3.2.2) erhält man a_0 als wahrscheinlichsten Abstand des Elektrons vom Kern. Dass wir mit unserer Betrachtung diesen Wert exakt reproduziert haben, ist angesichts der verwendeten Näherungen und Vereinfachungen natürlich ein Zufall. Unabhängig vom genauen Wert zeigt uns diese Betrachtung aber die tiefliegende Ursache für die von null verschiedene Ausdehnung der Atome auf: Ein beliebig kleiner Atomradius führt zu einer ebenso kleinen Ortsunschärfe und damit nach der Unschärferelation zu einer entsprechend großen Impulsunschärfe, die zwangsläufig mit einem großen Wert für das mittlere Impulsquadrat $\overline{p^2}$ und damit mit einem großen Wert für die kinetische Energie einhergeht. Man sieht Gl. (3.20) an, dass bei einem zu großen Atomradius a die potentielle Energie kaum negativ und damit die Bindungsenergie des Elektrons klein ist. Bei einem zu kleinem Atomradius hingegen, wird die kinetische Energie zu groß.

▶ **Merksatz 3.3** Aus der Heisenberg'schen Unschärferelation folgt, dass die kinetische Energie eines Elektrons umso größer ist, je stärker es lokalisiert ist. Elektronen können sich deshalb nicht dauerhaft im Kern aufhalten und Atome besitzen eine endliche Ausdehnung.

3.2.2 Das Wasserstoffatom

Das Wasserstoffatom ist das einfachste aller Atome und nur für dieses (zusammen mit den übrigen Einelektronen-Atomen) lassen sich alle Eigenschaften analytisch berechnen. Für Atome mit zwei oder mehr Elektronen existieren dagegen nur Näherungslösungen, die auf der quantenmechanischen Beschreibung des Wasserstoffatoms aufbauen, weshalb die Betrachtung dieses Atoms von grundlegender Bedeutung für die Atom- und Molekülphysik ist. Niels Bohr stellte 1913 das erste Atommodell vor, das einige quantitativ richtige Vorhersagen erlaubte. Im darauffolgenden Jahrzehnt wurde dieses Modell im Rahmen der von Erwin Schrödinger und Werner Heisenberg entwickelten Quantenmechanik verbessert.

3.2.2.1 Zeitabhängige Schrödinger-Gleichung

Anders als in der klassischen Mechanik wird die Bewegung mikroskopischer Teilchen in der Quantenmechanik nicht durch Bahnkurven sondern durch die Wellenfunktion $\Psi(r, t)$ beschrieben, die vom Ortsvektor

$$r = (x, y, z) \tag{3.22}$$

und von der Zeit t abhängt und aus der sich alle messbaren Größen gewinnen lassen. $\Psi(r, t)$ lässt sich mit Hilfe der zeitabhängigen **Schrödinger-Gleichung**

$$\hat{H}_e \Psi(r, t) = i\hbar \frac{\partial}{\partial t} \Psi(r, t) \tag{3.23}$$

bestimmen, wobei das Symbol $\hat{H}_e$ für den Hamilton-Operator des Elektrons steht, ein mathematisches Objekt, das eine gegebene Funktion in eine andere Funktion umwandelt und dessen Spektrum die messbaren Energiewerte des Teilchens umfasst. Dieser Operator lässt sich (unter Vernachlässigung von Feinstrukturwechselwirkungen durch relativistische Effekte wie etwa der Spin-Bahn-Kopplung) als Summe

$$\hat{H}_e = \hat{T}_e + \hat{V}_e \tag{3.24}$$

von Operatoren

$$\hat{T}_e = -\frac{\hbar^2}{2m_e} \left(\frac{\partial^2}{\partial x^2} + \frac{\partial^2}{\partial y^2} + \frac{\partial^2}{\partial z^2} \right) = -\frac{\hbar^2}{2m_e} \Delta \tag{3.25}$$

und

$$\hat{V}_e = -\frac{1}{4\pi\varepsilon_0} \frac{Z'e^2}{|r|}. \tag{3.26}$$

für die kinetische und die potentielle Energie darstellen. $Z'e$ steht für die Ladung des Atomkerns[6] und der Laplace-Operator

$$\Delta = \nabla^2 \quad \text{mit} \quad \nabla = \left(\frac{\partial}{\partial x}, \frac{\partial}{\partial y}, \frac{\partial}{\partial z}\right) \tag{3.27}$$

erlaubt es, die Krümmung der Wellenfunktion zu berechnen, die proportional zur kinetischen Energie ist.

3.2.2.2 Zeitunabhängige Schrödinger-Gleichung
Wir sind besonders an solchen Wellenfunktionen interessiert die stationär sind, also nicht von der Zeit abhängen. Diese Funktionen lassen sich in die Form

$$\Psi(\boldsymbol{r},t) = \psi(\boldsymbol{r})\,e^{-i\omega t} \tag{3.28}$$

bringen. Wir setzen die rechte Seite in die zeitabhängige Schrödinger-Gleichung ein und erhalten die zeitunabhängige Schrödinger-Gleichung

$$\hat{H}_e \psi(\mathrm{r}) = E\psi(\mathrm{r}), \tag{3.29}$$

eine Eigenwertgleichung, deren Lösungen ψ wir als Eigenfunktionen zum Hamilton-Operator $\hat{H}_e$ mit den zugehörigen Eigenwerten $E = \hbar\omega$ auffassen. Für gebundene Systeme wie Atome und Moleküle dürfen wir davon ausgehen, dass die Lösungen und die Eigenwerte abzählbar sind. Von allen Eigenfunktionen ψ interessiert uns besonders diejenige mit der tiefsten Energie E_1, die wir als Grundzustand bezeichnen, denn bei nicht zu hohen Temperaturen befinden sich Atome praktisch immer in diesem Grundzustand.

Die exakte Lösung der zeitunabhängigen Schrödinger-Gleichung für das Wasserstoffatom ist aufwendig, findet sich aber in praktisch jedem Standardlehrbuch zur Quantenmechanik (zum Beispiel in (Bartelmann et al. 2015)). Wir werden hier ohne weitere Herleitung nur die Wellenfunktionen und Energieeigenwerte diskutieren.

3.2.2.3 Orbitale
Es ist üblich, diese Wellenfunktionen, im Folgenden auch als Orbitale bezeichnet, mit vier ganzzahligen Indizes zu nummerieren, den drei räumlichen Quantenzahlen n, ℓ und m und der Spinquantenzahl s. Diese vierte Quantenzahl s gibt die Orientierung des Elektronenspins an und kann die Werte $-1/2$ und $+1/2$ annehmen, die die Projektion des Elektronenspins auf die z-Achse in Einheiten des reduzierten Planckschen Wirkungsquantums $\hbar$ angeben. Der **Spin** ist ein zusätzlicher Freiheitsgrad des Elektrons, der aus einer relativistischen Formulierung der Quantenmechanik entspringt und kein klassisches Analogon hat, auch wenn er manche Eigenschaften mit dem

---

[6] Zur Unterscheidung von der kartesischen Koordinate Z des Atomkerns versehen wir die Ordnungszahlen Z' hier und im Folgenden mit einem Oberstrich.

3.2 Quantenmechanische Atome

klassischen Eigendrehimpuls teilt. Beim Wasserstoffatom können wir den Elektronenspin außer Acht lassen, sofern wir nicht an Wechselwirkungen mit magnetischen Feldern oder an der Feinstruktur der Energieniveaus interessiert sind. Sobald wir Atome und Moleküle mit mehreren Elektronen untersuchen, müssen wir den Spin aber zwingend mitbetrachten.

Hauptquantenzahl
Die sogenannte Hauptquantenzahl n bestimmt allein den Energieeigenwert

$$E_n = -\frac{e^2}{4\pi\varepsilon_0} \frac{Z'^2}{2a_0 n^2} \tag{3.30}$$

mit dem schon weiter oben eingeführten Bohr'schen Radius

$$a_0 = \frac{4\pi\varepsilon_0 \hbar^2}{m_e e^2}. \tag{3.31}$$

Der Betrag der Energie des Grundzustandes des Wasserstoffatoms ($Z' = 1, n = 1$) wird auch als Rydberg-Konstante E_R bezeichnet und als Energieeinheit mit der Abkürzung Ry verwendet. Man kann den Ausdruck für den Bohrschen Radius geringfügig verbessern, indem man die Mitbewegung des Atomkerns berücksichtigt. Dazu wird im Nenner von Gl. (3.31) die Elektronenmasse m_e durch die reduzierte Masse

$$\mu = \frac{m_e m_p}{m_e + m_p}, \tag{3.32}$$

ersetzt, die in diesem Fall etwa 0,05 % kleiner als die Elektronenmasse ist. Bei schwereren Atomen ist der Einfluss der Kernbewegung noch geringer. Aufgrund der Kugelsymmetrie des Wasserstoffatoms lassen sich die Eigenfunktionen des Hamilton-Operators in Abhängigkeit von Kugelkoordinaten (r, θ, ϕ) leichter ausdrücken als in Abhängigkeit von den kartesischen Koordinaten

$$(x, y, z) = (r\sin\theta\cos\phi, \, r\sin\theta\sin\phi, \, r\cos\theta). \tag{3.33}$$

Die Hauptquantenzahl n bestimmt auch den exponentiellen Abfall der Wellenfunktionen, der durch den Exponentialfaktor

$$e^{-Z'r/a_0 n} \tag{3.34}$$

bestimmt wird. Je größer die Hauptquantenzahl n ist, desto sanfter fällt die Wellenfunktion mit zunehmendem Abstand vom Kern ab. Mit (3.30) und (3.31) können wir diesen exponentiellen Abfall auch in die Form

$$e^{-\sqrt{2m_e|E_n|}\,r/\hbar} \tag{3.35}$$

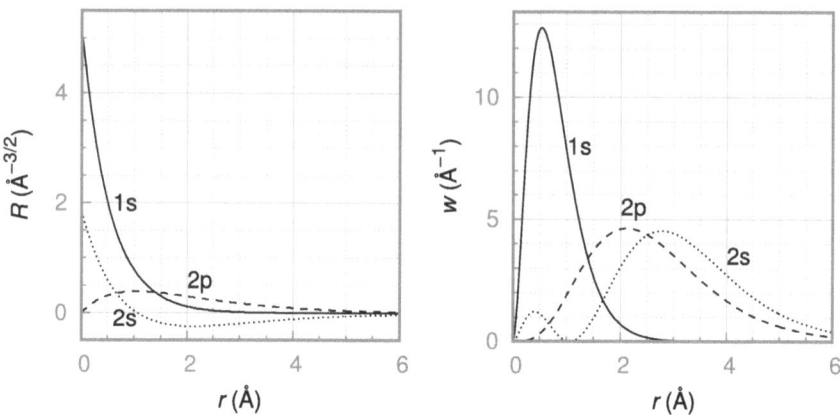

Abb. 3.5 Für 1s-, 2s- und 2p-Orbitale ist in der linken Abbildung der Radialteil $R(r)$ dargestellt und in der rechten Abbildung die Wahrscheinlichkeitsdichte $w(r)$, das Elektron im Abstand r vom Kern anzutreffen

bringen, aus der wir den allgemeinen Schluss ziehen, dass sich die Wellenfunktion eines Elektrons umso weiter erstreckt, je schwächer es gebunden ist und dass die Reichweite der Wellenfunktion umgekehrt proportional zur Wurzel der Bindungsenergie ist.

Weitere Quantenzahlen
Um die räumliche Ausdehnung eines Orbitale vollständig zu beschreiben, sind neben der Hauptquantenzahl n noch die anderen beiden räumlichen Quantenzahlen erforderlich, nämlich die Bahndrehimpulsquantenzahl ℓ und die magnetische Quantenzahl m, die die Werte

$$\ell = 0, 1, \ldots, (n-1) \tag{3.36}$$

beziehungsweise

$$m = -\ell, -(\ell-1), \ldots, +\ell \tag{3.37}$$

annehmen können. Es lässt sich zeigen, dass die Wellenfunktion $\psi_{n,\ell,m}$ sich in einen Radialteil $R_{n,\ell}(r)$, der nur vom Kernabstand r abhängt, und in eine winkelabhängige Funktion $Y_{\ell,m}(\theta, \phi)$, die auch als Kugelflächenfunktion bezeichnet wird, faktorisieren lässt:

$$\psi_{n,\ell,m} = R_{n,l}(r)\, Y_{\ell,m}(\theta, \phi)\,. \tag{3.38}$$

3.2 Quantenmechanische Atome

Der Radialteil lässt sich als Produkt aus einem Laguerre-Polynom und einer Exponentialfunktion schreiben. Für $n = 1$ und $n = 2$ erhalten wir

$$R_{1,0}(r) = 2\left(\frac{Z'}{a_0}\right)^{3/2} e^{-Z'r/a_0} \tag{3.39}$$

$$R_{2,0}(r) = \left(\frac{Z'}{2a_0}\right)^{3/2} e^{-Z'r/2a_0} \left(-\frac{Z'r}{a_0} + 2\right) \tag{3.40}$$

$$R_{2,1}(r) = \frac{1}{\sqrt{3}} \left(\frac{Z'}{2a_0}\right)^{3/2} e^{-Z'r/2a_0} \left(\frac{Z'r}{a_0}\right). \tag{3.41}$$

Orbitale, deren Bahndrehimpulsquantenzahl den Wert $\ell = 0$ oder $\ell = 1$ annimmt, werden auch als s- beziehungsweise p-Orbital bezeichnet, bei höheren Quantenzahlen sprechen wir von d- oder f-Orbitalen. In Abb. 3.5 (linke Hälfte) ist der Verlauf des Radialteils für 1s-, 2s- und 2p-Orbitale dargestellt. Allgemein gilt, dass nur s-Orbitale eine von null verschiedene Aufenthaltswahrscheinlichkeitsdichte am Kern besitzen.[7] Neben der Wahrscheinlichkeit $|\psi(r)|^2 \, dV$, das Elektron in einem kleinen Volumen dV um den Ort r herum zu finden, ist auch die Wahrscheinlichkeit $w(r) \, dr$ von Interesse, das Elektron in einer Kugelschale mit Radius r und Dicke dr zu beobachten. Die Wahrscheinlichkeitsdichte $w(r)$ erhalten wir durch Integration von $|\psi|^2$ über die Oberfläche einer Kugel mit dem Radius r,

$$w(r) = \int_{\theta=0}^{\pi} \int_{\phi=0}^{2\pi} |R_{n,\ell}(r) Y_{\ell,m}(\theta, \phi)|^2 r^2 \sin\theta \, d\phi \, d\theta = R_{n,\ell}^2(r) \, r^2, \tag{3.42}$$

wobei wir die Normierung der Kugelflächenfunktionen ausgenutzt haben. In der rechten Hälfte von Abb. 3.5 ist $w(r)$ für die 1s-, 2s- und 2p-Orbitale dargestellt. Man erkennt, dass wir ein Elektron im 1s-Orbital des Wasserstoffatoms mit großer Wahrscheinlichkeit in einer Kugelschale antreffen werden, deren Radius dem Bohrschen Radius a_0 entspricht. Befindet sich das Elektron dagegen in einem 2s- oder 2p-Orbital, hält es sich hauptsächlich in einer weiter außen liegenden Kugelschale mit einem Radius von 2 bis 3 Å auf.

Die winkelabhängigen Funktionen $Y_{\ell,m}$ hängen nicht von der Hauptquantenzahl ab, sondern nur von der Drehimpulsquantenzahl und der magnetischen Quantenzahl. Für $\ell = 0$ ist diese Funktion eine Konstante, $Y_{0,0}(\theta, \phi) = 1/\sqrt{4\pi}$ und für $\ell = 1$ lauten diese Funktionen

$$Y_{1,\pm 1}(\theta, \phi) = \sqrt{\frac{3}{8\pi}} \sin(\theta) e^{\mp i\phi} \quad \text{und} \quad Y_{1,0}(\theta, \phi) = \sqrt{\frac{3}{4\pi}} \cos(\theta). \tag{3.43}$$

Die Funktionen $Y_{1,-1}$ und $Y_{1,+1}$ sind komplexwertig, wodurch die Wellenfunktion in den meisten Fällen unnötig kompliziert wird, denn in Abwesenheit magnetischer

---

[7] Tatsächlich ergibt sich bei einer relativistischen Betrachtung auch für einen Teil der p-Elektronen eine von null verschiedene Aufenthaltsdichte am Kern.

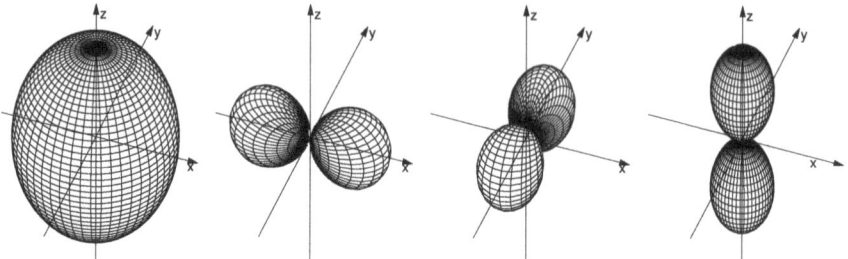

Abb. 3.6 Isoflächendarstellung der 1s-, $2p_x$-, $2p_y$- und $2p_z$-Orbitale

Wechselwirkungen lässt sich das Elektron auch durch eine rein reelle Wellenfunktion beschreiben. Für die Beschreibung der elektronischen Struktur von Molekülen und Festkörpern ist es viel praktischer statt $Y_{1,-1}$ und $Y_{1,+1}$ deren symmetrische und antisymmetrische Linearkombinationen zu verwenden. Wir gelangen so zu den aus der Chemie vertrauten s- und p-Orbitalen

$$\psi_{1s}(\boldsymbol{r}) = R_{1,0}(r)\sqrt{\frac{1}{4\pi}} \qquad \psi_{2p_x}(\boldsymbol{r}) = R_{2,1}(r)\sqrt{\frac{3}{4\pi}}\frac{x}{r}$$

$$\psi_{2s}(\boldsymbol{r}) = R_{2,0}(r)\sqrt{\frac{1}{4\pi}} \qquad \psi_{2p_y}(\boldsymbol{r}) = R_{2,1}(r)\sqrt{\frac{3}{4\pi}}\frac{y}{r}$$

$$\psi_{2p_z}(\boldsymbol{r}) = R_{2,1}(r)\sqrt{\frac{3}{4\pi}}\frac{z}{r} \qquad (3.44)$$

Die 2s-, $2p_x$-, $2p_y$- und $2p_z$-Orbitale sind in Abb. 3.6 in einer Isoflächendarstellung abgebildet. Die Isofläche ist dabei durch die Gleichung $|\psi|^2 = \text{const.}$ definiert.

▶ **Merksatz 3.4** Die möglichen Zustände eines Elektrons im Wasserstoffatom werden durch sogenannte Orbitale beschrieben, Einteilchen-Wellenfunktionen, die mit den vier Quantenzahlen n, ℓ, m und s abgezählt werden können.

3.2.3 Atome mit vielen Elektronen

Die Wellenfunktion eines Atoms mit zwei oder mehr Elektronen hängt von den räumlichen Koordinaten $\boldsymbol{r}_i$ aller n Elektronen ab, die wir der kürzeren Schreibweise wegen zu

$$\underline{\boldsymbol{r}} = (\boldsymbol{r}_1, \ldots, \boldsymbol{r}_n) \qquad (3.45)$$

zusammenfassen. Mit

$$\psi(\underline{\boldsymbol{r}}) = \psi(\boldsymbol{r}_1, \ldots, \boldsymbol{r}_n) \qquad (3.46)$$

bezeichnen wir also eine Wellenfunktion, die von den $3n$ kartesischen Koordinaten der n Elektronen abhängt. Diese Wellenfunktion enthält nicht nur Informationen über die räumliche Verteilung der Elektronen, sondern auch über ihren Spinzustand.

3.2.3.1 Hartree-Produkt

Die Komplexität einer solchen Wellenfunktion lässt sich erheblich verringern, wenn wir bereit sind, die Korrelation der Bewegungen der einzelnen Elektronen außer Acht zu lassen, und stattdessen annehmen, dass die Wechselwirkung eines Elektrons mit allen übrigen mit ausreichender Genauigkeit berechnet werden kann, wenn von den übrigen Elektronen nicht der momentane Aufenthaltsort, sondern nur die Aufenthaltswahrscheinlichkeitsdichte im ganzen Raum bekannt ist. Mathematisch ist diese Annahme gleichwertig zur Formulierung der Vielteilchen-Wellenfunktion als Produkt von Einteilchen-Wellenfunktionen, als Produkt von Orbitalen also:

$$\psi(\underline{r}) = \varphi_1(r_1)\,\varphi_2(r_2)\cdots\varphi_n(r_n)\,. \tag{3.47}$$

Zu Ehren des englischen Mathematikers und Physikers Douglas Hartree wird eine solche Formulierung der Wellenfunktion auch als Hartree-Produkt bezeichnet. Da die Wellenfunktion auch Informationen über den Spinzustand der Elektronen enthalten muss, verstehen wir die Orbitale ϕ_i als sogenannte Spinorbitale. Beispiele für solche Spinorbitale sind das $1s\uparrow$- oder das $2p_x\downarrow$-Orbital des Wasserstoffatoms. Die Pfeilsymbole $\uparrow$ und $\downarrow$ (für *spin up* und *spin down*) stehen für die Spinquantenzahlen $+1/2$ und $-1/2$.

3.2.3.2 Pauli-Prinzip

Für die Angabe der elektronischen Konfiguration eines Atoms oder Moleküls und für die Berechnung vieler Eigenschaften der Atome ist das Hartree-Produkt in der Regel völlig ausreichend, es weist jedoch ein Defizit aus, das sich bei der Berechnung der Coulomb-Energie infolge der gegenseitigen Abstoßung der Elektronen bemerkbar macht. Die Ursache dafür ist, dass die Elektronen eines Atoms nicht nur alle gleichartig sind, sondern sich auch nicht unterscheiden lassen, da wir ihnen aufgrund der Unschärferelation keine eindeutigen Bahnen zuordnen können. Als Konsequenz darf sich die Wahrscheinlichkeitsdichte $|\psi(\underline{r})|^2$ ebenso wie alle anderen messbaren Größen nicht ändern, wenn die Reihenfolge der Koordinaten in der Wellenfunktion vertauscht wird. Insbesondere gilt also

$$|\psi(r_1, r_2)|^2 = |\psi(r_2, r_1)|^2\,. \tag{3.48}$$

Es lässt sich zeigen, dass diese Gleichung nur erfüllt werden kann, wenn die Wellenfunktion bei der Vertauschung der Koordinaten entweder unverändert bleibt (wir nennen sie dann symmetrisch) oder aber ihr Vorzeichen wechselt (und dann antisymmetrisch heißt). Alle Teilchen mit halbzahligem Spin (sogenannte Fermionen, zu denen auch die Elektronen gehören) werden durch antisymmetrische Wellenfunktionen beschrieben, während Teilchen mit ganzzahligem Spin (sogenannte Bosonen) symmetrische Wellenfunktionen zugeordnet werden. Aufgrund ihrer Antisymmetrie gilt also für elektronische Wellenfunktionen allgemein

$$\psi(\ldots, r_j, \ldots, r_k, \ldots) = -\psi(\ldots, r_k, \ldots, r_j, \ldots)\,. \tag{3.49}$$

3.2.3.3 Slater-Determinante

Das Hartree-Produkt (3.47) erfüllt diese Bedingung offensichtlich nicht, lässt sich aber leicht in eine antisymmetrische Wellenfunktion verwandeln, indem eine Linearkombination aller möglichen Permutationen von Hartree-Produkten gebildet wird. Für zwei Elektronen hat eine solche Linearkombination beispielsweise die Form

$$\psi(\underline{r}) = \frac{1}{\sqrt{2}} [\varphi_1(\boldsymbol{r}_1)\varphi_2(\boldsymbol{r}_2) - \varphi_2(\boldsymbol{r}_1)\varphi_1(\boldsymbol{r}_2)] . \tag{3.50}$$

Im allgemeinen Fall eines Systems mit n Elektronen lässt sich ein antisymmetrisiertes Hartree-Produkt durch eine Determinante der Form

$$\psi(\underline{r}) = \frac{1}{\sqrt{n!}} \operatorname{Det}[\varphi_1(\boldsymbol{r}_1)\varphi_2(\boldsymbol{r}_2)\cdots\varphi_n(\boldsymbol{r}_n)] \tag{3.51}$$

$$= \frac{1}{\sqrt{n!}} \begin{vmatrix} \varphi_1(\boldsymbol{r}_1) & \varphi_2(\boldsymbol{r}_1) & \ldots & \varphi_n(\boldsymbol{r}_1) \\ \varphi_1(\boldsymbol{r}_2) & \varphi_2(\boldsymbol{r}_2) & \ldots & \varphi_n(\boldsymbol{r}_2) \\ \vdots & \vdots & \ddots & \vdots \\ \varphi_1(\boldsymbol{r}_n) & \varphi_2(\boldsymbol{r}_n) & \ldots & \varphi_n(\boldsymbol{r}_n) \end{vmatrix} \tag{3.52}$$

schreiben, die nach John Slater auch als Slater-Determinante bezeichnet wird. Offenbar ist es nicht möglich, dass zwei Elektronen j und k das gleiche Spinorbital $\varphi_j = \varphi_k$ zugeordnet wird – sonst wäre die Slater-Determinante identisch null. Diese Aussage wird nach dem Physiker Wolfgang Pauli als Pauli'sches Ausschließungsprinzip oder kurz als Pauli-Prinzip bezeichnet (verallgemeinernd versteht man unter diesem Prinzip auch die Aussage, dass die Wellenfunktionen von Fermionen antisymmetrisch sind). Nur mit Hilfe dieses Prinzips lassen sich die differenzierten Eigenschaften der verschiedenen Elemente und der Aufbau des Periodensystems verstehen. Wäre die elektronische Wellenfunktion symmetrisch gegenüber Vertauschungen, würden sich alle Elektronen im Orbital tiefster Energie aufhalten.

Aus der Antisymmetrie der elektronischen Wellenfunktion folgt unmittelbar, dass für zwei Elektronen mit gleicher Spinkoordinate die Wahrscheinlichkeitsdichte, sich am gleichen Ort aufzuhalten, null sein muss. Anders als beim Hartree-Produkt wird also durch eine antisymmetrische Wellenfunktion wie etwa der Slater-Determinante die Korrelation der Elektronenbewegung teilweise berücksichtigt: Elektronen mit gleichem Spin weichen sich aus.

3.2.3.4 Mehrelektronen-Schrödinger-Gleichung

Die Wellenfunktion $\psi(\underline{r})$ eines Mehrelektronen-Atoms lässt sich ebenso wie beim Wasserstoffatom durch die Lösung einer zeitunabhängigen Schrödinger-Gleichung der Form

$$\hat{H}_e \psi(\underline{r}) = E\psi(\underline{r}) \tag{3.53}$$

3.2 Quantenmechanische Atome

bestimmen, wobei sich der Hamilton-Operator wie in Gl. (3.29) als Summe der Operatoren $\hat{T}_e$ und $\hat{V}_e$ für die kinetische beziehungsweise potentielle Energie schreiben lässt, die wie folgt auf das Mehrelektronen-Problem verallgemeinert werden:

$$\hat{T}_e = -\frac{\hbar^2}{2m_e} \sum_{i=1}^{n} \Delta_i \qquad (3.54)$$

und

$$\hat{V}_e = \frac{e^2}{4\pi\varepsilon_0} \left[-\sum_{i=1}^{n} \frac{Z'}{|r_i|} + \sum_{i=1}^{n-1} \sum_{j=i+1}^{n} \frac{1}{|r_i - r_j|} \right]. \qquad (3.55)$$

Anders als die Schrödinger-Gleichung (3.29) für das Wasserstoffatom ist Gl. (3.53) für das Mehrelektronen-Atom nicht analytisch lösbar. Mit dem Hartree-Fock-Verfahren (siehe (Cramer 2014; Jensen 2017; Püschner 2017; Scherz 1999)) existiert jedoch ein Algorithmus, mit dem Gl. (3.53) numerisch gelöst werden kann, sofern die Wellenfunktion auf eine Slater-Determinante der Form (3.51) beschränkt wird. Die Vernachlässigung der Korrelation zwischen Elektronen in Spinorbitalen mit unterschiedlicher Orientierung des Spins, die bei Verwendung einer einzelnen Slater-Determinante unvermeidlich ist, lässt sich beseitigen, wenn die elektronische Wellenfunktion als Linearkombination verschiedener Slater-Determinanten dargestellt wird. Methoden, die mit solchen Linearkombinationen arbeiten, werden als Post-Hartree-Fock-Verfahren bezeichnet. Diese können die tatsächliche Wellenfunktion eines Atoms (oder eines Moleküls im Rahmen der Born-Oppenheimer-Näherung, siehe unten) mit beliebiger Genauigkeit berechnen, allerdings um den Preis eines enormen Rechenaufwands, der je nach verwendeter Methode mit einer hohen Potenz der Anzahl der Elektronen des berechneten Systems ansteigt.

3.2.3.5 Effektive Kernladungszahl

Auch ohne aufwendige quantenmechanische Rechnungen lässt sich mit empirischen Verfahren eine erstaunlich gute Abschätzung für die Energie der Elektronen in Atomen erlangen. Solche Verfahren führen die n-Teilchen-Schrödinger-Gleichung auf n Einteilchen-Schrödinger-Gleichungen für wasserstoffähnliche Atome zurück. Dazu werden die Wechselwirkungen eines Elektrons mit den übrigen Elektronen und mit dem Kern in einer einfachen Näherung in einem effektiven Coulomb-Potential zusammengefasst, das durch den Operator

$$\hat{V}_{\text{eff}} = \frac{1}{4\pi\varepsilon_0} \frac{Z'_{\text{eff}} e^2}{|r|} \qquad (3.56)$$

repräsentiert wird, der sich von dem analogen Operator (3.26) für wasserstoffähnliche Atome nur durch die effektive Kernladungszahl

$$Z'_{\text{eff}} = Z' - S \qquad (3.57)$$

unterscheidet, die sich aus der tatsächlichen Kernladungszahl Z' durch Subtraktion einer Abschirmkonstanten S ergibt. Für eine Ladung, die sich außerhalb eines (nicht ionisierten) Atoms befindet, ist diese Abschirmkonstante gleich der Kernladungszahl und Z'_{eff} ist null: ein ungeladenes und sphärisch symmetrisches Atom übt keine Coulomb-Kraft auf äußere Ladungen aus. Für ein Elektron der Schale n ist die Abschirmkonstante geringer, denn Elektronen höherer Schalen ($n' > n$) schirmen die Kernladung gar nicht ab, Elektronen der gleichen Schale ($n' = n$) und der nächstinneren Schale ($n' = n - 1$) schirmen sie nur teilweise ab und Elektronen, die mindestens zwei Schalen weiter innen liegen ($n' \leq n - 2$), schirmen sie fast vollständig ab. Die 1930 von John Slater vorgestellten und später nach ihm benannten Regeln (Slater 1930) erlauben es, die Abschirmkonstante S für ein Elektron als Summe von Beiträgen s_i der übrigen Elektronen zu schreiben. Für ein 2p-Elektron des Kohlenstoffatoms liefern die Slater-Regeln Beiträge zur Abschirmkonstanten von $s_1 = 0{,}85$ wegen der beiden 1s-Elektronen und von $s_2 = 0{,}35$ wegen der beiden 2s-Elektronen und des anderen 2p-Elektrons, woraus sich eine effektive Kernladungszahl von

$$Z'_{\text{eff}} = 6 - 2 \cdot 0{,}85 - 3 \cdot 0{,}35 = 3{,}25 \tag{3.58}$$

ergibt. Die Ionisationsenergie eines Elektrons ergibt sich dann, indem man in Gl. (3.30) die Kernladungszahl Z' durch Z'_{eff} ersetzt. Eine mit Hilfe der Slater-Regeln berechnete Ionisationsenergie ist häufig deutlich zu hoch, beispielsweise 35,9 eV für das Kohlenstoffatom gegenüber experimentellen 11,26 eV (Glab et al. 2018). Auch berücksichtigen die Slater-Regeln entgegen empirischen Erfahrungen nicht den Einfluss des Spinzustands der Elektronen. Bessere Ergebnisse lassen sich mit neueren Abschirmbeiträgen erzielen, wie sie beispielsweise in (Gerthsen et al. 2015) präsentiert werden. Mit diesen Regeln erhält man für das Kohlenstoffatom

$$Z'_{\text{eff}} = 6 - 4 \cdot 0{,}9 - 1{,}0 = 1{,}4 \tag{3.59}$$

und damit eine realistischere Ionisationsenergie von 6,7 eV. Anders als die von Slater vorgeschlagenen Werte enthalten die in (Gerthsen et al. 2015) vorgeschlagenen Werte deutlich stärkere Beiträge zur Abschirmung der Kernladung von Elektronen mit gleicher Bahndrehimpuls- und Spinquantenzahl.

3.2.3.6 Bohr'sches Aufbauprinzip und Hund'sche Regeln

Als John Slater seine Regeln im Jahr 1930 veröffentlichte, war die Logarithmentafel das einzige Hilfsmittel zur Durchführung quantenmechanischer Rechnungen. Seit dem Aufkommen leistungsfähiger Computer lässt sich die Energie eines Elektrons in einem Atom mit einer Genauigkeit von vielen Dezimalen berechnen (Klopper et al. 2010). Trotzdem sind die effektiven Kernladungszahlen für ein intuitives Verständnis des Aufbaus atomarer Elektronenhüllen weiterhin sehr wertvoll, denn mit ihnen lassen sich auf sehr anschauliche Weise das Bohr'sche Aufbauprinzip (Bohr

1921) und die Hund'schen Regeln (Hund 1927a, 1927b) verstehen. Demnach besetzen die Elektronen auch in schweren Atomen wasserstoffähnliche Orbitale, die durch vier Quantenzahlen gekennzeichnet werden. Bei Atomen mit nicht zu großer Ordnungszahl werden die Orbitale unter Beachtung des Pauli-Prinzips so besetzt, dass das jeweils nächste Elektron ein Orbital mit möglichst kleiner Summe $n + l$ aus Hauptquantenzahl und Bahndrehimpulsquantenzahl besetzt, wobei im Zweifelsfall die kleinere Hauptquantenzahl entscheidet. Die Besetzungsreihenfolge der Orbitale lautet dann

$$1s \rightarrow 2s \rightarrow 2p \rightarrow 3s \rightarrow 3p \rightarrow 4s \rightarrow 3d \rightarrow 4p \rightarrow \ldots$$

Nach der zweiten Hund'schen Regel werden außerdem Orbitale mit gleicher Haupt- und Bahndrehimpulsquantenzahl so besetzt, das der Betrag der Summe der Spinquantenzahlen s möglichst groß wird. Die Elektronen besitzen also, unter Beachtung der übrigen Regeln, nach Möglichkeit die gleiche Spin-Orientierung. Anders als beim Wasserstoffatom sind die Orbitale innerhalb einer Schale also nicht energieentartet. Im Rahmen dieser Näherung ist es möglich die elektronische Konfiguration eines schweren Atoms durch Angabe der besetzten wasserstoffähnlichen Orbitale anzugeben. Für das Kohlenstoffatom beispielsweise lautet diese Konfiguration

$$1s^2\, 2s^2\, 2p^2\,.$$

Eine detailliertere Angabe enthält auch Angaben zu Bahndrehimpuls- und Spinquantenzahlen:

$$1s \uparrow\downarrow \quad 2s \uparrow\downarrow \quad 2p_x \uparrow\, 2p_y \uparrow \,.$$

Die Orientierung der p-Orbitale entlang der x- und y-Achsen in diesem Beispiel ist natürlich willkürlich. Je höher die (stets negative) potentielle Energie der Elektronen ist, desto schwächer sind diese Elektronen an das Atom gebunden und desto weniger Energie ist erforderlich, um sie herauszulösen. Die Elektronen, die am schwächsten gebunden sind und die für die Bildung einer kovalenten Bindung in Frage kommen, sind die Elektronen der äußersten Schale, die wir als Valenzelektronen bezeichnen. Beim Kohlenstoffatom sind dies die 2s- und die 2p-Elektronen.

3.3 Born-Oppenheimer-Näherung

Die Theorie der Quantenmechanik wird für gewöhnlich für grundlegende Objekte wie etwa Elektronen und Atomkerne formuliert. Weitergehende und in der Chemie weit verbreitete Konzepte wie das des Moleküls und der Molekülstruktur lassen sich nicht ohne weitere Annahmen aus dieser Theorie ableiten. Eine für diesen Zweck besonders fruchtbare Annahme wurde 1927 von Max Born und Robert Oppenheimer

(Born und Oppenheimer 1927) und kurz vorher auch von John C. Slater (Slater 1927) vorgeschlagen und ist heute als Born-Oppenheimer-Näherung weithin bekannt.[8] Statt der 1927 veröffentlichten Darstellung wird heute fast immer eine 1954 von Max Born und Kun Huang veröffentlichte Form (Max Born und Huang 1998) verwendet. Aus der Born-Oppenheimer-Näherung ergibt sich unmittelbar der Begriff der Potentialhyperfläche (siehe Abschn. 3.3.3), mit dessen Hilfe sich die Molekülstruktur oder die Bindungsenergie rigoros definieren lassen.

Diese Näherung ist daher schon allein aus konzeptueller Sicht von herausragender Bedeutung (Primas und Müller-Herold 1990). Darüber hinaus erleichtert sie aber auch die praktische Berechnung vieler Eigenschaften von Molekülen und festen Körpern, indem sie die Wellenfunktion für ein Molekül in eine elektronische Wellenfunktion und eine Wellenfunktion für die Kerne faktorisiert. Durch diese – nur näherungsweise gültige – Separation der Wellenfunktion wird eine Schrödinger-Gleichung mit $3N + 3n$ Koordinaten (für ein Molekül mit N Kernen und n Elektronen) auf zwei Schrödinger-Gleichungen zurückgeführt, eine mit $3N$ Koordinaten für die Kerne und eine mit $3n$ Koordinaten für die Elektronen. Da die Schrödinger-Gleichung einem Eigenwertproblem gleichkommt, für dessen Lösung eine Rechenzeit erforderlich ist, die quadratisch mit der Anzahl der Freiheitsgrade steigt, führt die Born-Oppenheimer-Näherung zu einer erheblichen Verringerung der Rechenzeit. Diese wird noch weiter reduziert, wenn nur die Elektronen quantenmechanisch behandelt werden, während die Bewegung der Kerne auf der Potentialhyperfläche im Rahmen der Newton'schen Mechanik beschrieben wird (Abschn. 3.3.4). Schließlich liefert die Born-Oppenheimer-Näherung auch die theoretische Rechtfertigung für den Ansatz, die Bewegung der Kerne in einem empirischen Potential mit Hilfe der Newton'schen Mechanik zu berechnen; sie liefert also eine wichtige Rechtfertigung für den Versuch, die Dynamik von Molekülen allein mit Methoden der klassischen Physik zu beschreiben, kurz gesagt also für die klassische Molekulardynamik.

Ausgangspunkt für die Entwicklung dieser Näherung durch Born und Oppenheimer war die Festellung, dass die Atomkerne viel träger als die Elektronen sind und deshalb deren Bewegung nicht folgen können. Die elektronische Ladungsdichte, von der aus diesem Grund angenommen wird, dass sie sich aus Sicht der Kerne zu jedem Zeitpunkt im Gleichgewicht befindet und deshalb nur von der augenblicklichen Position der Kerne, nicht aber von deren Bewegung abhängt, erzeugt ein Potential, das zusammen mit dem Coulomb-Potential der Kernabstoßung das Potential V_{PES} der Potentialhyperfläche (engl. *potential energy surface,* PES) bildet, durch das die Kernbewegung bestimmt wird.

▶ **Merksatz 3.5** Im Gültigkeitsbereich der Born-Oppenheimer-Näherung lässt sich ein Potentialhyperfläche genanntes Potential V_{PES} ableiten, das nur von

---

[8] In Teilen der Literatur wird dieser Ansatz auch Adiabatische Näherung genannt, eine Bezeichnung, die in der übrigen Literatur synonym mit der Born-Huang-Näherung (Max Born und Huang 1998) verwendet wird, die mit der Born-Oppenheimer-Näherung eng verwandt aber nicht mit dieser identisch ist (siehe auch Vertiefung 3.1).

3.3 Born-Oppenheimer-Näherung

den Kernkoordinaten abhängt. Die Geometrie eines Moleküls im Grundzustand entspricht dem globalen Minimum dieses Potentials.

Die Born-Oppenheimer-Näherung bedarf neben der Trägheit der Kerne einer weiteren Voraussetzung für ihre Gültigkeit, nämlich eines genügend großen energetischen Abstandes zwischen dem elektronischen Grundzustand und dem ersten angeregten Zustand. In den meisten Fällen ist dieser Abstand groß genug, aber unter speziellen Umständen, wo elektronische Niveaus dicht beieinander liegen, kann die Born-Oppenheimer-Näherung zusammenbrechen (Abschn. 3.3.5). Typische Beispiele hierfür sind die Anregung höherer elektronischer Zustände und die Dissoziation sehr polarer Moleküle.

3.3.1 Schwere Kerne – leichte Elektronen

Als Maß für das Verhältnis der Elektronenmasse zu einer typischen Kernmasse M definierten Born und Oppenheimer in ihrer grundlegenden Arbeit den Parameter

$$\kappa = \sqrt[4]{\frac{m_e}{M}}. \tag{3.60}$$

Im – für die Born-Oppenheimer-Näherung – ungünstigsten Fall, dem Wasserstoffatom, ist der Kern etwa 1836-mal schwerer als ein Elektron, was einem Wert von $\kappa \approx 0{,}15$ entspricht. Beim Sauerstoffatom ist der Wert von κ kaum mehr als halb so groß. In der klassischen Physik folgen aus den großen Massenunterschieden zwischen Kernen und Elektronen unmittelbar entsprechend große Geschwindigkeitsunterschiede, denn die Coulomb-Kräfte, die Kerne und Elektronen aufeinander ausüben, sind für beide Teilchensorten vom Betrag her gleich groß, so dass ein Massenverhältnis von κ^4 zu einem Verhältnis der Beschleunigungen von κ^{-4} führen muss. Eine quantenmechanische Betrachtung ist etwas schwieriger, kommt aber zu einem vergleichbaren Ergebnis, wie wir sehen werden.

In einem ersten Schritt betrachten wir die typische Geschwindigkeit eines Valenzelektrons. Die zeitunabhängige Schrödinger-Gleichung des Wasserstoffatoms liefert für die Bindungsenergie des Elektrons und dessen Wellenfunktion

$$\epsilon = \frac{\hbar^2}{m_e a_0^2} \tag{3.61}$$

beziehungsweise

$$\Phi(r, R) \sim \exp\left(-\frac{\sqrt{m_e \epsilon}}{\hbar} |R - r|\right), \tag{3.62}$$

wobei R und r für die Position des Kerns beziehungsweise des Elektrons stehen. Wenn wir den Bohrschen Radius $a_0 \approx 0{,}529$ Å durch einen typischen Bindungsabstand a von 1 bis 2 Å ersetzen, gelten die Beziehungen (3.61) und (3.62) zumindest der Größenordnung nach auch für beliebige Valenzelektronen im Molekül. Wir erhalten so Bindungsenergien ϵ für Valenzelektronen von einigen 100 kJ/mol. Die durchschnittliche Geschwindigkeit dieser Elektronen beträgt dann bis zu

$$v_e \approx \sqrt{\frac{2\epsilon}{m_e}} \approx 2 \cdot 10^6 \text{ m s}^{-1}, \tag{3.63}$$

ist also mehr als hundertmal kleiner als die Lichtgeschwindigkeit, wodurch die nichtrelativistische Betrachtungsweise gerechtfertigt erscheint.

In einem zweiten Schritt versuchen wir die typische Geschwindigkeit der Kerne abzuschätzen. Dazu beschreiben wir die Bewegung der Kerne in der Nähe des Gleichgewichtes mit dem Modell des quantenmechanischen harmonischen Oszillators (Bartelmann et al. 2015). Ein Kern mit der Masse M und der Gleichgewichtsposition $\boldsymbol{R}_0$ befindet sich dann in einem Potential

$$V_{\text{harm}}(\boldsymbol{R}) = \frac{1}{2}\omega^2 M (\boldsymbol{R} - \boldsymbol{R}_0)^2, \tag{3.64}$$

und für seine Wellenfunktion gilt

$$\chi(\boldsymbol{R}) \sim \exp\left(-\frac{\omega M (\boldsymbol{R} - \boldsymbol{R}_0)^2}{2\hbar}\right). \tag{3.65}$$

Um die Schwingungsfrequenz ω abzuschätzen, gehen wir in grober Näherung davon aus, dass eine Bindung des Atoms zu einem Nachbaratom gebrochen wird, wenn der Abstand $|\boldsymbol{R} - \boldsymbol{R}_0|$ des Kerns zu seiner Gleichgewichtslage $\boldsymbol{R}_0$ den Wert a einer typischen Bindungslänge annimmt. Die für das Aufbrechen der Bindung erforderliche Energie sollte von gleicher Größenordnung sein wie die Bindungsenergie ϵ eines Valenzelektrons, woraus wir die Gleichung

$$\epsilon \approx \frac{1}{2}\omega^2 M a^2 \tag{3.66}$$

ableiten, so dass wir

$$\omega \approx \sqrt{\frac{2\epsilon}{Ma^2}} \tag{3.67}$$

als Abschätzung für die Schwingungsfrequenz erhalten. Anders als beim klassischen harmonischen Oszillator sind die Schwingungsniveaus beim quantenmechanischen Oszillator quantisiert und bei nicht zu hohen Temperaturen befindet sich der Kern im niedrigsten Schwingungsniveau mit der Energie

$$E_{\text{vib}} = \frac{1}{2}\hbar\omega \approx \frac{\hbar}{2}\sqrt{\frac{2\epsilon}{Ma^2}}. \tag{3.68}$$

Für die Vibrationsenergie eines Kernes erhalten wir mit (3.68) und (3.61)

$$E_{\text{vib}} = \frac{1}{2}\sqrt{2}\,\epsilon\kappa^2. \tag{3.69}$$

3.3 Born-Oppenheimer-Näherung

Die Vibrationsenergien der Kerne liegen also im Bereich von einigen kJ/mol, sind also etwa zwei Größenordnungen kleiner als die Bindungsenergie der Valenzelektronen.[9] Für typische Geschwindigkeiten der Kerne erhalten wir zusammen mit Gl. (3.63)

$$v_n \approx \sqrt{\frac{2E_{\text{vib}}}{M}} \approx \frac{1}{2}\sqrt[4]{8\kappa^3}\, v_e. \qquad (3.70)$$

Die Geschwindigkeit der Kerne beträgt daher weniger als 6000 m/s und ist um den Faktor κ^3, also um etwa drei Größenordnungen kleiner als die Geschwindigkeit der Elektronen. Diese Abschätzung bestätigt die Annahme der Born-Oppenheimer-Näherung, dass die Kerne aus der Sicht der Elektronen praktisch stillstehen. In einer Zeitspanne, die nötig ist, damit sich ein Kern merklich bewegen kann, können Elektronen den Kern vielfach „umrunden", sodass die Kerne nur die durchschnittliche elektronische Ladungsdichte „spüren".

3.3.2 Molekulare Schrödinger-Gleichung

Sowohl die Elektronen als auch die Atomkerne sind mikroskopische Teilchen, die nach den Gesetzen der Quantenmechanik durch Wellenfunktionen beschrieben werden müssen. Eine korrekte Beschreibung eines Systems aus n Elektronen und N Atomkernen erfordert daher eine Wellenfunktion

$$\Phi(\boldsymbol{R}_1,\ldots,\boldsymbol{R}_n,\boldsymbol{r}_1,\ldots,\boldsymbol{r}_N), \qquad (3.71)$$

die sowohl von den N Positionsvektoren $\boldsymbol{R}_I$ der Kerne als auch von den n Aufenthaltsorten $\boldsymbol{r}_i$ der Elektronen abhängt und die Lösung der molekularen zeitunabhängigen Schrödingergleichung

$$\hat{H}_{\text{mol}}\Phi(\underline{\boldsymbol{R}},\underline{\boldsymbol{r}}) = E_{\text{mol}}\Phi(\underline{\boldsymbol{R}},\underline{\boldsymbol{r}}) \qquad (3.72)$$

ist, in der wir der besseren Übersicht halber die Positionsvektoren der n Elektronen wie in Gl. (3.45) zu $\underline{\boldsymbol{r}}$ und auf analoge Weise die der N Kerne zu $\underline{\boldsymbol{R}}$ zusammengefasst haben. Der molekulare Hamilton-Operator[10]

$$\hat{H}_{\text{mol}} = \hat{T}_n + \hat{T}_e + \hat{V}_{nn} + \hat{V}_{ne} + \hat{V}_{ee} \qquad (3.73)$$

---

[9] Andernfalls wären Moleküle nicht stabil und der Begriff des Moleküls verlöre seine Bedeutung.
[10] Es ist eigentlich notwendig, diese Betrachtung im Massenmittelpunktsystem durchzuführen. Daraus ergeben sich jedoch neue Schwierigkeiten (siehe etwa (Sutcliffe 1992) oder (Jensen 2017)), da sich durch den Übergang zum Massenmittelpunktsystem die Anzahl der Freiheitsgrade verringert, weshalb wir hier einfach stillschweigend davon ausgehen, dass nur solche Wellenfunktionen auftreten, bei denen der Massenmittelpunkt des Moleküls ruht.

lässt sich als Summe von Operatoren

$$\hat{V}_{nn} = +\frac{1}{4\pi\varepsilon_0} \sum_{I=1}^{N-1} \sum_{J>I}^{N} \frac{e^2 Z'_I Z'_J}{|\boldsymbol{R}_I - \boldsymbol{R}_J|} \qquad (3.74)$$

$$\hat{V}_{ne} = -\frac{1}{4\pi\varepsilon_0} \sum_{I=1}^{N} \sum_{i=1}^{n} \frac{e^2 Z'_I}{|\boldsymbol{R}_I - \boldsymbol{r}_i|} \qquad (3.75)$$

$$\hat{V}_{ee} = +\frac{1}{4\pi\varepsilon_0} \sum_{i=1}^{n-1} \sum_{j>i}^{n} \frac{e^2}{|\boldsymbol{r}_i - \boldsymbol{r}_j|} \qquad (3.76)$$

für die potentielle Energie der Coulomb-Wechselwirkungen von Elektronen und von Kernen mit den Kernladungszahlen Z'_I und von Operatoren

$$\hat{T}_n = -\sum_{I=1}^{N} \frac{\hbar^2}{2M_I} \Delta_I \qquad (3.77)$$

$$\hat{T}_e = -\sum_{i=1}^{n} \frac{\hbar^2}{2m_e} \Delta_i \qquad (3.78)$$

für die kinetische Energie von Kernen (mit den Kernmassen M_I) und Elektronen schreiben. Dabei haben wir die partiellen Ableitungen nach den Kernkoordinaten mit Hilfe der Nabla-Operatoren

$$\nabla_I = \left(\frac{\partial}{\partial X_I}, \frac{\partial}{\partial Y_I}, \frac{\partial}{\partial Z_I}\right) \qquad (3.79)$$

und der Laplace-Operatoren

$$\Delta_I = \nabla_I^2 = \frac{\partial^2}{\partial X_I^2} + \frac{\partial^2}{\partial Y_I^2} + \frac{\partial^2}{\partial Z_I^2} \qquad (3.80)$$

zusammengefasst. Auf entsprechende Weise formulieren wir auch die Nabla- und Laplace-Operatoren ∇_i beziehungsweise Δ_i für die elektronischen Koordinaten. Um die Bewegung der Kerne und der Elektronen näherungsweise getrennt behandeln zu können, definieren wir den elektronischen Hamilton-Operator

$$\hat{H}_e = \hat{T}_e + \hat{V}_{ne} + \hat{V}_{ee}, \qquad (3.81)$$

der die kinetische Energie der Kerne und ihre Coulomb-Abstoßung nicht enthält, wohl aber die Coulomb-Wechselwirkung zwischen Kernen und Elektronen und natürlich die rein elektronischen Energiebeiträge. Die mit dem Index α nummerierten Lösungen

$$\psi_\alpha = \psi_\alpha(\boldsymbol{r}|\boldsymbol{R}) \qquad (\alpha = 1, 2, \ldots) \qquad (3.82)$$

3.3 Born-Oppenheimer-Näherung

der elektronischen Schrödinger-Gleichung

$$\hat{H}_e \psi_\alpha = E_{e,\alpha} \psi_\alpha \qquad (3.83)$$

enthalten die elektronischen Positionsvektoren $\underline{r}$ als Variablen unter der Voraussetzung festgehaltener Kernpositionen $\underline{R}$ als Parameter. Auch die zugehörigen Eigenwerte hängen parametrisch von den festgehaltenen Kernpositionen ab:

$$E_{e,\alpha} = E_{e,\alpha}(\underline{R}) \,. \qquad (3.84)$$

Die Eigenfunktionen ψ_α des elektronischen Hamilton-Operators $\hat{H}_e$ bilden eine Orthonormalbasis. Wir können diese Funktionen also als Basisvektoren auffassen, die senkrecht aufeinander stehen,

$$\int \psi_\alpha \psi_\beta \, d\underline{r} = \delta_{\alpha\beta} \,, \qquad (3.85)$$

und durch die sich jede molekulare Wellenfunktion Φ in die Form

$$\Phi(\underline{R}, \underline{r}) = \sum_\alpha \chi_\alpha(\underline{R}) \, \psi_\alpha(\underline{r}|\underline{R}) \qquad (3.86)$$

bringen lässt, bei der die

$$\chi_\alpha = \chi_\alpha(\underline{R}) \qquad (3.87)$$

Wellenfunktionen sind, die den Zustand der Kernbewegung beschreiben. Durch

$$|\chi_\alpha(\underline{R}_1, \ldots, \underline{R}_N)|^2 \qquad (3.88)$$

wird also die Wahrscheinlichkeitsdichte dafür angegeben, die Kerne $I = 1, \ldots, N$ an den Positionen $\underline{R}_1, \ldots, \underline{R}_N$ zu finden.

Wie oben beschrieben besteht die Grundannahme der Born-Oppenheimer-Näherung darin, dass die Kerne nicht den augenblicklichen Aufenthaltsort der Elektronen „spüren", sondern nur deren mittlere Verteilung, dass also die momentanen Koordinaten der Elektronen nicht mit den momentanen Koordinaten der Kerne korrelieren. Die Wahrscheinlichkeitsdichte, die Kerne an den Positionen $\underline{R}$ zu finden, hängt daher nicht von den momentanen Positionen $\underline{r}$ der Elektronen ab, sondern nur von der Wahrscheinlichkeitsdichte, sie an diesen Positionen zu finden. Mathematisch bedeutet dies, das die molekulare Wellenfunktion Φ bereits durch einen einzelnen Summanden der rechten Seite von Gl. (3.86) vollständig beschrieben wird (eine rigorose Herleitung findet sich in Vertiefung 3.1).

▶ **Merksatz 3.6** Im Rahmen der Born-Oppenheimer-Näherung lässt sich die Wellenfunktion eines Moleküls,

$$\Phi(\underline{R}, \underline{r}) = \chi(\underline{R}) \, \psi(\underline{r}|\underline{R}) \,, \qquad (3.89)$$

in eine Wellenfunktion χ für die Kerne und eine Wellenfunktion ψ für die Elektronen separieren, die durch zwei Schrödinger-Gleichungen bestimmt werden, eine für die Elektronen,

$$(\hat{T}_e + \hat{V}_{ne} + \hat{V}_{ee})\psi = E_e \psi, \tag{3.90}$$

und eine für die Kerne,

$$(\hat{T}_n + \hat{V}_{nn} + E_e)\chi = E_{mol}\chi. \tag{3.91}$$

Wir können diese Separation der molekularen Wellenfunktion nutzen, um zuerst mit Gl. (3.90) die elektronische Wellenfunktion $\psi(\underline{r}|\underline{R})$ und die elektronischen Energieeigenwerte $E_e(\underline{R})$ für alle Kernkoordinaten $\underline{R}$ zu berechnen, für die wir eine von null verschiedene Wahrscheinlichkeitsdichte $|\chi(\underline{R})|^2$ erwarten. Anschließend können wir die so erhaltenen elektronischen Energieeigenwerte $E_e(\underline{R})$ verwenden, um mit Hilfe von Gl. (3.91) die Wellenfunktion χ für die Kerne zu erhalten. Üblicherweise fasst man die Energie der Coulomb-Abstoßung der Kerne, $\hat{V}_{nn}$ aus Gl. (3.74), mit den elektronischen Energieeigenwerten $E_e(\underline{R})$ zur Potentialhyperfläche

$$V_{PES}(\underline{R}) = E_e(\underline{R}) + \frac{1}{4\pi\varepsilon_0}\sum_{I=1}^{N-1}\sum_{J>I}^{N}\frac{e^2 Z'_I Z'_J}{|\underline{R}_I - \underline{R}_J|} \tag{3.92}$$

zusammen.

3.3.3 Potentialhyperfläche

Die Potentialhyperfläche V_{PES} (oft auch als Energielandschaft bezeichnet) gestattet es, den Einfluss der Elektronen auf die Bewegung der Kerne implizit zu beschreiben. Die Schrödinger-Gleichung (3.91) für die Kerne lässt sich mit Hilfe der Potentialhyperfläche in die Form

$$(\hat{T}_n + V_{PES})\chi = E_{mol}\chi \tag{3.93}$$

bringen. Die Potentialhyperfläche V_{PES} umfasst also die gesamte potentielle Energie der Kerne und enthält implizit alle Energiebeiträge der Elektronen einschließlich deren kinetischer Energie. Dieses Konzept der Potentialhyperfläche lässt sich nur im Rahmen der Born-Oppenheimer-Näherung oder einer vergleichbaren Approximation entwickeln, denn auf Grund der Unschärferelation ist es in der Quantenmechanik nicht möglich, gleichzeitig die Position aller Atomkerne eines Moleküls und deren Impulse und damit deren Energie zu bestimmen.

Die Potentialhyperfläche ist schon allein deshalb von großem Nutzen, weil sie es erlaubt, den Begriff der geometrischen Molekülstruktur auf sehr einfache Weise innerhalb der Quantenmechanik zu definieren. Dazu legen wir fest, dass die geometrische Struktur eines Moleküls durch die Koordinaten $\underline{R}^{(0)}$ bestimmt wird, für

3.3 Born-Oppenheimer-Näherung

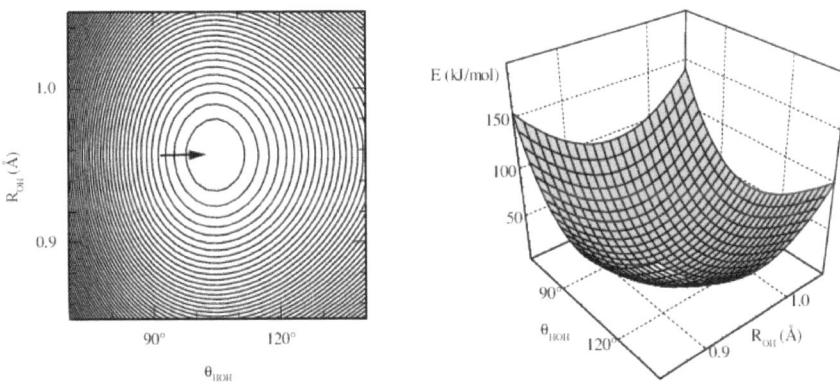

Abb. 3.7 Quantenmechanisch berechnete Potentialhyperfläche des H_2O-Moleküls (links) durch Isokonturlinien und (rechts) als in einen dreidimensionalen Raum eingebettete Fläche in Abhängigkeit von Bindungsabstand und Bindungswinkel

die die Potentialhyperfläche $V_{PES}(\underline{R})$ ihren tiefsten Wert annimmt, für die also alle Gradienten

$$\nabla_I V_{PES} = 0 \quad (I = 1, \ldots, N) \tag{3.94}$$

verschwinden. Ohne die Born-Oppenheimer-Näherung, wäre man gezwungen, die Molekülstruktur aus der Aufenthaltswahrscheinlichkeitsdichte der Kerne abzuleiten, was konzeptuell wesentlich schwieriger wäre.

In Abb. 3.7 wird als Beispiel ein Ausschnitt aus der im Rahmen der Born-Oppenheimer-Näherung quantenmechanisch berechneten Energiehyperfläche von Wasser auf zwei verschiedene Weisen dargestellt. Dabei wurde die Anzahl der Kernkoordinaten von neun auf zwei reduziert, indem drei Koordinaten für den Massenmittelpunkt und drei weitere für die Orientierung des Moleküls weggelassen wurden und dem Molekül zusätzlich eine Symmetriebedingung in Form gleicher O-H-Bindungsabstände auferlegt wurde. Die Gleichgewichtswerte für die Bindungslänge und den Bindungswinkel entsprechen dem Minimum der Potentialhyperfläche.

Ein weiterer wichtiger Begriff zur Beschreibung von Molekülen ist der Übergangszustand, der sich ebenso wie der Grundzustand erst mit Hilfe der Potentialhyperfläche eindeutig definieren lässt. Eng damit verknüpft ist der Begriff der Aktivierungsenergie.

3.3.4 Klassische Kerne

Die Potentialhyperfläche ist nicht nur von großer Bedeutung für wichtige Konzepte der Chemie und der Molekülphysik, sie ist auch unentbehrlich für die Simulation von sogenannten *klassischen Kernen*. Unter diesem Begriff verstehen wir Atomkerne, deren Dynamik unter bestimmten Umständen der Newtonschen Mechanik gehorcht. Während eine quantenmechanische Beschreibung von Elektronen und Kernen unverzichtbar ist, um den Aufbau von Atomen und Molekülen vollständig zu verstehen, kann sie in manchen Fällen durch geeignete klassische Modelle für Kerne ersetzt werden. Zwar lassen sich Phänomene wie die Nullpunktsschwingungen der Atome, die diskreten Energieniveaus von Molekülschwingungen oder das Tunneln von Protonen von einem Molekül zu einem anderen nur durch die Gesetze der Quantenmechanik erklären, die Gleichgewichtsstruktur von Molekülen und die Dynamik von Kernen um ihre Gleichgewichtspositionen bei angeregten Temperaturen aber lassen sich näherungsweise auch mit in die klassische Mechanik eingebetteten empirischen Modellen (siehe Kap. 5) beschreiben. Solche Modelle liefern für ein Molekül oder ein aus Molekülen und Atomen bestehendes System eine Potentialhyperfläche V_PES, aus der sich für jeden Atomkern I die auf ihn wirkende Kraft

$$F_I = -\nabla_I V_\mathrm{PES} \tag{3.95}$$

berechnen lässt. Die Dynamik der Atomkerne folgt dann aus dem zweiten Newtonschen Gesetz

$$F_I = M_I \ddot{R}_I, \tag{3.96}$$

aus dem die N gekoppelten vektoriellen Bewegungsgleichungen

$$\ddot{R}_I = -\frac{1}{M_I} \nabla_I V_\mathrm{PES} \tag{3.97}$$

folgen, die – von trivialen Systemen abgesehen – nicht analytisch lösbar sind und numerisch integriert werden müssen (siehe Kap. 6).

3.3.5 Grenzen der Born-Oppenheimer-Näherung

Die größere Trägheit der Kerne und die damit verbundenen kleinen Werte für κ sind für sich alleingenommen nicht ausreichend für die Gültigkeit der Born-Oppenheimer-Näherung. Darüberhinaus ist es auch erforderlich, dass die angeregten elektronischen Niveaus in der Energie gut vom Grundzustand getrennt sind (siehe auch Vertiefung 3.1). Die größtmögliche Verletzung dieser Voraussetzung ist bei Molekülen mit entartetem elektronischen Grundzustand gegeben, wenn es also zwei verschiedene elektronische Wellenfunktionen $\psi_\alpha(\underline{r}|\underline{R})$ und $\psi_\beta(\underline{r}|\underline{R})$ gibt, die für die Kernkoordinaten $\underline{R}$ den gleichen Energieeigenwert $E_{e,\alpha}(\underline{R}) = E_{e,\beta}(\underline{R})$ aufweisen. Der **Jahn-Teller-Effekt** (bei nichtlinearen Molekülen) (Jahn und Teller 1937) und der Renner-Teller-Effekt (bei linearen Molekülen) (Herzberg und Teller 1933; Renner 1934) besagen dann, dass die Molekülgeometrie $\underline{R}$ nicht dem Gleichgewichtszustand entsprechen kann. Stattdessen muss es eine weniger symmetrische Molekülgeometrie $\underline{R}'$ geben, bei der die elektronische Energieentartung aufgehoben und die Molekülenergie E_mol abgesenkt wird. Diese Effekte lassen sich mit einer Wellenfunktion der Form (3.89) – und damit im Rahmen der Born-Oppenheimer-Näherung – nicht erklären.

3.3 Born-Oppenheimer-Näherung

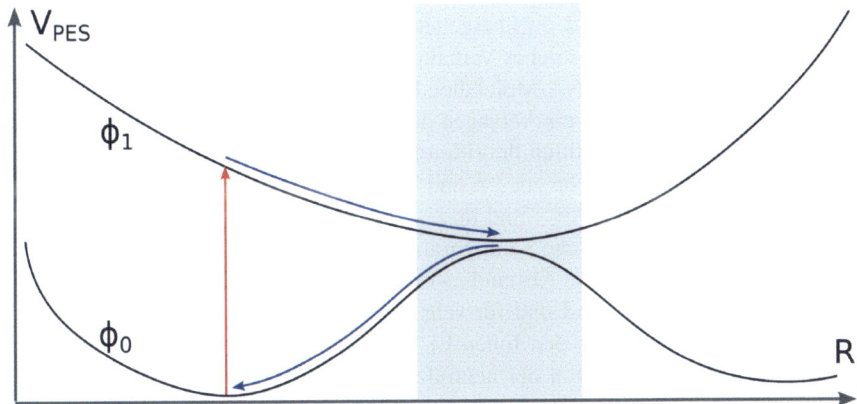

Abb. 3.8 Schematische Darstellung eines Franck-Condon-Übergangs (roter Pfeil) vom tiefsten zum nächsthöheren Energieniveau mit anschließender strahlungsloser Relaxation (blaue Pfeile). Der grau schraffierte Bereich zeigt den Bereich, in dem die Born-Oppenheimer-Näherung zusammenbricht

Auch wenn keine elektronische Energieentartung vorliegt, sich die elektronischen Energiewerte aber nahe sind, kann es zu einem vergleichbaren Effekt, dem Pseudo-Jahn-Teller-Effekt kommen. Allgemein ist die Born-Oppenheimer-Näherung umso besser, je weiter die Energieeigenwerte voneinander getrennt sind; im Idealfall gilt also

$$E_{e,0} \ll E_{e,1} \ll E_{e,2} \ll \ldots \tag{3.98}$$

Für den Grundzustand ist diese Bedingung in den meisten Fällen erfüllt, es gilt also $E_{e,0} \ll E_{e,1}$, genauer gesagt (wie in Vertiefung 3.1 gezeigt wird) gilt sogar

$$E_{e,0} \ll E_{e,1} - \epsilon\kappa^3 . \tag{3.99}$$

Für angeregte Zustände ist dies jedoch oft nicht der Fall, so dass die Born-Oppenheimer-Näherung auf solche Zustände nicht angewendet werden kann.

Eine schematische Darstellung für den Zusammenbruch dieser Näherung ist in Abb. 3.8 gegeben. In diesem Beispiel wird ein Molekül aus dem elektronischen Grundzustand ψ_0 mit den Kernkoordinaten $\underline{R}$ in den angeregten Zustand ψ_1 befördert, wobei diese Anregung gemäß dem **Franck-Condon-Prinzip** so schnell verlaufen soll, dass sich die Positionen der Kerne währenddessen nicht ändern. Nach der Anregung können die Kerne in einer strahlungslosen Relaxation neue Positionen $\underline{R}'$ einnehmen, die die Potentialhyperfläche V_{PES} für den angeregten Zustand minimieren. Wenn sich nun die Potentialhyperfläche für den elektronischen Grundzustand und für den angeregten Zustand bei $\underline{R}'$ sehr nahe kommen, wenn also gilt $V_{PES,0}(\underline{R}') \approx V_{PES,1}(\underline{R}')$, dann bricht die Born-Oppenheimer-Näherung an dieser Stelle zusammen und es kommt zu einer Mischung zwischen dem angeregten Zustand und dem Grundzustand. Im Ergebnis kann das Molekül ohne Energieabgabe in den elektronischen Grundzustand ψ_0 übergehen und dann strahlungslos zur Molekülgeometrie $\underline{R}$ relaxieren. Ein solches Verhalten lässt sich beispielsweise bei der elektronischen Anregung von DNA-Molekülen beobachten.

Ein weiteres Beispiel für ein Versagen der Born-Oppenheimer-Näherung ist die Dissoziation eines freien Lithiumfluoridmoleküls in neutrale Atome. Das Molekül hat einen Bindungsabstand von gut 2 Å und im Grundzustand eine stark polare elektronische Konfiguration, Li^+F^-, und im ersten angeregten Zustand eine kovalente und wenig polare elektronische Konfiguration, Li·F·. Mit wachsendem Bindungsabstand sinkt der energetische Abstand zwischen dem elektronischen Grundzustand und dem angeregten Zustand und für sehr große Abstände liegt die polare elektronische Konfiguration, die den Ionen Li^+ und F^- entspricht, energetisch höher als die unpolare Konfiguration der neutralen Atome Li und F. Würde die Born-Oppenheimer-Näherung für alle Abstände streng gelten, müsste es bei einem mittleren Abstand zu einer nach dem von Neumann-Wigner-Theorem verbotenen Überkreuzung der elektronischen Zustände kommen. Tatsächlich wird eine solche Überkreuzung vermieden, da die Born-Oppenheimer-Näherung bei mittlerem Abstand zusammenbricht und es zu einer Mischung der beiden Zustände kommt, eine Tatsache, die im englischen Sprachraum als *avoided crossing* oder *level repulsion* bezeichnet wird.

Vertiefung 3.1: Herleitung der Born-Oppenheimer-Näherung
Zuvor wurde versucht die Separation der molekularen Wellenfunktion in einen nuklearen und einen elektronischen Anteil durch anschauliche Betrachtungen zur Trägheit der Kerne zu begründen. Später haben wir Beispiele kennengelernt, aus denen folgt, dass die Trägheit der Kerne alleine für eine Rechtfertigung der Born-Oppenheimer-Näherung nicht ausreicht: wir benötigen als weitere Voraussetzung einen ausreichenden Energieabstand zwischen den elektronischen Niveaus. Unsere bisherige Begründung für diese Näherung ist also etwas unbefriedigend und wir versuchen sie im Folgenden auf festeren Boden zu stellen.

Wir beginnen mit der Feststellung, dass der Operator der kinetischen Energie der Kerne, $\hat{T}_n$, auch auf die elektronischen Wellenfunktionen ψ_α wirkt und deshalb angeregte elektronische Zustände zum Grundzustand mischen kann. Sofern wir zeigen können, dass die Matrixelemente

$$\int \psi_\beta \hat{T}_n \psi_\alpha \, d\underline{r} = \langle \psi_\beta | \hat{T}_n | \psi_\alpha \rangle , \qquad (3.100)$$

die wir auf der rechten Seite dieser Gleichung zur Vereinfachung der Schreibweise in der bra-ket-Notation dargestellt haben (eine Schreibweise, die wir im Folgenden beibehalten), klein sind gegenüber der elektronischen Energiedifferenz zwischen dem Grundzustand und dem ersten angeregten Zustand, dürfen wir die Beimischung angeregter Zustände vernachlässigen und haben

3.3 Born-Oppenheimer-Näherung

dadurch die Gültigkeit der Born-Oppenheimer-Näherung gezeigt. Dazu setzen wir Gl. (3.86) in die molekulare Schrödinger-Gleichung (3.72) ein und erhalten mit den Definitionen (3.73) und (3.81) schließlich

$$\left(\hat{T}_n + \hat{V}_{nn} + \hat{H}_e\right) \sum_\alpha \chi_\alpha \psi_\alpha = E_{mol} \sum_\alpha \chi_\alpha \psi_\alpha. \quad (3.101)$$

Wir multiplizieren diese Gleichung von links mit ψ_β und integrieren über $\underline{r}$ und erhalten dann in der bra-ket-Notation

$$\sum_\alpha \langle \psi_\beta | \hat{T}_n + \hat{V}_{nn} + \hat{H}_e | \psi_\alpha \rangle \chi_\alpha = E_{mol} \sum_\alpha \langle \psi_\beta | \psi_\alpha \rangle \chi_\alpha. \quad (3.102)$$

Da die ψ_α eine Orthonormalbasis bilden, können wir Gl. (3.102) vereinfachen:

$$\sum_\alpha \langle \psi_\beta | \hat{T}_n | \psi_\alpha \rangle \chi_\alpha + \left(\hat{V}_{nn} + E_{e,\beta}\right) \chi_\beta = E_{mol} \chi_\beta. \quad (3.103)$$

Wir setzen die Definition von $\hat{T}_n$ aus Gl. (3.77) in den ersten Summanden der linken Seite von Gl. (3.103) ein und erhalten unter Anwendung der Produktregel der Differentiation ($\Delta_I = \nabla_I \cdot \nabla_I$ wirkt auf ψ_α und auf χ_α)

$$\sum_\alpha \langle \psi_\beta | \hat{T}_n | \psi_\alpha \rangle \chi_\alpha = -\sum_\alpha \sum_{I=1}^N \frac{\hbar^2}{2M_I} \langle \psi_\beta | \Delta_I | \psi_\alpha \rangle \chi_\alpha$$

$$= -\sum_\alpha \left(\hat{A}_{\alpha\beta} + \hat{B}_{\alpha\beta} + \hat{C}_{\alpha\beta}\right) \chi_\alpha \quad (3.104)$$

mit den Größen

$$\hat{A}_{\alpha\beta} = \sum_{I=1}^N \frac{\hbar^2}{2M_I} \langle \psi_\beta | \Delta_I | \psi_\alpha \rangle, \quad (3.105)$$

$$\hat{B}_{\alpha\beta} = \sum_{I=1}^N \frac{\hbar^2}{M_I} \langle \psi_\beta | \nabla_I | \psi_\alpha \rangle \cdot \nabla_I, \quad (3.106)$$

$$\hat{C}_{\alpha\beta} = \sum_{I=1}^N \frac{\hbar^2}{2M_I} \langle \psi_\beta | \psi_\alpha \rangle \Delta_I, \quad (3.107)$$

die wir als Matrixelemente des Operators $\hat{T}_n$ auffasssen können. Von diesen Matrixelementen wollen wir zuerst die Größenordnung der Operatoren $\hat{A}_{\alpha\beta}$

abschätzen und formulieren dazu den Laplace-Operator für Kugelkoordinaten $(R_I, \theta_I, \varphi_I)$:

$$\Delta_I = \frac{1}{R_I^2}\hat{D}_I \qquad (3.108)$$

mit

$$\hat{D}_I = \frac{\partial}{\partial R_I}\left(R_I^2 \frac{\partial}{\partial R_I}\right) + \frac{1}{\sin\theta_I}\frac{\partial}{\partial \theta_I}\left(\sin\theta_I \frac{\partial}{\partial \theta_I}\right) + \frac{1}{\sin^2\theta_I}\frac{\partial^2}{\partial \varphi_I^2}. \qquad (3.109)$$

Wir ersetzen in der Definition (3.105) von $\hat{A}_{\alpha\beta}$ die elektronischen Wellenfunktionen ψ_α und ψ_β durch (3.62) und erhalten so zusammen mit (3.108) und (3.109) nach einiger Rechnung die Abschätzung

$$\hat{A}_{\alpha\beta} \approx \frac{1}{2}\epsilon\kappa^4 \sum_{I=1}^{N}\langle\psi_\beta|\hat{D}_I|\psi_\alpha\rangle. \qquad (3.110)$$

Bevor wir auch $\hat{B}_{\alpha\beta}$ und $\hat{C}_{\alpha\beta}$ abschätzen können, betrachten wir zunächst den Abstand d, der den räumlichen Bereich beschreibt, in dem die Kerne sich während ihrer Schwingung um die Gleichgewichtspositionen aufhalten. Dazu setzen wir die Schwingungsenergie $E_\mathrm{vib} = \hbar\omega/2$ in das harmonische Potential (3.64) ein,

$$\frac{1}{2}\omega^2 M d^2 = \frac{1}{2}\hbar\omega, \qquad (3.111)$$

und erhalten mit (3.67) und (3.61)

$$d = \frac{1}{2}\sqrt[4]{8}\,\kappa a. \qquad (3.112)$$

Weiterhin formulieren wir den Nabla-Operator in Kugelkoordinaten

$$\nabla_I = \frac{1}{R_I}\hat{\mathbf{E}}_I \quad \text{mit} \quad \hat{\mathbf{E}}_I = R_I \mathbf{e}_R \frac{\partial}{\partial R_I} + \mathbf{e}_\theta \frac{\partial}{\partial \theta_I} + \mathbf{e}_\psi \frac{1}{\sin\theta_I}\frac{\partial}{\partial \psi_I}. \qquad (3.113)$$

Für $\hat{B}_{\alpha\beta}$ erhalten wir dann auf ähnliche Weise wie vorher die Abschätzung

$$\hat{B}_{\alpha\beta} = \frac{\hbar^2}{2M}\frac{\sqrt{m_e\epsilon}}{\hbar}\sqrt{2m_e M}\epsilon\frac{2d}{2\hbar^2}\sum_{I=1}^{N}\langle\psi_\beta|\hat{\mathbf{E}}_I|\psi_\alpha\rangle$$

$$= \frac{1}{2}\sqrt[4]{2}\epsilon\kappa^3 \sum_{I=1}^{N}\langle\psi_\beta|\hat{\mathbf{E}}_I|\psi_\alpha\rangle. \qquad (3.114)$$

3.3 Born-Oppenheimer-Näherung

Da die elektronischen Wellenfunktionen ψ_α eine Orthonormalbasis bilden, sind bei den $\hat{C}_{\alpha\beta}$ nur die Diagonalelemente

$$\hat{C}_{\alpha,\alpha} = \sum_{I=1}^{N} \frac{\hbar^2}{2M_I} \Delta_I \tag{3.115}$$

von null verschieden. In der Born-Oppenheimer-Näherung bilden nur diese Diagonalelemente den Operator der kinetischen Energie der Kerne. Durch ähnliche Betrachtungen, wie wir sie für $\hat{A}_{\alpha,\alpha}$ und $\hat{B}_{\alpha,\alpha}$ angestellt haben, erhalten wir für $\hat{C}_{\alpha,\alpha}$

$$\hat{C}_{\alpha\alpha} \approx N \frac{\hbar^2}{2M_I} 2 m_e M_I \epsilon^2 \frac{d^2}{\hbar^4} = \frac{1}{2}\sqrt{2}\epsilon\kappa^2 N. \tag{3.116}$$

Die Integrale $\langle \psi_\beta | \hat{D}_I | \psi_\alpha \rangle$ und $\langle \psi_\beta | \hat{\mathbf{E}}_I | \psi_\alpha \rangle$ sind höchstens von der Größenordnung eins. Die Operatoren $\hat{A}_{\alpha\beta}$, $\hat{B}_{\alpha\beta}$ und $\hat{C}_{\alpha\beta}$ unterscheiden sich in ihrer Größenordnung also in der Potenz von κ.

Üblicherweise ist der Unterschied in der elektronischen Energie zwischen dem Grundzustand und dem ersten angeregten Zustand von der gleichen Größenordnung wie ϵ, so dass wir

$$E_{e,1} - E_{e,0} \gg \epsilon\kappa^3 \tag{3.117}$$

abschätzen können. Die Matrixelemente $\hat{A}_{10}$, $\hat{A}_{01}$, $\hat{B}_{10}$ und $\hat{B}_{01}$, die von der Größenordnung $\epsilon\kappa^4$ beziehungsweise $\epsilon\kappa^3$ sind, und natürlich erst recht die Matrixelemente $\hat{C}_{10} = \hat{C}_{01} = 0$ können dann keinen nennenswerten Anteil von ψ_1 zum Grundzustand ψ_0 beimischen, wodurch die Separation der molekularen Wellenfunktion gemäß Gl. (3.89) gerechtfertigt ist.

In der Born-Oppenheimer-Näherung werden auf der rechten Seite von Gl. (3.104) nur Potenzen von κ^2 mitgenommen und damit auch die Diagonalelemente $\hat{A}_{\alpha\alpha}$ und $\hat{B}_{\alpha\alpha}$ weggelassen. Gl. (3.104) vereinfacht sich dann zu

$$\sum_\alpha \langle \psi_\alpha | \hat{T}_n | \psi_\beta \rangle \chi_\alpha = -\sum_{I=1}^{N} \frac{\hbar^2}{2M_I} \Delta_I \chi_\beta. \tag{3.118}$$

In diesem Fall wirkt der Operator der kinetischen Energie der Kerne nicht auf die elektronischen Wellenfunktionen ψ_α und als Folge kann der elektronische Hamilton-Operator wie in Gl. (3.90) geschrieben werden.

In einer leicht verbesserten Näherung werden auch einige Terme der Ordnung κ^3 und κ^4 hinzugenommen, nämlich die Diagonalelemente $\hat{A}_{\alpha\alpha}$ und $\hat{B}_{\alpha\alpha}$. In diesem Fall wirkt der Operator der kinetischen Energie der Kerne auch auf die elektronische Wellenfunktion, durch die Beschränkung auf die Diagonalelemente kommt es aber nicht zur Mischung zwischen Zuständen $\chi_\alpha \psi_\alpha$ und

$\chi_\beta \psi_\beta$, so dass sich die molekulare Wellenfunktion weiterhin wie in Gl. (3.89) separieren lässt. Der elektronische Hamilton-Operator in Gl. (3.90) muss aber um $\hat{A}_{\alpha\alpha}$ und $\hat{B}_{\alpha\alpha}$ ergänzt werden. Dieser Ansatz wird in der Literatur als Adiabatische oder Born-Huang-Näherung bezeichnet (Max Born und Huang 1998). Die gegenüber der Born-Oppenheimer-Näherung erreichte Steigerung der Genauigkeit ist jedoch meist sehr gering (Kolos und Wolniewicz 1964).

3.4 Quantenmechanische Moleküle

Durch die Born-Oppenheimer-Näherung ist eine rein elektronische Wellenfunktion definiert, die parametrisch von den Kernkoordinaten abhängt. Diese Wellenfunktion ist, von extremen Ausnahmefällen abgesehen, nicht analytisch lösbar, kann aber numerisch beliebig genau approximiert werden (siehe Abschn. 3.4.3). Die Gesamtheit der für uns relevanten Eigenschaften des Moleküls, die wir aus der Wellenfunktion der Elektronen ableiten können, bezeichnen wir auch als elektronische Struktur.

Im Rahmen unserer Betrachtungen kann es aus zwei Gründen nützlich sein, einen genaueren Blick auf die elektronische Struktur der Moleküle zu werfen. Zum einen gibt es kombinierte Verfahren, die den weitaus größten Teil eines Biomoleküls klassisch, einen kleinen, katalytisch aktiven Teil aber quantenmechanisch behandeln. Zum anderen bedürfen die zahlreichen empirischen Modellpotentiale, die die klassische Molekulardynamik benötigt, praktisch immer zu ihrer Rechtfertigung der Quantenmechanik. Beispielhaft seien hier das Konzept der kovalenten Bindung genannt und der Begriff der Ladung von Atomen in Molekülen.

Wir werden uns besonders mit den allereinfachsten Molekülen beschäftigen, dem H_2^+- und dem H_2-Molekül, in der Hoffnung, dass an diesen einfachen Beispielen einige Erkenntnisse anschaulich werden, die auch für beliebige Moleküle Gültigkeit haben.

3.4.1 Das H_2^+-Molekül

Als einfachstes Molekül, an dem wir die chemische Bindung untersuchen können, betrachten wir das Diwasserstoffkation H_2^+, das aus zwei Protonen als Atomkernen und einem Elektron besteht. Zur Unterscheidung benennen wir die beiden Atomkerne mit A und B und bezeichnen ihre Positionen mit $\boldsymbol{R}_A$ beziehungsweise $\boldsymbol{R}_B$ und legen den Mittelpunkt des Moleküls in den Ursprung des Koordinatensystems, woraus $\boldsymbol{R}_A = -\boldsymbol{R}_B$ folgt. Den Bindungsabstand des Moleküls bezeichnen wir mit $R = |\boldsymbol{R}_A - \boldsymbol{R}_B|$ und den Aufenthaltsort des Elektrons mit $\boldsymbol{r}$. Der elektronische Hamilton-

Operator (3.81) nimmt für das H_2^+-Molekül eine besonders einfache Form an,

$$\hat{H}_e = -\frac{\hbar^2}{2m_e}\Delta + \frac{e^2}{4\pi\varepsilon_0}\left(\frac{1}{|\boldsymbol{r}-\boldsymbol{R}_A|} + \frac{1}{|\boldsymbol{r}-\boldsymbol{R}_B|}\right), \qquad (3.119)$$

die mehrere Symmetrieeigenschaften aufweist. So bleibt $\hat{H}_e$ invariant unter einer Punktspiegelung um den Mittelpunkt des Moleküls und unter einer beliebigen Drehung um die Molekülachse. Wir können diese Symmetrieoperationen nutzen, um die Lösungen der elektronischen Schrödinger-Gleichung zu klassifizieren. Dazu indizieren wir Wellenfunktionen, die unter einer Punktspiegelung ihr Vorzeichen beibehalten oder wechseln, mit g beziehungsweise u für gerade und ungerade:

$$\psi_g(\boldsymbol{r}) = \psi_g(-\boldsymbol{r}) \quad \text{und} \quad \psi_u(\boldsymbol{r}) = -\psi_u(-\boldsymbol{r}). \qquad (3.120)$$

Außerdem bezeichnen wir Wellenfunktionen, die bei einer beliebigen Drehung um die Molekülachse unverändert bleiben als σ-Orbitale, und solche, die bei einer Drehung um 180° oder 90° ihr Vorzeichen wechseln, als π- beziehungsweise δ-Orbitale. Diese Klassifikation lässt sich zu Drehungen höherer Zähligkeit fortsetzen, was aber eher selten erforderlich ist. Wenn ein elektronischer Zustand nicht energieentartet ist, wenn es also keinen anderen Zustand gleicher Energie gibt, dann muss dieser Zustand genau einer der obengenannten Klassifikationen entsprechen, also genau vom Typ

$$n\sigma_g, \; n\sigma_u, \; n\pi_g, \; n\pi_u, \; n\delta_g, \; \ldots$$

sein, wobei der Index n die Zustände gleicher Symmetrie abzählt, beginnend mit dem Zustand tiefster Energie.

Die Lösung der elektronischen Schrödinger-Gleichung für das H_2^+-Ions ist deutlich schwieriger als für das Wasserstoffatom. Eine analytische Lösung wurde erst in jüngster Zeit gefunden (Scott et al. 2006), sehr genaue numerische Lösungen für die beiden tiefstliegenden Zustände waren aber schon deutlich früher bekannt (Wind 1965; Peek 1965). Abb. 3.9 zeigt die Energie des Grundzustands $1\sigma_g$ und des ersten angeregten Zustands $1\sigma_u$ des H_2^+-Moleküls in Abhängigkeit des Kernabstands R. Der ungerade Zustand $1\sigma_u$ weist kein Minimum auf und ist antibindend, während der Grundzustand bindend ist und ein Minimum bei $R = 2a_0$ (etwa 1,06 Å) aufweist. Der starke Anstieg der Energie beider Zustände für $R \to 0$ wird durch die Coulomb-Abstoßung der beiden Protonen bewirkt. Der Einschub in Abb. 3.9 gibt den Verlauf der Energie beider Zustände ohne diese Abstoßung wieder. Für große Abstände ($R \to \infty$) nähert sich die Energie beider Zustände asymptotisch -1 Ry, der Energie des 1s-Orbitals im Wasserstoffatom. Für kleine Abstände hingegen ($R \to 0$) wird das H_2^+-Molekül einem He^+ immer ähnlicher und die Zustände $1\sigma_g$ und $1\sigma_u$ nähern sich entsprechenden Orbitalen des Heliumatoms an. Im Fall des Grundzustands ist dies das 1s-Orbital des Heliums mit einer Energie von -4 Ry (entsprechend Gl. 3.30). Der angeregte Zustand $1\sigma_u$ geht stattdessen in das niedrigste Heliumorbital mit passender Symmetrie über, das $2p_z$-Orbital mit einer Energie von -1 Ry, wobei die Molekülachse als z-Achse gewählt wurde.

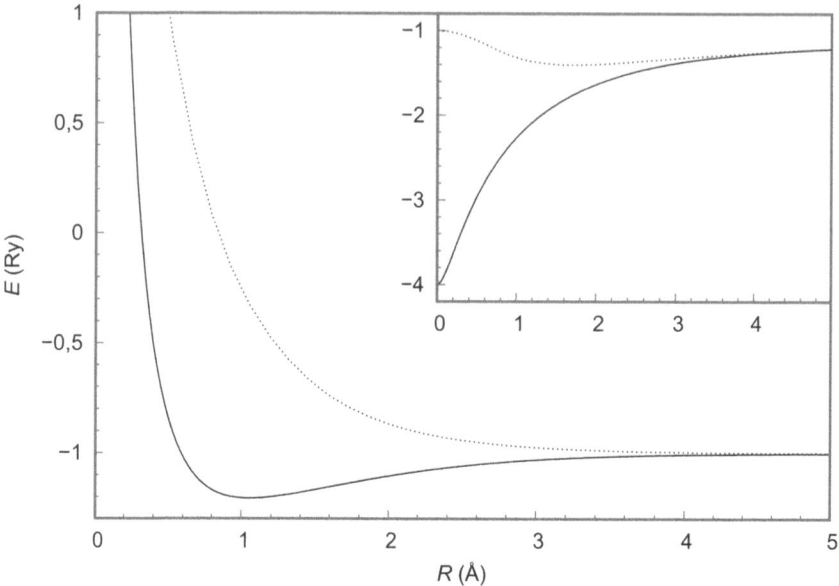

Abb. 3.9 Energie des H_2^+-Moleküls für den Grundzustand $1\sigma_g$ (durchgezogene Linie) und den ersten angeregten Zustand $1\sigma_u$ (unterbrochene Linie) in Abhängigkeit vom Bindungsabstand R (nach (Wind 1965; Peek 1965)). Der Einschub zeigt die rein elektronische Energie ohne die Coulomb-Abstoßung der Kerne für die gleichen elektronischen Zustände

3.4.1.1 LCAO-Ansatz

Die exakte Lösung für die elektronische Schrödinger-Gleichung des H_2^+-Moleküls (Scott et al. 2006) ist sehr speziell und es ist nicht einfach, aus ihr allgemeine Erkenntnisse über kovalente Bindungen zu gewinnen. Wir probieren deshalb nun einen sehr einfachen Ansatz und versuchen, im Rahmen der Born-Oppenheimer-Näherung den elektronischen Grundzustand und den ersten angeregten Zustand als Linearkombination von Atomorbitalen (LCAO, *linear combination of atomic orbitals*) zu schreiben, in der Hoffnung dadurch Einsichten zu gewinnen, die sich auf kovalente Bindungen in größeren Molekülen übertragen lassen. Dazu wählen wir die Molekülachse als z-Achse des Koordinatensystems und können dann σ-Orbitale als Summe von s-, p_z- und d_{zz}-Atomorbitalen darstellen und π-Orbitale als Kombination von p_x-, p_y-, d_{xz}- und d_{yz}-Orbitalen (im Prinzip können auch geeignete f-Orbitale und Orbitale mit noch höherer Bahndrehimpulsquantenzahl beteiligt sein). Wir gehen davon aus, dass der Grundzustand und der erste angeregte Zustand vom Typ $1\sigma_g$ beziehungsweise $1\sigma_u$ sind, und wählen als ersten und einfachsten Ansatz für diese Zustände

$$\psi_{1\sigma g}(r) = \frac{1}{\sqrt{2+2S}} \left[\varphi_{1s}^A(r) + \varphi_{1s}^B(r) \right] \tag{3.121}$$

und

$$\psi_{1\sigma u}(r) = \frac{1}{\sqrt{2-2S}} \left[\varphi_{1s}^A(r) - \varphi_{1s}^B(r) \right]. \tag{3.122}$$

3.4 Quantenmechanische Moleküle

Hier stehen φ_{1s}^{A} und φ_{1s}^{B} für an den Atomkernen A beziehungsweise B zentrierte 1s-Orbitale des Wasserstoffatoms. Das Überlappintegral

$$S = \langle \varphi_{1s}^{A} | \varphi_{1s}^{B} \rangle = \langle \varphi_{1s}^{B} | \varphi_{1s}^{A} \rangle \qquad (3.123)$$

wird benötigt, um die Wellenfunktionen zu normieren. Für $\psi_{1\sigma g}$ gilt beispielsweise

$$\langle \psi_{1\sigma g} | \psi_{1\sigma g} \rangle = \frac{1}{2+2S} \left[\langle \varphi_{1s}^{A} | \varphi_{1s}^{A} \rangle + \langle \varphi_{1s}^{A} | \varphi_{1s}^{B} \rangle + \langle \varphi_{1s}^{B} | \varphi_{1s}^{A} \rangle + \langle \varphi_{1s}^{B} | \varphi_{1s}^{B} \rangle \right] = 1 , \qquad (3.124)$$

wobei die 1s-Orbitale bereits als normiert vorausgesetzt wurden. Für $\psi_{1\sigma u}$ gilt das Entsprechende. Die 2s- und 2p-Orbitale und höhere Atomorbitale berücksichtigen wir wegen des hohen Energieabstands zum 1s-Grundzustand vorerst nicht.

▶ **Merksatz 3.7** Die elektronische Wellenfunktion eines Moleküls kann näherungsweise als Produkt von Molekülorbitalen (MO) geschrieben werden. Die MOs sind Linearkombinationen von Atomorbitalen (LCAO). Diejenigen Linearkombinationen, die zur Anhäufung elektronischer Ladung zwischen benachbarten Atomen führen, bilden sogenannte bindende MOs und tragen zu kovalenten Bindungen bei.

Für Einteilchen-Wellenfunktionen der Art von $\psi_{1\sigma g}$ und $\psi_{1\sigma u}$ wurde – zur Unterscheidung von atomzentrierten Orbitalen – die Bezeichnung **Molekülorbital** (MO) geprägt. Die Amplituden der Molekülorbitale $\psi_{1\sigma g}$ und $\psi_{1\sigma u}$ entlang der Molekülachse werden in Abb. 3.10 skizziert. Aufgrund der unterschiedlichen Normierungskonstanten besitzt das ungerade Molekülorbital an den beiden Atomzentren betragsmäßig eine etwas höhere Amplitude als das gerade Orbital. Dieser Unterschied wird umso ausgeprägter, je geringer der Bindungsabstand ist. Als Folge sind auch die Betragsquadrate an den Atomkernen, also die Aufenthaltswahrscheinlichkeitsdichten an diesen Orten für das ungerade Orbital größer als für das gerade Orbital, bei dem sich dafür eine erhöhte Wahrscheinlichkeitsdichte ergibt, das Elektron in der Mitte zwischen beiden Atomkernen zu finden. Der Unterschied in der Wahrscheinlichkeitsdichte zwischen geraden und ungeraden Orbitalen ist ein Interferenzphänomen, das darauf beruht, dass für die Berechnung der Dichte zunächst die Wellenfunktionen addiert werden und erst danach das Betragsquadrat der Summe gebildet wird.

3.4.1.2 Anhäufung von Ladungsdichte

Als Ursache der chemischen Bindung wird in der Literatur gelegentlich behauptet, dass diese Anhäufung von Ladungsdichte zwischen den Atomkernen zu einer Absenkung der (negativen) potentiellen Energie gegenüber dem ungebundenen Zustand ($R = \infty$) führe. Eine solche Darstellung ist jedoch sehr vereinfacht, denn die zwischen den Atomkernen angehäufte Ladungsdichte fehlt (wie man in Abb. 3.10 erkennen kann) an anderer Stelle, besonders in den kernnahen Bereichen, wo die potentielle Energie viel tiefer liegt als in der Molekülmitte, und so zeigt Kutzelnigg (Kutzelnigg

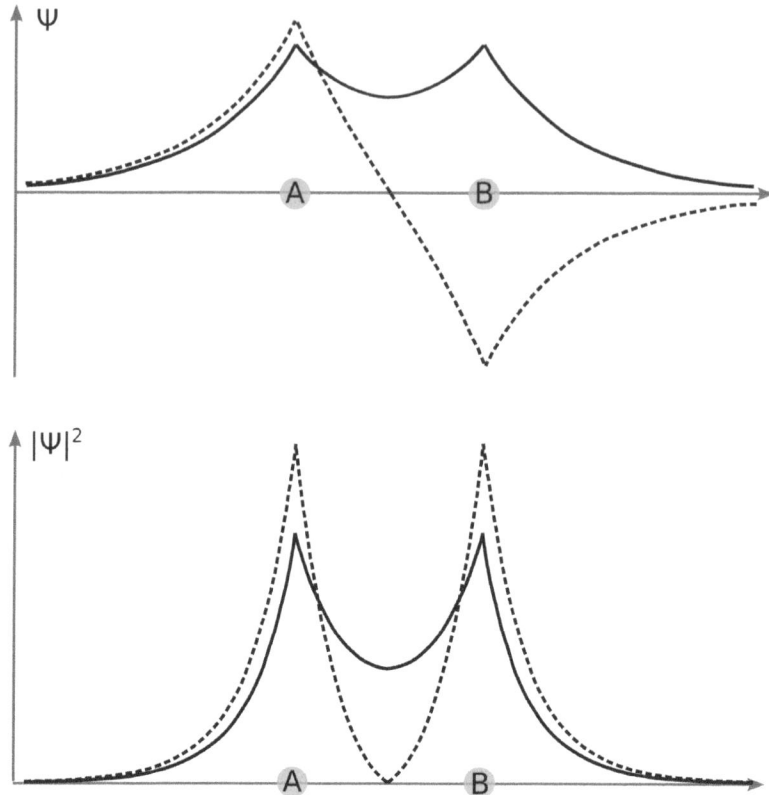

Abb. 3.10 Schematische Darstellung von Amplitude (oben) und Betragsquadrat (unten) der beiden in der Energie tiefstliegenden Molekülorbitale $\psi_{1\sigma u}$ (durchgezogene Linie) und $\psi_{1\sigma u}$ (unterbrochene Linie) entlang der Molekülachse des H_2^+-Moleküls. Die Positionen der beiden Atomkerne sind mit A und B gekennzeichnet

2002), dass das H_2^+-Molekül bei Verwendung des einfachen LCAO-Ansatzes (3.121) im Zustand $\psi_{1\sigma g}$ eine potentielle Energie (einschließlich der Coulomb-Abstoßung der Kerne) besitzt, die monoton mit dem Bindungsabstand R abnimmt und ihren tiefsten Wert im ungebundenen Fall ($R = \infty$) erreicht. Tatsächlich ist die Absenkung der kinetischen Energie für Kernabstände im Bereich zwischen 2 und 3 Bohrschen Radien dafür verantwortlich, dass die Gesamtenergie hier ein Minimum aufweist, durch das das H_2^+-Molekül seine Stabilität erhält. Die Verringerung der kinetischen Energie wird bei der Betrachtung des Betragsquadrats der Wellenfunktion in Abb. 3.10 anschaulich: Im Fall des geraden Molekülorbitals sorgt die konstruktive Interferenz der Amplituden dafür, dass der Bereich, in dem sich das Elektron aufhalten kann, vergrößert wird, wodurch das Elektron weniger stark lokalisiert ist. Das Gegenteil ist beim ungeraden Molekülorbital der Fall, wo das Elektron stattdessen stärker lokalisiert wird. Aus der Unschärferelation folgt, dass die kinetische Energie umso größer ist, je stärker das Elektron lokalisiert ist (siehe Abschn. 3.2.1). Die kinetische Energie des Elektrons lässt sich nach Gl. (3.25) in drei Anteile $\langle T_{e,x} \rangle$, $\langle T_{e,y} \rangle$

3.4 Quantenmechanische Moleküle

und $\langle T_{e,z}\rangle$ aufteilen, die den drei Raumrichtungen entsprechen. Im $1\sigma_g$-Zustand findet die Delokalisierung des Elektrons im Wesentlichen entlang der Molekülachse (z-Achse) statt, weshalb hauptsächlich $\langle T_{e,z}\rangle$ verringert wird.

3.4.1.3 Kontrahierte Atomorbitale

In dem oben beschriebenen einfachsten Modell kommt die kovalente Bindung durch eine Ladungsanhäufung in der Mitte des Moleküls zustande. Allerdings nicht, weil dadurch die potentielle Energie verringert worden wäre, sondern weil dadurch das Elektron in Bindungsrichtung delokalisiert wird und die kinetische Energie deshalb absinkt. Es stellt sich natürlich die Frage, ob dieses Ergebnis womöglich ein Artefakt der verwendeten einfachen Näherung ist. Für eine solche Vermutung gibt es zwei Argumente. So ist die Verwendung einer Linearkombination aus 1s-Orbitalen des Wasserstoffes nur für große Bindungsabstände R eine gute Näherung, während für sehr kleine R das 1s-Orbital des He$^+$-Ions eine bessere Näherung wäre. Für beide Orbitale gilt

$$\varphi_{1s,\eta}(\boldsymbol{r}) = \sqrt{\frac{\eta^3}{\pi a_0^3}}\, e^{-\eta r/a_0}\,, \tag{3.125}$$

mit $\eta = 1$ für das 1s-Wasserstoff- und $\eta = 2$ für das 1s-Heliumorbital. Das Heliumorbital ist also deutlich stärker kontrahiert als das Wasserstoffatom, was dazu führt, dass sich das Elektron dichter an den Kernen aufhält. Der Grundzustand des H_2^+-Moleküls wird durch eine Linearkombination von Atomorbitalen der Form (3.125) bestmöglich approximiert, wenn $\eta = 1{,}25$ gewählt wird.

Ein weiteres Argument gegen die oben getätigte Schlussfolgerung liefert das Virialtheorem, das, wie Hellmann und Slater unabhängig voneinander gezeigt haben (Hellmann 1933; Slater 1933), im Rahmen der Born-Oppenheimer-Näherung auch für Moleküle gilt. Demnach ist die mittlere kinetische Energie der Elektronen betragsmäßig gleich der Gesamtenergie:

$$\langle T \rangle = -E\,. \tag{3.126}$$

Wenn also für den Bindungsabstand R_0 die Energie niedriger ist als für $R = \infty$, was Voraussetzung für das Entstehen einer Bindung ist, dann muss die kinetische Energie zwangsläufig anwachsen.

3.4.1.4 Interferenz und Promotion

Ruedenberg (Ruedenberg 1962) zeigte, dass die Absenkung der kinetischen Energie als Ursache der kovalenten Bindung trotz dieser Einwände ein sinnvolles Modell ist (siehe auch (Kutzelnigg 2002)). Nach Ruedenbergs Argumentation lässt sich die Bildung der kovalenten Bindung im H_2^+-Moleküls in zwei Schritte unterteilen:

1. Zunächst wird die Wellenfunktion des Grundzustandes wie in Gl. (3.121) als Linearkombination von 1s-Orbitalen des Wasserstoffatoms geschrieben und der Bindungsabstand wird ausgehend von $R = \infty$ solange verringert, bis der exakte Bin-

dungsabstand von $2a_0$ erreicht ist. Interferenz führt zur Anhäufung von Ladungsdichte im Bindungsbereich und die kinetische Energie wird dabei stärker abgesenkt als die potentielle Energie ansteigt, sodass wir einen Abfall der Gesamtenergie erhalten und die Entstehung der kovalenten Bindung durch die Absenkung der kinetischen Energie zumindest qualitativ erklären können (quantitativ sagt das Modell einen etwas zu hohen Bindungsabstand voraus). Verringert wird hierbei hauptsächlich $\langle T_{e,z} \rangle$, der Anteil der kinetischen Energie parallel zur Bindungsachse. Das Virialtheorem ist hier nicht anwendbar, da wir die Form der Atomorbitale festgehalten und schon deshalb nicht den exakten Grundzustand erhalten haben.

2. In einem zweiten Schritt (auch als Promotion der Orbitale bezeichnet (Kutzelnigg 2002)) verwenden wir statt der Wasserstoff-1s-Orbitale ein Orbital der Form (3.125) mit dem optimalen Wert $\eta = 1{,}25$. Diese Atomorbitale sind stärker kontrahiert und das Elektron hält sich in einer engeren Umgebung der Kerne auf. Die Folge ist ein Anstieg der kinetischen Energie $\langle T_e \rangle$, und zwar hauptsächlich von $\langle T_{e,x} \rangle$ und $\langle T_{e,y} \rangle$, also der Anteile der kinetischen Energie senkrecht zur Molekülachse. Dieser Anstieg wird aber durch ein stärkeres Absinken der potentiellen Energie mehr als wettgemacht, so dass die Gesamtenergie etwas sinkt. Da diese Wellenfunktion der exakten Lösung sehr nahe kommt, lässt sich das Virialtheorem anwenden.

Nach diesem Schema lässt sich die Bildung der kovalenten Bindung im H_2^+-Molekül etwas vereinfacht so zusammenfassen:

▶ **Merksatz 3.8** Im ersten Schritt (Interferenz der Orbitale) führt eine Ladungsanhäufung im Bindungsbereich zu einer Verringerung der kinetischen Energie parallel zur Molekülachse. Im zweiten Schritt (Promotion der Orbitale) wird die Gesamtenergie weiter verringert, da die Ladungsdichte näher an die Kerne heranrückt, wodurch die potentielle Energie sinkt.

Von beiden Schritten ist der erste der wesentliche, denn schon durch ihn lässt sich die kovalente Bindung zumindest qualitativ verstehen, während der zweite Schritt alleine nicht ausreichen würde. Von der Reihenfolge her sind die beiden Schritte vertauschbar, man erhält das gleiche Ergebnis, wenn die Orbitale zunächst promoviert werden und danach interferieren.

Die Kontraktion der Atomorbitale, das heißt die Wahl des optimalen Wertes für η in Gl. (3.125), lässt sich mathematisch auch durch eine Linearkombination von höheren Orbitalen passender Symmetrie ($2s, 2p_z, 3s, 3p_z, 3d_{zz}, \ldots$) beliebig genau approximieren.

3.4 Quantenmechanische Moleküle

3.4.2 Das Wasserstoffmolekül

Da das H_2^+-Molekül nur ein einziges Elektron besitzt, ist es ungeeignet um den Einfluss der Coulomb-Wechselwirkung zwischen Elektronen auf die elektronische Struktur von Molekülen zu untersuchen. Wir betrachten deshalb auch das zweiteinfachste Molekül, das Wasserstoffmolekül H_2, das zwei Elektronen enthält. Wie beim H_2^+-Molekül gibt es auch hier eine gerade Grundzustandskonfiguration, bei der die Energie bei endlichem Abstand ein Minimum aufweist. Der Bindungsabstand ist im H_2-Molekül mit 0,74 Å deutlich kürzer als im H_2^+, was darauf hindeutet, dass beide Elektronen des Wasserstoffmoleküls zur Energieabsenkung beitragen. Allerdings ist die Bindungsenergie von H_2 mit etwa 0,33 Ry weniger als doppelt so groß wie die Bindungsenergie vom H_2^+-Molekül, die etwa 0,19 Ry beträgt. Die Ursache werden wir in der gegenseitigen Coulomb-Abstoßung der beiden Bindungselektronen finden.

3.4.2.1 LCAO-Darstellung

Wenn wir für die elektronische Wellenfunktion des Wasserstoffmoleküls die LCAO-Darstellung nutzen wollen, liegt es nahe, sich wie beim H_2^+-Molekül auf die 1s-Orbitale des Wasserstoffs zu beschränken. Da bei zwei Elektronen das Pauli-Prinzip zum Tragen kommt, dürfen wir die Spinquantenzahl nicht länger außer Acht lassen. Wir verwenden für die LCAO-Darstellung die Atomorbitale $\varphi_{1s\uparrow}^A$, $\varphi_{1s\downarrow}^A$, $\varphi_{1s\uparrow}^B$ und $\varphi_{1s\downarrow}^B$, wobei die Buchstaben A und B angeben, an welchem Atomkern die 1s-Orbitale zentriert sind. Aus diesen vier Atomorbitalen lassen sich durch Linearkombination die vier Molekülorbitale

$$\xi_{1\sigma g\uparrow}(\boldsymbol{r}) = \frac{1}{\sqrt{2+2S}} \left[\varphi_{1s\uparrow}^A(\boldsymbol{r}) + \varphi_{1s\uparrow}^B(\boldsymbol{r}) \right]$$

$$\xi_{1\sigma g\downarrow}(\boldsymbol{r}) = \frac{1}{\sqrt{2+2S}} \left[\varphi_{1s\downarrow}^A(\boldsymbol{r}) + \varphi_{1s\downarrow}^B(\boldsymbol{r}) \right]$$

$$\xi_{1\sigma u\uparrow}(\boldsymbol{r}) = \frac{1}{\sqrt{2-2S}} \left[\varphi_{1s\uparrow}^A(\boldsymbol{r}) - \varphi_{1s\uparrow}^B(\boldsymbol{r}) \right]$$

$$\xi_{1\sigma u\downarrow}(\boldsymbol{r}) = \frac{1}{\sqrt{2-2S}} \left[\varphi_{1s\downarrow}^A(\boldsymbol{r}) - \varphi_{1s\downarrow}^B(\boldsymbol{r}) \right] \quad (3.127)$$

konstruieren, mit den in Gl. (3.123) definierten Überlappintegralen. Die Wellenfunktion des H_2-Moleküls schreiben wir jetzt als Produkt aus zweien dieser Molekülorbitale, wofür wir unter Beachtung des Pauli-Prinzips genau $\binom{4}{2} = 6$ Möglichkeiten haben:

$$\psi_{1g}(r_1, r_2,) = \frac{1}{2}\sqrt{2}\, \text{Det}\left[\xi_{1\sigma g\uparrow}(r_1)\,\xi_{1\sigma g\downarrow}(r_2)\right]$$

$$\psi_{2g}(r_1, r_2,) = \frac{1}{2}\sqrt{2}\, \text{Det}\left[\xi_{1\sigma u\uparrow}(r_1)\,\xi_{1\sigma u\downarrow}(r_2)\right]$$

$$\psi_{3u}(r_1, r_2,) = \frac{1}{2}\left\{\text{Det}\left[\xi_{1\sigma g\uparrow}(r_1)\,\xi_{1\sigma u\downarrow}(r_2)\right] - \text{Det}\left[\xi_{1\sigma g\downarrow}(r_1)\,\xi_{1\sigma u\uparrow}(r_2)\right]\right\}$$

$$\psi_{4u}(r_1, r_2,) = \frac{1}{2}\sqrt{2}\, \text{Det}\left[\xi_{1\sigma g\uparrow}(r_1)\,\xi_{1\sigma u\uparrow}(r_2)\right]$$

$$\psi_{5u}(r_1, r_2,) = \frac{1}{2}\left\{\text{Det}\left[\xi_{1\sigma g\uparrow}(r_1)\,\xi_{1\sigma u\downarrow}(r_2)\right] + \text{Det}\left[\xi_{1\sigma g\downarrow}(r_1)\,\xi_{1\sigma u\uparrow}(r_2)\right]\right\}$$

$$\psi_{6u}(r_1, r_2,) = \frac{1}{2}\sqrt{2}\, \text{Det}\left[\xi_{1\sigma g\downarrow}(r_1)\,\xi_{1\sigma u\downarrow}(r_2)\right] \quad (3.128)$$

Dadurch dass wir stets die Determinante aus dem Produkt zweier Molekülorbitale bilden, stellen wir sicher, dass die Wellenfunktionen in Gl. (3.128) antisymmetrisch sind, also dem Pauli-Prinzip gehorchen. Wellenfunktionen, die aus zwei geraden oder aus zwei ungeraden Molekülorbitalen gebildet werden, sind gerade, die anderen ungerade. Nur Wellenfunktionen gleicher Symmetrie können untereinander gemischt werden, also die ersten beiden in (3.128) und die letzten vier. Aus den Ergebnissen zum H_2^+-Molekül leiten wir die Vermutung ab, dass das ψ_{1g} in der Energie am tiefsten liegen wird, und betrachten deshalb im Folgenden nur diese Wellenfunktion und zusätzlich das ψ_{2g}, das die gleiche Symmetrie besitzt.[11]

3.4.2.2 Konfigurationswechselwirkung

Durch die Wellenfunktion ψ_{1g} lässt sich das Wasserstoffmolekül in der Nähe des richtigen Bindungsabstands schon recht gut beschreiben. Im Grenzfall der Dissoziation ($R = \infty$) liefert diese Wellenfunktion aber völlig falsche Ergebnisse. So sollte die Energie eines dissozierten Wassermoleküls die doppelte Energie eines einzelnen Wasserstoffatomes betragen, während eine Rechnung mit ψ_{1g} einen um fast ein Drittel zu niedrigen Wert liefert. Die Ursache für diesen Defekt wird anschaulich klar, wenn wir die Wellenfunktion ψ_{1g} in ihre Bestandteile zerlegen. Wir erhalten dann

$$\begin{aligned}
\psi_{1g} &= \frac{1}{2}\sqrt{2}\, \text{Det}\left[\xi_{1\sigma g\uparrow}\,\xi_{1\sigma g\downarrow}\right] \\
&= \frac{\sqrt{2}}{4+4S}\, \text{Det}\left[\left(\varphi^A_{1s\uparrow} + \varphi^B_{1s\uparrow}\right)\left(\varphi^A_{1s\downarrow} + \varphi^B_{1s\downarrow}\right)\right] \\
&= \frac{\sqrt{2}}{4+4S}\left\{\text{Det}\left[\varphi^A_{1s\uparrow}\varphi^B_{1s\downarrow}\right] + \text{Det}\left[\varphi^B_{1s\uparrow}\varphi^A_{1s\downarrow}\right] + \right. \\
&\quad \left. \text{Det}\left[\varphi^A_{1s\uparrow}\varphi^A_{1s\downarrow}\right] + \text{Det}\left[\varphi^B_{1s\uparrow}\varphi^B_{1s\downarrow}\right]\right\}, \quad (3.129)
\end{aligned}$$

---

[11] Das ψ_{3u} stellt einen angeregten Singulettzustand dar und ψ_{4u}, ψ_{5u} und ψ_{6u} bilden zusammen ein Triplett.

3.4 Quantenmechanische Moleküle

Abb. 3.11 Schematische Darstellungen der Beiträge zur elektronischen Wellenfunktion eines Wasserstoffmoleküls: **a** ionische Determinanten AA und BB, **b** neutrale Determinanten AB und BA (siehe Text)

wobei wir der besseren Übersicht wegen die Ortsvektoren r_1 und r_2 weggelassen haben, die hier in den Atomorbitalen stets in dieser Reihenfolge als Argumente auftreten. Es wird deutlich, dass bei den ersten beiden Determinanten (AB und BA), die zur Wellenfunktion ψ_{1g} beitragen, die Elektronen über beide Wasserstoffatome A und B verteilt sind, während sie sich bei den letzten beiden Determinanten (AA und BB) entweder im Atom A oder im Atom B aufhalten. Wir sprechen deshalb auch von neutralen beziehungsweise ionischen Determinanten (siehe Abb. 3.11). Für große Abstände R sollte die Wellenfunktion ausschließlich aus den Determinanten AB und BA bestehen, denn die Energie zweier neutraler Wasserstoffatome liegt deutlich unter der gesamten Energie eines H$^-$- und eines H$^+$-Ions. Ein verbesserter Ansatz für die Wellenfunktion besteht aus einer Linearkombination der beiden Konfigurationen,

$$\psi_R = C_{1,R}\,\psi_{1g} + C_{2,R}\,\psi_{2g} \tag{3.130}$$

mit Koeffizienten $C_{1,R}$ und $C_{2,R}$, die vom Abstand R abhängen. Die Absenkung der Energie durch Beimischung energetisch höherliegender Konfigurationen wird als Konfigurationswechselwirkung oder CI (für *configuration interaction*) bezeichnet. Im Grenzfall $R = \infty$ erhält man

$$C_{1,\infty} = -C_{2,\infty} = -\frac{1}{2}\sqrt{2} \tag{3.131}$$

und damit

$$\begin{aligned}\psi_\infty &= \frac{1}{2}\sqrt{2}\,(\psi_{1g} - \psi_{2g}) \\ &= \frac{1}{2}\left\{\mathrm{Det}\left[\varphi^A_{1s\uparrow}\varphi^B_{1s\downarrow}\right] + \mathrm{Det}\left[\varphi^B_{1s\uparrow}\varphi^A_{1s\downarrow}\right]\right\}.\end{aligned} \tag{3.132}$$

Die ionischen Determinanten AA und BB tragen im dissozierten Molekül dann nichts mehr zur Wellenfunktion bei. Im Bereich des Gleichgewichtsabstands ($R \approx 0{,}74$ Å) ist das Verhältnis der Koeffizienten, $|C_{2,R}/C_{1,R}|$, etwa zehnmal kleiner, es wird also zur Konfiguration ψ_{1g} nur wenig von der angeregten Konfiguration ψ_{2g} beigemischt.

Da die Konfiguration ψ_{2g} antibindend ist und der Anhäufung von Ladungsdichte im Bindungsbereich entgegenwirkt, schwächt ihre Beimischung die kovalente Bindung zwischen den beiden Wasserstoffatomen. Dadurch erklärt sich auch, warum die Bindungsenergie des H_2-Moleküls weniger als doppelt so groß ist wie die des H_2^+-Moleküls. Trotzdem ist eine kleine Beimischung von ψ_{2g} zur bindenden Konfiguration ψ_{1g} energetisch vorteilhaft, denn hierdurch wird der Anteil der energetisch ungünstigen ionischen Determinanten AA und BB verringert.

3.4.2.3 Elektronenkorrelation

Wir können diese Energieabsenkung mit der Verringerung der gegenseitigen Abstoßung der Elektronen erklären. Elektronen, die durch AA und BB beschrieben werden, haben eine erhöhte Wahrscheinlichkeit, sich nahe zu kommen, wodurch die potentielle Energie steigt. In den Zuständen AB und BA dagegen ist die Bewegung der Elektronen korreliert: Die Wahrscheinlichkeit ist hoch, dass die beiden Elektronen sich an verschiedenen Atomkernen aufhalten. Beispielsweise beträgt die Wahrscheinlichkeit, dass sich beide Elektronen im gleichen Atom aufhalten in der Konfiguration ψ_{1g} genau 50 %, während sie im Zustand ψ_∞ 0 % beträgt. Befinden sich die Atome im Gleichgewichtsabstand ist es aber energetisch nicht günstig, den Anteil der Determinanten AA und BB zu stark zu verringern, denn ohne sie kommt es nicht zur Ladungsanhäufung im Bindungsbereich und damit auch nicht zur kovalenten Bindung. Der Umfang der Beimischung der Konfiguration ψ_{2g} zur Grundzustandskonfiguration ψ_{1g} spiegelt also einen Wettstreit zwischen kovalenter Bindung durch Ladungsanhäufung und Absenkung der Elektronenabstoßung durch Korrelation wider.

Ebenso wie beim H_2^+-Molekül lässt sich auch beim H_2-Molekül die Grundzustandswellenfunktion verbessern, wenn man Linearkombinationen verwendet, die nicht nur die 1s-Atomorbitale des Wasserstoffatoms enthalten, sondern in geringerem Umfang auch höhere Orbitale geeigneter Symmetrie. Auf diese Weise und in Verbindung mit der Beimischung angeregter Konfigurationen kann die exakte Wellenfunktion des Grundzustandes beliebig genau approximiert werden.

3.4.3 Beliebige Moleküle

Die Beschreibung der elektronischen Wellenfunktion durch Slater-Determinanten von LCAO-MOs im Wasserstoffmolekül lässt sich auf beliebige Moleküle übertragen. In einem Molekül mit N Atomkernen und n Elektronen verwenden wir dazu die Atomorbitale $\varphi_{I,k}$, die zweifach indiziert sind: Der Index $I \in \{1, \ldots, N\}$ gibt den Atomkern an, an dem das Orbital zentriert ist. Mit dem Index $k \in \{1, \ldots, m_I\}$ werden die zum Atom I gehörenden Atomorbitale abgezählt, wobei die Anzahl m_I dieser Orbitale mindestens so groß sein sollte wie die Anzahl der Elektronen des Atoms I. Der Index k umfasst also die Hauptquantenzahl, die Bahndrehimpulsquantenzahl, die magnetische Quantenzahl und die Spinquantenzahl des Atomorbitals. Die Menge aller verwendeten Atomorbitale kann man als (nicht-orthogonale) Basis eines Vektorraums von Funktionen betrachten. Je umfangreicher diese Basis ist, je größer also die m_I gewählt werden, desto tiefer ist die weiter unten in Gl. (3.138) berechnete Grundzustandsenergie E_1 des Moleküls. Im Grenzfall $m_I = \infty$ für alle

3.4 Quantenmechanische Moleküle

I sprechen wir von einer vollständigen Basis oder vom *complete basis set limit*. Mit Hilfe der später zu diskutierenden Koeffizienten $c_{i,I,k}$ lautet das Molekülorbital für das Elektron i dann

$$\xi_i(\boldsymbol{r}_i) = \sum_{I=1}^{N} \sum_{k=1}^{m_I} c_{i,I,k}\, \varphi_{I,k}(\boldsymbol{r}_i)\,. \tag{3.133}$$

Die Koeffizienten $c_{i,I,k}$ auf der rechten Seite von Gl. (3.133) müssen so gewählt werden, dass die einzelnen Molekülorbitale orthogonal zueinander sind, dass also gilt

$$\langle \xi_i | \xi_j \rangle = \delta_{ij}\,. \tag{3.134}$$

Die Linearkombination auf der rechten Seite von Gl. (3.133) kann sowohl den Schritt der Promotion als auch den Schritt der Interferenz aus Abschn. 3.4.1.4 enthalten. Als Vorstufe zur Promotion können wir beispielsweise die Bildung von Hybridorbitalen ansehen, wie sie in Abb. 3.12 dargestellt sind. In einem Methanmolekül (CH$_4$) etwa lassen sich so die vier orthogonalen sp^3-Hybridorbitale des Kohlenstoffatoms durch

$$\begin{aligned}
\zeta_1 &= \tfrac{1}{2}\left(\varphi_{C,2s} + \varphi_{C,2p_x} + \varphi_{C,2p_y} + \varphi_{C,2p_z}\right) \\
\zeta_2 &= \tfrac{1}{2}\left(\varphi_{C,2s} + \varphi_{C,2p_x} - \varphi_{C,2p_y} - \varphi_{C,2p_z}\right) \\
\zeta_3 &= \tfrac{1}{2}\left(\varphi_{C,2s} - \varphi_{C,2p_x} + \varphi_{C,2p_y} - \varphi_{C,2p_z}\right) \\
\zeta_4 &= \tfrac{1}{2}\left(\varphi_{C,2s} - \varphi_{C,2p_x} - \varphi_{C,2p_y} + \varphi_{C,2p_z}\right)
\end{aligned} \tag{3.135}$$

ausdrücken. Die Promotion dieser Orbitale kann erfolgen, wenn sie durch Linearkombination mit höheren Atomorbitalen geeigneter Symmetrie kontrahiert werden. Vier bindende Molekülorbitale, bei denen durch Interferenz eine Ladungsanhäufung im jeweiligen Bindungsbereich zustande kommt, lassen sich aus diesen Hybridorbitalen und den 1s-Orbitalen der vier Wasserstoffatome H$_i$ des Methanmoleküls an

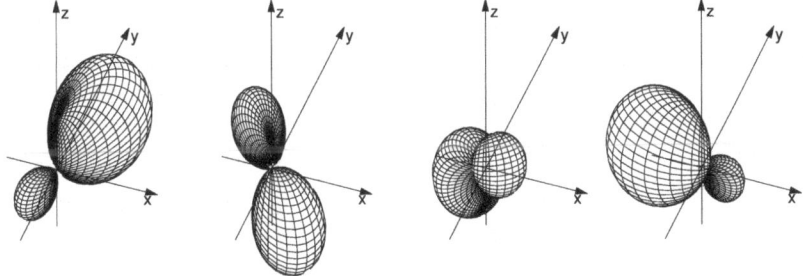

Abb. 3.12 sp^3-Hybridorbitale, die durch Linearkombination von 2s-, 2p$_x$, 2p$_y$- und 2p$_z$-Orbitalen gebildet werden (siehe Gl. 3.135)

den Positionen (a, a, a), $(a, -a, -a)$, $(-a, a, -a)$ und $(-a, -a, a)$ mit $a \approx 0{,}63$ Å bilden:

$$\xi_i = \frac{1}{2}\sqrt{2}\left(\zeta_i + \varphi_{Hi,1s}\right) \quad (i = 1, \ldots, 4). \quad (3.136)$$

Die elektronische Grundzustands-Wellenfunktion für alle n Elektronen können wir nun wie in Abschn. 3.2.3.2 als Slater-Determinante

$$\psi_1(\underline{r}) = \text{Det}\left[\xi_1(r_1)\,\xi_2(r_2)\cdots\xi_n(r_n)\right] \quad (3.137)$$

schreiben, wobei wir die Nummerierung i der Molekülorbitale so gewählt haben, dass von den prinzipiell unendlich vielen Molekülorbitalen genau die n MOs verwendet werden, die die Gesamtenergie des Grundzustands

$$E_1 = \langle\psi_1|\hat{H}_e|\psi_1\rangle \quad (3.138)$$

minimieren, wobei $\hat{H}_e$ der elektronische Hamilton-Operator für Moleküle aus Gl. (3.81) ist. Die Standardmethode für die Bestimmung der Koeffizienten $c_{i,l,k}$ stellt das in Abschn. (3.2.3.2) erwähnte Hartree-Fock-Verfahren dar, das sich auf Moleküle ebenso anwenden lässt wie auf Atome.

Angeregte elektronische Wellenfunktionen $\psi_2, \psi_3 \ldots$ für das Molekül erhalten wir, in dem wir auf der rechten Seite von Gl. (3.137) ein oder mehrere der Molekülorbitale $\xi_1, \ldots, \xi_n$ durch höhere Molekülorbitale ξ_j mit $j > n$ ersetzen.

3.4.3.1 Konfigurationswechselwirkung

Ebenso wie bei den schweren Atomen und beim Wasserstoffmolekül ist es möglich, durch eine geschickte Beimischung von angeregten Konfigurationen zur Grundzustandskonfiguration in der Form

$$\tilde{\psi}_1 = \sum_{\alpha=1}^{\infty} C_\alpha \psi_\alpha \quad (3.139)$$

die Korrelation der Elektronenbewegung zu berücksichtigen, die in der Slater-Determinante (3.51) nicht enthalten ist. Zusammen mit einer vollständigen Basis kann eine Summe von Slater-Determinanten mit optimalen Koeffizienten C_α die exakte Lösung der elektronischen Schrödinger-Gleichung für ein Molekül beliebig gut approximieren. Bei unvollständiger Basis und endlicher Summe in Gl. (3.139) ist die berechnete Energie

$$\tilde{E}_1 = \langle\tilde{\psi}_1|\hat{E}_e|\tilde{\psi}\rangle \quad (3.140)$$

stets größer oder gleich der exakten elektronischen Energie des Moleküls, so dass sich die Energie von oben sicher abschätzen lässt. Der Nachteil dieses Verfahrens ist der erforderliche große Rechenaufwand, so dass für praktische Zwecke häufig andere Methoden verwendet werden, meist Verfahren aus der Dichtefunktionaltheorie (DFT) (Parr und Yang 1994; Sholl et al. 2009; Engel und Dreizler 2011).

3.4.3.2 Populationsanalyse

Die Kenntnis der elektronischen Wellenfunktion eines Moleküls erlaubt es grundsätzlich – im Rahmen der Born-Oppenheimer-Näherung – alle messbaren physikalischen Größen für dieses Molekül zu berechnen. Darüber hinaus möchte man aus der Wellenfunktion auch gerne Größen ableiten, die zwar sehr schwer exakt zu definieren sind, deren Verwendung in empirischen Konzepten der Chemie sich aber bewährt hat. Beispiele hierfür sind die Partialladung eines Atoms und die Ordnung einer Bindung. Ein sehr elegantes und stringentes Verfahren, um den Begriff der Atomladung in Molekülen zu definieren, hat Richard Bader vorgestellt (Bader 1994). Dieses Verfahren, das auf der Analyse der Topologie der elektronischen Ladungsdichte beruht, hat jedoch trotz seiner konzeptuellen Schönheit wenig Verwendung gefunden.

Eine älteres aber heute noch weit verbreitetes Verfahren ist die Populationsanalyse der LCAO-MOs nach Robert Milliken (Hanson et al. 2022). Das einfachste Beispiel, an dem dieses Verfahren demonstriert werden kann, ist das H_2^+-Molekül, dessen Grundzustandswellenfunktion (3.121) wir auch auf diese Weise schreiben können:

$$\psi = c_A \varphi_{1s}^A + c_B \varphi_{1s}^B, \tag{3.141}$$

mit $c_A = c_B = 1/\sqrt{2 + 2S}$. Aus der Normierung der Wellenfunktion folgt

$$1 = c_A^2 + c_B^2 + 2S c_A c_B. \tag{3.142}$$

Nach der Mulliken-Populationsanalyse interpretieren wir diese Gleichung so, dass sich an den Atomen A und B jeweils c_A^2 beziehungsweise c_B^2 Elektronen aufhalten und zusätzlich $2Sc_Ac_B$ Elektronen im Bindungsbereich. Wenn wir näherungsweise $S \approx 0{,}6$ annehmen, ergeben sich Aufenthaltswahrscheinlichkeiten von je 31 % an den Atomen A und B und von etwa 38 % im Bindungsbereich. Im allgemeinen Fall eines Moleküls mit N Kernen und n Elektronen können wir die Anzahl der Elektronen am Atom I wie folgt ausdrücken:

$$n_I = \sum_{i=1}^{n} \sum_{k=1}^{m_I} c_{i,I,k}^2. \tag{3.143}$$

Die Koeffizienten $c_{i,I,k}$ entnehmen wir dabei der LCAO-Darstellung der Molekülorbitale gemäß Gl. (3.133). Die Anzahl der Elektronen, die an der Bindung zwischen den Atomen I und J beteiligt sind, beträgt nach diesem Schema

$$n_{I,J} = \sum_{i=1}^{n} \sum_{k=1}^{m_I} \sum_{k'=1}^{m_J} 2 S_{I,J,k,k'} \, c_{i,I,k} \, c_{i,J,k'}. \tag{3.144}$$

Hier steht $S_{I,J,k,k'}$ für das Überlappintegral zwischen Orbital k von Atom I und Orbital k' von Atom J. Man kann versuchen, die so berechneten Bindungsladungen $n_{I,J}$ als Maß für die Ordnung der Bindung zwischen den Atomen I und J zu nehmen. Welche Werte der Bindungsladung dabei einer Einfach-, Zweifach- oder

Dreifachbindung entsprechen hängt auch davon ab, wieviele Atomorbitale für die LCAO-Darstellung der Molekülorbitale zur Verfügung stehen.

Möchste man auf die Zuordnung von Elektronen zu Bindungen verzichten und die Elektronen des Moleküls ausschließlich den Atomen zuordnen, besteht der einfachste Weg darin, die Elektronen aus dem Bindungsbereich hälftig auf die beiden Bindungspartner aufzuteilen:

$$n'_I = n_I + \frac{1}{2} \sum_{J \neq I} n_{I,J}. \tag{3.145}$$

In einer ausgefeilteren Analyse kann der Faktor $1/2$ in Gl. (3.145) durch einen für die einzelnen Bindungen individuellen Faktor ersetzt werden, der beispielsweise die unterschiedliche Größe der Atome berücksichtigt. In jedem Falle muss die Summe über alle n'_I die Anzahl n der Elektronen des Moleküls ergeben. Ein Nachteil der Mulliken-Populationsanalyse ist ihre Abhängigkeit von der Größe der verwendeten Atomorbitalbasis. Dort, wo in der klassischen Molekulardynamik die Ladungen von Atomen in Molekülen benötigt werden (siehe Abschn. 5.3.2), greift man in aller Regel nicht auf Populationsanalysen, wie sie hier beschrieben werden zurück, sondern weist den verschiedenen Atomtypen Partialladungen zu, die zu bestmöglichen Ergebnissen für die berechneten Moleküle führen. Solche Partialladungen sind – mit anderen Worten – Fitparameter für ein klassisches Wechselwirkungsmodell für die Atome.

3.5 Wissenscheck

Nach einer Zusammenfassung dieses Kapitel bieten Verständnisfragen und Aufgaben die Möglichkeit, das Verständnis der behandelten Themen zu vertiefen.

3.5.1 Zusammenfassung

Sieht man von extremen Bedingungen ab, können wir Atome und Moleküle als grundlegende Bestandteile aller Materie auffassen. Nur die Quantenmechanik kann eine theoretische Erklärung für alle Eigenschaften von Atomen und Molekülen liefern. Eine vollständige quantenmechanische Rechnung ist jedoch in fast allen Fällen so aufwendig, dass sie undurchführbar ist. Es ist daher unvermeidlich eine Reihe von Näherungen einzuführen, mit deren Hilfe sich der erforderliche Rechenaufwand genügend weit senken lässt. Alle Näherungen, die hier aufgezählt werden, setzen ganz selbstverständlich voraus, dass nur Probleme untersucht werden, die sich auch im Gültigkeitsbereich der verwendeten Näherungen bearbeiten lassen.

Eine Näherung, die von so grundlegender Bedeutung ist, dass sie oft gar nicht mehr als solche wahrgenommen wird, ist die Born-Oppenheimer-Näherung, die es erlaubt, die Kerne als klassische Teilchen zu betrachten, die sich in einem Potentialhyperfläche genannten Potential V_{PES} bewegen. Erst mit dieser Näherung lässt sich auf einfache Weise der Begriff der geometrischen Molekülstruktur definieren. In einer quantenmechanischen MD-Simulation muss das Potential V_{PES} durch die Lösung einer elektronischen Schrödinger-Gleichung bestimmt werden. Im Rahmen der Hartree-Fock-Näherung, die einen Teil der Korrelation der Elektronenbewegung unbeachtet lässt, wird die elektronische Wellenfunktion eines Moleküls als Produkt von Molekülorbitalen formuliert, als Produkt von Einteilchen-Wellenfunktionen also, die ihrerseits als Linearkombination von Atomorbitalen geschrieben werden. Die elektronische Wellenfunktion lässt sich auf diese Weise letztlich auf Funktionen zurückführen, die den Wasserstofforbitalen ähnlich sind, was die große Bedeutung unterstreicht, die die elektronischen Zustände des Wasserstoffatoms für das Verständnis der Atome allgemein und der Moleküle haben. Auch das Konzept der kovalenten Bindung lässt sich so begründen.

Für eine Simulationen von großen Molekülen, insbesondere von in Wasser gelösten Biomolekülen, ist eine quantenmechanische Berechnung von V_{PES} bei Weitem zu aufwendig und weitere Näherungen werden erforderlich, die alle eines gemeinsam haben: sie nähern V_{PES} durch ein Reihe von mehr oder weniger ausgefeilten empirischen Potentialen, die außer von den Kernkoordinaten auch vom Typ der vorhandenen Atome abhängen. Der Gültigkeitsbereich dieser empirischen Potentiale ist meist auf Kernkoordinaten in der Umgebung der Gleichgewichtswerte beschränkt. Elektronische Eigenschaften der Moleküle lassen sich mit Hilfe dieser Potentiale nicht berechnen, denn in solchen klassischen MD-Simulationen treten die Elektronen nicht explizit auf, ihre Wirkung auf die Moleküle steckt implizit in den empirischen Potentialen.

3.5.2 Verständnisfragen

3.1 Koordinaten (1)
Warum benötigen wir für ein nichtlineares Molekül mit N Atomen nur $3N - 6$ Koordinaten für dessen geometrische Beschreibung?

3.2 Unschärferelation
Welche Folgen hat die Heisenberg'sche Unschärferelation für den Aufbau der Atome und Moleküle?

3.3 Wasserstofforbitale
Warum sind die Orbitale des Wasserstoffatoms von großer Bedeutung für alle Atome und sogar für Moleküle?

3.4 Pauli-Prinzip
Welche Bedeutung hat das Pauli-Prinzip für die Molekulardynamik?

3.5 Born-Oppenheimer-Näherung
Wie lässt sich die geometrische Molekülstruktur ohne die Born-Oppenheimer-Näherung definieren?

3.6 Konfigurationswechselwirkung
Welche Schwäche hat die Darstellung der elektronischen Wellenfunktion eines Moleküls oder eines Atoms mit mehreren Elektronen als Produkt von Einteilchen-Wellenfunktionen?

3.5.3 Aufgaben

3.7 Lennard-Jones-Potential
Zeigen Sie, dass das Lennard-Jones-Potential

$$V_{LJ} = E_0 \left[\left(\frac{R_0}{R} \right)^{12} - 2 \left(\frac{R_0}{R} \right)^6 \right]$$

für $R = R_0$ ein Minimum annimmt.

3.8 Koordinaten (2)
Wieviele Koordinaten sind erforderlich um die Geometrie eines (i) Wassermoleküls und (ii) eines Kohlendioxidmoleküls festzulegen?

3.9 Quantenzahlen
Mit welchen Quantenzahlen lassen sich Wasserstofforbitale indexieren?

3.10 Geschwindigkeit des Elektrons
Die durchschnittliche kinetische Energie eines Elektrons in einem Wasserstoffatom ist genauso groß wie der Betrag seiner gesamten Energie. Wie groß ist die Geschwindigkeit $v_{rms,e}$ (rms steht hier für *root mean squared*), also die Wurzel aus der mittleren quadratischen Geschwindigkeit?

3.11 Geschwindigkeit des Wasserstoffkerns
Im Ruhesystem eines Wasserstoffatoms ist der Gesamtimpuls immer null, sodass der Impuls des Protons gleich dem negativen Impuls des Elektrons sein muss. Wie groß ist dann die Geschwindigkeit $v_{rms,p}$ des Protons?

3.12 Mittelung der Elektronenbewegung
Folgende Betrachtung unterstützt die Vorstellung, dass die trägen Atomkerne nur die mittlere Position der Elektronen spüren. Die Schwingungsperiode für Streckschwingungen von C-H-, O-H- oder N-H-Bindungen liegt typischerweise in der Größenordnung von 10^{-14} s. Wie oft würde ein Elektron in dieser Zeit den Wasserstoffkern umrunden, wenn das Elektron sich auf einer Kreisbahn mit dem Bohrschen Radius bewegte?

Literatur

Alder, B. J. und T. E. Wainwright (1957). „Phase Transition for a Hard Sphere System". In: *The Journal of Chemical Physics* 27.5, S. 1208–1209. https://doi.org/10.1063/1.1743957.
Allen, M. P. und D. J. Tildesley (1987). *Computer Simulation of Liquids*. 2nd ed. Oxford: Oxford Science Publications.
Bader, Richard F.W. (1994). *Atoms in Molecules – A Quantum Theory*. Oxford: Clarendon Press.
Bartelmann, Matthias u. a. (2015). *Theoretische Physik*. Berlin Heidelberg: Springer Spektrum.
Becker, Peter (2001). „History and progress in the accurate determination of the Avogadro constant". In: *Reports on Progress in Physics* 64.12, S. 1945–2008. https://doi.org/10.1088/0034-4885/64/12/206.
Bohr, N. (1921). „Atomic Structure". In: *Nature* 107.2682, S. 104–107. https://doi.org/10.1038/107104a0.
Borchardt-Ott, Walter und Heidrun Sowa (2018). *Kristallographie: eine Einführung für Studierende der Naturwissenschaften*. 9. Auflage. Berlin Heidelberg: Springer Spektrum.
Born, M. und R. Oppenheimer (1927). „Zur Quantentheorie der Molekeln". In: *Annalen der Physik* 389.20, S. 457–484. https://doi.org/10.1002/andp.19273892002.
Born, Max und Kun Huang (1998). *Dynamical theory of crystal lattices*. Clarendon Press. 420 S. ISBN: 978-0-19-850369-9.
Cramer, Christopher J. (2014). *Essentials of computational chemistry: theories and models*. Chichester: Wiley.
Dalton, John (1808). *A New System of Chemical Philosophy*. Bd. 1. Manchester, London: Printed by S. Russell for R. Bickerstaff.
Einstein, Albert (1905). „Über die von der molekularkinetischen Theorie der Wärme geforderte Bewegung von in ruhenden Flüssigkeiten suspendierten Teilchen". In: *Annalen der Physik* 322.8, S. 549–560.
Engel, Eberhard und Reiner M. Dreizler (2011). *Density functional theory: an advanced course*. Berlin Heidelberg: Springer.
Fischer, Ernst Peter (2022). *Die Stunde der Physiker: Einstein, Bohr, Heisenberg und das Innerste der Welt 1922-1932*. München: C.H. Beck. ISBN: 978-3-406-78311-1.
Gerthsen, Christian, Dieter Meschede und Helmut Vogel, Hrsg. (2015). *Gerthsen Physik*. 25. Auflage. Springer-Lehrbuch. Berlin Heidelberg: Springer Spektrum. ISBN: 978-3-662-45976-8. https://doi.org/10.1007/978-3-662-45977-5.
Glab, W L, K Haris und A Kramida (2018). „Revision of the ionization energy of neutral carbon". In: *Journal of Physics Communications* 2.5, S. 055020. https://doi.org/10.1088/2399-6528/aac421.
Gold, Victor, Hrsg. (2019). *The IUPAC Compendium of Chemical Terminology: The Gold Book*. 4 Aufl. Research Triangle Park, NC: International Union of Pure und Applied Chemistry (IUPAC). https://doi.org/10.1351/goldbook. URL: https://goldbook.iupac.org/ (besucht am 06/24/2022).
Graebe, C. (1912). „Der Entwicklungsgang der Avogadroschen Theorie". In: *Journal für Praktische Chemie* 87.1, S. 145–208. https://doi.org/10.1002/prac.19130870112.
Hammond, C.R. (2022). „Properties of the Elements and Inorganic Compounds". In: *CRC Handbook of Chemistry and Physics*. Hrsg. von John R. Rumble, Thomas J. Bruno und Maria J. Doa. Boca Raton: CRC Press.
Hanson, David M. u. a. (2022). *Quantum States of Atoms and Molecules*. Davis: Chemical Education Digital Library.
Hellmann, Hans (1933). „Zur Rolle der kinetischen Elektronenenergie für die zwischenatomaren Kräfte". In: *Zeitschrift für Physik* 35, S. 180.
Herzberg, G. und E. Teller (1933). „Schwingungsstruktur der Elektronenübergänge bei mehratomigen Molekülen". In: *Zeitschrift für Physikalische Chemie* 21B.1, S. 410–446. https://doi.org/10.1515/zpch-1933-2136.
Hund, Friedrich (1927a). In: *Zeitschrift für Physik* 40, S. 742–764. https://doi.org/10.1007/BF01400234.

Hund, Friedrich (1927b). In: *Zeitschrift für Physik* 42, S. 93–120.
Jahn, H. A. und E. Teller (1937). „Stability of polyatomic molecules in degenerate electronic states – I – Orbital degeneracy". In: *Proceedings of the Royal Society of London. Series A – Mathematical and Physical Sciences* 161.905, S. 220–235. https://doi.org/10.1098/rspa.1937.0142.
Jensen, Frank (2017). *Introduction to computational chemistry*. Chichester, West Sussex Hoboken, NJ Oxford: Wiley.
Keutsch, Frank N. und Richard J. Saykally (2001). „Water clusters: untangling the mysteries of the liquid, one molecule at a time". In: *Proceedings of the National Academy of Sciences* 98.19, S. 10533–10540.
Klopper, Wim u. a. (2010). „Sub-meV accuracy in first-principles computations of the ionization potentials and electron affinities of the atoms H to Ne". In: *Physical Review A* 81.2, S. 022503. https://doi.org/10.1103/PhysRevA.81.022503.
Kolos, W. und L. Wolniewicz (Dec. 1964). „Accurate Adiabatic Treatment of the Ground State of the Hydrogen Molecule". In: *The Journal of Chemical Physics* 41.12, S. 3663–3673. https://doi.org/10.1063/1.1725796.
Kutzelnigg, Werner (2002). *Einführung in die theoretische Chemie*. Weinheim, Germany: Wiley-VCH. ISBN: 978-3-527-30609-1.
Lanaro, Gabriele und G. N. Patey (2015). „Molecular Dynamics Simulation of NaCl Dissolution,". In: *The Journal of Physical Chemistry B* 119.11, S. 4275–4283. https://doi.org/10.1021/jp512358s.
Lewis, John W. E. und Konrad Singer (1975). „Thermodynamic properties and self-diffusion of molten sodium chloride. A molecular dynamics study,". In: *Journal of the Chemical Society, Faraday Transactions 2* 71, S. 41. https://doi.org/10.1039/f29757100041.
Liu, J. u. a. (2010). „Molecular Dynamics Simulation of the Thermophysical Properties of Quantum Liquid Helium Using the Feynman-Hibbs Potential,". In: THE 6TH INTERNATIONAL SYMPOSIUM ON MULTIPHASE FLOW, HEAT MASS TRANSFER AND ENERGY CONVERSION. Xi'an China, S. 901–905. https://doi.org/10.1063/1.3366483.
McDonald, I. R. und K. Singer (1970). „The study of simple liquids by computer simulation". In: *Quarterly Reviews, Chemical Society* 24.2, S. 238. https://doi.org/10.1039/qr9702400238.
Muller, P. (1994). „Glossary of terms used in physical organic chemistry (IUPAC Recommendations 1994)". In: *Pure and Applied Chemistry* 66.5, S. 1077–1184. https://doi.org/10.1351/pac199466051077.
Püschner, Daniel (2017). *Quantitative Rechenverfahren der Theoretischen Chemie: ein Einstieg in Hartree-Fock, Configuration Interaction und Dichtefunktionale*. Wiesbaden [Heidelberg]: Springer Spektrum. ISBN: 978-3-658-18241-0.
Parr, Robert G. und Weitao Yang (1994). *Density-functional theory of atoms and molecules*. New York, NY: Oxford University Press.
Peek, James M. (1965). „Eigenparameters for the $1s\sigma_g$ and $2p\sigma_u$ Orbitals of H_2^+". In: *The Journal of Chemical Physics* 43.9, S. 3004–3006. https://doi.org/10.1063/1.1697265.
Primas, Hans und Ulrich Müller-Herold (1990). *Elementare Quantenchemie*. 2., durchges. Aufl. Stuttgart: Teubner. ISBN: 978-3-519-13500-5.
Renner, R. (1934). „Zur Theorie der Wechselwirkung zwischen Elektronen- und Kernbewegung bei dreiatomigen, stabförmigen Molekülen". In: *Zeitschrift für Physik* 92.3-4, S. 172–193. https://doi.org/10.1007/BF01350054.
Rosenbluth, Marshall N. und Arianna W. Rosenbluth (1954). „Further Results on Monte Carlo Equations of State". In: *The Journal of Chemical Physics* 22.5, S. 881–884. https://doi.org/10.1063/1.1740207.
Ruedenberg, Klaus (1962). „The Physical Nature of the Chemical Bond". In: *Reviews of Modern Physics* 34, S. 326.
Scherz, Udo (1999). *Quantenmechanik: eine Einführung mit Anwendungen auf Atome, Moleküle und Festkörper*. Stuttgart Leipzig: Teubner. ISBN: 978-3-519-03246-5.
Scott, Tony C., Monique Aubert-Frécon und Johannes Grotendorst (2006). „New approach for the electronic energies of the hydrogen molecular ion". In: *Chemical Physics* 324.2, S. 323–338. https://doi.org/10.1016/j.chemphys.2005.10.031.

Sholl, David u. a. (2009). *Density functional theory: a practical introduction*. Hoboken, NJ: Wiley. ISBN: 978-0-470-37317-0.

Slater, J. C. (Juli 1930). „Atomic Shielding Constants". In: *Physical Review* 36.1, S. 57–64. ISSN: 0031-899X. https://doi.org/10.1103/PhysRev.36.57.

Slater, J. C. (1927). „The Structure of the Helium Atom: I". In: *Proceedings of the National Academy of Sciences* 13.6, S. 423–430. https://doi.org/10.1073/pnas.13.6.423.

Slater, John C. (1933). „The Virial and Molecular Structure". In: *The Journal of Chemical Physics* 1, S. 687. https://doi.org/10.1063/1.1749227.

Sutcliffe, Brian T. (1992). „The Born-Oppenheimer-Approximation". In: *Methods in computational molecular physics*. Hrsg. by Stephen Wilson und Geerd H. F. Diercksen. 293. New York: Springer. ISBN: 978-0-306-44227-8.

Tchouar, N., M. Benyettou und F. Kadour (Dec. 2003). „Thermodynamic, Structural and Transport Properties of Lennard-Jones Liquid Systems. A Molecular Dynamics Simulations of Liquid Helium, Neon, Methane und Nitrogen". In: *International Journal of Molecular Sciences* 4.12, S. 595–606. https://doi.org/10.3390/i4120595.

Tilden, William A. (1921). *Famous Chemists – The Men And Their Work*. London: George Routledge & Sons.

Wind, H. (1965). „Electron Energy for H_2^+ in the Ground State". In: *The Journal of Chemical Physics* 42.7, S. 2371–2373. https://doi.org/10.1063/1.1696302.

Simulationsboxen 4

Inhaltsverzeichnis

4.1 Reflektierende Wände 88
4.2 Periodische Randbedingungen 90
4.3 Globale und lokale Koordinaten 93
4.4 Minimum Image Convention 95
4.5 Größeneffekte 99
4.6 Wissenscheck 101

Bei der Simulation von Gasen oder Flüssigkeiten muss der Raum, der den Atomen und Molekülen zur Verfügung steht, beschränkt werden. Andernfalls werden sich die Teilchen des Gases immer weiter ausbreiten, bis es so weit verdünnt ist, dass es zu keinen Wechselwirkungen mehr kommt. Flüssigkeiten werden durch die Kohäsion eine Zeit lang zusammengehalten, aber bei einer Temperatur oberhalb des absoluten Nullpunktes werden nach ausreichend langer Zeit die Flüssigkeiten verdampfen und das entstehende Gas wird sich ebenfalls stetig verdünnen.

Ist die Simulationszeit kurz oder wird das simulierte System durch kovalente Bindungen zusammengehalten, die im Rahmen des Modells nicht aufbrechen können, kann ausnahmsweise auf eine Beschränkung des Raumes verzichtet werden. Dies war beispielsweise der Fall bei den ersten Simulationen zur Molekulardynamik (MD) großer Biomoleküle, die in den Siebzigerjahren des letzten Jahrhunderts von Levitt und Warshel (Levitt und Warshel 1975) und von McCammon, Gelin und Karplus (J. A. McCammon et al. 1977) durchgeführt wurden. Die damals verfügbaren Computer erlaubten solche Rechnungen nur für Proteine im Vakuum, Lösungsmittelmoleküle konnten nicht explizit berücksichtigt werden. Da sich die zur Verfügung stehende Rechenleistung seitdem jedes Jahrzehnt um mehr als zwei Größenordnungen gesteigert hat, werden große Biomoleküle seit längerem fast immer in wässriger Lösung simuliert, jedenfalls bei Rechnungen mit atomarer Auflösung.

Der einfachste Weg, um den Raum zu begrenzen, ist die Einführung einer sogenannten Simulationsbox, im Folgenden oft einfach als Box bezeichnet. Deren Volumen kann sich im Verlauf der Rechnung ändern, etwa wenn der Druck konstant gehalten werden soll, aber zu keinem Zeitpunkt können Atome oder Moleküle die Box verlassen. Dazu können zwei verschiedene Konzepte verwendet werden, die in den beiden folgenden Abschnitten beschrieben werden: Reflektierende Wände (4.1) und periodische Randbedingungen (4.2). Die drei folgenden Abschn. (4.3–4.5) beschäftigen sich im Detail mit den Eigenschaften der heute fast ausschließlich verwendeten periodischen Randbedingungen.

Im übertragenen Sinne kann man die Simulationsboxen als die Leinwände auffassen, auf denen das molekulare Geschehen bildlich dargestellt wird. Die passende Wahl dieser Leinwand ist entscheidend für den Erfolg einer Simulationsrechnung. Die für eine solche Rechnung erforderliche Rechenzeit skaliert im günstigsten Fall linear mit der Teilchenzahl und damit – bei gegebener Dichte – linear mit dem Volumen. Eine Verdoppelung des Boxdurchmessers verachtfacht deshalb die nötige Rechenleistung. Andersherum ist festzustellen, dass auf der Zeitskala, die für eine Untersuchung mit Simulationsrechnungen zugänglich ist, fast eine Größenordnung gewonnen werden kann, wenn sich die Kantenlänge der Box halbieren lässt. Bei Hochleistungsrechnern mit massiver Parallelisierung sinkt allerdings die Effizienz bei zu kleinem Volumen und damit zu geringer Teilchenzahl.

4.1 Reflektierende Wände

Das begrifflich einfachste Konzept, um Teilchen daran zu hindern die Box zu verlassen, sind reflektierende Wände, meist in der Form von **harten Wänden** (engl. *hard* oder *rigid walls*) umgesetzt, beispielsweise durch ein äußeres Potential, das innerhalb der Box den Wert null annimmt und außerhalb der Box unendlich groß ist. Jedes Atom, das sich der Boxwand nähert, wird infolge dieses Potentials elastisch reflektiert. Ein Atom, das sich einer Wand mit der Geschwindigkeit $v_0 = v_\parallel + v_\perp$ nähert ($v_\perp$ und $v_\parallel$ sind senkrecht beziehungsweise parallel zur Wand), wird demnach in dem Moment, wo es die Wand erreicht, abrupt seine Geschwindigkeit zu $v_1 = v_\parallel - v_\perp$ ändern, der Einfallswinkel ist – wie in der geometrischen Optik – gleich dem Ausfallswinkel. Der lineare Impuls bleibt bei einer solchen Simulation nicht streng erhalten (wenn auch in der Regel im zeitlichen Mittel), denn ein Atom der Masse m erhält im Augenblick des Stoßes von der Wand den Impuls $2mv_\perp$. Solche Stöße gegen die Wand ereignen sich natürlich nur in wandnahen Bereichen. Zwar lässt sich der Begriff *wandnah* nicht streng definieren, aber es lassen sich zumindest plausible grobe Abschätzungen für die Reichweite ϵ des Wandeinflusses geben, beispielsweise die mittlere freie Weglänge für ein Teilchen in einem Gas oder einer Flüssigkeit. Für Wasser könnte etwa – nach Betrachtung der radialen Verteilungsfunktion – ein Wert von 0,3 nm für ϵ Verwendung finden.

Wenn die Simulationsbox ein Würfel mit der Kantenlänge a ist, beträgt der Anteil des wandnahen Volumens V_W am Gesamtvolumen V etwa

$$\frac{V_W}{V} \approx \frac{6\epsilon}{a}. \tag{4.1}$$

4.1 Reflektierende Wände

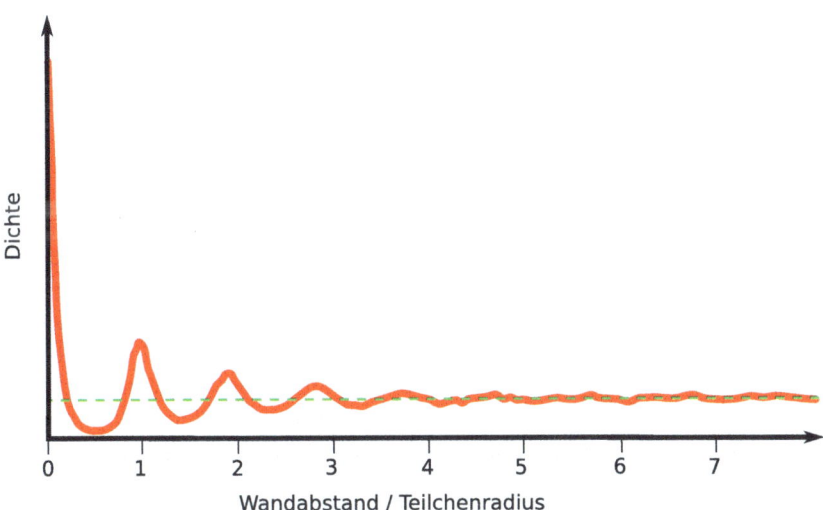

Abb. 4.1 Die durchgezogene rote Linie gibt die simulierte Dichte (in willkürlichen Einheiten) von harten Kugeln in Abhängigkeit vom Wandabstand an (nach Henderson und van Swol (Henderson und Swol 1984)). Die unterbrochene grüne Linie zeigt die durchschnittliche Teilchendichte im Inneren der Box an

Für genügend große Kantenlängen a wird dieser Anteil verschwindend klein. Es ist daher zu erwarten, dass der Einfluss der Oberfläche auf das simulierte System umso geringer wird, je größer die Boxlänge a im Vergleich zu ϵ ist. Für ein kleineres Protein mit hundert Aminosäuren kann (je nach Ziel der Simulation) eine Box mit einer Kantenlänge von 5 nm ausreichend sein, so dass Gl. (4.1) einen Anteil des wandnahen Volumens von mehr als einem Drittel liefert. Eine Halbierung des wandnahen Volumenanteils würde eine Verdopplung der Kantenlänge erfordern und damit eine Steigerung des Rechenaufwands um etwa eine Größenordnung. Simulationsrechnungen von Henderson und van Swol (Henderson und Swol 1984) für harte Kugeln in einer Simulationsbox, die zu zwei Seiten hin durch harte Wände begrenzt wird, ergeben direkt an der Wand der Box eine deutlich erhöhte Teilchendichte sowie einen über mehrere Teilchenradien hinweg spürbaren Einfluss der Wand auf die Dichte (Abb. 4.1).

4.2 Periodische Randbedingungen

Simulationsboxen mit periodischen Randbedingungen[1] enthalten ebenfalls nur ein beschränktes Volumen. Anders als bei Boxen mit harten Wänden, wo es einen deutlichen Unterschied zwischen wandnahen und wandfernen Bereichen gibt, ist das Boxvolumen bei periodischen Randbedingungen aber vollkommen homogen, da es keine Grenzen gibt.

Um dies zu erreichen, werden von der Simulationsbox unendlich viele Kopien erzeugt und so verschoben, dass der gesamte dreidimensionale Raum lückenlos und überlappungsfrei gefüllt wird. In jeder dieser kopierten Boxen befinden sich die gleichen Atome am gleichen Ort innerhalb der Box mit den gleichen Geschwindigkeiten. In der englischsprachigen Fachliteratur ist für die Atome in den verschobenen Boxen der Begriff *mirror images* üblich geworden, hier als Spiegelbilder übersetzt, auch wenn dies etwas in die Irre führen kann, da bei periodischen Randbedingungen nur die Verschiebung aber keine Spiegelung als Symmetrieoperation auftritt. Bewegt sich ein Atom in eine benachbarte Box, tritt auf der gegenüberliegenden Seite eines seiner Spiegelbilder, also ein gleiches Atom, in die Box ein.

▶ **Merksatz 4.1** Bei **periodischen Randbedingungen** wird die Simulationsbox unendlich oft kopiert und verschoben, bis der gesamte Raum mit identischen Boxen gefüllt ist. Verlässt ein Atom eine Box auf der einen Seite, tritt es auf der gegenüberliegenden Seite wieder ein.

Um eine solche Füllung des Raumes allein durch Verschiebungen zu erreichen, muss die Simulationsbox die Form eines der fünf möglichen raumfüllenden Paralleloeder annehmen, die der russische Mathematiker Jewgraf Stepanowitsch Fjodorow 1885 fand: Das Parallelepiped (auch Spat genannt, mit dem Würfel als Spezialfall), der Oktaederstumpf, das hexagonale Prisma, das Rhombendodekaeder oder das verlängerte Rhombendodekaeder (Senechal und Galiulin 1984).[2] Von diesen Paralleloedern, die den Wigner-Seitz-Zellen in der Kristallographie entsprechen, werden der Würfel, der Oktaederstumpf und – mit einigem Abstand – das hexagonale Prisma (Abb. 4.2) am häufigsten in MD-Simulationen verwendet (Leach 2009).

Der **Oktaederstumpf** (mit einer Kantenlänge a) weist von diesen fünf Paralleloedern das günstigste Verhältnis zwischen seinem Volumen ($8\sqrt{2}a^3$) und dem seiner Inkugel ($\pi\sqrt{6}a^3$) auf. Die Inkugel des Oktaederstumpfes, also die größte Kugel, die vollständig in diesem Körper Platz findet, füllt diesen also zu mehr als 68 % aus (siehe auch Aufgabe 4.4). Im Vergleich füllt die Inkugel des Würfels diesen nur zu etwa 52 % aus. Soll beispielsweise ein globuläres (in etwa kugelförmiges) Protein simu-

---

[1] Periodische Randbedingungen wurden schon 1912 von Max Born und Theodore von Kármán in der Festkörpertheorie eingeführt. Außer in der Molekulardynamik werden sie auch für die Berechnung von elektronischen Wellenfunktionen und zur Beschreibung von Quantenfeldern in der Gittereichtheorie verwendet.

[2] Man beachte, dass die Füllung des Raumes allein durch Translationen der Box erreicht werden soll. Das dreieckige Prisma etwa eignet sich aus diesem Grunde nicht.

4.2 Periodische Randbedingungen

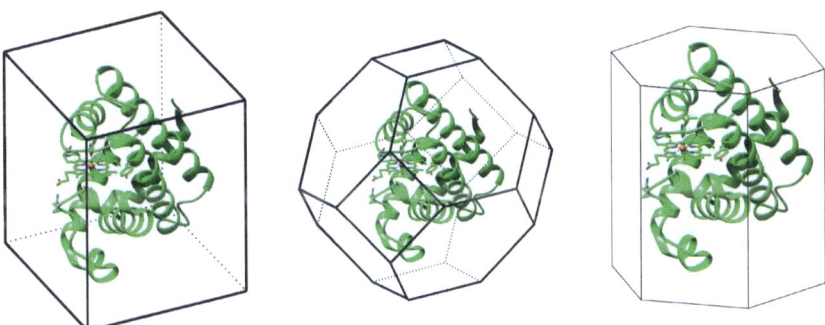

Abb. 4.2 Simulationsboxen mit periodischen Randbedingungen: kubische Box (links), Oktaederstumpf (Mitte) und hexagonales Prisma (rechts), jeweils mit einem globulären Protein

liert werden, benötigt eine kubische Simulationsbox ein etwa 30 % größeres Volumen und damit im gleichen Maße mehr Rechenzeit als ein Oktaederstumpf. Allerdings ist die Berechnung der Wechselwirkungen zwischen den Atomen in nicht-kubischen Simulationsboxen aufwendiger als in einer kubischen. Sollen Systeme simuliert werden, die stark von der Kugelform abweichen, kann es sinnvoll sein eine entsprechend angepasste Simulationsbox zu wählen, etwa ein langgezogenes hexagonales Prisma für ein fassförmiges Protein in wässriger Lösung. Die einfachste und anschaulichste Simulationsbox ist der Würfel, und nur diese Box soll deshalb im Weiteren besprochen werden.

4.2.1 Periodizität in zwei Dimensionen

Besonders einfach lassen sich die periodischen Randbedingungen in zwei Dimensionen veranschaulichen. Die ganze Ebene soll dabei mit gegeneinander parallel verschobenen Quadraten gefüllt werden. In Abb. 4.3a stellt das Quadrat in der Mitte eine Simulationsbox dar, die ein CO- und ein N_2-Molekül enthält. Zum Zeitpunkt 0 befindet sich das Kohlenstoffatom in dieser Box, zum Zeitpunkt 1 in der rechts benachbarten. Beide Moleküle können sich frei in der gesamten Ebene bewegen, aber auch alle Spiegelbilder müssen dieser Bewegung folgen, da periodische Randbedingungen gefordert sind. Wenn das Atom C aus der Simulationsbox in eine rechts benachbarte Box wandert, muss C' aus dem links benachbarten Quadrat es diesem Atom nachmachen und sich in die Simulationsbox hineinbewegen, die so stets die gleiche Anzahl von Atomen enthält.

Für manche Betrachtungen ist es wichtig, festzuhalten, dass die Simulationsbox immer die gleichen Atome enthält, nicht aber *dieselben*. In der Simulationsbox in Abb. 4.3a befindet sich sowohl zum Zeitpunkt 0 als auch zum Zeitpunkt 1 genau ein Kohlenstoffatom: Zunächst C, später das Spiegelbild C'. Ohne die periodischen Randbedingungen zu verletzen, kann sich das Kohlenstoffatom C beliebig weit von seiner ursprünglichen Box entfernen (siehe auch Verständnisfragen 4.1 und 4.2 und Aufgabe 4.3 am Ende dieses Kapitels und Abschn. 4.3).

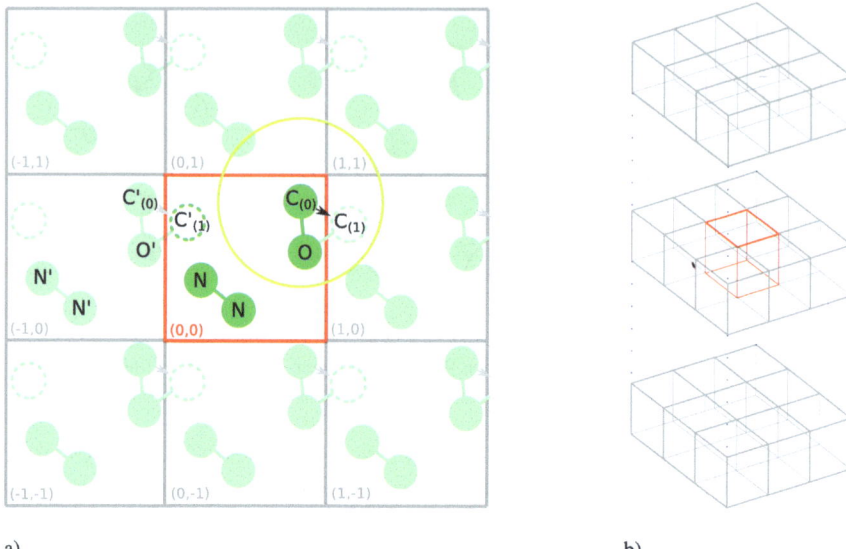

Abb. 4.3 Periodische Randbedingungen in 2 und 3 Dimensionen: (**a**) Quadratische Simulationszelle (rot umrandet) mit einem CO- und einem N_2-Molekül sowie acht Nachbarzellen. Der gelbe Kreis veranschaulicht die *Minimum Image Convention* (siehe Abschn. 4.4). Die Indizes (0) und (1) am Kohlenstoffatom bezeichnen zwei aufeinanderfolgende Zeitpunkte. Das Zahlenpaar in der linken unteren Ecke eines jeden Quadrates kennzeichnet die Boxen entsprechend den Variablen u und v in Gl. (4.2). (**b**) Explosionszeichnung einer kubischen Simulationsbox (rot) mit ihren 26 Nachbarboxen (grau)

4.2.2 Erhaltungsgrößen

Periodische Randbedingungen führen – anders als harte Wände – zu einem homogenen Raum: eine Translation aller Atome ändert an der Dynamik nichts. Zusammen mit dem Noether-Theorem folgt daraus, dass Simulationen mit periodischen Randbedingungen den (linearen) Gesamtimpuls erhalten. Für den Drehimpuls gilt dies nicht, denn die Simulationsboxen sind nicht invariant unter Drehungen, die beispielsweise dazu führen könnten, dass die Simulationsbox und ihre Kopien nicht mehr dieselbe Anzahl von Atomen enthalten.[3]

Seit den wegweisenden Arbeiten von Alder und Wainwright (Alder und Wainwright 1959) sowie von Rahman (Rahman 1964) sind periodische Randbedingungen zum Standard für MD-Simulationen geworden. In besonderen Fällen, wenn etwa das Verhalten von Flüssigkeiten, Lösungen oder einzelnen Molekülen auf festen Oberflächen oder Membranen untersucht werden soll, kann es sinnvoll sein, eine Kombination aus periodischen Randbedingungen und reflektierenden Wänden zu

---

[3] Üblicherweise wird die Verletzung der Drehimpulserhaltung mit dem Noether-Theorem begründet, das allerdings nur für abgeschlossene Systeme gilt. Ein alternativer Erklärungsansatz findet sich bei Kuzkin (Kuzkin 2015).

verwenden. Die Arbeiten von Henderson und van Swol (Henderson und Swol 1984, 1985) gehören zu den frühesten Beispielen hierzu.

4.3 Globale und lokale Koordinaten

Einzelheiten der Koordinatendarstellung wie die Unterscheidung zwischen globalen und lokalen Koordinaten sind mehr für Entwickler als für Anwender von Interesse, eine Vertrautheit mit diesen Einzelheiten kann aber helfen, manche Fallstricke zu umgehen, die die Auswertung von MD-Simulationen bereithält.

4.3.1 Globaler Ortsvektor

Um den globalen Ortsvektor R eines Atoms im dreidimensionalen Raum eindeutig festzulegen, geben wir die Box an, in der es sich befindet, und seine Lage innerhalb dieser Box. Im Fall des Parallelepipeds, das durch die Kantenvektoren a, b und c aufgespannt wird, schreiben wir

$$R = r + ua + vb + wc. \qquad (4.2)$$

Dabei kennzeichnen die ganzen Zahlen u, v und w die Box und r ist der **lokale Ortsvektor** des Atoms bezogen auf den Ursprung dieser Box. Ist beispielsweise $(u, v, w) = (1, 0, 0)$, befindet sich das Atom in einer um eine Kantenlänge nach rechts verschobenen Box. Der Einfachheit halber gehen wir im Folgenden von einer quaderförmigen (orthorhombischen) Simulationsbox aus, so dass die Kantenvektoren a, b und c paarweise aufeinander senkrecht stehen. Wir können den globalen Ortsvektor R und den lokalen Ortsvektor r innerhalb der Box dann durch kartesische Koordinaten ausdrücken, $R = (X, Y, Z)$ und $r = (x, y, z)$, für die die Bedingungen

$$0 \leq x < |a|, \quad 0 \leq y < |b| \quad \text{und} \quad 0 \leq z < |c| \qquad (4.3)$$

gelten.

4.3.2 Lokaler Ortsvektor

Für die Durchführung einer MD-Simulation ist es vollkommen ausreichend nur die lokalen Koordinaten (x, y, z) zu verwenden. Trotzdem werden in der Regel die globalen Koordinaten (X, Y, Z) gespeichert, aus denen sich die lokalen Koordinaten durch die Gleichungen

$$x = X - |a| \left\lfloor \frac{X}{|a|} \right\rfloor, \quad y = Y - |b| \left\lfloor \frac{Y}{|b|} \right\rfloor \quad \text{und} \quad z = Z - |c| \left\lfloor \frac{Z}{|c|} \right\rfloor \qquad (4.4)$$

gewinnen lassen. Die untere Gauß-Klammer ⌊...⌋ liefert die größte ganze Zahl kleiner oder gleich ihrem Argument. Für die anderen in Abschn. 4.2 aufgeführten Paralleloeder haben die entsprechenden Gleichungen eine komplexere Form (siehe (Leach 2009)). Die Verwendung globaler Koordinaten erlaubt es, auch Größen zu berechnen, die nicht nur von den momentanen Positionen der Atome abhängen, sondern auch von den Strecken, die sie in bestimmten Zeitabschnitten zurücklegen. Ein Beispiel hierfür ist die Berechnung von Diffusionskoeffizienten (siehe Abschn. 4.5.1).

4.3.3 Torus als Veranschaulichung

Der Zusammenhang zwischen lokalen und globalen Koordinaten wird deutlicher, wenn man bedenkt, dass ein Parallelepiped mit periodischen Randbedingungen topologisch äquivalent zu einem vierdimensionalen Torus ist. Der besseren Anschaulichkeit wegen betrachten wir statt des Parallelepipeds im dreidimensionalen Raum ein Rechteck mit periodischen Randbedingungen in der zweidimensionalen Ebene, das zu einem topologisch äquivalenten Torus in drei Dimensionen aufgerollt wird (Abb. 4.4).

In Abb. 4.4 ist ein Rechteck dargestellt, dass in willkürlichen Einheiten eine Höhe und Breite von jeweils 20 besitzt. Mit einer roten Linie wird die geradlinige Bahn eines Teilchens dargestellt, das sich ausgehend von einem Punkt mit den Koordinaten (10; 20) geradlinig gleichförmig in die Richtung (2; 1), also nach rechts unten bewegt, dann im Punkt (20; 15) die Rechtecksfläche verlässt und – wegen der periodischen Randbedingungen – im Punkt (0; 15) von links wieder in das Rechteck eintritt, um seine Bewegung fortzusetzen. Bei (20; 5) verlässt das Teilchen das Rechteck ein zweites Mal, um auf der linken Seite bei (0; 5) wieder einzutreten. Die Fortsetzung der geradlinigen Bewegung führt das Teilchen schließlich zum Punkt (10; 0), von wo es direkt zum Startpunkt gelangt (genaugenommen handelt es sich hier nicht um die Bewegung eines einzigen Teilchens, sondern um die Bewegung eines Teilchens und

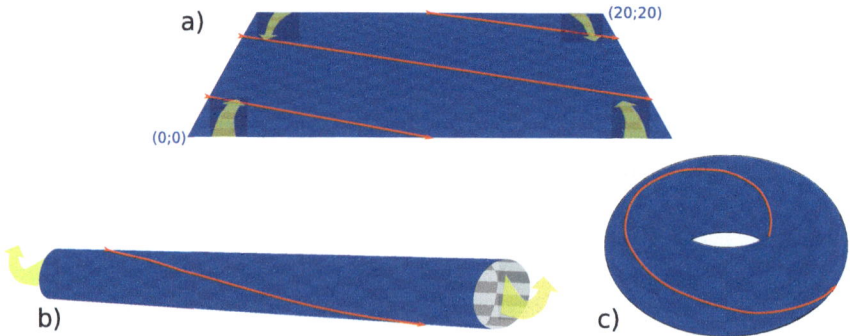

Abb. 4.4 Ein ebenes Rechteck mit periodischen Randbedingungen (**a**) wird zuerst zu einem Zylinder – mit periodischen Randbedingungen am linken und rechten Rand – aufgerollt (**b**) und anschließend zu einem Torus gebogen (**c**), wobei die Metrik verzerrt wird. Die rote Linie, die im Fall des Torus geschlossen ist, gibt die geradlinige Bewegung eines Teilchens wieder

zweier seiner Spiegelbilder). Die gleiche Bewegung lässt sich auch auf dem Torus darstellen, nur dass das Teilchen dort nie eine Begrenzung erreicht.[4]

Wird auf der Rechtecksfläche oder der Oberfläche des Torus nur die momentane Position des Teilchens markiert, dann lässt sich daraus nur der lokale Ortsvektor r ablesen. Um den globalen Ortsvektor R zu erhalten, muss im Verlauf der Bewegung mit Hilfe der Variablen u und v aus Gl. (4.2) Buch geführt werden, wie oft das Teilchen die Kanten des Rechtecks überschritten hat. Die Entsprechung für den Torus ist eine Buchführung für die beiden sogenannten Windungszahlen, die angeben, wie oft das Teilchen die beiden erzeugenden Kreise des Torus umrundet hat.

4.4 Minimum Image Convention

Die Wechselwirkungen zwischen den Atomen in einer klassischen MD-Simulation lassen sich in kurz- und langreichweitige unterteilen. Die einzige langreichweitige Wechselwirkung, die Coulomb-Kraft, wird entweder außerhalb eines fest vorgegebenen Abstands *(cutoff radius)* abgeschnitten oder in einen kurz- und einen langreichweitigen Anteil aufgeteilt, wobei der zweite Anteil im reziproken Raum berechnet wird (siehe Kap. 5). Im Ortsraum wird in beiden Fällen nur der kurzreichweitige Anteil berechnet. Um die Anzahl der Nachbaratome, für die die Wechselwirkungen berechnet werden müssen, zu beschränken, und um Artefakte, wie die Interaktion eines Atoms mit seinen Spiegelbildern, zu vermeiden wurde von Metropolis die **Minimum Image Convention** vorgeschlagen (Metropolis et al. 1953) (eine jüngere Abhandlung zur effizienten Implementierung wurde von Deiters vorgelegt (Deiters 2013)).

Die Minimum Image Convention besagt, dass für jedes Atom A_0 nur die Wechselwirkung mit jenen Atomen A_i berechnet wird, die innerhalb einer Kugel um A_0 liegen. Bei kubischen Simulationsboxen entspricht der Radius dieser Kugel der halben Kantenlänge der Box.

▶ **Merksatz 4.2** Nach der **Minimum Image Convention** spürt jedes Atom nur die Kraft derjenigen Teilchen, die sich innerhalb einer Kugel um das Atom mit fest vorgegebenem Radius befinden. Bei kubischen Boxen ist dieser Radius gleich der halben Kantenlänge der Box.

In einer Box mit N Atomen wird daher für das Atom A_0 die Wechselwirkung mit höchstens $N-1$ anderen Atomen A_i ($0 < i \leq N$) berechnet. Diese $N-1$ anderen Atome müssen sich nicht unbedingt in der gleichen Box wie A_0 aufhalten, die

---

[4] Die hier beschriebene Abbildung der Rechtecksfläche auf einen Torus wird auch als Kompaktifizierung bezeichnet. Sie ist ein wichtiges Hilfsmittel bei dem Versuch, aus hypothetischen neuen Theorien in hoch-dimensionalen Räumen (zum Beispiel Stringtheorien) effektive Theorien für die gewöhnliche vierdimensionale Raumzeit abzuleiten (Reinhardt 2019).

Abstände lassen sich aber aus den lokalen Koordinaten (x, y, z) der Atome innerhalb einer Box berechnen. Für den Abstand $d_{0,i}$ zwischen den Atomen A_0 und A_i mit den lokalen Koordinaten (x_0, y_0, z_0) beziehungsweise (x_i, y_i, z_i) erhält man für kubische Simulationsboxen der Kantenlänge a (siehe auch Vertiefung 4.1):

$$\begin{aligned} d_{0,i} &= \sqrt{d_x^2 + d_y^2 + d_z^2}\,, \\ d_x &= x_0 - x_i - a \left\lfloor \frac{1}{2} + \frac{x_0 - x_i}{a} \right\rfloor, \\ d_y &= y_0 - y_i - a \left\lfloor \frac{1}{2} + \frac{y_0 - y_i}{a} \right\rfloor, \\ d_z &= z_0 - z_i - a \left\lfloor \frac{1}{2} + \frac{z_0 - z_i}{a} \right\rfloor. \end{aligned} \tag{4.5}$$

Vertiefung 4.1: Minimum Image Convention
In einer kubischen Simulationsbox der Kantenlänge a soll die Wechselwirkung zwischen einem Atom A_0 mit den globalen Koordinaten

$$(X_0, Y_0, Z_0) = (x_0, y_0, z_0) \tag{4.6}$$

und allen Atomen A_i, berechnet werden, die sich in einer Kugel um A_0 mit Radius $a/2$ befinden. Die globalen Koordinaten eines Atoms A_i lauten

$$(X_i, Y_i, Z_i) = (x_i + ua, y_i + va, z_i + wa)\,, \tag{4.7}$$

wobei die ganzen Zahlen u, v und w angeben, in welcher Box sich Atom A_i befindet, und (x_i, y_i, z_i) die lokalen Koordinaten von A_i sind. Da die A_0 und A_i nicht weiter als a voneinander entfernt sind, können u, v und w nur die Werte $-1, 0$ und $+1$ annehmen. Der Abstand $d_{0,i}$ zwischen A_0 und A_i lautet

$$d_{0,i} = \sqrt{d_x^2 + d_y^2 + d_z^2}\,, \tag{4.8}$$

mit

$$d_x = X_0 - X_i\,, \quad d_y = Y_0 - Y_i \quad \text{und} \quad d_z = Z_0 - Z_i\,. \tag{4.9}$$

Nach Gl. (4.7) folgt dann

$$d_x^2 = (x_0 - ua - x_i)^2 = (x_0 - x_i)^2 + u^2 a^2 - 2ua(x_0 - x_i)\,. \tag{4.10}$$

Falls nun

$$-\frac{a}{2} < x_0 - x_i < \frac{a}{2} \tag{4.11}$$

4.4 Minimum Image Convention

Abb. 4.5 Quadratische Simulationszelle (rot umrandet) mit einem Na$^+$- und einem Cl$^-$-Ion sowie acht Nachbarzellen (grau umrandet). Der gelbe Kreis veranschaulicht die Minimum Image Convention. Der Abstand zwischen den beiden Ionen innerhalb einer Zelle ist größer als der Abstand zwischen dem Chlorion einer Zelle und dem Natriumion der rechts benachbarten Zelle

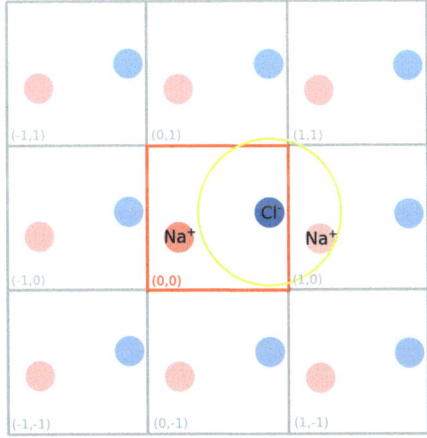

gilt, ist der Abstand zwischen A$_0$ und A$_i$ kleiner als der Abstand zwischen A$_0$ und einem der Spiegelbilder von A$_i$ in einer der benachbarten Boxen, weshalb wir $u = 0$ verwenden können. Wenn aber

$$x_0 - x_i \geq \frac{a}{2} \qquad (4.12)$$

gilt, ist A$_0$ weiter von A$_i$ entfernt als von dessen Spiegelbild in der rechts angrenzenden Box (Abb. 4.5).

Für die Berechnung des Abstandes muss deshalb $u = 1$ verwendet werden (in der obenstehenden Abbildung ist dies gegeben, wenn A$_0$ für das Chlorion steht und A$_i$ für das Natriumion in der gleichen Box; hier ist der Abstand zum Natriumion in der rechten Nachbarbox kleiner). Ist schließlich

$$x_0 - x_i \leq -\frac{a}{2}, \qquad (4.13)$$

folgt auf entsprechende Weise $u = -1$. Zusammenfassend können wir mit Hilfe der unteren Gauß-Klammer schreiben:

$$u = \left\lfloor \frac{1}{2} + \frac{x_0 - x_i}{a} \right\rfloor. \qquad (4.14)$$

Für v und w erhalten wir analoge Ausdrücke. In Verbindung mit (4.10) und den entsprechenden Gleichungen für d_y^2 und d_z^2 folgt Gl. (4.5).

4.4.1 Kovalente Bindungen

Eine Besonderheit für die Simulationsrechnung gibt es bei kovalenten Bindungen. Diese nehmen unter allen Wechselwirkungen, die in der klassischen Molekulardynamik berücksichtigt werden (siehe Kap. 5), eine besondere Stellung ein. Solche Bindungen können (anders als in der *Ab-initio*-Molekulardynamik) während der Simulation nicht gebildet oder gebrochen werden. Ob zwei Atome kovalent gebunden sind, hängt nicht von deren Abstand ab, sondern muss zu Beginn der Simulation festgelegt werden (siehe Kap. 5). Im Lauf der Simulationsrechnung wird es vorkommen, dass zwei kovalent gebundene Atome sich in unterschiedlichen Boxen befinden. Abb. 4.3a gibt hierfür ein einfaches Beispiel: Zum Zeitpunkt 0 befinden sich das Kohlenstoffatom $C_{(0)}$ in der gleichen Box wie sein Bindungspartner, das Sauerstoffatom. Während dieses in der Box verbleibt, befindet sich das Kohlenstoffatom zum späteren Zeitpunkt 1 in der rechten Nachbarbox, während sein Spiegelbild $C'_{(1)}$ sich jetzt in der Simulationsbox befindet. Für die Berechnung des Bindungsabstands und damit der wirkenden Kraft ist dies unerheblich, der Bindungsabstand kann sowohl mit Hilfe der lokalen Koordinaten und Gl. (4.5) als auch mit globalen Koordinaten und den Gl. (4.8) und (4.9) berechnet werden.

Für eine grafische Darstellung der Moleküle können die lokalen Koordinaten jedoch unvorteilhaft sein: Zum Zeitpunkt 1 wirkt das CO-Molekül in Abb. 4.3a zerrissen (bei einer Darstellung auf einer Torus-Oberfläche wie in Abb. 4.4 tritt dieses Problem natürlich nicht auf). Ein dreidimensionales Beispiel gibt Abb. 4.6a: Das Protein in einer Wasserbox wirkt zerrissen, wenn es unter Verwendung lokaler Koordinaten dargestellt wird. Auch eine Darstellung der Moleküle mit globalen Koordinaten ist für sich alleine noch keine zufriedenstellende Lösung, da sich hier die Moleküle nach genügend langer Simulationszeit auf eine Vielzahl von Nachbarboxen verteilen. Ein Kompromiss zwischen beiden Darstellungen besteht (bei orthorhombischen

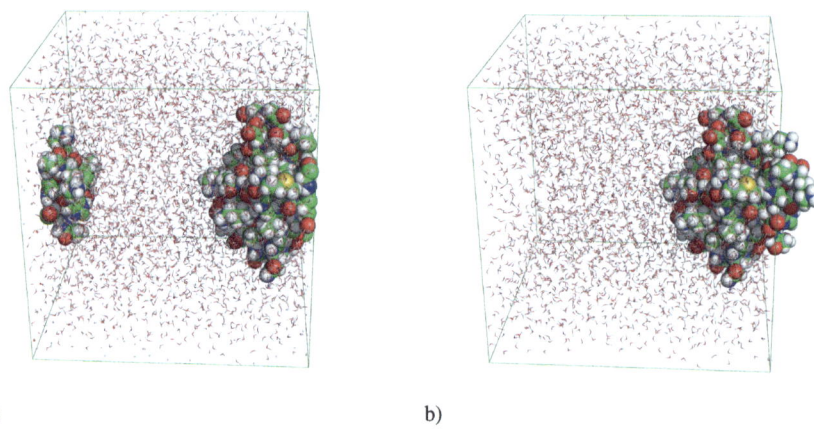

a)   b)

Abb. 4.6 Protein in einer mit Wasser gefüllten Simulationsbox: (**a**) Darstellung unter Verwendung lokaler Koordinaten und (**b**) unter Verwendung globaler Koordinaten mit Molekülschwerpunkten innerhalb der Simulationsbox

Boxen) darin, zu den globalen Koordinaten eines jeden Moleküls in jeder der drei Raumrichtungen ein ganzzahliges Vielfaches der entsprechenden Boxkantenlänge zu addieren oder subtrahieren, derart, dass der Massenmittelpunkt des Moleküls innerhalb der Simulationsbox liegt, wie in Abb. 4.6b gezeigt.

4.4.2 Minimaler Abstand

Die Minimum Image Convention stellt sicher, dass kein Atom mit einem seiner Spiegelbilder wechselwirkt (sofern man den langreichweitigen Anteil der Coulomb-Kraft außer Acht lässt – siehe 5.3.2). Auch kleine Moleküle üben keine Kraft auf ihre Spiegelbilder in benachbarten Boxen aus. Für große Moleküle wie Proteine, die einen möglichst großen Anteil der Simulationsbox ausfüllen sollten, um die Rechenzeit tragbar zu halten, lassen sich Interaktionen mit ihren Spiegelbildern nicht vermeiden. Die Dimensionierung der Simulationsbox ist in solchen Fällen immer ein Kompromiss zwischen zwei gegenläufigen Zielen: der Vermeidung von Wechselwirkungen mit Spiegelbildern und der Minimierung der Rechenzeit. Dazu ist es nötig, den minimalen Abstand d_{min} zwischen einem Molekül und seinen Spiegelbildern zu berechnen. Für eine orthorhombische Box mit den Kantenvektoren a, b und c definieren wir

$$d(i, j, \Delta u, \Delta v, \Delta w) = \sqrt{(\boldsymbol{R}_i - \boldsymbol{R}_j - \Delta u \boldsymbol{a} - \Delta v \boldsymbol{b} - \Delta w \boldsymbol{c})^2} \,, \quad (4.15)$$

wobei i und j die Atome des Moleküls nummerieren und Δu, Δv und Δw die Werte $-1, 0$ oder $+1$ annehmen können (nicht aber alle drei den Wert 0) und die Box des Spiegelbilds angeben. Der minimale Abstand d_{min} ist dann gleich dem kleinsten Wert den $d(i, j, \Delta u, \Delta v, \Delta w)$ annehmen kann.

4.5 Größeneffekte

Gase oder Flüssigkeiten weisen anders als ihre in Simulationsrechnungen untersuchten Modelle keine Periodizität auf. Dadurch können viele Eigenschaften realer Systeme, wie Fluktuationen, deren räumliche Ausdehnung größer als die Boxlänge ist, in den Modellen nicht abgebildet werden. Die Abweichungen zwischen realem und simulierten System können umso größer werden je kleiner die Box ist und werden als **Größeneffekte** (im Englischen als *finite size effects*) oder als Artefakte der periodischen Randbedingungen bezeichnet.

▶ **Merksatz 4.3** Periodische Randbedingungen erzwingen eine künstliche Regelmäßigkeit, die die Ergebnisse der Simulation erheblich beeinflussen können, und zwar umso stärker je kleiner die Box ist. Solche Abweichungen werden als Größeneffekte oder Artefakte der periodischen Randbedingungen bezeichnet.

4.5.1 Selbstdiffusionskoeffizient

In besonderen Fällen ist es möglich solche Effekte genau zu berechnen. Ein bekanntes Beispiel hierfür ist der **Selbstdiffusionskoeffizient** von Flüssigkeiten, der sich nach dem Kehrwert der Boxlänge a entwickeln lässt. Für nicht zu kleine Boxen gilt in guter Näherung:

$$D = D_\infty - \frac{\alpha}{a}, \qquad (4.16)$$

wobei die Materialkonstante α hier ohne Bedeutung ist und D_∞ den Wert des Diffusionskoeffizienten in einer unendlich großen Simulationsbox angibt. Yeh und Hummer (Yeh und Hummer 2004) haben den Selbstdiffusionskoeffizienten von Wasser für eine Reihe verschiedener Boxlängen berechnet und mit Hilfe linearer Regression auf eine unendlich große Box extrapoliert. Auf diese Weise lässt sich der Größeneffekt vollständig eliminieren (Abb. 4.7).

4.5.2 Artefakte

Ein spezielles, sehr anschauliches Beispiel für ein Artefakt periodischer Randbedingungen wird in Abb. 4.8 gezeigt. Die elektrostatischen Kräfte, die auf das Calciumion in der Mitte der Box von Chlorionen am Rand der Box ausgeübt werden, können in bestimmten Fällen verschwinden, wenn nämlich für jedes Chlorionen ein bezüglich des Calciumions punktsymmetrisches Spiegelbild in einer Nachbarbox existiert.

Im Allgemeinen sind Artefakte durch periodische Randbedingungen umso wahrscheinlicher je geringer die elektrische Permittivität des Lösungsmittels und je größer der Anteil des Volumens des gelösten Biomoleküls am gesamten Boxvolumen ist,

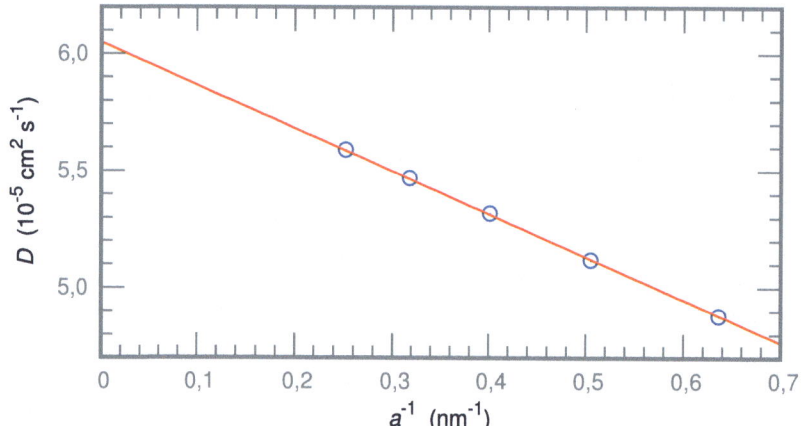

Abb. 4.7 Diffusionskoeffizient D gegen inverse Boxlänge a^{-1} mit Regressionsgerade (nach Yeh und Hummer (Yeh und Hummer 2004))

Abb. 4.8 Elektrostatische Wechselwirkungen zwischen Ionen an speziellen Positionen in der Simulationsbox als Beispiel für Artefakte periodischer Randbedingungen.

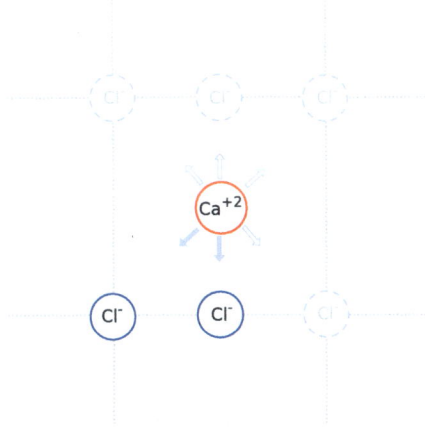

und führen zu einer Stabilisierung der kompakten Konformationen[5] des Biomoleküls (Hünenberger und J. McCammon 1999). Die einzig sichere Methode, um Größeneffekte bei einer Simulation abzuschätzen, besteht darin, sie mit anderen Boxgrößen zu wiederholen, was sich jedoch wegen des Rechenaufwands oft verbietet.

4.6 Wissenscheck

Nach einer Zusammenfassung dieses Kapitel bieten Verständnisfragen und Aufgaben die Möglichkeit, das Verständnis der behandelten Themen zu vertiefen.

4.6.1 Zusammenfassung

Die molekulardynamische Simulation von flüssigen oder gasförmigen Systemen erfordert eine Beschränkung des zugänglichen Volumens. In einer Box mit reflektierenden Wänden weisen simulierte Flüssigkeiten im wandnahen Bereich andere Eigenschaften auf als im Inneren. In den meisten Fällen werden deshalb Simulationsboxen mit periodischen Randbedingungen verwendet. Dabei wird die eigentliche Box (zum Beispiel ein Würfel, ein Oktaederstumpf oder ein hexagonales Prisma) unendlich oft kopiert und so verschoben, dass der gesamte Raum lückenlos und überlappungsfrei gefüllt wird. Die Atome in den verschobenen Boxen werden als Spiegelbilder bezeichnet. Sie bewegen sich in genau der gleichen Weise wie die Atome in der ursprünglichen Box. Ihre Ortsvektoren

$$\boldsymbol{R} = \boldsymbol{r} + u\boldsymbol{a} + v\boldsymbol{b} + w\boldsymbol{c} \,. \tag{4.17}$$

---

[5] Als Konformation eines Moleküls bezeichnen wir eine vollständige Beschreibung aller Atomkoordinaten, wobei eine Verschiebung des Massenmittelpunkts oder eine Drehung des Moleküls um den Massenmittelpunkt die Konformation nicht ändern soll.

unterscheiden sich von den Ortsvektoren *r* der ursprünglichen Atome nur durch eine Translation im Raum um ein ganzzahliges Vielfaches der Kantenvektoren *a*, *b* und *c*.

Bei der Berechnung der Wechselwirkungen hat sich die sogenannte Minimum Image Convention etabliert. Diese besagt, dass für jedes Atom nur die Wechselwirkungen mit denjenigen Atomen berücksichtigt werden, die innerhalb einer Kugel liegen, deren Radius bei einer kubischen Simulationsbox gleich der halben Kantenlänge ist. Auf diese Weise wird verhindert, dass die Atome mit ihren eigenen Spiegelbildern interagieren. Durch die Periodizität des Systems ist es möglich, den langreichweitigen Anteil der Coulomb-Kraft im reziproken Raum zu berechnen.

Durch die periodischen Randbedingungen wird dem simulierten System eine Regelmäßigkeit aufgezwungen, die ein amorphes System nicht besitzt. Dadurch kann das simulierte System Artefakte aufweisen, die umso größer sind je kleiner die Boxlänge ist, weshalb man auch von Größeneffekten spricht. Nur in seltenen Fällen wie etwa bei der Berechnung des Diffusionskoeffizienten lassen sich solche Artefakte genau abschätzen.

4.6.2 Verständnisfragen

4.1 Berechnung des Diffusionskoeffizienten

In einer mit Wasser gefüllten kubischen Simulationsbox mit Kantenlänge a und periodischen Randbedingungen befindet sich ein Natriumion, das infolge von zufälligen Stößen mit den Wassermolekülen eine diffusive Bewegung ausführt. Zur Zeit $t = 0$ habe dieses Ion die Koordinaten $(0, 0, 0)$. Aus diesen Angaben soll mit Hilfe der Einstein-Smoluchowski-Gleichung

$$D = \frac{r^2}{6\tau} \qquad (4.18)$$

der Diffusionskoeffizient D bestimmt werden, wobei r der Abstand des Ions vom Ursprung zur Zeit $t = \tau$ ist. Welche Koordinaten müssen verwendet werden, damit man einen sinnvollen Wert für den Diffusionskoeffizienten bekommt: die Koordinaten ein- und desselben Ions, auch wenn es die Simulationsbox verlassen hat (also die globalen Koordinaten X, Y und Z) oder die Koordinaten des jeweiligen äquivalenten Ions innerhalb der Simulationsbox (also die lokalen Koordinaten x, y und z)?

4.2 Koordinaten bei periodischen Randbedingungen

In einer mit Wasser gefüllten kubischen Simulationsbox mit Kantenlänge a und periodischen Randbedingungen befindet sich ein Natriumion, dessen Koordinaten in festen Zeitabständen gespeichert werden. Wenn das Natriumion die Simulationsbox verlässt, werden stattdessen die Koordinaten des an seiner Stelle neu in die Box eingetretenen Ions gespeichert, so dass diese immer nur Werte zwischen 0 und a annehmen können. Nach sehr langer Simulationszeit wird die Verteilung der x-Koordinate in einem Histogramm dargestellt. Wie wird dieses Histogramm näherungsweise aussehen?

4.6.3 Aufgaben

4.3 Zeitliche Entwicklung der Koordinaten
Ein Natriumion befinde sich in einer kubischen Simulationsbox mit der Kantenlänge 5 nm und habe die Koordinaten (0,0001 nm; 4,9998 nm; 3,2154 nm). Die Geschwindigkeit des Ions wird durch den Vektor (−200 m/s; 400 m/s; 0 m/s) beschrieben. Welche Koordinaten hat nach zwei Femtosekunden

(a) zum einen genau dieses Ion,
(b) zum anderen ein äquivalente Ion innerhalb der Simulationsbox?

4.4 Volumen einer Simulationsbox
Berechnen Sie den Anteil der Inkugel eines hexagonalen Prismas an dessen Volumen. Die Inkugel ist die größte Kugel, die vollständig innerhalb des Prismas liegt. Das Verhältnis zwischen der Kantenlänge und der Höhe des Prismas soll so gewählt werden, dass die Inkugel einen möglichst großen Anteil am Prismavolumen hat.

4.5 Abstände
Ein Stickstoffmolekül habe in einer kubischen Simulationsbox mit einer Kantenlänge von 4 nm die Koordinaten (2,35 nm; 1,34 nm; 3,92 nm) und (2,35 nm; 1,34 nm; 0,03 nm) für seine beiden Atome. Wie groß ist der Bindungsabstand dieses Moleküls?

Literatur

Alder, B. J. und T. E. Wainwright (1959). „Studies in Molecular Dynamics. I. General Method,". In: *The Journal of Chemical Physics* 31, S. 459–466. DOI: https://doi.org/10.1063/1.1730376.

Deiters, Ulrich K. (2013). „Efficient Coding of the Minimum Image Convention". In: *Zeitschrift für Physikalische Chemie* 227, S. 345–352.

Hünenberger, P.H. und J.A. McCammon (1999). „Effect of artificial periodicity in simulations of biomolecules under Ewald boundary conditions: a continuum electrostatics study". In: *Biophysical Chemistry* 78, S. 69–88.

Henderson, J.R. und Frank van Swol (1985). „On the approach to complete wetting by gas at a liquid-wall interface: Exact sum rules, fluctuation theory and the verification by computer simulation of the presence of long-range pair correlations at the wall". In: *Molecular Physics* 56, S. 1313–1356. DOI: https://doi.org/10.1080/00268978500103081.

Henderson, J.R. und Frank van Swol (1984). „On the interface between a fluid and a planar wall: Theory and simulations of a hard sphere fluid at a hard wall". In: *Molecular Physics* 51, S. 991–1010. DOI: https://doi.org/10.1080/00268978400100651.

Kuzkin, V.A. (2015). „On angular momentum balance for particle systems with periodic boundary conditions". In: *ZAMM – Journal of Applied Mathematics and Mechanics/Zeitschrift für Angewandte Mathematik und Mechanik* 95, S. 1290–1295. DOI: https://doi.org/10.1002/zamm.201400045.

Leach, Andrew R. (2009). *Molecular modelling: principles and applications*. Harlow: Pearson/Prentice Hall.

Levitt, Michael und Arieh Warshel (1975). „Computer simulation of protein folding". In: *Nature* 253, S. 694–698. DOI: https://doi.org/10.1038/253694a0.

McCammon, J. Andrew, Bruce R. Gelin und Martin Karplus (1977). „Dynamics of folded proteins". In: *Nature* 267, S. 585–590. DOI: https://doi.org/10.1038/267585a0.
Metropolis, Nicholas u. a. (1953). „Equation of State Calculations by Fast Computing Machines". In: *The Journal of Chemical Physics* 21, S. 1087. DOI: https://doi.org/10.1063/1.1699114.
Rahman, A. (1964). „Correlations in the Motion of Atoms in Liquid Argon". In: *Physical Review* 136, A405–A411. DOI: https://doi.org/10.1103/PhysRev.136.A405.
Reinhardt, Hugo (2019). *Quantenmechanik: Pfadintegralformulierung und Operatorformalismus*. Berlin Boston: de Gruyter.
Senechal, Majorie und R. V. Galiulin (1984). „An Introduction to the Theory of Figures: the Geometry of E.S. Fedorov". In: *Structural Topology* 10, S. 5–22.
Yeh, In-Chul und Gerhard Hummer (2004). „System-Size Dependence of Diffusion Coefficients and Viscosities from Molecular Dynamics Simulations with Periodic Boundary Conditions". In: *The Journal of Physical Chemistry B* 108, S. 15873–15879. DOI: https://doi.org/10.1021/jp0477147.

Wechselwirkungen 5

Inhaltsverzeichnis

5.1 Kraft und Potential 107
5.2 Bindende Wechselwirkungen 108
5.3 Nichtbindende Wechselwirkungen 117
5.4 Constraints 139
5.5 Kraftfelder 143
5.6 Wissenscheck 151

Atome und Moleküle wechselwirken miteinander durch eine einzige Kraft, die Coulomb-Kraft, die allerdings im Rahmen der Quantenmechanik behandelt werden muss. Die Born-Oppenheimer-Näherung erlaubt es, die Wirkung dieser Kraft auf die Atomkerne in einem Potential

$$V(\boldsymbol{R}_1, \ldots, \boldsymbol{R}_N) \tag{5.1}$$

zusammenzufassen, das nur von den Ortsvektoren $\boldsymbol{R}_I$ der N Kerne abhängt. Dieses Potential kann genutzt werden, um eine Schrödinger-Gleichung für die Kerne aufzustellen, deren Lösung eine nukleare Wellenfunktion ist, die die Dynamik der Atomkerne vollständig beschreibt. Wesentlich einfacher und oft ausreichend ist eine Beschreibung der Dynamik der Kerne im Rahmen der Newton'schen Mechanik (Abschn. 5.1), wobei die Kraft auf den Atomkern I als negativer Gradient des Potentials V nach $\boldsymbol{R}_I$ geschrieben wird. Für die genaue Berechnung des Potentials V muss die elektronische Schrödinger-Gleichung gelöst werden, was für Systeme mit vielen Elektronen nur numerisch möglich und so aufwendig ist, dass die Dynamik großer Biomoleküle auf diese Weise nicht untersucht werden kann. Eine Alternative bieten empirische Näherungen für V, mit deren Hilfe die Dynamik solcher Moleküle zumindest in einem begrenzten Gültigkeitsbereich realistisch beschrieben werden kann. Da die elektronischen Eigenschaften der Atome bei einem solchen Ansatz nur implizit beschrieben werden, bleiben als dynamische Variablen der Atome nur die

Kernpositionen übrig. Im Folgenden setzen wir deshalb Kräfte, die auf die Atomkerne wirken mit Kräften, die auf die Atome wirken, gleich.

Wie nahe solche empirischen Näherungen dem korrekten, quantenmechanisch berechneten Potential kommen, hängt unter anderem von der Fragestellung ab, die untersucht werden soll: Um das Verhalten eines idealen Gases zu simulieren, ist ein Rechteckpotential für harte Kugeln ausreichend und allgemeine Eigenschaften von Flüssigkeiten lassen sich beispielhaft mit Hilfe eines Lennard-Jones-Potentials darstellen. Die Vorhersage der dreidimensionalen Struktur eines Proteins dagegen erfordert ein wesentlich ausgefeilteres empirisches Potential.

Unabhängig vom Anwendungszweck soll ein empirisches Potential V insbesondere zwei Eigenschaften besitzen: es soll **additiv** und **übertragbar** (engl. *transferable*) sein. Unter Additivität wird verstanden, dass sich das Potential als Summe mehrerer, voneinander unabhängiger Teilbeiträge schreiben lässt. Weit verbreitet ist die Aufteilung des Potentials in bindende und nichtbindende Potentialbeiträge (siehe Abschn. 5.2 und 5.3 sowie Abb. 5.1 für eine schematische Darstellung), die ihrerseits wieder in einzelne Summanden unterteilt werden. Übertragbarkeit oder Transferabilität bedeutet, dass sich die gleiche funktionale Form eines empirischen Potentials auf eine große Vielfalt von Systemen anwenden lässt. Leider sinkt die Transferabilität in aller Regel, wenn die Ansprüche an die Genauigkeit für eine spezielle Klasse von Systemen erhöht werden.

Für die vollständige Beschreibung eines empirischen Potentials V ist neben den in (5.2) und (5.3) beschriebenen funktionalen Formen auch eine konsistente Parame-

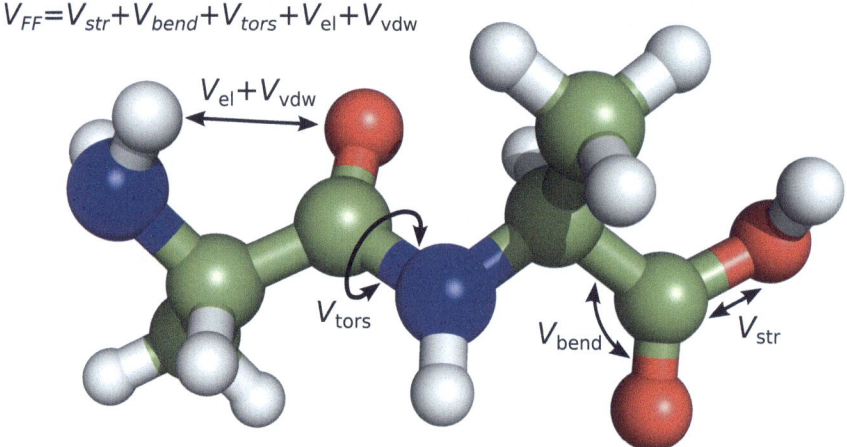

Abb. 5.1 Schematische Darstellung einzelner bindender (V_{str}, V_{bend}, V_{tors}) und nichtbindender (V_{el}, V_{vdW}) Beiträge zu V_{FF} für ein Dialaninpeptid (siehe Abschn. 5.2.1, 5.2.2, 5.2.3, 5.3.1 und 5.3.2)

trisierung dieser Funktionen erforderlich, für die sich die Bezeichnung **Kraftfeld**[1] *(force field)* etabliert hat. Eine Anzahl gebräuchlicher Kraftfelder wird in Abschn. 5.5 vorgestellt. Bei der Bezeichnung folgen wir (Jensen 2017) und schreiben ab hier immer dann, wenn wir uns ausdrücklich auf ein empirisches Potential beziehen, V_{FF}, wobei der Index FF für *force field* steht.

5.1 Kraft und Potential

Beschreibt man die Dynamik der Atome unter dem Einfluss eines Potentials V im Rahmen der Newtonschen Mechanik, wirkt auf Atom I die Kraft $\boldsymbol{F}_I = (F_{I,x}, F_{I,y}, F_{I,z})$, die als negativer Gradient des Potentials bezüglich der kartesischen Atom- oder Kernkoordinaten X_I, Y_I und Z_I geschrieben werden kann:

$$
\begin{aligned}
F_{I,x} &= -\frac{\partial V}{\partial X_I}, \\
F_{I,y} &= -\frac{\partial V}{\partial Y_I}, \\
F_{I,z} &= -\frac{\partial V}{\partial Z_I}.
\end{aligned}
\tag{5.2}
$$

Diese Gleichungen lassen sich in einer Vektorgleichung zusammenfassen:

$$
\boldsymbol{F}_I = -\frac{\partial V}{\partial \boldsymbol{R}_I}.
\tag{5.3}
$$

Zusammen mit dem zweiten Newtonschen Gesetz $\boldsymbol{F}_I = M_I \ddot{\boldsymbol{R}}_I$ erhält man N Differentialgleichungen zweiter Ordnung[2]

$$
\ddot{\boldsymbol{R}}_I = \frac{d^2 \boldsymbol{R}_I}{dt^2} = -\frac{1}{M_I}\frac{\partial V}{\partial \boldsymbol{R}_I},
\tag{5.4}
$$

wobei die M_I die Massen der Atome $I = 1, \ldots, N$ sind. Da das Potential V eine Funktion aller Atomkoordinaten ist, handelt es sich hier um ein System von gekoppelten Differentialgleichungen, das sich nur für kleine Auslenkungen aus dem Gleichgewicht durch Transformation auf Normalkoordinaten analytisch lösen lässt. Im Allgemeinen ist eines der in Kap. 6 beschriebenen numerischen Verfahren zur Lösung erforderlich.

---

[1] Der Ausdruck Kraftfeld kann leicht missverstanden werden. Er hat nichts mit einem Feld im dreidimensionalen Raum, wie etwa dem elektrischen Feld oder dem Gravitationsfeld zu tun, sondern rührt daher, dass große Tabellen *(Felder)* mit Parametern benötigt werden.

[2] Ein oder zwei Punkte über einer zeitabhängigen Größe sollen die erste beziehungsweise zweite Zeitableitung kennzeichnen. $\ddot{\boldsymbol{R}}_I$ ist also der Beschleunigungsvektor von Atom I.

5.1.1 Additivität

Eine der grundlegenden Eigenschaften, die man einem empirischen Potential V_{FF} zu geben sucht, ist die Additivität, die zwei Aspekte hat: Erstens möchte man das Potential als Summe von Beiträgen verschieden starker Modellwechselwirkungen schreiben, zum Beispiel als Summe aus Beiträgen von bindenden und nichtbindenden Wechselwirkungen und Constraints (Zwangsbedingungen).

▶ **Merksatz 5.1** Die gesamte potentielle Energie ist eine Summe aus Beiträgen von kovalenten Bindungen und nichtbindenden Wechselwirkungen und von Constraints

$$V_{\text{FF}} = V_{\text{b}} + V_{\text{nb}} + V_{\text{con}} \, . \tag{5.5}$$

Jeder dieser drei Summanden lässt sich wiederum als Summe von Beiträgen verschiedener 2-, 3- und 4-Tupeln von Atomen schreiben.

In einer weiteren Stufe wird sowohl der bindende Beitrag V_{b} als auch der nichtbindende Beitrag V_{nb} in weitere Beiträge aufgeteilt. Der zweite Aspekt der Additivität von V_{FF} ist der Versuch, die Beiträge der einzelnen Modellwechselwirkungen als Summe über alle Paare von Atomen des Systems (teilweise auch über alle Tripel und Quadrupel von Atomen) zu schreiben. Auf diese Weise könnte man zum Beispiel den Beitrag V_{nb} der nichtbindenden Wechselwirkungen in die Form

$$V_{\text{nb}} = \sum_{\langle I,J \rangle} V_{\text{nb},I,J} \tag{5.6}$$

bringen, wobei die Summation über alle Paare $\langle I, J \rangle$ von Atomen I und J mit $I < J$ läuft und jedes Paar einen Beitrag $V_{\text{nb},I,J}$ liefert. Man kann leicht einsehen, dass jedes empirische Potential V_{FF} bestenfalls näherungsweise in diesem Sinne additiv sein kann, da die quantenmechanisch korrekte Formulierung für das Potential V diese Eigenschaft nicht besitzt.

5.2 Bindende Wechselwirkungen

Unter dem Begriff bindende Wechselwirkung *(bonding interactions)* werden alle die Beiträge zum empirischen Potential V_{FF} zusammengefasst, die mit der chemischen (oder: kovalenten) Bindung in Zusammenhang gebracht werden. Üblicherweise werden hierzu drei Modellpotentiale V_{str}, V_{bend} und V_{tors} verwendet, die den Einfluss von Änderungen der **Bindungslängen** (von engl. *bond stretching*, siehe Abschn. 5.2.1), der **Bindungswinkel** (von engl. *bending*, 5.2.2) beziehungsweise der **Diederwinkel** (oder Torsionswinkel, 5.2.3) beschreiben und in der Summe den Beitrag V_{b} der bindenden Wechselwirkungen zum Potential V_{FF} ergeben.

5.2 Bindende Wechselwirkungen

▶ **Merksatz 5.2** Kovalente Bindungen tragen durch Streckung und Stauchung der Bindungslängen, durch Biegung der Bindungswinkel und Drehung um Torsionsachsen zur potentiellen Energie bei:

$$V_{\text{b}} = V_{\text{str}} + V_{\text{bend}} + V_{\text{tors}} \tag{5.7}$$

Etwas genauer wäre es, von kovalent-bindenden Wechselwirkungen zu sprechen, da man beispielsweise auch bei Heliumatomen sehr schwache, bindende Wechselwirkungen beobachten kann (siehe Abschn. 5.3.1), die aber nicht in dieses Schema passen. Der Begriff bindende Wechselwirkungen für die in diesem Abschnitt beschriebenen Modellpotentiale ist in der Literatur fest etabliert und wird deshalb auch hier verwendet.

5.2.1 Bindungslänge

Versucht man den einzelnen Peaks im Infrarotspektrum eines Moleküls mit Hilfe einer Normalkoordinatenanalyse (Wilson et al. 1980) Schwingungsmoden zuzuordnen, erhält man die höchsten Schwingungsfrequenzen für die Streckschwingungen kovalent gebundener Atome (siehe auch Abschn. 5.2.4). Wir können daher erwarten, dass die Stauchungen und Streckungen von kovalenten Bindungen im Durchschnitt deutlich weniger zur räumlichen Bewegung der Atome beitragen als Biege- oder Torsionsschwingungen, sofern sich die thermische Energie eines Moleküls nach dem Gleichverteilungssatz gleichmäßig über alle Freiheitsgrade verteilt.

Das Potential V_{str} wird als Summe über alle kovalenten Bindungen zwischen Atomen I und J geschrieben, die wir mit dem Symbol $\langle I, J \rangle$ indizieren:

$$V_{\text{str}}(\boldsymbol{R}_1, \ldots, \boldsymbol{R}_N) = \sum_{\langle I,J \rangle} V_{\text{str},I,J}(R_{I,J}) \,. \tag{5.8}$$

Die einzelnen Summanden $V_{\text{str},I,J}$ hängen nur von den Abständen

$$R_{I,J} = |\boldsymbol{R}_I - \boldsymbol{R}_J| \tag{5.9}$$

ab. Das Potential V_{str} ist daher unabhängig von den Richtungen der einzelnen Bindungen. Auch hängt jeder Summand in Gl. (5.8) von genau einer Bindung ab, so dass V_{str} streng additiv bezüglich der Bindungen ist (ein Beispiel, dass die Grenzen dieser Annahme aufzeigt, wird in Abschn. 5.2.4 diskutiert).

Wir gehen davon aus, dass sich die Potentialbeiträge $V_{\text{str},I,J}$ in der Umgebung des Gleichgewichtsabstandes $R_{I,J,0}$, also des Abstandes, für den $V_{\text{str},I,J}$ seinen minimalen Wert annimmt, in eine Taylor-Reihe

$$V_{\text{str},I,J}(R_{I,J}) = \sum_{k=0}^{\infty} \frac{1}{k!} \frac{\partial^k V_{\text{str},I,J}}{\partial R_{I,J}^k} (R_{I,J} - R_{I,J,0})^k \tag{5.10}$$

entwickeln lässt. Da konstante Beiträge zum Potential unerheblich sind (sie ändern nichts an den wirkenden Kräften), wählen wir die Potentialbeiträge stets so, dass in der obenstehenden Reihe der Term der Ordnung $k = 0$ verschwindet. Da die Reihenentwicklung um das Minimum herum erfolgt, muss auch der Term der Ordnung $k = 1$, der lineare Term, verschwinden. Die einfachste Näherung für $V_{\text{str},I,J}$ besteht dann darin, diese Taylor-Reihe nach dem quadratischen Term ($k = 2$) abzubrechen:

$$V_{\text{str},I,J}(R_{I,J}) \approx \frac{1}{2} \frac{\partial^2 V_{\text{str},I,J}}{\partial R_{I,J}^2}(R_{I,J} - R_{I,J,0})^2 \,. \tag{5.11}$$

Eine solche Näherung der Potentialbeiträge ist gleichwertig zu der Annahme, dass sich die entsprechenden Kräfte durch das Hooke'sche Gesetz beschreiben lassen, also linear von der Auslenkung $R_{I,J} - R_{I,J,0}$ abhängen. Die zweite Ableitung des Potentialbeitrages können wir daher verwenden, um die **Kraftkonstante**

$$K_{I,J} = \frac{\partial^2 V_{\text{str},I,J}}{\partial R_{I,J}^2} \tag{5.12}$$

zu definieren. Mit dieser Kraftkonstanten schreiben wir die einfachst mögliche Näherung für die Potentialbeiträge, das **harmonische Potential**[3]

$$V_{\text{str},I,J}^{\text{harm}}(R_{I,J}) = \frac{1}{2} K_{I,J}(R_{I,J} - R_{I,J,0})^2 \,. \tag{5.13}$$

Harmonische Potentiale haben den Vorteil, dass sie nur zwei empirische Parameter benötigen, den **Gleichgewichtsabstand** $R_{I,J,0}$ und die Kraftkonstante $K_{I,J}$ (siehe Abschn. 5.5 zur Bestimmung und zur Interpretation dieser und der in den beiden folgenden Abschnitten eingeführten Parameter). Außerdem lassen sie sich extrem schnell berechnen, da nur einige Additionen und Multiplikationen benötigt werden. Nachteil harmonischer Potentiale ist ihr begrenzter Gültigkeitsbereich um den Gleichgewichtsabstand herum. Für große Abstände liefert das harmonische Potential einen viel zu hohen Wert, für kleine Abstände einen zu kleinen. Die Gleichgewichtsabstände R_0 liegen in Biomolekülen im Bereich zwischen ein bis zwei Ångström (100 bis 200 pm), ein typischer Wert für eine Kraftkonstante beträgt rund 65 J pm^{-2} mol^{-1} für eine C-C-Einfachbindung. Kovalente Bindungen können in Simulationen mit harmonischen Potentialen weder gebildet noch gebrochen werden, was bei Simulationen der Molekulardynamik (MD) bei Umgebungstemperaturen aber kein großer Nachteil ist, da die Bindungsenergie einer kovalenten Bindung typischerweise mehrere 100 kJ mol^{-1} beträgt und damit deutlich größer ist als die bei solchen Temperaturen nach dem Gleichverteilungssatz verfügbare mittlere thermische Energie von gut 1,2 kJ mol^{-1} pro Freiheitsgrad. Daher gehören die harmonischen Potentiale in klassischen MD-Simulationen zu den meistverwendeten empirischen Potentialen für bindende Wechselwirkungen.

---

[3] Leider ist die Definition der Kraftkonstanten $K_{I,J}$ in der Literatur nicht eindeutig: Teilweise wird der Vorfaktor 1/2 in Gl. (5.13) weggelassen, $K_{I,J}$ muss dann halb so groß gewählt werden.

5.2 Bindende Wechselwirkungen

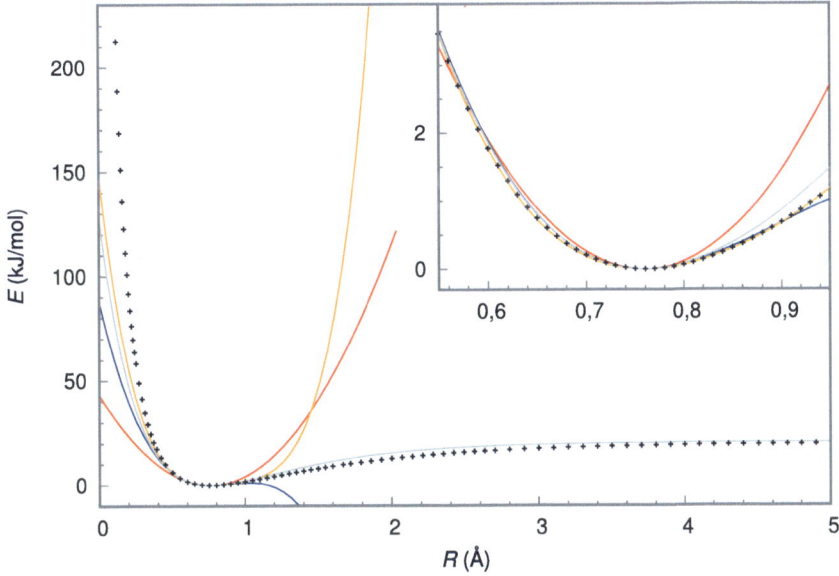

Abb. 5.2 Bindungspotential des Wasserstoffmoleküls: Harmonisches (rote Linie), kubisches (blau) und quartisches Potential (orange) sowie Morse-Potential (grau). Die schwarzen Kreuze stehen für quantenmechanisch (B3LYP+cc-pVDZ) berechnete Energiewerte

In Abb. 5.2 wird das harmonische Potential für das Wasserstoffmolekül zusammen mit anderen empirischen Potentialen den Energiewerten aus quantenmechanischen Rechnungen gegenübergestellt. Diese Rechnungen wurden mit dem Programmpaket Psi4 (D. G. A. Smith et al. 2020) unter Verwendung des Dichtefunktionals B3LYP (A. D. Becke 1988; C. Lee et al. 1988; Axel D. Becke 1993) und des Basissatzes cc-pVDZ (Dunning 1989) durchgeführt.

Bricht man die Taylor-Reihe (5.10) erst nach dem Term dritter oder vierter Ordnung ab, erhält man kubische beziehungsweise quartische Potentiale,

$$V_{\text{str}}^{\text{kub}}(R) = \frac{1}{2} K (R - R_0)^2 + K_3 (R - R_0)^3 \tag{5.14}$$

$$V_{\text{str}}^{\text{quart}}(R) = \frac{1}{2} K (R - R_0)^2 + K_3 (R - R_0)^3 + K_4 (R - R_0)^4 \tag{5.15}$$

(die Indizes I, J sind hier der besseren Lesbarkeit wegen weggelassen worden), die die quantenmechanisch berechnete Kurve in der Umgebung des Gleichgewichtsabstandes besser anpassen als das harmonische Potential. Ein wichtiger Vorteil des kubischen Potentials ist seine Anharmonizität: es verläuft bei Abständen $R_{I,J} < R_{I,J,0}$ steiler und bei $R_{I,J} > R_{I,J,0}$ flacher als $V_{\text{str},I,J}^{\text{harm}}$ und kann daher erklären, warum sich Materie ausdehnt, wenn die Temperatur und damit die thermische Energie steigt. Das kubische Potential hat allerdings den Nachteil, dass es bei großen Abständen ein Maximum aufweist und danach abfällt und deshalb abstoßend wirkt. Diesen Nachteil kann das quartische Potential durch einen Term vierter Ordnung vermeiden. In größerer Entfernung vom Gleichgewichtsabstand weichen das kubische und das quartische ebenso wie das harmonische Potential stark vom tatsächlichen Potential ab (Abb. 5.2).

Eine gute Übereinstimmung auch bei großen Bindungsabständen kann durch das **Morse-Potential** (Morse 1929)

$$V_{\text{str}}^{\text{Morse}}(R) = E_{\text{dis}} \left[1 - e^{-a(R-R_0)} \right]^2 \quad (5.16)$$

erreicht werden, mit der Dissoziationsenergie E_{dis} und dem Gleichgewichtsabstand R_0 als Parameter (der besseren Lesbarkeit wieder ohne Indizes I, J) sowie einem dritten Parameter a, der die Steifigkeit der Bindung beschreibt und mit Hilfe einer Hooke'schen Kraftkonstanten K und der Dissoziationsenergie E_{dis} ausgedrückt werden kann:

$$a = \sqrt{\frac{K}{2E_{\text{dis}}}}. \quad (5.17)$$

Die Dissoziationsenergie beträgt für eine H-H-Bindung 436 kJ mol^{-1}, bei einer C-C-Einfachbindung ist diese Energie rund 100 kJ mol^{-1} niedriger, bei einer C=C-Doppelbindung grob 200 kJ mol^{-1} höher. Das Morse-Potential ist allerdings wesentlich rechenaufwendiger als das harmonische Potential und wird deshalb bei MD-Simulationen großer Systeme sehr selten verwendet.

5.2.2 Bindungswinkel

Auf die gleiche Weise wie für den Bindungsabstand lässt sich auch für die Bindungswinkel, unter Annahme der Additivität, ein Potential formulieren, das als Summe über alle Bindungswinkel zwischen Atomen I, J und K geschrieben wird:

$$V_{\text{bend}}(\boldsymbol{R}_1, \ldots, \boldsymbol{R}_N) = \sum_{\langle I,J,K \rangle} V_{\text{bend},I,J,K}(\phi_{I,J,K}). \quad (5.18)$$

Die Atome I und J müssen durch eine kovalente Bindung verbunden sein, ebenso die Atome J und K. Wir indizieren die Winkel mit den Tripeln $\langle I, J, K \rangle$ und setzen dabei $I < K$ voraus. Die einzelnen Summanden hängen nur von den Winkeln $\phi_{I,J,K}$ ab, die wir wie folgt aus den Ortsvektoren der Atomkerne gewinnen können:

$$\phi_{I,J,K} = \arccos\left[\frac{(\boldsymbol{R}_I - \boldsymbol{R}_J) \cdot (\boldsymbol{R}_K - \boldsymbol{R}_J)}{|\boldsymbol{R}_I - \boldsymbol{R}_J||\boldsymbol{R}_K - \boldsymbol{R}_J|} \right]. \quad (5.19)$$

Wie die Potentiale $V_{\text{str},I,J}$ für die Bindungsabstände können wir auch die Potentiale $V_{\text{bend},I,J,K}$ durch eine Taylor-Entwicklung bis zur zweiten Ordnung um einen Gleichgewichtswinkel $\phi_{I,J,K,0}$ herum annähern:

$$V_{\text{bend},I,J,K}(\phi_{I,J,K}) \approx \frac{1}{2} \frac{\partial^2 V}{\partial \phi_{I,J,K}^2} (\phi_{I,J,K} - \phi_{I,J,K,0})^2. \quad (5.20)$$

Auch hier führen wir eine Kraftkonstante ein, $K_{I,J,K}$, mit deren Hilfe sich ein harmonisches Potential

$$V^{\text{harm}}_{\text{bend},I,J,K}(\phi_{I,J,K}) = \frac{1}{2} K_{I,J,K} (\phi_{I,J,K} - \phi_{I,J,K,0})^2 \qquad (5.21)$$

formulieren lässt. In Analogie zu den Bindungsabständen gibt es auch bei den Bindungswinkeln die Möglichkeit, die Genauigkeit des Potentials durch kubische oder quartische Terme zu verbessern, was allerdings den Rechenaufwand erhöht und die Parametrisierung deutlich erschwert.

5.2.3 Diederwinkel

Für die meisten Moleküle, von kleinen Molekülen der Größenordnung von Wasser oder Methan abgesehen, ist es nicht möglich, die Molekülgeometrie durch Bindungsabstände und -winkel allein festzulegen. Die Angabe zusätzlicher Abstände oder Winkel zwischen nicht kovalent gebundenen Atomen ist für die Berechnung empirischer Potentiale von geringem Nutzen. Vorteilhafter ist es stattdessen, die Molekülgeometrie durch die Angabe von Dieder- oder Torsionswinkeln (siehe Kap. 3) eindeutig festzulegen. Jedes Tupel $\langle I, J, K, L \rangle$ mit $I < L$ indiziert einen Diederwinkel, wenn die Atome I und J, die Atome J und K sowie die Atome K und L jeweils durch eine kovalente Bindung miteinander verbunden sind. Eine Vorschrift zur Berechnung des Diederwinkels aus den Atomkoordinaten wird in Vertiefung 5.1 gegeben.

Vertiefung 5.1: Diederwinkel

Zur Berechnung des Diederwinkels $\theta_{I,J,K,L}$ zwischen den Atomen I, J, K und L, die in dieser Reihenfolge durch kovalente Bindungen verbunden sind, projizieren wir die Vektoren von J nach I und von K nach L auf die Ebene, die senkrecht auf der Bindungsachse zwischen den Atomen J und K steht. Zur Vereinfachung definieren wir zunächst den Vektor $\boldsymbol{R}_{J,I} = \boldsymbol{R}_I - \boldsymbol{R}_J$ und auf entsprechende Weise die Vektoren $\boldsymbol{R}_{K,J}$ und $\boldsymbol{R}_{L,K}$. Für die projizierten Vektoren erhalten wir

$$\boldsymbol{P}_I = \boldsymbol{R}_{J,I} - \frac{\boldsymbol{R}_{J,K}}{|\boldsymbol{R}_{J,K}|^2} \left(\boldsymbol{R}_{J,I} \cdot \boldsymbol{R}_{J,K} \right) \qquad (5.22)$$

und

$$\boldsymbol{P}_L = \boldsymbol{R}_{K,L} - \frac{\boldsymbol{R}_{J,K}}{|\boldsymbol{R}_{J,K}|^2} \left(\boldsymbol{R}_{K,L} \cdot \boldsymbol{R}_{J,K} \right). \qquad (5.23)$$

Wir bilden außerdem den Einheitsvektor $\hat{\boldsymbol{P}}_I = \boldsymbol{P}_I/|\boldsymbol{P}_I|$ sowie analog $\hat{\boldsymbol{P}}_L$ und $\hat{\boldsymbol{R}}_{J,K}$ und erhalten so für den Diederwinkel die Beziehung

$$\cos(\theta_{I,J,K,L}) = \hat{\boldsymbol{P}}_I \cdot \hat{\boldsymbol{P}}_L \,. \tag{5.24}$$

Da die Kosinusfunktion eine gerade Funktion ist, existiert für eine Lösung $\theta_{I,J,K,L}$ der vorstehenden Gleichung auch die Lösung $-\theta_{I,J,K,L}$. Um den Diederwinkel eindeutig zu bestimmen, nutzen wir deshalb auch das Kreuzprodukt:

$$\sin(\theta_{I,J,K,L}) = (\hat{\boldsymbol{P}}_I \times \hat{\boldsymbol{P}}_L) \cdot \hat{\boldsymbol{R}}_{J,K} \,. \tag{5.25}$$

Im Intervall $[-\pi, +\pi]$ gibt es für jedes Tupel $(\boldsymbol{R}_I, \boldsymbol{R}_J, \boldsymbol{R}_K, \boldsymbol{R}_L)$ von Ortsvektoren der Atome I, J, K und L genau einen Diederwinkel $\theta_{I,J,K,L}$, der die Gl. (5.24) und (5.25) erfüllt und den man mit Hilfe der arctan2-Funktion

$$\theta_{I,J,K,L} = \arctan 2\,[\,\hat{\boldsymbol{P}}_I \cdot \hat{\boldsymbol{P}}_L,\, (\hat{\boldsymbol{P}}_I \times \hat{\boldsymbol{P}}_L) \cdot \hat{\boldsymbol{R}}_{J,K}\,] \tag{5.26}$$

explizit erhalten kann. Da sich der Wert einer trigonometrischen Funktion nicht ändert, wenn dem Argument ein ganzzahliges Vielfaches von 2π hinzugefügt wird, kann der Diederwinkel auch aus dem Intervall $[0, 2\pi]$ genommen werden. Ein Diederwinkel von $-\pi/3$ ist deshalb äquivalent zu einem Diederwinkel von $5\pi/3$.

Bei ausreichend hoher thermischer Energie kann der Diederwinkel $\theta_{I,J,K,L}$ den gesamten Definitionsbereich von $-\pi$ bis $+\pi$ (nach anderer Definition: von 0 bis 2π) annehmen. Weiterhin kann das Potential innerhalb des Definitionsbereichs von $\theta_{I,J,K,L}$ mehr als ein Minimum annehmen. Ein einfaches Beispiel hierfür ist das Ethanmolekül H_3C-CH_3 (Abb. 5.3). Eine gestaffelte Anordnung der gegenüberliegenden Methylgruppen ist energetisch günstiger als eine verschattete Konformation. Durch eine Erhöhung des H-C-C-H-Diederwinkels um $\pi/3$ geht das Ethanmole-

Abb. 5.3 Blick auf das Ethanmolekül (H_3C-CH_3) in Richtung der C-C-Bindungsachse. Die verschattete Konformation (**a**) mit H-C-C-H-Diederwinkeln von 0°, 120° und 240° ist energetisch weniger günstig als die gestaffelte Konformation (**b**) mit Diederwinkeln von 60°, 180° und 300°

5.2 Bindende Wechselwirkungen

kül von der gestaffelten in die verschattete Konformation über, nach einer weiteren Erhöhung um $\pi/3$ wird erneut eine gestaffelte Konformation erreicht. Nichtbindende Wechselwirkungen (siehe Abschn. 5.3) können beim Ethanmolekül die größere Stabilität der gestaffelten Konformation erklären, nicht aber die Höhe der Barriere zwischen zwei benachbarten Konformationen (siehe Abb. 5.4). Auch im Rahmen der Quantenmechanik ist es schwierig, die Höhe der Rotationsbarriere auf einfache Weise zu erklären (Goodman et al. 1999).

Wie bei Bindungsabständen und -winkeln versucht man auch den Einfluss der Diederwinkel durch ein additives Potential

$$V_{\text{tors}}(\mathbf{R}_1, \ldots, \mathbf{R}_N) = \sum_{\langle I, J, K, L \rangle} V_{\text{tors}, I, J, K, L}(\theta_{I, J, K, L}) \tag{5.27}$$

zu berücksichtigen. Für die einzelnen Summanden $V_{\text{tors}, I, J, K, L}$ ist ein harmonisches Potential analog zu den Gl. (5.13) oder (5.21) wegen der geringen Rotationsbarrieren und der oft großen Auslenkung aus der Gleichgewichtslage meist keine gute Wahl. Stattdessen wird beispielsweise ein periodisches Potential der Form

$$V_{\text{tors}, I, J, K, L}(\theta_{I, J, K, L}) = \frac{1}{2} K_{I, J, K, L} [1 + \cos(n\theta_{I, J, K, L} - \gamma_{I, J, K, L})] \tag{5.28}$$

gewählt, mit den empirischen Konstanten n, $K_{I, J, K, L}$ und $\gamma_{I, J, K, L}$. Für die in Abb. 5.3 skizzierten Konformationen des Ethanmoleküls bietet sich aufgrund der dreizähligen Symmetrie ein Potential mit $n = 3$ an (siehe auch Abb. 5.4). Für weniger symmetrische Moleküle erweist sich ein Potential wie in Gl. (5.28) beschrieben als nicht ausreichend. Ersetzt man beispielsweise im Ethanmolekül an jedem der beiden Kohlenstoffatome je ein Wasserstoffatom durch eine Methylgruppe, erhält man n-Butan (CH_3-CH_2-CH_2-CH_3), das eine geringere Symmetrie als Ethan aufweist. Dadurch wird sowohl bei den drei verschatteten als auch bei den drei gestaffelten Konformationen die Energieentartung teilweise aufgehoben. Die energetisch günstigste Anordnung ist gestaffelt mit einem C-C-C-C-Diederwinkel von

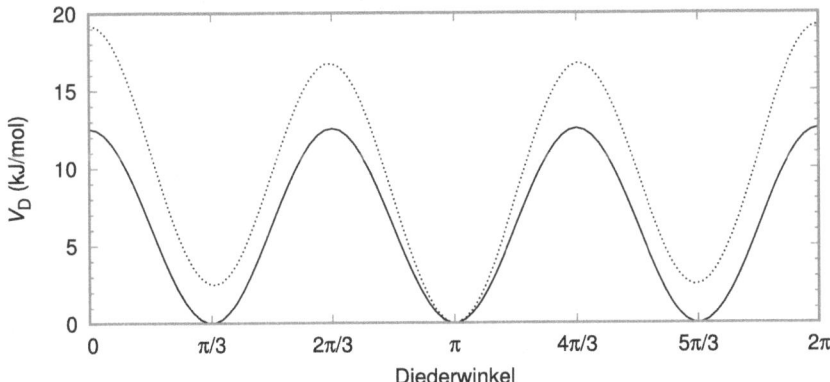

Abb. 5.4 Diederpotential V_{tors} für Ethan (durchgezogne Linie) und n-Butan (gepunktete Linie)

$\theta_{C,C,C,C} = \pi$, während die beiden gestaffelten Konformationen mit $\theta_{C,C,C,C} = \pi/3$ und $\theta_{C,C,C,C} = 5\pi/3$ in der Energie etwas höher liegen (Abb. 5.4). Um diesen Effekt zu beschreiben, muss die Formulierung (5.28) erweitert werden, beispielsweise durch zusätzliche Terme mit höherer Symmetrie:

$$V_{\text{tors},I,J,K,L}(\theta_{I,J,K,L}) = \sum_n \frac{1}{2} K_{I,J,K,L,n}[1 + \cos(n\theta_{I,J,K,L} - \gamma_{I,J,K,L,n})].$$
(5.29)

Das in Abb. 5.4 dargestellte Potential von n-Butan wurde mit zwei Summanden mit $n = 1$ und $n = 3$ erzeugt. Je mehr Summanden in Gl. (5.29) verwendet werden, desto genauer kann das Diederpotential beschrieben werden, desto schwieriger wird es aber auch die wachsende Anzahl empirischer Parameter zu bestimmen.

Viele Kraftfelder enthalten neben den Termen, die von den Diederwinkeln abhängen, weitere Terme, die von ähnlich formulierten Winkeln abhängen, von den sogenannten **uneigentlichen Diederwinkeln** *(improper dihedrals)*. Es handelt sich hier ebenfalls um Flächenwinkel, nur dass eine der beiden Flächen durch die beiden Schenkel eines Bindungswinkels dreier kovalent gebundener Atome aufgespannt wird, während die andere Fläche auf andere Weise definiert werden kann, zum Beispiel als Ebene eines planaren, ringförmigen Moleküls.

5.2.4 Kreuzterme

Die in den vorhergehenden drei Abschnitten beschriebenen, in Gl. (5.7) zusammengefassten Beiträge zum Potential der bindenden Wechselwirkungen sind additiv, das heißt jede kovalente Bindung, jeder Bindungswinkel und jeder Diederwinkel leistet einen eigenen, von den anderen Termen unabhängigen Beitrag. Würde man die Forderung nach Additivität fallen lassen, erhielte man etwa bei einer Taylor-Entwicklung bis zur zweiten Ordnung für das von den Bindungsabständen abhängige Potential V_{str} zusätzliche Beiträge:

$$V_{\text{str}} = \frac{1}{2} \sum_{\langle I,J \rangle} K_{I,J}(R_{I,J} - R_{I,J,0})^2 +$$
$$+ \frac{1}{2} \sum_{\langle I,J \rangle} \sum_{\langle K,L \rangle \neq \langle I,J \rangle} K_{I,J,K,L}(R_{I,J} - R_{I,J,0})(R_{K,L} - R_{K,L,0}).$$
(5.30)

Durch die Diagonalterme (Kreuzterme) wird der Einfluss der Korrelation verschiedener Streckungen oder Stauchungen von Bindungslängen berücksichtigt. Ein besonders einfaches und anschauliches Beispiel für die Auswirkung solcher Kreuzterme liefern die Normalschwingungen des Kohlendioxidmoleküls (Abb. 5.5). Die asymmetrische Streckschwingung, bei der sich der eine C-O-Bindungsabstand verlängert, während sich gleichzeitig der andere verkürzt, liegt in der Schwingungsfrequenz deutlich unter der symmetrischen Streckschwingung, bei der beide Bindungslängen synchron gestreckt und gestaucht werden. Die symmetrische Streckschwingung ist

5.3 Nichtbindende Wechselwirkungen

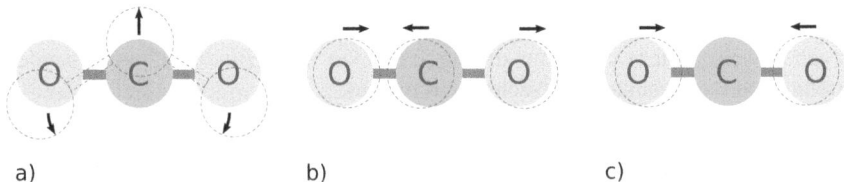

Abb. 5.5 Normalschwingungen des Kohlendioxidmoleküls: **a)** Biegeschwingung ($\omega \approx 2 \cdot 10^{13}$ s^{-1}), **b)** asymmetrische Streckschwingung ($4 \cdot 10^{13}$ s^{-1}) und **c)** symmetrische Streckschwingung ($7 \cdot 10^{13}$ s^{-1})

also deutlich steifer als die asymmetrische, was sich nur durch geeignete Kreuzterme in Gl. (5.30) modellieren lässt.

Auf gleiche Weise lassen sich Kreuzterme auch ganz allgemein zwischen verschiedenen Abständen, Winkeln und Diederwinkeln einführen. Dadurch erhöht sich der Parametrisierungsaufwand jedoch enorm, so dass in der Regel auf Kreuzterme ganz verzichtet wird.

5.3 Nichtbindende Wechselwirkungen

Die zweite Gruppe von Wechselwirkungen beschreibt alles, was über kovalente Bindungen hinausgeht. Die in der Literatur fest etablierte Bezeichnung *nichtbindend* ist nicht sehr glücklich gewählt, denn die unter diesem Begriff zusammengefassten Wechselwirkungen können ebenfalls Bindungen erzeugen, zum Beispiel die Wasserstoffbrückenbindungen. Diese können aber – anders als die kovalenten Bindungen – während einer MD-Simulation gebrochen und wieder neu gebildet werden. Die bei den kovalenten Bindungen nützlichen harmonischen Potentiale können deshalb hier nicht verwendet werden, da sie mit steigendem Abstand über alle Grenzen wachsen und so keinen Bruch der Bindung erlauben.

Zu den nichtbindenden Wechselwirkungen gehören langreichweitige **elektrostatische Wechselwirkungen** zwischen Ionen und polaren Molekülen, aber auch kurzreichweitige und schwache Wechselwirkungen, die auf dem Pauli-Prinzip und der Korrelation von Elektronenbewegungen beruhen und die unter Begriffen wie **Pauli-Abstoßung** sowie Dispersions- oder **Van-der-Waals-Kraft** zusammengefasst werden.

▶ **Merksatz 5.3** Die nichtbindende potentielle Energie setzt sich aus Van-der-Waals- und Coulomb-Beiträgen zusammen:

$$V_{nb} = V_{vdW} + V_{el} \,. \tag{5.31}$$

Der Term V_{el} umfasst die Coulomb-Wechselwirkungen zwischen elektrischen Ladungen, die Ionen oder polaren Atomen zugeordnet werden. Alle übrigen nichtbindenden Wechselwirkungen werden im Term V_{vdW} zusammengefasst.

Die nichtbindenden Wechselwirkungen werden nicht zwischen zwei Atomen ausgewertet, die kovalent gebunden sind oder die mit einem gemeinsamen dritten Atom eine kovalente Bindung ausbilden. Je nach Kraftfeldmodell gibt es unterschiedliche Vorgehensweisen für zwei Atome, die durch drei kovalente Bindungen voneinander getrennt sind (sogenannte 1-4-Wechselwirkungen).

5.3.1 Van-der-Waals-Kraft

Der Begriff Van-der-Waals-Anziehung soll hier im engeren Sinne verstanden werden, also synonym zur Londonschen Dispersionskraft: Die thermisch gemittelte Wechselwirkung zwischen statischen Dipolen wird hier ebenso wenig behandelt wie die Wechselwirkung zwischen einem statischen und einem induzierten Dipol. Es ist üblich die Van-der-Waals-Anziehung gemeinsam mit einer entgegengerichteten Kraft zu modellieren, die auf dem Pauli-Prinzip beruht und deshalb auch als Pauli-Abstoßung bekannt ist.

Ein Musterbeispiel für die genannten Kräfte ist flüssiges Helium. Heliumatome gehen ihrer vollständig gefüllten Elektronenschale wegen keine kovalenten Bindungen ein. Trotzdem kann man bei Umgebungsdruck beobachten, wie Heliumgas bei einer Temperatur unterhalb von 4,2 K flüssig wird. Es muss also eine anziehende Wechselwirkung zwischen den Heliumatomen geben, die sich weder durch kovalente Bindungen noch durch die im folgenden Abschnitt beschriebenen elektrostatischen Kräfte erklären lassen. Außerdem ist flüssiges Helium wie Flüssigkeiten im Allgemeinen nahezu inkompressibel, so dass zumindest bei geringen Abständen auch eine abstoßende Kraft wirken muss.

5.3.1.1 Pauli-Abstoßung

Wir betrachten zunächst die abstoßende Kraft. Atome nehmen ein kugelförmiges Volumen ein, dessen Durchmesser von 60 pm bei Heliumatomen bis zu 500 pm bei Cäsiumatomen reicht, und das sich nur durch extreme Drücke nennenswert verringern lässt. Bei Umgebungsbedingungen können sich Atome also nicht durchdringen. Die Ursache dafür ist das Pauli-Prinzip, nach dem kein räumliches Orbital mehr als zwei Elektronen aufnehmen kann, die sich zudem in der Orientierung ihres Spins unterscheiden müssen. Als Beispiel betrachten wir zwei Heliumatome, deren Abstand unter die Summe der beiden Van-der-Waals-Radien[4] sinkt. Da sich die an den Kernen zentrierten 1s-Orbitale beider Atome zunehmend überlappen, sind diese nicht mehr in der Lage, alle vier Elektronen zu beherbergen. Um den Zustand der Elektronen weiterhin durch Einteilchen-Wellenfunktionen zu beschreiben, müssen deshalb Linearkombinationen aus den 1s-Orbitalen und energetisch höher liegenden Orbitalen, wie etwa 2s- oder 2p-Orbitalen gebildet werden. Näherungsweise kann die dazu erforderliche Energie durch das **Born-Mayer-Potential** (Born und Mayer 1932)

---

[4] Als Van-der-Waals-Radius bezeichnen wir den Radius, den ein als harte Kugel aufgefasstes Modellatom hat. Schätzwerte für solche Radien ergeben sich aus Atomabständen in Kristallen, die als Packungen sich berührender Kugeln gedacht werden.

5.3 Nichtbindende Wechselwirkungen

$$V_{\text{BM}}(R) = aR^{-n} \tag{5.32}$$

angenähert werden. Während der Parameter a spezifisch für die beteiligten Atome ist, wird der Born-Mayer-Exponent n oft auf 12 gesetzt, wenn das abstoßende Potential für Abstände um die Summe der Van-der-Waals-Radien herum approximiert werden soll. Für deutlich kleinere Abstände R weicht das Born-Mayer-Potential erheblich vom tatsächlichen Energieverlauf ab. Ein Gedankenexperiment kann dies veranschaulichen: Würden sich die beiden Heliumkerne bis auf einen Abstand von 60 fm nähern, ein Tausendstel des Durchmessers eines Heliumatoms, nähmen die vier Elektronen die elektronische Konfiguration eines Berylliumatoms an. Eine weitere Verringerung des Abstands der Heliumkerne würde die elektronische Energie praktisch unverändert lassen, das Potential $V_{\text{BM}}(R)$ spiegelte dann nur noch die Coulomb-Abstoßung der Heliumkerne wider und der Born-Mayer-Exponent hätte den Wert eins.

5.3.1.2 Van-der-Waals-Anziehung

Die anziehende Van-der-Waals-Kraft soll durch Abb. 5.6 auf besonders einfache Weise veranschaulicht werden, in der zwei Momentaufnahmen eines Heliumdimers schematisch dargestellt werden. In der linken Momentaufnahme weichen sich die Elektronen der Heliumatome besser aus als in der rechten Momentaufnahme, weshalb die linke Konfiguration in der potentiellen Energie tiefer liegt. In beiden dargestellten Konfigurationen besitzen die Heliumatome ein (nicht statisches) Dipolmoment. Dabei kann einer der Dipole, der durch eine kurzzeitige Fluktuation entstanden ist, im benachbarten Heliumatom ebenfalls einen (ebenso kurzzeitigen) Dipol induzieren. Eine energetisch günstige Wellenfunktion für den Heliumdimer wird daher die linke Konfiguration stärker gewichten als die rechte, oder, allgemeiner gesagt, eine energetisch günstige Wellenfunktion wird berücksichtigen, dass die Bewegung der Elektronen korreliert ist.

Formuliert man die elektronische Wellenfunktion des Heliumdimers als Hartree-Produkt (siehe Abschn. 3.2.3.1)

$$\psi_{\text{H}}(\mathbf{r}_1, \mathbf{r}_2, \mathbf{r}_3, \mathbf{r}_4) = \phi_1(\mathbf{r}_1)\phi_2(\mathbf{r}_2)\phi_3(\mathbf{r}_3)\phi_4(\mathbf{r}_4), \tag{5.33}$$

ist es offensichtlich, dass auf diese Weise die Korrelation der Elektronen nicht beschrieben werden kann, denn die Aufenthaltswahrscheinlichkeitsdichte $|\phi_i(\mathbf{r}_i)|^2$

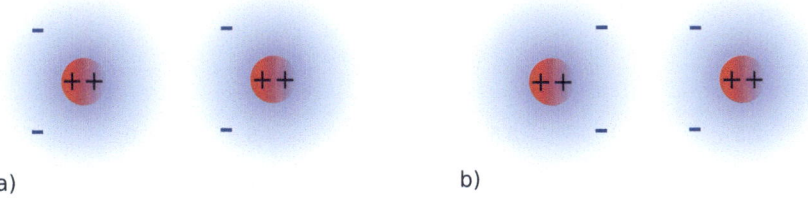

Abb. 5.6 Schematische Darstellungen der elektronischen Konfiguration eines Heliumdimers: **a)** energetisch günstige, **b)** energetisch ungünstige Konfiguration

von Elektron i hängt nur vom Positionsvektor r_i dieses Elektrons ab und nicht von den Positionen der übrigen Elektronen. Wird die Wellenfunktion als Slater-Determinante (siehe Abschn. 3.2.3.3) formuliert, kann grundsätzlich ein Teil der Korrelation zwischen Elektronen mit parallelem Spin berücksichtigt werden, nicht jedoch die Korrelation zwischen Elektronen mit antiparallelem Spin. Da zusätzlich die erste Elektronenschale des Heliumatoms vollständig gefüllt ist, kann auch mit einer Slater-Determinante nicht die Elektronenkorrelation beschrieben werden, die für die Van-der-Waals-Anziehung verantwortlich ist. Eine – im Prinzip vollständige – Berücksichtigung der Elektronenkorrelation kann durch ein Post-Hartree-Fock-Verfahren erreicht werden, das für die elektronische Wellenfunktion eine Linearkombination von Slater-Determinanten ansetzt, die sowohl die energetisch tiefstliegenden Orbitale als auch angeregte Orbitale umfassen.

Die in Abb. 5.7 dargestellte potentielle Energie des Heliumdimers in Abhängigkeit vom Abstand R wurde mit der im Programmpaket Gaussian03 (Frisch et al. 2003) implementierten Methode der Quadratischen *Configuration Interaction* mit Einfach- und Zweifachanregungen und Energiebeiträgen von Dreifach- und Vierfachanregungen, QCISD(TQ) (*Quadratic Configuration Interaction with Single and Double Excitations and Energy Contributions from Triple and Quadruple Excitations* (QCISD(TQ))) (Pople et al. 1987), und der 6-311++G-Basis (K. Raghavachari et al. 1980) berechnet. Diese Rechnungen liefern ein Energieminimum E_0 von 73 J mol^{-1} bei einem Abstand von $R_0 = 3{,}09$ Å, Werte, die in Übereinstimmung mit vergleichbaren Studien sind (Aziz und Slaman 1991; Tang et al. 1995; Mourik und Dunning 1999). Wegen des stark anharmonischen Potentials ist der Abstand R_0 nicht mit dem mittleren Bindungsabstand zu verwechseln, der experimentell zu

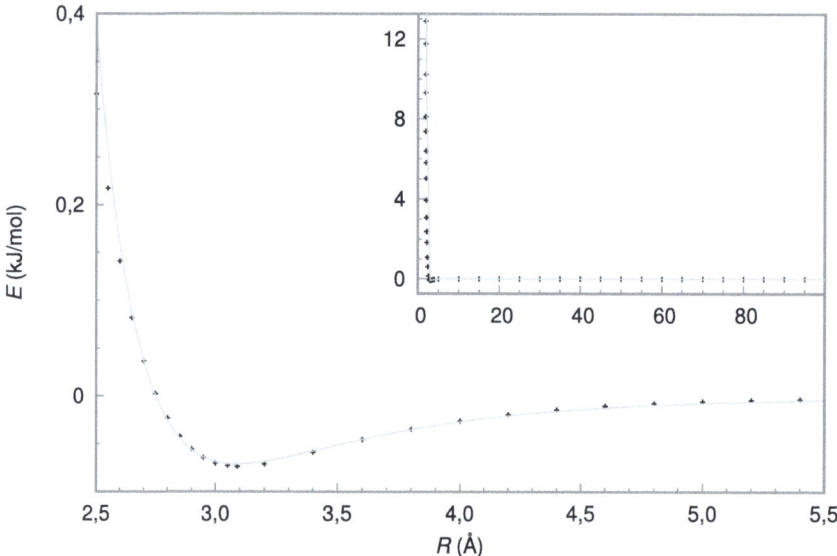

Abb. 5.7 Quantenmechanisch (Post-Hartree-Fock, siehe Text) berechnete potentielle Energie (+) des Heliumdimers und Anpassung durch ein Lennard-Jones-Potential (durchgezogene Linie)

etwa 52 Å bestimmt wurde (Grisenti et al. 2000). Da die kinetische Energie der Heliumkerne im gebundenen Zustand ($\approx \hbar^2/2mR^2$) von gleicher Größenordnung wie E_0 ist, ist die Bindungsenergie des Heliumdimers wesentlich kleiner als E_0. In der vorher genannten experimentellen Studie wurde ein Wert von 9,4 mJ mol^{-1} ermittelt, was einer Temperatur von 1,1 mK entspricht. Der Heliumdimer ist daher nur bei extrem niedrigen Temperaturen stabil. Bei der Berechnung der Bindungsenergie des Wasserstoffmoleküls in Abschn. 5.2.1 konnte die kinetische Energie der Kerne trotz der leichteren Kernmassen vernachlässigt werden, da die kovalente Bindung beim H$_2$-Molekül etwa 5000-mal stärker als die Van-der-Waals-Anziehung beim Heliumdimer ist. Trotz der geringen Stärke der Van-der-Waals-Anziehung, die dieser Vergleich deutlich macht, kann sie oft nicht vernachlässigt werden, da sie grundsätzlich zwischen jedem Paar von Atomen wirkt.

Im großen Maßstab ähnelt das berechnete Potential in Abb. 5.7(siehe Einschub oben rechts) dem Modell harter Kugelschalen: Bis zu einem bestimmten Abstand ist das Potential praktisch gleich null, unterhalb dieses Abstands ist es nahezu unendlich groß, erst im Ausschnitt mit kleinerem Maßstab ist der anziehende Charakter des Potentials zu erkennen. Da die Kräfte die negativen Gradienten des Potentials sind, kann eine durch einen Cutoff hervorgerufene Unstetigkeit des Potentials zu artifiziell hohen Kräften führen. Als Alternative zum abrupten Cutoff gibt es daher Verfahren, die das Potential jenseits des Cutoffs in einem vorgegebenen Intervall stetig gegen null gehen lassen. Eine Übersicht solcher Verfahren findet sich weiter unten.

5.3.1.3 Lennard-Jones-Potential

Am Beispiel des Heliumdimers lässt sich beobachten, dass die potentielle Energie der Van-der-Waals-Anziehung näherungsweise mit der sechsten Potenz des Kehrwertes des Abstands abfällt (siehe Abb. 5.7), während sich die Pauli-Abstoßung zumindest für nicht zu kleine Abstände durch das Born-Mayer-Potential (mit einem Born-Mayer-Exponenten von zwölf) annähern lässt. Für die Simulation der Pauli-Abstoßung und der Van-der-Waals-Anziehung zwischen zwei Atomen bietet sich daher als Modell das sogenannte Lennard-Jones-Potential (Jones 1924)

$$V_{\text{LJ},I,J} = E_{I,J} \left[\left(\frac{R_{I,J,0}}{R_{I,J}} \right)^{12} - 2 \left(\frac{R_{I,J,0}}{R_{I,J}} \right)^6 \right] \quad (5.34)$$

an, wobei $R_{I,J}$ der Abstand der Atome I und J ist. Der Gleichgewichtsabstand $R_{I,J,0}$ und die Bindungsenergie $E_{I,J}$ sind empirische Parameter. Die Parameter $R_{I,J,0}$ und $E_{I,J}$ hängen von der Art der beteiligten Atome ab, sind also für die Kraft zwischen zwei Kohlenstoffatomen anders als zwischen einem Kohlenstoff- und einem Sauerstoffatom. Je nach verwendetem Kraftfeld können auch die kovalenten Bindungspartner eines Atoms Einfluss auf dessen Lennard-Jones-Parameter haben. Am Beispiel des Heliumdimers sieht man, dass sich dessen quantenmechanisch berechnetes Potential gut durch ein Lennard-Jones-Potential mit geeigneten Parametern anpassen lässt (siehe Abb. 5.7). Alle Beiträge zur Pauli-Abstoßung und zur Van-der-Waals-Anziehung des simulierten Systems erhält man durch Summation über Lennard-Jones-Potentiale für alle Paare von Atomen,

$$V_{\text{vdW}} = \sum_{\langle I,J \rangle} V_{\text{LJ},I,J} , \qquad (5.35)$$

wobei nur solche Paare $\langle I, J \rangle$ berücksichtigt werden, die nicht durch Bindungsabstände, Bindungswinkel oder Diederwinkel verbunden sind.

Andere Formulierungen
In der Literatur finden sich für das Lennard-Jones-Potential andere Formulierungen wie

$$V_{\text{LJ}} = 4E \left(\frac{\sigma^{12}}{R^{12}} - \frac{\sigma^6}{R^6} \right) \qquad (5.36)$$

oder

$$V_{\text{LJ}} = \frac{A}{R^{12}} - \frac{B}{R^6} , \qquad (5.37)$$

die gleichwertig zu Gl. (5.34) sind. Für die Parameter gelten dabei die Beziehungen

$$E = \frac{B^2}{4A} \qquad (5.38)$$

und

$$R_0 = \sqrt[6]{2}\,\sigma = \sqrt[6]{\frac{2A}{B}} . \qquad (5.39)$$

Während den Parametern A und B keine unmittelbar anschauliche Bedeutung zukommt, ist σ der Abstand, bei dem das Potential den gleichen Wert hat wie bei unendlich großem Abstand.

5.3.1.4 Buckingham-Potential
Das Lennard-Jones-Potential beschreibt die Van-der-Waals-Kraft zwischen zwei Atomen nur näherungsweise, besonders soweit es den abstoßenden Term betrifft. Eine bessere Beschreibung liefert ein modifiziertes Potential, das Buckingham-Potential (Buckingham 1938)

$$V_{\text{LJ}}(r) = E_{\text{LJ}} \left[e^{-r/r_0} - 2 \left(\frac{r_0}{r} \right)^6 \right] , \qquad (5.40)$$

das aufgrund der Exponentialfunktion jedoch wesentlich rechenaufwendiger ist, während das Lennard-Jones-Potential (5.34) den Vorteil hat, dass man den Term mit der zwölften Potenz einfach durch Quadrieren des Terms mit der sechsten Potenz erhält.

Merksatz 5.4 Die Van-der-Waals-Anziehung und die Pauli-Abstoßung zwischen zwei nicht kovalent gebundenen Atomen lässt sich gut durch ein Lennard-Jones-Potential der Form

$$V_{\text{LJ}}(R) = E\left[\left(\frac{R_0}{R}\right)^{12} - 2\left(\frac{R_0}{R}\right)^{6}\right] \tag{5.41}$$

approximieren. Da dieses Potential für große R rapide abfällt, kann es praktisch ohne Genauigkeitsverlust für große Abstände null gesetzt werden.

5.3.1.5 Cutoffs

Grundsätzlich wächst die Anzahl der zu berechnenden Beiträge in Gl. (5.35) mit dem Quadrat der Teilchenzahl N. Bei Verwendung periodischer Randbedingungen (Kap. 4) muss die Summation auch über alle Atome in den (unendlich vielen) Nachbarboxen durchgeführt werden. Wegen des schnellen Abfalls des Lennard-Jones-Potentials beschränkt man sich jedoch auf die Terme, bei denen der Abstand $R_{i,j}$ unterhalb eines festgelegten Maximalabstands R_c, des sogenannten *Cutoffs*, liegt. Typische Werte für einen solchen Cutoff liegen im Bereich zwischen 0,8 und 1,2 nm und sollten nach der Minimum Image Convention (4.4) ausreichend klein sein, um Wechselwirkungen mit dem eigenen periodisch verschobenen Abbild zu vermeiden, bei kubischen Simulationsboxen also nicht größer als die halbe Kantenlänge. Die folgenden Betrachtungen zur Abschneidung des Potentials gelten nicht nur für die Van-der-Waals-Kräfte, sondern ebenso für das Coulomb-Potential in Abschn. 5.3.2.

Mathematisch lässt sich ein Potential am einfachsten durch die Multiplikation mit einer abstandsabhängigen Funktion S abschneiden,

$$V^{\text{cutoff}}(r) = V(r)\,S(r)\,, \tag{5.42}$$

unter Umständen ergänzt durch die Addition einer Konstanten, die sicherstellt, dass das abgeschnittene Potential am Cutoff R_c null wird. Das einfachste Modell für eine solche **Abschneidefunktion** ist die Rechteckfunktion

$$S_1(r) = \begin{cases} 1 & \text{für } r \leq R_c\,, \\ 0 & \text{für } r > R_c\,, \end{cases} \tag{5.43}$$

die das Potential nach dem Cutoff R_c abrupt auf null setzt (Abb. 5.8). Nachteile dieser Abschneidefunktion sind zum einen mögliche Instabilitäten der Simulation, da die Kraft $F(r) = -\partial V/\partial r$ bei R_c unstetig ist, und zum anderen Probleme bei der Energieerhaltung, denn bei einer geringfügigen Verlängerung des Abstands über R_c hinaus, ändert sich die potentielle Energie um den konstanten Betrag $V(R_c)$, dem keine gleichwertige Änderung der kinetische Energie gegenübersteht. Das Problem der Energieerhaltung lässt sich lösen, indem das Potential um einen konstanten Wert verschoben wird,

$$V^{\text{cutoff}}(r) = V(r)\,S(r) - V(R_c)\,, \tag{5.44}$$

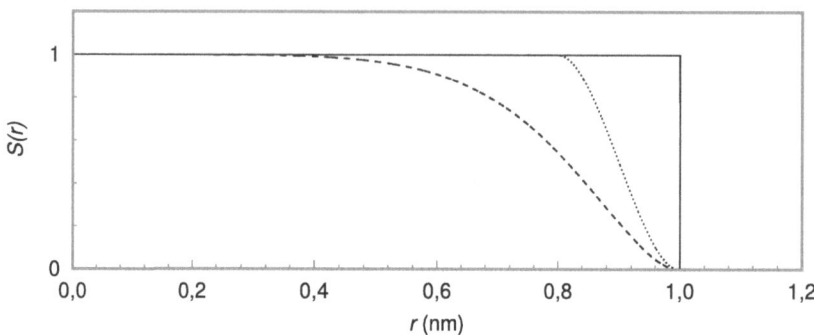

Abb. 5.8 Abschneidefunktionen für abstandsabhängige Potentiale: S_1 (durchgezogene Linie), S_2 (gestrichelt) und S_3 (gepunktet) mit $R_c = 1$ nm und $R_s = 0,8$ nm. Siehe Text zur Definition von S_1, S_2 und S_3

wodurch sich die Kräfte nicht ändern. Der Preis dieser Verschiebung (in der englischsprachigen Literatur als *Shift*-Funktion bezeichnet) ist eine Veränderung des Potentials dort, wo es von besonderer Bedeutung ist, nämlich in der Umgebung des Gleichgewichtsabstands.

Die Unstetigkeiten von Potential und Kraft lassen sich alternativ auch dadurch beseitigen, dass man die Rechteckfunktion $S_1(r)$ aus Gl. (5.43) durch die sanfter abfallende Funktion

$$S_2(r) = \begin{cases} \left[1 - \left(\dfrac{r}{R_c}\right)^6\right]^2 & \text{für } r \leq R_c \\ 0 & \text{für } r > R_c \end{cases} \tag{5.45}$$

ersetzt (Abb. 5.8). Setzt man diese Abschneidefunktion in Gl. (5.42) ein, verschwinden sowohl das Potential V^{cutoff} als auch seine Ableitung und damit die Kraft an der Stelle R_c.

Will man das Potential in der Umgebung des Gleichgewichts unverändert lassen, kann man eine Abschneidefunktion S_3 (oft als *Switch*-Funktion bezeichnet) so konstruieren, dass sowohl das Potential als auch die Kraft bis zu einem Abstand R_s ihre unveränderten Werte behalten und danach, im Intervall von R_s bis R_c stetig auf null abfallen. Da für die Kraft

$$F^{\text{cutoff}} = -\frac{\partial V^{\text{cutoff}}}{\partial r} = S\frac{\partial V}{\partial r} + V\frac{\partial S}{\partial r} \tag{5.46}$$

gilt, ergeben sich für die Funktion S_3 und ihre Ableitung S_3' die Bedingungen

$$S_3(R_s) = 1, \quad S_3(R_c) = 0 \quad \text{und} \quad S_3'(R_s) = S_3'(R_c) = 0. \tag{5.47}$$

Wenn wir für S_3 im Intervall $[R_s, R_c]$ das Polynom

$$a + b\left(\frac{r - R_s}{R_c - R_s}\right) + c\left(\frac{r - R_s}{R_c - R_s}\right)^2 + d\left(\frac{r - R_s}{R_c - R_s}\right)^3 \tag{5.48}$$

5.3 Nichtbindende Wechselwirkungen

ansetzen, führen die obenstehenden Bedingungen zu den Koeffizienten $a = 1, b = 0$, $c = -3$ und $d = 2$. Die Abschneidefunktion S_3 (Abb. 5.8) lautet dann

$$S_3(r) = \begin{cases} 1 & \text{für } r \leq R_s \\ 1 - 3\left(\frac{r-R_s}{R_c-R_s}\right)^2 + 2\left(\frac{r-R_s}{R_c-R_s}\right)^3 & \text{für } R_s < r \leq R_c \\ 0 & \text{für } r > R_c \end{cases} \quad (5.49)$$

Eine ausführliche Diskussion dieser und weiterer Abschneidefunktionen findet sich beispielsweise bei (Leach 2009) und (Schlick 2006). Durch den schnellen Abfall des Lennard-Jones-Potentials ist es in der Regel unproblematisch, dieses nach 0,8 bis 1,2 nm abzuschneiden. In manchen Fällen kann sich der Einfluss des Cutoffs aber bemerkbar machen (Wennberg et al. 2013).

5.3.2 Coulomb-Wechselwirkung

Das klassische Coulomb-Gesetz

$$V_{\text{Coul}} = \frac{1}{4\pi\varepsilon_r\varepsilon_0} \frac{q_1 q_2}{R_{1,2}} \quad (5.50)$$

beschreibt die potentielle Energie einer Anordnung von zwei Punktladungen q_1 und q_2, die sich im Abstand $R_{1,2}$ voneinander befinden. Die **relative Permittivität** ε_r hat für Rechnungen mit atomarer Auflösung den Vakuumwert $\varepsilon_r = 1$. Will man den Einfluss eines Lösungsmittels auf die Coulomb-Kraft zwischen zwei Ladungen berücksichtigen, ohne die Lösungsmittelmoleküle in die Simulationsrechnungen aufzunehmen, kann man für ε_r die relative Permittivität dieses Lösungsmittels einsetzen. Wir sprechen dann von Rechungen mit implizitem Lösungsmittel (sind die Lösungsmittelmoleküle Teil der Simulation, sprechen wir von explizitem Lösungsmittel). Für Wasser etwa liegt ε_r je nach Temperatur und Druck im Bereich zwischen 80 und 90. Wasser als stark polares Lösungsmittel dämpft also die Coulomb-Kraft um fast zwei Größenordnungen. Im Inneren von Proteinen ist die relative Permittivität deutlich geringer (etwa 6 bis 7), wächst aber an der Oberfläche auf 20 bis 30 an (Li et al. 2013). Die Dämpfung der Coulomb-Kraft zwischen zwei Ladungen kommt aber nur zum Tragen, wenn sich dazwischen genügend Platz für das Lösungsmittel befindet, weshalb verschiedene Modelle für eine abstandsabhängige relative Permittivität vorgeschlagen wurden (P. E. Smith und Pettitt 1994). Im einfachsten Modell wächst die relative Permittivität

$$\varepsilon_r(r) = \frac{r}{d} \quad (5.51)$$

linear von eins auf unendlich. Der Wert eins wird dabei im Mindestabstand d (im Bereich zwischen 0,25 und 1 Å) angenommen, für große Abstände strebt die relative

Permittivität gegen unendlich. Dadurch wird die Coulomb-Kraft zwischen weit entfernten Ladungen unterschätzt, was durch ein verbessertes Modell mit sigmoidem Verlauf,

$$\varepsilon_r(r) = \varepsilon_\infty + (1 - \varepsilon_\infty)\left(1 + \frac{r}{d} + \frac{r^2}{d^2}\right) e^{-r/d}, \tag{5.52}$$

vermieden wird (für d wird ein fester Wert zwischen 3 und 7 Å gewählt). In diesem Fall wächst die relative Permittivität mit steigendem Abstand zwischen den Ladungen vom Vakuumwert 1 bis auf den Wert ε_∞, der asymptotisch für große Abstände erreicht wird. ε_∞ entspricht dem makroskopischen Wert für die relative Permittivität des Lösungsmittels, im Fall von Wasser also etwa 80.

5.3.2.1 Partialladungen

In klassischen MD-Simulationen wird das Coulomb-Potential nicht nur zwischen freien Ionen mit ganzzahliger Ladung ausgewertet, sondern auch zwischen (nicht miteinander verbundenen) Atomen in neutralen Molekülen, sofern diesen eine sogenannte **Partialladung** zugeordnet wurde, deren Größe je nach verwendetem Kraftfeld unterschiedlich groß sein kann. Beispielsweise könnte dem Sauerstoffatom im Wassermolekül wegen seiner Elektronegativität eine negative Ladung von 0,4 Elementarladungen zugeordnet werden und den beiden Wasserstoffatomen im selben Molekül positive Partialladungen von jeweils 0,2 Elementarladungen.

▶ **Merksatz 5.5** Die elektrostatische Wechselwirkung zwischen den Atomen I und J liefert einen Beitrag

$$V_{el} = \frac{1}{4\pi\varepsilon_0} \sum_{I=1}^{N} \sum_{J=I+1}^{N} \frac{q_I q_J}{|\boldsymbol{R}_I - \boldsymbol{R}_J|}, \tag{5.53}$$

zur potentiellen Energie, wobei q_I und q_J die Partialladungen von Atom I beziehungsweise J sind, und $\boldsymbol{R}_I$ und $\boldsymbol{R}_J$ ihre Koordinaten.

Die Wechselwirkung zwischen der positiven Partialladung eines Wasserstoffatoms, das an ein elektronegatives Atom wie Sauerstoff oder Stickstoff kovalent gebunden ist, mit einem anderem Atom mit negativer Partialladung kann zur Ausbildung sogenannter Wasserstoffbrückenbindungen führen (siehe Abb. 5.1 für ein Beispiel). Die potentielle Energie einer solchen Bindung hängt stark von den beteiligten Atomen ab. In einem Biomolekül kann diese Energie bis zu einigen $10\,\text{kJ}\,\text{mol}^{-1}$ betragen. Nach dem Gleichverteilungssatz steht für jeden Freiheitsgrad eine mittlere Energie von $k_B T/2$ zur Verfügung, bei Raumtemperatur gut $1,2\,\text{kJ}\,\text{mol}^{-1}$, so dass Wasserstoffbrückenbindungen im Lauf einer MD-Simulation gebrochen werden können.

Wie bei den Van-der-Waals-Kräften muss die Summation hier bei Verwendung periodischer Randbedingungen (Kap. 4) auch über alle Atome in den (unendlich vielen) Nachbarboxen durchgeführt werden. Deshalb muss entweder ein Cutoff verwendet oder eine Alternative zur direkten Summation gefunden werden. Es wurde gezeigt, dass etwa bei MD-Simulationen die Stabilität von Polypeptiden empfindlich von der Wahl des Cutoffs abhängt, selbst ein Cutoff von 1,4 nm erwies sich als zu klein (Schreiber und Steinhauser 1992).

5.3.2.2 Polarisierung
In der Mehrzahl der verwendeten Kraftfelder (siehe Abschn. 5.5) werden konstante Partialladungen verwendet. Diese Ladungen stehen also zu Beginn fest und ändern sich im Verlauf der Simulation nicht. Tatsächlich ist die Polarisation von Atomen und Molekülen von der äußeren Umgebung abhängig. So ist das Dipolmoment eines Wassermoleküls in flüssigem Wasser um mehr als die Hälfte größer als im Vakuum. Die Eigenschaft eines Atoms durch ein äußeres elektrisches Feld E einen induzierten Dipol p zu erhalten, lässt sich durch die **Polarisierbarkeit**

$$\alpha = \frac{|p|}{|E|} \tag{5.54}$$

beschreiben, die hier als Quotient aus den Beträgen von Dipolmoment und elektrischem Feld definiert ist. Will man anisotrope Zusammenhänge zwischen Feld und Dipolmoment beschreiben, muss α als Tensor formuliert werden. Um die Polarisierung von Atomen auf einfache Weise in bestehende Kraftfelder einzufügen, wurden eine Reihe von Verfahren entwickelt, von denen hier drei grundlegende Methoden geschildert werden.

CHEQ
Das Verfahren der Ladungsequilibrierung (engl. *charge equilibration*, CHEQ) gründet sich nach (Mortier et al. 1986) auf die Dichtefunktionaltheorie und ist beispielsweise in das CHARMM-Programm (Bauer und Patel 2012) für die Simulation von Biomolekülen integriert. Bei diesem Verfahren fluktuieren die Partialladungen der einzelnen Atome, unter der Nebenbedingung der elektrischen Neutralität des gesamten Systems, derart, dass sich die chemischen Potentiale aller Atome angleichen, wobei diese Potentiale ihrerseits von den Ladungen abhängen.

Ladungen an Federn
Diese Methode weist einem polarisierbaren Atom zwei Ladungen zu, von denen die eine am Kern fixiert ist, während die andere (masselose) Ladung q mit diesem durch eine elastische Feder mit der Kraftkonstanten k verbunden ist. Dadurch erhält das Atom die Polarisierbarkeit

$$\alpha = \frac{q^2}{k}. \tag{5.55}$$

Eine Implementierung dieses Verfahrens für die Simulation von Biomolekülen findet sich bei (Lopes et al. 2013).

Induzierbare Dipole
Dieses Verfahren lässt die konstanten Partialladungen der Atome unverändert und

platziert an vorgegebenen Stellen (meist Atome oder Mittelpunkte kovalenter Bindungen) induzierbare Dipole, deren Betrag durch das elektrische Feld bestimmt wird, das an diesen Stellen herrscht:

$$\boldsymbol{p} = \alpha \boldsymbol{E} \,, \tag{5.56}$$

wobei die Polarisierbarkeit α an diesen Stellen als Parameter vorgegeben werden muss. Nachteilig hierbei ist, dass der Einfluss dieser Dipole nicht im Rahmen der ohnehin erforderlichen Berechnung der Coulomb-Wechselwirkungen berücksichtigt werden kann. Stattdessen müssen zusätzliche Terme für Dipol-Dipol- und Dipol-Monopol-Wechselwirkungen hinzugefügt werden.

Gegenwärtig werden polarisierbare Kraftfelder noch selten bei der Simulation von großen Biomolekülen eingesetzt. Sie führen unvermeidlich zu einer nennenswerten Steigerung des Rechenaufwands und ihre Eingliederung in bestehende Kraftfelder erfordert, dass die bestehende Parametrisierung der Kraftfelder sorgfältig neu ausbalanciert wird. Langfristig dürfte die Verwendung polarisierbarer Kraftfelder deutlich zunehmen, da diese die Wechselwirkungen zwischen Atomen und Molekülen detailgenauer beschreiben können, als herkömmliche Kraftfelder dies vermögen. Eine weiterführende Darstellung hierzu findet sich zum Beispiel bei (Baker 2015).

5.3.2.3 Reichweite des Coulomb-Potentials

Das Coulomb-Potential reicht wegen seiner R^{-1}-Abhängigkeit wesentlich weiter als das Lennard-Jones-Potential, das wie R^{-6} abfällt. Entsprechend schwieriger ist es, das Coulomb-Potential in einer festen Entfernung abzuschneiden. Wegen der langen Reichweite der Coulomb-Kraft wird für deren Berechnung oft der größte Teil der Rechenzeit bei einer MD-Simulation benötigt. Folgende Abschätzung soll die Langweitigkeit der Coulomb-Wechselwirkung illustrieren: Wir betrachten eine unendliche Kette aus äquidistanten, alternierenden positiven (Na^+) und negativen (Cl^-) Ladungen (siehe Abb. 5.9). Die potentielle Energie eines Ions lautet

$$V = -\frac{1}{4\pi\varepsilon_0} \sum_{\substack{k=-\infty \\ k \neq 0}}^{\infty} \frac{e^2}{d(|2k|-1)} + \frac{1}{4\pi\varepsilon_0} \sum_{\substack{k=-\infty \\ k \neq 0}}^{\infty} \frac{e^2}{d|2k|} \,, \tag{5.57}$$

wobei d der Abstand benachbarter Ionen voneinander sei. Offenbar ist es nicht möglich, die positiven und negativen Beiträge zum Potential V getrennt zu summieren, denn beide Terme auf der rechten Seite von Gl. (5.57) sind divergent. Wenn wir für die Summation eine geschickte Reihenfolge wählen, erhalten wir das korrekte Ergebnis

$$V = -\frac{e^2}{4\pi\varepsilon_0 d} \, 2 \sum_{k=1}^{\infty} \left(\frac{1}{2k-1} - \frac{1}{2k} \right) = -\frac{e^2}{4\pi\varepsilon_0 d} 2\ln 2 \,, \tag{5.58}$$

wobei wir die Funktion $\ln(1+x)$ um $x=0$ herum in eine Taylor-Reihe entwickelt und diese Reihe an der Stelle $x=1$ ausgewertet haben. Die Klammer-

5.3 Nichtbindende Wechselwirkungen

Abb. 5.9 Eindimensionale Kette von äquidistanten, alternierenden Na$^+$- und Cl$^-$-Ionen zur Veranschaulichung der langen Reichweite des Coulomb-Potentials. Im Text wird die potentielle Energie des gelb unterlegten Chlorions berechnet

ausdrücke in dieser Gleichung können wir als elektrostatische Dipol-Monopol-Wechselwirkungsenergie interpretieren. Für große k nähert sich der Klammerausdruck $1/(2k)^2$ an, was ausdrückt, dass auch im Eindimensionalen die Dipol-Monopol-Wechselwirkungsenergie mit dem Quadrat des Abstands abnimmt.

Die obenstehende Berechnung für die Energie eines Ions in einer unendlichen Kette von Ladungen lässt sich auf den dreidimensionalen Raum übertragen. Die Energie eines Ions in einem Kochsalzkristall lautet

$$V = -\frac{e^2}{4\pi\varepsilon_0 d} \sum_{\substack{i,j,k=-\infty \\ i,j,k \neq 0,0,0}}^{\infty} \frac{(-1)^{i+j+k}}{\sqrt{i^2+j^2+k^2}} = -\frac{e^2}{4\pi\varepsilon_0 d}\alpha \ . \tag{5.59}$$

Hier steht $\alpha \approx 1{,}7476$ für die Madelung-Konstante des kubisch-flächenzentrierten Gitters. Die Summe in Gl. (5.59) ist nur bedingt konvergent. Wählt man die Reihenfolge der Summanden ungeschickt, konvergiert diese Summe nur extrem langsam oder gar nicht. Insbesondere konvergiert diese Summe nicht, wenn man für die Reihenfolge konzentrische Kugelschalen mit wachsendem Radius wählt (D. Borwein et al. 1985), was die Rechtfertigung von Cutoffs erschwert.

Paul Peter Ewald veröffentlichte 1921 ein Verfahren, bei dem die Summe (5.59) besonders schnell konvergiert (Ewald 1921). Dabei wird um das zentrale Ion ein Würfel der Kantenlänge $(2n+1)d$ gelegt und es wird eine Summe S_n gebildet, indem die Summation in (5.59) bei $-n$ und $+n$ abgeschnitten wird. Dabei werden die Beiträge von Ionen auf den Seitenflächen des Würfels halb, auf den Kanten zu einem Viertel und auf den Ecken zu einem Achtel gezählt, so dass die Summe aller Ladungen null ist. Für wachsendes n konvergiert S_n schnell gegen den Wert aus (5.59).

5.3.2.4 Ewald-Summation

Die im vorigen Abschnitt diskutierten Konvergenzprobleme bei der Summation aller Beiträge des Coulomb-Potentials führten zur Entwicklung eines neuen Verfahrens zur Berechnung dieses Potentials, das die Hindernisse, die mit der konventionellen Berechnung dieses Potentials verbunden sind, geschickt umgeht. Dieses Verfahren, zunächst von Paul Peter Ewald entwickelt und später ihm zu Ehren als Ewald-Summation bezeichnet, wurde zunächst für die Berechnung von ionischen Kristallen verwendet und hat sich dann, in modifizierter Form, zu einem Standardverfahren für die Berechnung elektrostatischer Wechselwirkungen in molekulardynamischen Simulationen von Biomolekülen entwickelt.

Die Grundidee dieses Verfahrens besteht darin, die beiden Schwierigkeiten, die die Funktion $f(r) = 1/r$ bereitet, durch eine Aufspaltung in zwei Summanden zu

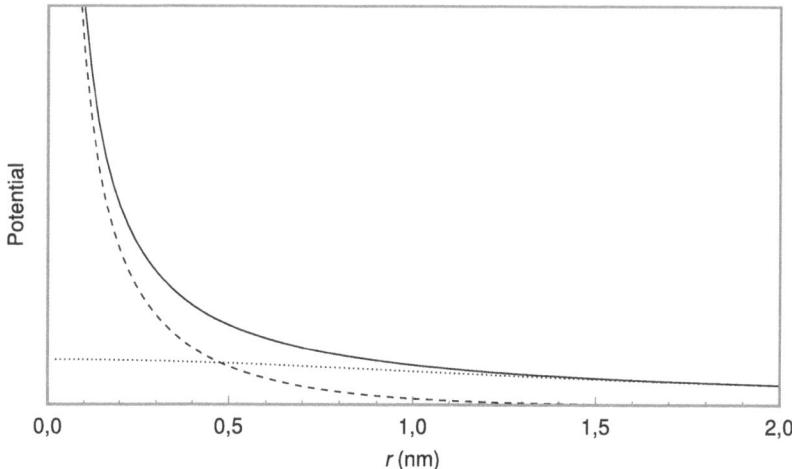

Abb. 5.10 Mit Hilfe der Gauß'schen Fehlerfunktion wird das Coulomb-Potential (durchgezogene Linie) in zwei Summanden aufgeteilt, von denen der eine, kurzreichweitige (gestrichelte Kurve) sehr schnell auf null abfällt und der andere, langreichweitige (gepunktete Kurve) für $r \to 0$ nicht divergiert und deshalb im reziproken Raum schnell abfällt

meistern. Die erste dieser Schwierigkeiten ist die fehlende Konvergenz des Integrals

$$\int_0^\infty f(r)\,\mathrm{d}r = \infty, \qquad (5.60)$$

die zweite ist die Divergenz von $f(r)$ bei $r = 0$, die dazu führt, dass auch das Integral über die Fourier-Transformierte

$$\hat{f}(k) = \int_{-\infty}^\infty f(r)\,\mathrm{e}^{-ikr}\,\mathrm{d}r \qquad (5.61)$$

nicht konvergiert:

$$\int_0^\infty \hat{f}(k)\,\mathrm{d}k = \infty. \qquad (5.62)$$

Durch geeignete Aufspaltung von $f(r)$ (siehe Abb. 5.10) in einen kurzreichweitigen Teil $f_k(r)$, der mit wachsendem r schnell gegen null strebt, und einen langreichweitigen, aber sanft verlaufenden Teil $f_l(r)$, der bei $r = 0$ nicht divergiert und dessen Fourier-Transformierte existiert,

$$f(r) = f_k(r) + f_l(r), \qquad (5.63)$$

5.3 Nichtbindende Wechselwirkungen

lässt sich erreichen, dass bei $f_k(r)$ das direkte Integral und bei $f_l(r)$ das reziproke Integral konvergiert. Ein gebräuchlicher Weg zur Aufspaltung von $f(r)$ nutzt die Gauß'sche Fehlerfunktion

$$\mathrm{erf}(y) = \frac{2}{\sqrt{\pi}} \int_0^y e^{-x^2}\, dx \,. \tag{5.64}$$

Der lang- und der kurzreichweitige Teil von $f(r)$ lauten dann

$$f_l(r) = f(r)\,\mathrm{erf}(r/R_f) \tag{5.65}$$
$$f_k(r) = f(r)\,[1 - \mathrm{erf}(r/R_f)] \,, \tag{5.66}$$

wobei der Abstand R_f den Abfall des kurzreichweitigen Teils reguliert: In einem Abstand von R_f ist der Anteil von f_k am gesamten Potential auf knapp über 15 % abgefallen, im Abstand von $2R_f$ sind es weniger als ein halbes Prozent. Für Abstände r, die groß gegen R_f sind, strebt $f_k(r)$ asymptotisch wie

$$\frac{R_f^2}{r^2}\,e^{-r^2/R_f^2} \tag{5.67}$$

gegen null und kann deshalb mit sehr guter Genauigkeit bei einem mäßigen Cutoff $R_c \approx R_f$ abgeschnitten werden. Gl. (5.65) gilt nicht für $r = 0$. Die langreichweitige Funktion $f_l(r)$ kann an dieser Stelle aber durch stetige Fortsetzung definiert werden:

$$f_l(0) = \lim_{r \to 0} f_l(r) \,. \tag{5.68}$$

So ergänzt, divergiert die Funktion f_l nicht und hat bei $r = 0$ die Steigung null und den Wert $f_l(0) = 2/(\sqrt{\pi}R_f)$. Das Fourier-Spektrum von $f_l(r)$ fällt deshalb für hohe Frequenzen schnell ab und lässt sich mit guter Genauigkeit bis zu einer Abschneidefrequenz aufsummieren. Mit dem Theorem von Parseval entspricht diese Summe der aufsummierten langreichweitigen Funktion $f_l(r)$.

Analog zu Gl. (5.63) kann die gesamte Coulomb-Energie in einen kurz- und einen langreichweitigen Teil aufgespalten werden:

$$V_{\mathrm{el}} = V_k + V_l \,. \tag{5.69}$$

Abhängig vom simulierten System ist der Parameter R_f so zu wählen, dass der Rechenaufwand für die Summation im direkten Raum und im reziproken Raum minimal wird. Wird R_f zu klein gewählt, erfolgt die Berechnung von V_k deutlich schneller als die von V_l, bei zu großem R_f ist es umgekehrt. Der kurzreichweitige Anteil der Coulomb-Energie lässt sich im direkten Raum aufsummieren:

$$V_k = \frac{1}{2} \sum_{\substack{I,J=1 \\ \langle I,J \rangle \notin I_{\mathrm{ex}}}}^{N} \frac{f_k(d_{I,J})}{4\pi\varepsilon_0} \frac{q_I q_J}{d_{I,J}} S(d_{I,J}) \,. \tag{5.70}$$

Die Bedingung $\langle I, J \rangle \notin I_{\text{ex}}$ besagt, dass keine Paare von Atomen I und J in die Summation aufgenommen werden, die aus der Menge I_{ex} der kovalent gebundenen Atompaare stammen. Hier steht $d_{I,J}$ nach Gl. (4.5) für den kürzesten Abstand zwischen den Atomen I und J während S eine Abschneidefunktion ist wie in Abschn. 5.3.1.3 beschrieben. Der Cutoff R_c dieser Funktion und der Parameter R_f der Funktion f_k müssen klein genug sein, um die Minimum Image Convention zu erfüllen. Den langreichweitigen Anteil können wir im Prinzip ähnlich formulieren wie in Gl. (5.70), nur dass wir f_k durch f_l ersetzen und die Summation auch über alle benachbarten Boxen durchführen müssten. Um diese direkte, nur bedingt konvergente Summation zu vermeiden, bilden wir stattdessen die Fourier-Transformierte von f_l und führen die Summation im reziproken Raum aus. Nach längerer Rechnung, die in Vertiefung 5.2 ausführlich dargelegt wird, erhalten wir für den Fall einer kubischen Simulationsbox mit Kantenlänge a den langreichweitigen Anteil V_l als Summe dreier Terme,

$$V_l = V_{\text{rez}} - V_{\text{si}} + V_\varepsilon \,, \tag{5.71}$$

von denen der erste,

$$V_{\text{rez}} = \frac{1}{4\pi\varepsilon_0} \frac{2\pi}{a^3} \sum_{n\neq 0} \sum_{I,J=1}^{N} \frac{q_I q_J}{K_n^2} \exp\left[-i\boldsymbol{K_n} \cdot (\boldsymbol{R_I} - \boldsymbol{R_J}) - K_n^2 R_f^2/4\right] \,, \tag{5.72}$$

den wesentlichen Teil der langreichweitigen Coulomb-Wechselwirkung enthält, während die übrigen beiden Terme Korrekturen enthalten. Die Vektoren $\boldsymbol{n} \in \mathbb{N}^3$ indizieren die reziproken Gittervektoren $\boldsymbol{K_n}$ (siehe etwa (Kopitzki und Herzog 2017)). Jeder dieser Vektoren steht für eine Richtung, in der das durch die verschobenen Boxen erzeugte Gitter periodisch mit einer Wellenlänge

$$\lambda_n = \frac{2\pi}{|\boldsymbol{K_n}|} = \frac{a}{|\boldsymbol{n}|} \tag{5.73}$$

ist (siehe Vertiefung 5.2). Da die einzelnen Summanden von V_l mit wachsendem $|\boldsymbol{n}|$ wie

$$\frac{e^{-\pi^2 n^2 R_f^2/a^2}}{n^2} \tag{5.74}$$

gegen null streben, konvergiert die Summe in (5.72) ebenso schnell wie der kurzreichweitige Anteil V_k in (5.70) und kann daher bei geeignetem $|\boldsymbol{n}|$ abgebrochen werden.

▶ **Merksatz 5.6** Wegen der langen Reichweite des Coulomb-Potentials ist eine direkte Summation der Beiträge von allen Paaren von Atomen mit vielen Problemen behaftet. Alternativ kann das Coulomb-Potential in einen kurzreichweitigen Anteil, der direkt summiert wird, und einen langreichweitigen Anteil, der im reziproken Raum summiert wird, aufgeteilt werden. Das Particle-Mesh-Ewald-Verfahren (PME) verringert mit diesem Ansatz durch

5.3 Nichtbindende Wechselwirkungen

Anwendung der schnellen Fourier-Transformation den Rechenaufwand von der Ordnung $\mathcal{O}(N^2)$ auf $\mathcal{O}(N \log N)$.

Die erste Korrektur auf der rechten Seite von (5.72),

$$V_{\text{si}} = \frac{1}{2} \frac{1}{4\pi\varepsilon_0} \sum_{i=1}^{N} \frac{2q_i^2}{\sqrt{\pi}R_{\text{f}}}, \tag{5.75}$$

beseitigt eine in V_{rez} enthaltene Selbstwechselwirkung (engl. *self interaction*) der Ladungen. Die zweite Korrektur,

$$V_{\varepsilon} = \frac{1}{4\pi\varepsilon_0} \frac{2\pi}{3a^3} \left(\sum_{I=1}^{N} q_I \boldsymbol{R}_I \right)^2, \tag{5.76}$$

ist schwieriger zu verstehen. Der Klammerausdruck ($\sum_{I=1}^{N} q_I \boldsymbol{R}_I$) entspricht dem Dipolmoment der Simulationsbox. Das Dipolmoment einer jeden Box erzeugt ein elektrisches Feld, das mit den Dipolmomenten der Nachbarboxen wechselwirkt. Wenn wir für einen Moment nur endlich viele Nachbarboxen berücksichtigen, herrscht in den äußeren Boxen ein elektrisches Feld, das von der relativen Permittivität eines fiktiven äußeren Mediums abhängt. Hätte dieses eine unendlich große relative Permittivität, $\varepsilon_{\text{r}} = \infty$, wie bei einem metallischen Leiter, würde die Oberfläche des Mediums so polarisiert, dass die äußeren Boxen das gleiche elektrische Feld wie die inneren Boxen spüren. In diesem Fall müsste der Term V_{ε} weggelassen werden. Wenn aber kein fiktives äußeres Medium vorhanden ist, was einem Vakuum mit $\varepsilon_{\text{r}} = 1$ gleichkommt, herrscht in den äußeren Boxen ein anderes elektrisches Feld als in den inneren Boxen, was energetisch ungünstig ist, da sich die Ladungen in den äußeren Boxen der periodischen Randbedingungen wegen nicht umordnen können. Das Ausmaß dieser Energieanhebung hängt von der Anzahl der berücksichtigten Boxen ab und konvergiert für große Boxzahlen gegen V_{ε}. Bei Simulationen von in Wasser gelösten Biomolekülen ist der Quotient aus Dipolmoment und Volumen der Simulationsbox in der Regel klein, so dass die Korrektur V_{ε} nicht von Bedeutung ist. Eine ausführliche Diskussion dieses Terms findet sich bei (Neumann 1983).

Häufig wird die Ewald-Summation so dargestellt (siehe etwa (Leach 2009; Schlick 2006; Frenkel und Smit 2001)), dass die punktförmigen Ladungen durch fiktive, entgegengesetzte Ladungsdichten mit der Form einer dreidimensionalen Gauß-Funktion abgeschirmt werden (Abb. 5.11). Das Integral über eine abgeschirmte Ladungsdichte ist null, weshalb deren Coulomb-Potential mit zunehmendem Abstand schnell abfällt. Die fiktiven Abschirmladungsdichten müssen durch einen zweiten Satz von Abschirmladungsdichten umgekehrten Vorzeichens kompensiert werden. Da diese die Form einer Gauß-Funktion haben, sind ihre Fourier-Transformierten ebenfalls Gauß-Funktionen und fallen im reziproken Raum schnell ab. Im Ergebnis ist diese Darstellung vollkommen äquivalent zur weiter oben beschriebenen Aufteilung des Coulomb-Potentials mit Hilfe der Gauß'schen Fehlerfunktion.

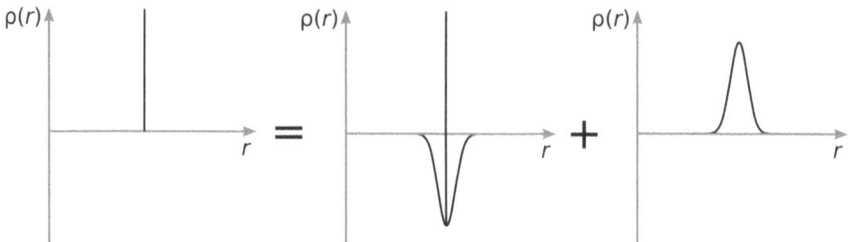

Abb. 5.11 Die durch eine Deltafunktion dargestellte Ladungsdichte einer Punktladung (links) lässt sich auch durch die Summe aus einer abgeschirmten Ladungsdichte (Mitte) und einer entsprechenden Korrektur (rechts) wiedergeben

Vertiefung 5.2: Fourier-Transformation von V_l
Um die Darstellung zu vereinfachen, beschränken wir uns im Folgenden auf den besonders einfachen Fall einer kubischen Simulationsbox (siehe Kap. 4) mit den paarweise aufeinander senkrecht stehenden, gleich langen Kantenvektoren a, b und c. Die zu den drei Kantenvektoren reziproken Gittervektoren A, B und C lassen sich wegen der kubischen Box besonders einfach darstellen:

$$A = \frac{2\pi}{a^2} a , \quad B = \frac{2\pi}{a^2} b \quad \text{und} \quad C = \frac{2\pi}{a^2} c . \tag{5.77}$$

Um für die N punktförmigen Ladungen q_I an den Stellen R_I in der Simulationsbox eine Ladungsdichte $\rho_b(r)$ zu formulieren, verwenden wir die Delta-Distribution $\delta(r)$, eine uneigentliche Funktion mit der Eigenschaft

$$\int f(r') \, \delta(r' - r) \, dr' = f(r) , \tag{5.78}$$

wobei mit dr' eine Integration über den gesamten dreidimensionalen Raum angezeigt werden soll. Die Ladungsdichte in der Simulationsbox kann mit dieser Distribution in die Form

$$\rho_b(r) = \sum_{I=1}^{N} q_I \, \delta(r - R_I) \tag{5.79}$$

gebracht werden. Die Fourier-Transformierte dieser Ladungsdichte lautet

$$\hat{\rho}_b(k) = \int \rho_b(r) \, e^{-ik \cdot r} \, dr = \sum_{I=1}^{N} q_I \, e^{-ik \cdot R_I} . \tag{5.80}$$

Um die Ladungsdichte ρ im gesamten Raum, also auch in allen räumlich verschobenen Boxen darzustellen, definieren wir die Gitterfunktion

$$g(r) = \sum_{n} \delta(r - R_n) . \tag{5.81}$$

5.3 Nichtbindende Wechselwirkungen

Der dreidimensionale Vektor $n = (u, v, w)$ mit den ganzzahligen Komponenten

$$u, v, w \in \mathbb{Z} \tag{5.82}$$

indiziert die verschobenen Boxen, $n = (0, 0, 0)$ steht für die Simulationsbox selbst. Der Vektor

$$\boldsymbol{R_n} = u\boldsymbol{a} + v\boldsymbol{b} + w\boldsymbol{c} \tag{5.83}$$

zeigt also auf den Ursprung, der mit n indizierten Box. Die zu den $\boldsymbol{R_n}$ gehörenden reziproken Gittervektoren

$$\boldsymbol{K_n} = \frac{2\pi}{a^2} \boldsymbol{R_n} = u\boldsymbol{A} + v\boldsymbol{B} + w\boldsymbol{C} \tag{5.84}$$

verwenden wir um die Fourier-Transformierte der Gitterfunktion darzustellen:

$$\hat{g}(\boldsymbol{k}) = \left(\frac{2\pi}{a}\right)^3 \sum_n \delta(\boldsymbol{k} - \boldsymbol{K_n}). \tag{5.85}$$

Die Ladungsdichte im gesamten Raum lautet nun

$$\rho(\boldsymbol{r}) = \int \sum_{I=1}^{N} q_I\, \delta(\boldsymbol{r} - \boldsymbol{R_I})\, g(\boldsymbol{r} - \boldsymbol{r}')\, d\boldsymbol{r}'$$

$$= \int \rho_{\mathrm{b}}(\boldsymbol{r}')\, g(\boldsymbol{r} - \boldsymbol{r}')\, d\boldsymbol{r}'. \tag{5.86}$$

Wir sehen, dass die gesamte Ladungsdichte ρ eine Faltung aus der Ladungsdichte ρ_{b} der Simulationsbox und der Gitterfunktion g ist. Nach dem Faltungstheorem schreiben wir deshalb

$$\hat{\rho}(\boldsymbol{k}) = \hat{\rho}_{\mathrm{b}}(\boldsymbol{k})\, \hat{g}(\boldsymbol{k}). \tag{5.87}$$

Um die weiteren Umrechnungen übersichtlicher zu gestalten, definieren wir noch

$$\phi(\boldsymbol{r}) = \int \rho(\boldsymbol{r}')\, f_{\mathrm{l}}(\boldsymbol{r} - \boldsymbol{r}')\, d\boldsymbol{r}' \tag{5.88}$$

und bilden die Fourier-Transformierte wieder mit Hilfe des Faltungstheorems:

$$\hat{\phi}(\boldsymbol{k}) = \hat{\rho}(\boldsymbol{k})\, \hat{f}_{\mathrm{l}}(\boldsymbol{k}). \tag{5.89}$$

Mit den oben definierten Größen steht jetzt alles bereit, um den langreichweitigen Anteil der gesamten Coulomb-Energie zu berechnen. Dieser Anteil ist gleich dem Integral über die Ladungsdichte der Simulationsbox multipliziert mit der gesamten Ladungsdichte aller Boxen gefaltet mit der langreichweitigen Funktion f_l:

$$V_l + V_{si} = \frac{1}{2} \frac{1}{4\pi\varepsilon_0} \iint \rho_b(r)\rho(r')f_l(r-r')\,dr'\,dr$$

$$= \frac{1}{2} \frac{1}{4\pi\varepsilon_0} \int \rho_b(r)\phi(r)\,dr\,. \tag{5.90}$$

Durch den Term

$$V_{si} = \frac{1}{2} \frac{1}{4\pi\varepsilon_0} \sum_{I=1}^{N} \frac{2q_I^2}{\sqrt{\pi}R_f} \tag{5.91}$$

wird berücksichtigt, dass das Integral über das Produkt der Ladungsdichten eine Selbstwechselwirkung (engl. *self interaction*) zwischen den Ladungen in der Simulationsbox enthält. Nach dem Satz von Plancherel lässt sich die rechte Seite von Gl. (5.90) auch im reziproken Raum aufsummieren:

$$V_l + V_{si} = \frac{1}{2} \frac{1}{4\pi\varepsilon_0} \frac{1}{(2\pi)^3} \int \hat{\rho}_b^*(k)\hat{\phi}(k)\,dk\,. \tag{5.92}$$

Wir setzen nacheinander die Gl. (5.89), (5.87) und (5.85) ein und erhalten

$$V_l + V_{si} = \frac{1}{2} \frac{1}{4\pi\varepsilon_0} \frac{1}{(2\pi)^3} \int \hat{\rho}_b^*(k)\hat{\rho}(k)\hat{f}_l(k)\,dk$$

$$= \frac{1}{2} \frac{1}{4\pi\varepsilon_0} \frac{1}{(2\pi)^3} \int |\hat{\rho}_b(k)|^2 \hat{g}(k)\hat{f}_l(k)\,dk$$

$$= \frac{1}{2} \frac{1}{4\pi\varepsilon_0} \frac{1}{a^3} \sum_n \int |\hat{\rho}_b(k)|^2 \hat{f}_l(k)\delta(k-K_n)\,dk$$

$$= \frac{1}{2} \frac{1}{4\pi\varepsilon_0} \frac{1}{a^3} \sum_n |\hat{\rho}_b(K_n)|^2 \hat{f}_l(K_n)\,. \tag{5.93}$$

Mit Gl. (5.80) folgt schließlich

$$V_l + V_{si} = \frac{1}{2} \frac{1}{4\pi\varepsilon_0} \frac{1}{a^3} \sum_n \sum_{I,J}^{N} q_I q_J\, e^{-iK_n\cdot(R_I-R_J)}\, \hat{f}_l(K_n)\,. \tag{5.94}$$

Die Fourier-Transformierte von f_l lässt sich durch eine Gauß-Funktion analytisch ausdrücken (Deem et al. 1990):

$$\hat{f}_l(K_n) = \frac{4\pi e^{-K_n^2 R_f^2/4}}{K_n^2} \tag{5.95}$$

5.3 Nichtbindende Wechselwirkungen

Für $n = 0$ ist die rechte Seite dieser Gleichung nicht definiert. Deshalb berechnen wir $\hat{f}(K_0)$ durch stetige Fortsetzung, indem wir den Betrag $|K_n|$ gegen null streben lassen und über alle Raumrichtungen n mitteln, und bezeichnen diesen Term als

$$\begin{aligned}V_\varepsilon &= \left\langle \lim_{|K_n|\to 0} \frac{1}{2} \frac{1}{4\pi\varepsilon_0} \frac{1}{a^3} \sum_{I,J}^{N} q_I q_J \, e^{-iK_n\cdot(R_I-R_J)} \, \hat{f}_1(K_n) \right\rangle_n \\ &= \left\langle \lim_{|K_n|\to 0} \frac{1}{2} \frac{1}{4\pi\varepsilon_0} \frac{1}{a^3} \sum_{I,J}^{N} \frac{4\pi q_I q_J}{K_n^2} (-iK_n\cdot R_I)(iK_n\cdot R_J) \right\rangle_n \\ &= \frac{1}{2} \frac{1}{4\pi\varepsilon_0} \frac{4\pi}{3a^3} \sum_{I,J}^{N} q_I q_J (X_I X_J + Y_I Y_J + Z_I Z_J) \\ &= \frac{1}{4\pi\varepsilon_0} \frac{2\pi}{3a^3} \left(\sum_{I=1}^{N} q_I R_I \right)^2 . \end{aligned} \tag{5.96}$$

Bei der ersten Umformung in der obenstehenden Gleichung haben wir die Näherung $e^x \approx 1 + x + x^2/2$ für $|x| \ll 1$ angewandt. Der konstante Term in dieser Näherung fällt wegen der elektrischen Neutralität des Systems ($\sum_I q_I = 0$) weg, der lineare Term wegen der Mittelung über alle Richtungen n ebenfalls. Der gesamte langreichweitige Anteil des Coulomb-Potentials lautet also

$$V_l = V_{\text{rez}} + V_\varepsilon - V_{\text{si}} \tag{5.97}$$

mit V_ε und V_{si} wie in den Gl. (5.96) beziehungsweise (5.91) definiert und mit

$$V_{\text{rez}} = \frac{1}{4\pi\varepsilon_0} \frac{2\pi}{a^3} \sum_{n\neq 0} \sum_{I,J=1}^{N} \frac{q_I q_J}{K_n^2} \exp\left(-iK_n\cdot R_I + iK_n\cdot R_J K_n^2 R_{\text{f}}^2/4\right) . \tag{5.98}$$

5.3.2.5 PPPM und PME

Die im vorherigen Abschnitt beschriebene Ewald-Summation konvergiert schnell, erfordert aber die rechenaufwendige kontinuierliche Fourier-Transformation. Zudem ist die Anzahl der Rechenoperationen von der Ordnung $\mathcal{O}(N^2)$, wobei N die Anzahl der geladenen Teilchen in der Simulationsbox ist. Eine Simulationsbox mit zwanzigmal mehr Teilchen erfordert also etwa die vierhundertfache Computerzeit. Weiterentwicklungen der Ewald-Summation, wie das Particle-Mesh-Ewald- (PME) (Darden et al. 1993) oder das Particle-Particle-Particle-Mesh-Verfahren (PPPM, auch P3M) (J. Eastwood et al. 1980; R. W. Hockney und J.W. Eastwood 1999) ersetzen die konti-

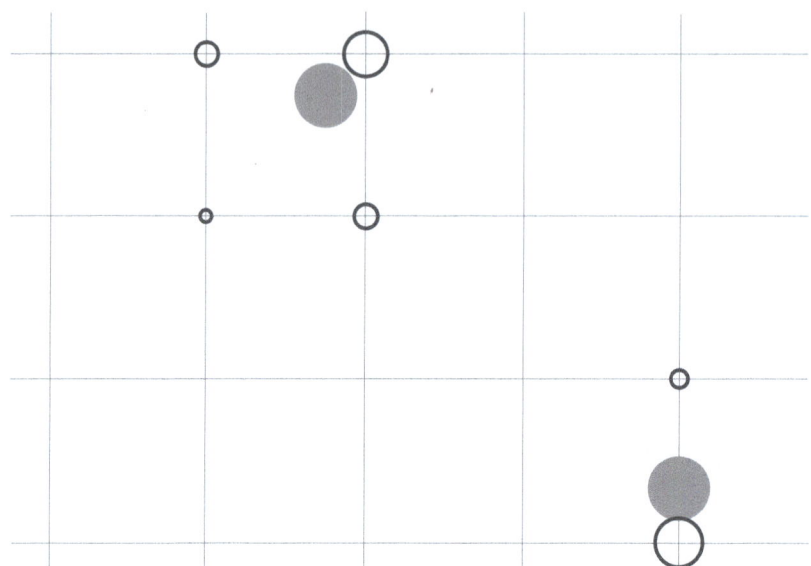

Abb. 5.12 Das Coulomb-Potential geladener Atome (gefüllte Kreise) wird durch auf Gitterpunkten verteilte Ladungen (offene Kreise) approximiert. In diesem Schema wird eine lineare Interpolation dargestellt. Die Flächen der Kreise stehen für die Größe der Ladung

nuierliche Fourier-Transformation durch die **schnelle Fourier-Transformation** (*fast Fourier transformation*, FFT), eine sehr effiziente Variante der diskreten Fourier-Transformation, und verringern die Anzahl der Rechenoperationen dadurch auf einen Wert von der Ordnung $\mathcal{O}(N \log(N))$. Eine Verzwanzigfachung der Systemgröße erhöht den Aufwand für die Coulomb-Wechselwirkungen dann nur noch um den Faktor 26. Zudem lässt sich die schnelle Fourier-Transformation hervorragend parallelisieren und ermöglicht es, für den Löwenanteil der Berechnungen bei MD-Simulationen die Leistungskraft moderner GPUs *(graphics processing units)* zu nutzen.

Voraussetzung für eine effiziente Anwendung der schnellen Fourier-Transformation ist ein dreidimensionales Netz von Stützstellen mit Zweierpotenzen als Kantenlängen. Die Ladungen der Simulationsbox müssen durch Interpolation auf dieses Netz verteilt werden. Im ursprünglichen PME-Verfahren wird eine Lagrange-Interpolation verwendet, wie sie in Abb. 5.12 für ein zweidimensionales Netz skizziert ist. Für jedes Atom, das in einer Netzmasche liegt, wird dabei die Ladung des Atoms so auf die vier Eckpunkte der Masche verteilt, dass deren Größe proportional zum Abstand vom Atom ist. Liegt das Atom auf einer Kante, wird seine Ladung auf gleiche Weise auf die beiden Endpunkte der Kante verteilt. Für die bei der Summation im reziproken Raum wichtigen großen Abstände nähert sich das Coulomb-Potential der auf dem Netz verteilten Approximationsladungen schnell dem Potential der echten Ladungen an. Heute wird unter PME meist eine spätere Variante dieses Verfahrens (auch als *smooth particle mesh Ewald*, SPME, bezeichnet) (Essmann et al. 1995) verstanden, bei der Basis-Splines zur Interpolation der Ladungen verwendet werden. Diese Variante verspricht nicht nur eine höhere Genauigkeit im Vergleich zum ursprünglichen Verfahren, sondern erlaubt auch die analytische Berechnung der Kräfte.

Beim PPPM-Verfahren wird die Abschirmungsladungsdichte ρ_s nicht wie beim PME-Verfahren durch eine Gauß-Funktion sondern durch die Funktion

$$\rho_s(r) = \begin{cases} \frac{48q}{\pi R_f} \left(\frac{R_f}{2} - |r| \right) & \text{für } |r| < \frac{R_f}{2} \\ 0 & \text{für } |r| > \frac{R_f}{2} \end{cases}. \tag{5.99}$$

beschrieben.

5.4 Constraints

Aus verschiedenen Gründen kann es sinnvoll sein, MD-Simulationen mit Zwangs- oder Nebenbedingungen (engl. *constraints*) durchzuführen. Beispielsweise kann bei der Suche nach der Tertiärstruktur eines Proteins mit Hilfe von Constraints experimentell gewonnenes Vorwissen (etwa Abstände aus FRET- oder NMR-Messungen) genutzt werden. Constraints können auch verwendet werden, um die Bindungsabstände zwischen Wasserstoffatomen und ihren schwereren Bindungspartnern konstant zu halten. Dadurch werden unter anderem die C-H-, N-H- und O-H-Streckschwingungen unterdrückt, die Molekülschwingungen mit den höchsten Frequenzen. Der Zeitschritt der Diskretisierung (siehe Kap. 6), der nach einer Daumenregel mindestens fünfmal kleiner als die kürzeste Schwingungsdauer des simulierten Systems sein sollte (siehe Abschn. 6.4.1.3), kann dann von einer auf zwei Femtosekunden verdoppelt werden, wodurch sich die für ein Projekt erforderliche Computerleistung halbiert. Voraussetzung hierfür ist natürlich, dass das in diesem Projekt untersuchte Problem nicht von den Schwingungen der Wasserstoffatome abhängt. Bei der Untersuchung großer Biomoleküle dürfte dies häufig der Fall sein. So konnten Van Gunsteren und Karplus (W. F. Van Gunsteren und Karplus 1982) am Beispiel eines Proteins im Vakuum zeigen, dass die Dynamik des Proteins durch Constraints für Bindungslängen wenig geändert wird, sehr wohl aber durch Zwangsbedingungen für Bindungswinkel.

Durch jede Zwangsbedingung wird die Anzahl der Freiheitsgrade um eins verringert. Wählt man passende Koordinaten für die verbliebenen Freiheitsgrade, werden die Constraints automatisch erfüllt. Wir betrachten als Beispiel ein zweiatomiges Molekül, dessen Lage durch sechs kartesische Koordinaten beschrieben wird. Wird der Bindungsabstand dieses Moleküls durch eine Zwangsbedingung festgehalten, reduziert sich die Anzahl der Freiheitsgrade auf fünf. Wählen wir für diese fünf Freiheitsgrade drei kartesische Koordinaten für den Massenmittelpunkt und zwei Winkel für die Orientierung der Bindungsachse im Raum und stellen Bewegungsgleichungen für diese Koordinaten auf, ist die Zwangsbedingung dauerhaft erfüllt. Interne Koordinaten (siehe Abschn. 3) sind für diesen Ansatz die natürliche Wahl, können aber den Rechenaufwand erheblich steigern, weshalb auch bei Constraints bevorzugt kartesische Koordinaten verwendet werden.

5.4.1 Lagrange'sche Multiplikatoren

Das Standardverfahren, um Constraints zu berücksichtigen, ohne die Anzahl der Koordinaten zu verringern, ist die Methode der Lagrange'schen Multiplikatoren (Bartelmann et al. 2018). Voraussetzung dafür ist, dass sich die Constraints durch Gleichungen der Art

$$g(\boldsymbol{R}_1, \ldots, \boldsymbol{R}_N) = 0 \tag{5.100}$$

beschreiben lassen (wir sprechen dann von holonomen Zwangsbedingungen). Es wird ein Potential V_{con} als Vielfaches der Zwangsbedingung g formuliert,

$$V_{\text{con}} = \lambda g\,, \tag{5.101}$$

wobei der Wert des Lagrange'schen Multiplikators λ zunächst unbekannt ist. Liegen mehrere mit einem Index $k = 1, \ldots, K$ nummerierte Zwangsbedingungen der Art $g_k = 0$ vor, lässt sich jede davon mit einem eigenen λ_k multipliziert zum Potential V_{con} aufsummieren:

$$V_{\text{con}} = \sum_{k=1}^{K} \lambda_k g_k\,. \tag{5.102}$$

Das Potential $V_{\text{FF}} = V_{\text{b}} + V_{\text{nb}} + V_{\text{con}}$ beschreibt jetzt die Dynamik des Systems unter Einhaltung der Constraints. Den zusätzlichen Termen $\lambda_k g_k$ im Potential entsprechen nach Gl. (5.3) zusätzliche Kräfte

$$\boldsymbol{F}_{\text{con},I} = -\sum_{k=1}^{K} \lambda_k \frac{\partial g_k}{\partial \boldsymbol{R}_I} \quad (I = 1, \ldots, N)\,, \tag{5.103}$$

die als Zwangskräfte bezeichnet werden und den Kräften $\boldsymbol{F}_{\text{b},I}$ und $\boldsymbol{F}_{\text{nb},I}$ der bindenden beziehungsweise nichtbindenden Wechselwirkungen hinzugefügt werden müssen. Diese Zwangskräfte sind keine realen, physikalischen Kräfte sondern sind ebenso artifiziell wie die Nebenbedingungen. Welchen Wert die Lagrange'schen Multiplikatoren λ_k annehmen, hängt nicht nur von den Constraints ab, sondern auch von der Methode, mit der die Bewegungsgleichungen

$$\boldsymbol{F}_{\text{b},I} + \boldsymbol{F}_{\text{nb},I} + \boldsymbol{F}_{\text{con},I} = m_I \ddot{\boldsymbol{R}}_I \quad (I = 1, \ldots, N) \tag{5.104}$$

gelöst werden. Verschiedene Integratoren (siehe Kap. 6) erfordern unterschiedliche Werte für die λ_k, ebenso eine analytische Lösung der Bewegungsgleichungen. Verwendet man etwa den Verlet-Algorithmus, erhält man ein lineares Gleichungssystem

5.4 Constraints

der Art

$$\boldsymbol{R}'_I(t + \Delta t) = \boldsymbol{R}_I(t + \Delta t) - \frac{\Delta t^2}{m_I} \sum_{k=1}^{n} \lambda_k \frac{\partial g_k}{\partial \boldsymbol{R}_I} \quad (I = 1, \ldots, N), \quad (5.105)$$

das unter Beachtung der Constraints $g_k = 0$ gelöst werden muss. Die gestrichenen Vektoren $\boldsymbol{R}'_I(t + \Delta t)$ und die ungestrichenen Vektoren $\boldsymbol{R}_I(t + \Delta t)$ stehen hier für die Atomkoordinaten nach einem Zeitschritt Δt mit beziehungsweise ohne Beachtung der Constraints. Eine analytische Lösung für ein einfaches Beispiel wird in Vertiefung 5.3 vorgestellt.

Vertiefung 5.3: Lagrange'scher Multiplikator

Der Abstand zwischen zwei Atomen 1 und 2 mit den Positionen $\boldsymbol{R}_1$ und $\boldsymbol{R}_2$, die der Einfachheit halber die gleiche Masse m besitzen, soll durch den Constraint

$$g(\boldsymbol{R}_1, \boldsymbol{R}_2) = 0 \quad (5.106)$$

auf den festen Wert ℓ gesetzt werden, wobei die Funktion g durch

$$g(\boldsymbol{R}_1, \boldsymbol{R}_2) = \boldsymbol{R}_{1,2}^2 - \ell^2 \quad (5.107)$$

definiert wird und $\boldsymbol{R}_{1,2} = \boldsymbol{R}_2 - \boldsymbol{R}_1$ der Vektor ist, der von Atom 1 zu Atom 2 zeigt. Um weiterhin mit allen kartesischen Koordinaten rechnen zu können, wird die Methode der Langrange'schen Multiplikatoren verwendet und gemäß Gl. 5.101 die Zwangsbedingung mit einem noch unbekannten Multiplikator λ multipliziert und zum Potential addiert. Nach den Gl. (5.103) ergeben sich daraus zusätzlich zu den physikalischen Kräften $\boldsymbol{F}_I = \boldsymbol{F}_{b,I} + \boldsymbol{F}_{nb,I}$ die Zwangskräfte

$$\boldsymbol{F}_{\text{con},I} = -\lambda \frac{\partial g}{\partial \boldsymbol{R}_I} = 2\lambda(\boldsymbol{R}_I - \boldsymbol{R}_{3-I}) \quad \text{für} \quad I = 1, 2, \quad (5.108)$$

so dass die Kräfte

$$\boldsymbol{F}_1 + 2\lambda \boldsymbol{R}_{1,2} \quad \text{und} \quad \boldsymbol{F}_2 - 2\lambda \boldsymbol{R}_{1,2} \quad (5.109)$$

auf die Atome 1 beziehungsweise 2 wirken. Um den noch unbekannten Lagrange'schen Multiplikator λ zu bestimmen, können wir ausnutzen, dass die Zwangsbedingung (5.106) unabhängig von der Zeit sein soll und dass deswegen auch alle Ableitungen von g verschwinden müssen. Da aber bei MD-Simulationen die Bewegungsgleichungen nur näherungsweise gelöst werden (siehe Kap. 6), ergibt sich – in Abhängigkeit vom gewählten Integrationsverfahren – ein anderer Wert für den Lagrange'schen Multiplikator. Als besonders einfaches Beispiel verwenden wir das Weg-Zeit-Gesetz und schreiben für die Atomkoordinaten, die sich ohne Berücksichtigung der Constraints nach einem Zeitintervall Δt ergeben würden,

$$R_1(t + \Delta t) = R_1(t) + \Delta t \dot{R}_1(t) + \frac{\Delta t^2}{2m} F_1 . \quad (5.110)$$

Der Ausdruck für $R_2(t + \Delta t)$ lautet entsprechend, so dass wir für den Differenzvektor $R_{1,2}(t + \Delta t) = R_2(t + \Delta t) - R_1(t + \Delta t)$ folgenden Ausdruck erhalten:

$$R_{1,2}(t + \Delta t) = R_{1,2}(t) + \Delta t \dot{R}_{1,2}(t) + \frac{\Delta t^2}{2m}(F_2 - F_1) . \quad (5.111)$$

Mit $R'_{1,2}(t + \Delta t)$ bezeichnen wir den Differenzvektor, den wir nach dem Zeitintervall Δt erhalten, wenn die Zwangsbedingung $g = 0$ beachtet wird. In diesem Fall müssen auch die Zwangskräfte berücksichtigt und in der vorstehenden Gleichung F_1 und F_2 durch $F_1 + 2\lambda R_{1,2}$ beziehungsweise $F_2 - 2\lambda R_{1,2}$ ersetzt werden, so dass wir die Beziehung

$$R'_{1,2}(t + \Delta t) = R_{1,2}(t + \Delta t) - \frac{2\lambda \Delta t^2}{m} R_{1,2} \quad (5.112)$$

erhalten. Wir quadrieren diese Gleichung, wobei wir die Zwangsbedingung $R^2_{1,2}(t + \Delta t) = \ell^2$ berücksichtigen und den Term vierter Ordnung in Δt vernachlässigen:

$$\ell^2 = R^2_{1,2}(t + \Delta t) + \frac{4\lambda \Delta t^2}{m} R_{1,2}(t + \Delta t) \cdot R_{1,2}(t) - \ell^2 . \quad (5.113)$$

Wir lösen nach dem Lagrange'schen Multiplikator auf und erhalten schließlich

$$\lambda = \frac{m[\ell^2 - R^2_{1,2}(t + \Delta t)]}{4\Delta t^2 R_{1,2}(t + \Delta t) \cdot R_{1,2}(t)} . \quad (5.114)$$

Der genaue Wert des Lagrange'schen Multiplikators hängt von dem verwendeten Verfahren zur Integration der Bewegung ab. Ersetzt man etwa Gl. (5.110) durch den Verlet-Algorithmus (siehe Kap. 6), erhält man einen doppelt so großen Lagrange'schen Multiplikator. Ungleiche Massen m_1 und m_2 können wir berücksichtigen, indem wir in der vorstehenden Gleichung $m/2$ durch die reduzierte Masse

$$\mu = \frac{m_1 m_2}{m_1 + m_2} \quad (5.115)$$

ersetzen. Um den Lagrange'schen Multiplikator für eine analytische Lösung der Bewegungsgleichung zu erhalten ersetzen wir $\boldsymbol{R}_{1,2}(t + \Delta t)$ in der obenstehenden Gleichung mit Hilfe von Gl. (5.111) und lassen Δt gegen null streben. Nach kurzer Rechnung erhalten wir

$$\lambda = \frac{\boldsymbol{R}_{1,2} \cdot (\boldsymbol{F}_2 - \boldsymbol{F}_1) - m\dot{\boldsymbol{R}}_{1,2}^2}{4\ell^2}. \tag{5.116}$$

Dabei haben wir ausgenutzt, dass $\dot{\boldsymbol{R}}_{1,2}$ bei strenger Beachtung des Constraints stets senkrecht auf $\boldsymbol{R}_{1,2}$ stehen muss, denn der Differenzvektor $\boldsymbol{R}_{1,2}$ darf nur gedreht, nicht aber gestreckt oder gestaucht werden.

In den vergangenen Jahrzehnten wurden eine Reihe von Algorithmen vorgeschlagen, die es mit Hilfe von Lagrange'schen Multiplikatoren ermöglichen, MD-Simulationen mit kartesischen Koordinaten und Constraints durchzuführen. Eines der ältesten Verfahren, SHAKE genannt und 1977 veröffentlicht (J.-P. Ryckaert et al. 1977; G. Ciccotti und J. Ryckaert 1986), löst iterativ Gleichungen vom Typ (5.105) im Rahmen des Verlet-Integrators (siehe Kap. 6). Eine nichtiterative Variante von SHAKE (Yoneya et al. 1994) kann vorteilhafter sein, wenn sehr viele Constraints vorliegen, da SHAKE dann unter Umständen erst nach sehr vielen Iterationen konvergiert (Barth et al. 1995). Eine Verringerung der Iterationen verspricht M-SHAKE (Kräutler et al. 2001). Ein abgewandelter Algorithmus unter dem Namen RATTLE (Andersen 1983) überträgt das SHAKE-Verfahren auf den Geschwindigkeits-Verlet-Integrator. Bemerkenswert ist, dass dieser Integrator in Kombination mit dem RATTLE-Algorithmus seinen symplektischen Charakter behält (Leimkuhler und Matthews 2015). Eine drei- bis vierfache Geschwindigkeitssteigerung gegenüber SHAKE wurde 1997 mit dem LINCS-Algorithmus erreicht (Hess et al. 1997), sofern die Atome im Molekül nicht durch allzu viele Constraints verbunden sind.

Für Moleküle mit bis zu drei Constraints wurde der SETTLE-Algorithmus entwickelt (Miyamoto und Kollman 1992), mit dem die Lagrange'schen Multiplikatoren analytisch berechnet werden können. Dieses Verfahren ist daher besonders gut für Wassermodelle wie SPC (H. J. C. Berendsen et al. 1981) oder TIP3P (Jorgensen, Chandrasekhar et al. 1983) geeignet, die jeweils drei Constraints aufweisen (siehe Abschn. 5.5.4). In jüngerer Zeit wurden zudem die Algorithmen WIGGLE (S.-H. Lee et al. 2005) und SHAPE (Tao et al. 2012) vorgestellt.

5.5 Kraftfelder

Unter einem Kraftfeld (engl. *force field*) verstehen wir die Menge aller Parameter, die nötig sind, um das empirische Potential V_{FF} aus Gl. (5.5) zu berechnen, und die Angabe der Form aller Potentialfunktionen. Um den Beitrag einer Bindungslänge zu V_{FF} zu bestimmen, muss das Kraftfeld also die Gleichgewichtslänge R_0 für diese Bindung, die dazugehörige Kraftkonstante K und die Potentialform $V(R) = K(R - R_0)^2/2$ enthalten. Die Parameter eines Kraftfeldes lassen sich einer der folgenden Kategorien zuordnen:

- Gleichgewichtswerte für die Geometrie eines Moleküls (Abstände, Winkel, Diederwinkel),
- Kraftkonstanten, die angeben, welche Kraft für Auslenkungen aus der Gleichgewichtslage erforderlich ist,
- Werte für die Bindungsenergie (Morse-, Buckingham- oder Lennard-Jones-Potential),
- Partialladungen,
- Angaben zur Polarisierbarkeit,
- sonstige Parameter (zum Beispiel die Zähligkeit der Symmetrie bei Diederwinkeln).

Je nach Typ des Kraftfeldes werden diese Parameter entweder explizit vorgegeben oder sie werden aus grundlegenderen Parametern abgeleitet, so etwa beim Kraftfeld UFF (siehe Abschn. 5.5.3). Von den genannten Kategorien sind nur Partialladungen und Polarisierbarkeiten genau einem Atomtyp zugeordnet, alle anderen Kategorien dagegen Tupeln aus mehreren Atomtypen. So gehören zu Bindungsabständen, Bindungswinkeln und Diederwinkeln jeweils Tupel aus zwei, drei beziehungsweise vier Atomtypen.

▶ **Merksatz 5.7** Ein **Kraftfeld** umfasst Atomtypen, Potentialfunktionen für die Wechselwirkungen zwischen Atomen und atomspezifische Parameter dieser Funktionen.

5.5.1 Atomtypen

Im einfachsten Fall (zum Beispiel beim Kraftfeld UFF) sind die Atomtypen eines Kraftfeldes identisch mit den chemischen Elementen des Periodensystems. Viel häufiger aber enthält ein Kraftfeld für ausgewählte Elemente eine Reihe verschiedener Atomtypen. Das Kraftfeld MM2(91) (Fernádez et al. 1991) beispielsweise kennt 41 verschiedene Atomtypen für die 5 Elemente Wasserstoff, Kohlenstoff, Stickstoff, Sauerstoff und Schwefel, darunter allein 15 verschiedene Kohlenstoff-Atomtypen. Neben den beiden Standardtypen, einem sp^3-hybridisierten Kohlenstoffatom mit vier Einfachbindungen und einem sp^2-hybridisierten mit zwei Einfach- und einer Doppelbindung, gibt es 13 weitere Typen von Kohlenstoffatomen für eine Reihe von Molekülarten, die durch Standardtypen schlecht beschrieben werden. Welche Atomtypen ein Kraftfeld enthält, hängt von seinem Anwendungsbereich ab. Ein speziell für Proteine konstruiertes Kraftfeld wird andere Atomtypen besitzen als eines, das den gesamten Bereich der organischen Chemie abdecken soll. Während die Anzahl der Partialladungen linear von der Anzahl n der Atomtypen eines Kraftfeldes abhängt, steigt die Anzahl der Gleichgewichtswerte für Diederwinkel theoretisch mit der vierten Potenz von n. Allerdings können nicht alle Atomtypen miteinander Bindungen eingehen. Wasserstoffatome beispielsweise können nur eine Bindung eingehen und daher nicht in der Mitte des 4-Tupels eines Diederwinkels stehen. Für die 71 Atomtypen des MM2(91)-Kraftfelds schlägt Jensen (Jensen 2017) daher eine effektive Anzahl von $n = 30$ vor und erhält so eine theoretisch möglich Zahl von 405000 Gleichgewichtswerten für die Diederwinkel. Tatsächlich enthält MM2(91) aber nur 822 Diederwinkel, da viele der 4-Tupel zu Gruppen zusammengefasst werden, bei denen sich jeweils alle Mitglieder der Gruppe einen gemeinsamen Satz von Parametern teilen. Je mehr Atomtypen und je mehr Parameter ein Kraftfeld enthält, desto realistischer können zumindest im Prinzip die Moleküle aus dem Anwendungsbereich simuliert werden, allerdings um den Preis einer verringerten Übertragbarkeit des Kraftfelds auf Moleküle außerhalb des Anwendungsbereiches. Mit einer steigenden Anzahl von Parametern wird zudem deren Optimierung erschwert.

5.5.2 Optimierung der Parameter

Zwangsläufig kann ein Kraftfeld die zwischenatomaren Wechselwirkungen nur näherungsweise beschreiben, so dass es keinen eindeutigen Weg gibt, ein Kraftfeld zu konstruieren. Vielmehr ist eine solche Konstruktion immer ein Kompromiss zwischen verschiedenen, teilweise miteinander konkurrierenden Zielen. So soll ein Kraftfeld idealerweise eine Vielzahl physikalischer Eigenschaften von sehr verschiedenen Systemen von Molekülen möglichst genau beschreiben. Versucht man aber ein Kraftfeld so zu verbessern, dass die Struktur von in Wasser gelösten Peptiden so genau wie möglich reproduziert wird, wird unter Umständen die mit dem gleichen Kraftfeld berechnete Wärmekapazität einer aus Lipiden bestehenden Flüssigkeit weniger gut berechnet. Es gilt die Daumenregel, dass ein Kraftfeld umso schlechtere Ergebnisse liefert, je allgemeiner sein Anwendungsbereich bezüglich der simulierten Systeme und der untersuchten Eigenschaften dieser Systeme ist.

Ein extremes Beispiel für diese Regel ist das Universal Force Field (UFF) (Rappe et al. 1992), das Parameter für praktisch alle Elemente des Periodensystems enthält und deshalb für die Simulation beliebiger Moleküle geeignet ist. Die grundlegende Idee dieses und vergleichbarer Kraftfelder besteht darin, alle Parameter für Wechselwirkungen zwischen zwei, drei oder vier Atomen (abhängig zum Beispiel von Bindungslängen und -winkeln und Diederwinkeln) auf Parameter zurückzuführen, die einzelne Atome beschreiben, wie etwa Atomradius, Ionisierungsenergie, Elektronegativität oder Polarisierbarkeit. Mit dem UFF-Kraftfeld lässt sich für beliebige Moleküle die Geometrie mit zumindest qualitativer Genauigkeit berechnen, der Energieunterschied zwischen verschiedenen geometrischen Konformationen lässt sich aber oft nur ungenau berechnen, weshalb dieses Kraftfeld nicht für die Simulation von großen Biomolekülen verwendet wird.

Es gibt keine allgemein anerkannte Strategie, wie die Parameter eines Kraftfeldes zu bestimmen sind. Deshalb sollen hier nur zwei Grenzfälle betrachtet werden, bei denen die Probleme, die sich bei der Optimierung der Kraftfeldparameter ergeben, besonders anschaulich werden.

5.5.2.1 Mikroskopischer Ansatz

Bei einem mikroskopischen Ansatz, versucht man die Parameter so zu wählen, dass die Eigenschaften von einzelnen Atomen oder kleinen Molekülen im Vakuum möglichst gut mit spektroskopischen Daten und quantenmechanischen Rechnungen übereinstimmen. Für ein Wassermolekül beispielsweise erhält man so einen Gleichgewichtsabstand von $R_0 = 95,84$ pm für die O-H-Bindung und einen Gleichgewichtswinkel von $\phi_0 = 104,45°$ für den H-O-H-Bindungswinkel. Für Bindungsabstand und -winkel liefert die Anpassung von Infrarotspektren Kraftkonstanten von $K_R = 255$ J mol^{-1} pm^{-2} beziehungsweise $K_\phi = 216$ kJ mol^{-1} (D. Smith und Overend 1972). Dabei wurde, da auf Kreuzterme (siehe Abschn. 5.2.4) der Einfachheit halber verzichtet werden soll, über die symmetrische und asymmetrische O-H-Streckschwingung gemittelt. Wenn wir noch dem Sauerstoff- und den Wasserstoffatomen Partialladungen von $-2q$ beziehungsweise q zuordnen, folgt daraus ein **Dipolmoment** von

$$\boldsymbol{p} = q\left[(\boldsymbol{R}_{H1} - \boldsymbol{R}_O) + (\boldsymbol{R}_{H2} - \boldsymbol{R}_O)\right], \quad (5.117)$$

wobei $\boldsymbol{R}_O$, $\boldsymbol{R}_{H1}$ und $\boldsymbol{R}_{H2}$ die Ortsvektoren der drei Atome sind. Der Betrag des Dipolmoments lässt sich dann mit Hilfe von Bindungsabstand und -winkel in die Form

$$p = 2q R_0 \cos(\phi_0/2) \quad (5.118)$$

bringen. Um das Dipolmoment des Wassermoleküls im Vakuum von $p = 1,8$ D ($= 37,5\,e$ pm) zu reproduzieren, muss die Partialladung des Wasserstoffatoms im Wassermolekül daher $q \approx 0,32\,e$ betragen. Bis auf Parameter für Lennard-Jones-Potentiale, um Van-der-Waals-Wechselwirkungen zwischen Wassermolekülen zu beschreiben, ist das mikroskopische Kraftfeld damit vollständig.

5.5.2.2 Makroskopischer Ansatz

Bei einem makroskopischen Ansatz für ein Kraftfeld für Wassermoleküle wird stattdessen versucht, die Parameter R_0, ϕ_0, K_R, K_ϕ und q und die Lennard-Jones-Parameter so zu wählen, dass MD-Simulationen möglichst realistische Werte für die Dichte, die Viskosität, die Wärmekapazität, die Schmelz- und Verdampfungsenthalpie und für viele weitere thermodynamische Eigenschaften des Wassers liefern. Die im mikroskopischen Ansatz bestimmten Parameter können hier einen guten Startwert für die Optimierung liefern, stellen aber keinen optimalen Parametersatz dar. Insbesondere die Partialladung der Wasserstoffatome hat in den gängigen Kraftfeldern für Wasser (siehe Abschn. 5.5.4) einen deutlich höheren Wert, zum Beispiel $q = 0,4\,e$ beim SPC-Modell. Ein Defizit vieler Wassermodelle, die fehlende Polarisierbarkeit, wird hier durch einen falschen Wert für einen Parameter kompensiert, um das durch Polarisation erhöhte Dipolmoment des Wassermoleküls in der flüssigen Phase von 2,95 D (Gubskaya und Kusalik 2002) widerzuspiegeln. Für ein Wassermolekül im Vakuum liefern diese Wassermodelle notwendigerweise ein zu hohes Dipolmoment, was insbesondere für die Simulation großer Biomoleküle akzeptiert wird, da hier isolierte Wassermoleküle von geringerer Bedeutung sind. Erweitert man ein bestehendes Wassermodell um Terme, die die Polarisierbarkeit des Wassermoleküls berücksichtigen, müssen die Parameter für die unpolarisierten Partialladungen des Sauerstoffatoms und der Wasserstoffatome entsprechend korrigiert werden. Dieses Beispiel zeigt exemplarisch ein häufiges Muster bei der Parametrisierung von Kraftfeldern, dass nämlich richtige Ergebnisse für Vielteilchen-Systeme erzielt werden, indem mangelhaft beschriebene Wechselwirkungen zwischen den Teilchen durch aus mikroskopischer Sicht falsche Parameter für einzelne Teilchen kompensiert werden. Eine verbesserte Beschreibung der zwischenmolekularen Wechselwirkungen erfordert dann zwingend eine Neuadjustierung sämtlicher Parameter des Kraftfeldes.

5.5.3 Häufig verwendete Kraftfelder

Insgesamt gibt es eine unübersichtlich große Anzahl von Kraftfeldern (eine vergleichsweise ausführliche Übersicht findet sich bei (Jensen 2017)), von denen im Folgenden nur eine sehr kleine Auswahl der populärsten kurz vorgestellt werden soll. Auch wenn es im Einzelfall triftige Gründe geben kann, von der folgenden Regel abzuweichen, ist es für Anwendende doch meist eine gute Entscheidung, für die eigene Simulation eines der bekannten und häufig verwendeten Kraftfelder zu wählen, wie sie in den gängigen Programmpaketen für MD-Simulationen enthalten sind. Dadurch werden die eigenen Rechnungen auch für Andere reproduzierbar und die Ergebnisse können mit einer Vielzahl von bereits veröffentlichten Simulationen verglichen werden. Im Idealfall sollten Erkenntnisse, die aus einer MD-Simulation gewonnen werden, unabhängig vom verwendeten Kraftfeld sein. In der Regel ist es aber schon aus Mangel an Ressourcen nicht möglich eine Studie parallel mit verschiedenen Kraftfeldern durchzuführen, weshalb diese Unabhängigkeit der Ergebnisse vom Kraftfeld meist nur hoffnungsvoll angenommen werden kann. Einzelne Parameter eines Kraftfeldes für einzelne Studien zu optimieren, würde die Aussagekraft und Vergleichbarkeit der erzielten Ergebnisse erheblich in Frage stellen und ist deshalb nur in sehr gut begründeten Ausnahmefällen anzuraten. Generell ist die Optimierung der Parameter von Kraftfeldern ein Forschungsfeld für sich (siehe Abschn. 5.5.2).

Ohne jeden Anspruch auf Vollständigkeit sind in Tab. 5.1 eine Anzahl besonders bekannter und häufig verwendeter Kraftfelder aufgelistet. Einige davon werden im Folgenden kurz kommentiert.

5.5.3.1 AMBER

AMBER (engl. *Assisted Model Building with Energy Refinement*) (L. Yang et al. 2006) steht für eine Familie von klassischen Kraftfeldern für die Simulation von Proteinen und Nukleinsäuren. AMBER gehört zu den populärsten und meist verwen-

Tab. 5.1 Populäre Kraftfelder

Name	Hauptanwendungsbereich	Anmerkungen
AMBER[a]	Biomoleküle	Atomare AufLösung, polarisierbare Version: AMBER ff02
ANI[b]	Kleinere Moleküle	Potential durch neuronale Netze, die an quantenmechanischen Rechnungen trainiert werden
CHARMM[c]	Biomoleküle	Atomare Auflösung, polarisierbare Version: CHARMM Drude
EVB[d]	Chemische Reaktionen	Atomare Auflösung, Berechnung von Differenzen der Freien Energie
Martini[e]	Biomoleküle	Grobkörnig: Elementare Bausteine repräsentieren mehrere Atome
MM2[f]	Kleinere Moleküle	Atomare Auflösung, Strukturoptimierung kleiner Moleküle
MM3[g]	Kleinere Moleküle	Atomare Auflösung, Verbesserung von MM2
MM4[h]	Kleinere Moleküle	Atomare Auflösung, Verbesserung von MM3
OPLS[i]	Biomoleküle	Atomare Auflösung, optimiert für die Beschreibung von Flüssigkeiten
UFF[j]	Beliebige Moleküle	Atomare Auflösung

[a] (L. Yang et al. 2006), [b] (J. S. Smith et al. 2017), [c] (Patel und C. L. Brooks 2004; Patel et al. 2004), [d] (Warshel und Weiss 1980), [e] (Marrink et al. 2007), [f] (Norman L. Allinger 1977), [g] (Norman L. Allinger et al. 1989; J. H. Lii und Norman L. Allinger 1989), [h] (N. L. Allinger et al. 1996), [i] (Jorgensen und Tirado-Rives 1988; Jorgensen et al. 1996), [j] (Rappe et al. 1992)

deten Kraftfeldern für die Simulation von großen Biomolekülen und steht sowohl im gleichnamigen Softwarepaket für MD-Simulationen als auch in anderen gängigen Programmpaketen zur Verfügung.

5.5.3.2 CHARMM

Das CHARMM (engl. *Chemistry at Harvard Macromolecular Mechanics*) (Patel und C. L. Brooks 2004; Patel et al. 2004) Kraftfeld und das gleichnamige Programmpaket wurden erstmals 1983 von Martin Karplus und Kollegen vorgestellt. Seither sind eine Reihe von Versionen erschienen, die für die Simulation von DNA, RNA, Lipide und Proteine parametrisiert wurden. Vom Aufbau her hat CHARMM viele Gemeinsamkeit mit AMBER und ist ebenso beliebt bei der Simulation großer Biomoleküle.

5.5.3.3 Martini

Das Martini-Kraftfeld (Marrink et al. 2007) ist ein sogenanntes *coarse grained* Kraftfeld: Als elementare Bestandteile werden Beads statt Atome verwendet. Die Beads, von denen 20 verschiedene Typen existieren, repräsentieren im Durchschnitt vier schwere Atome sowie die mit diesen verbundenen Wasserstoffatome. Die Wechselwirkungen zwischen den Beads werden durch verschiedene Parametersätze beschrieben, je nachdem ob Lipide, Proteine, Nukleinsäuren oder Kohlenhydrate simuliert werden sollen. Das Martini-Kraftfeld vergröbert die atomistische Beschreibung von Molekülen und liefert entsprechend weniger detaillierte Ergebnisse. Wegen des erheblich geringeren Rechenaufwands können mit dem Martini-Kraftfeld dafür erheblich größere Systeme simuliert werden.

5.5.3.4 UFF

UFF (engl. *universal force field*) (Rappe et al. 1992) gehört zur Klasse der universalen Kraftfelder, die einen sehr großen Anwendungsbereich haben (im Extremfall alle denkbaren Moleküle), dafür aber eine geringere Genauigkeit bieten, als sie spezialisierte Kraftfelder in einem kleinen Anwendungsbereich (zum Beispiel Proteine) bieten können. Eine Besonderheit von UFF ist, dass sich alle Parameter des Kraftfelds aus elementspezifischen Parametern ableiten lassen, so dass die Anzahl grundlegender Parameter im Vergleich zu anderen Kraftfeldern sehr gering ist.

5.5.4 Wassermodelle

Das Wassermolekül ist für MD-Simulationen von herausragender Bedeutung: Zum einen existiert Wasser bei Umgebungsdruck in einem Temperaturintervall von nur 100 K in drei verschiedenen Phasen und ist damit ein wichtiger Prüfstein für das gesamte Konzept der MD-Simulation. Zum anderen ist Wasser für die Simulation großer Biomoleküle nicht nur unverzichtbar, sondern nimmt meist auch den größten Anteil der Rechenzeit in Anspruch. Deshalb werden Wechselwirkungen zwischen Wassermolekülen üblicherweise durch ein eigenes Kraftfeld, durch ein sogenanntes Wassermodell, beschrieben.

5.5.4.1 BF-Modell

Das erste Modell, das im heutigen Sinne als Kraftfeld für MD-Simulationen von Wasser aufgefasst werden kann, wurde von Bernal und Fowler (Bernal und Fowler 1933) im Jahr 1933 vorgeschlagen, lange bevor es möglich wurde ein solches Modell in Computersimulationen anzuwenden. Das Wassermodell von Bernal und Fowler (kurz BF-Modell) gehört zur Klasse der starren Wassermodelle, das heißt die Bindungsabstände und -winkel werden während der Simulation festgehalten. An den beiden Wasserstoffatomen befinden sich, ebenso wie an einem im Zentrum des Moleküls platzierten Dummyatom, konstante Ladungen, deren Summe null ergibt. In der heutigen Nomenklatur gehört das BF-Modell zu den Vierpunkt-Wassermodellen (siehe auch Abb. 5.13). Neben den Ladungen für die Coulomb-Wechselwirkung enthält das

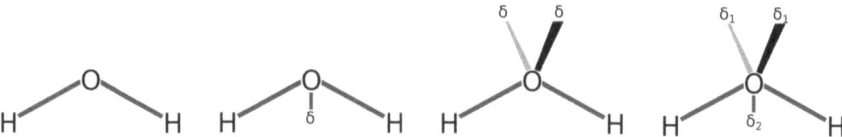

Abb. 5.13 Wassermodelle unterscheiden sich in der Anordnung der Partialladungen, die im Molekül angeordnet sind. In Dreipunktmodellen werden drei Partialladungen an den Atomzentren angeordnet (links). Vierpunktmodelle enthalten zusätzlich eine Punktladung, die einen Teil der Partialladung des Sauerstoffs enthält, in einer Symmetrieebene des Moleküls zwischen den beiden Wasserstoffatomen (Mitte links). Fünfpunktmodelle platzieren je eine solche negative Punktladung an die beiden Positionen der freien Elektronenpaare des Sauerstoffatoms (Mitte rechts). Sechspunktmodelle fügen noch eine weitere Punktladung hinzu (rechts)

Tab. 5.2 Parameter gängiger Wassermodelle (n: Anzahl der Punkte)

Modell	n	R_{OH} (Å)	ϕ_{HOH} (°)	q_H (e)	E_{LJ} (J mol^{-1})	R_{LJ} (Å)
BF[a]	4	0,96	105,7	0,49	1307,6	3,320
SPC[b]	3	1,00	109,47	0,41	650,2	3,554
TIP3P[c]	3	0,9572	104,52	0,417	636,27	3,535
TIP4P[c]	4	0,9572	104,52	0,535	648,7	3,539
TIP5P[d]	5	0,9572	104,52	0,241	669,4	3,502
OPC[e]	3	0,8724	103,6	0,6791	890,3	3,554

[a] (Bernal und Fowler 1933), [b] (H. J. C. Berendsen et al. 1981), [c] (Jorgensen, Chandrasekhar et al. 1983), [d] (Mahoney und Jorgensen 2000), [e] (Izadi et al. 2014)

BF-Modell auch Lennard-Jones-Parameter für die Van-der-Waals-Wechselwirkung zwischen Sauerstoffatomen. Seit dem BF-Modell wurde eine Vielzahl von weiteren Wassermodellen vorgeschlagen (siehe etwa (Guillot 2002; Wallqvist und Mountain 2007; Vega und Abascal 2011; Shvab und Sadus 2016) für eine ausführliche Übersicht und (Lambros und Paesani 2020) für polarisierbare Wassermodelle), von denen hier nur einige der bekanntesten beispielhaft vorgestellt werden (siehe auch Tab. 5.2).

Für eine Einordnung der verschiedenen Wassermodelle sind folgende Eigenschaften geeignet: die Flexibilität, die Anzahl der Ladungspunkte und die Polarisierbarkeit. Die meisten Wassermodelle sind wie das BF-Modell starr (oder unflexibel), das heißt die Geometrie des Wassermodells wird fest vorgegeben. Flexible Wassermodelle erlauben dagegen Änderungen von Bindungsabstand und -winkel und enthalten die zugehörigen Kraftkonstanten als Parameter.

5.5.4.2 SPC-Modelle

Eines der ältesten heute noch häufig verwendeten Wassermodelle ist das SPC-Modell (engl. *simple point charge*), ein starres, nicht polarisierbares Dreipunktmodell, das 1981 vorgestellt wurde (H. J. C. Berendsen et al. 1981) und seitdem durch zahlreiche Varianten ergänzt wurde, darunter SPC/E mit mit neuadjustierten Ladungen (H. J. C. Berendsen et al. 1987), das flexible SPC/F-Modell (Toukan und Rahman 1985) und das polarisierbare SPC-pol-Modell (B. Chen et al. 2000).

5.5.4.3 TIPnP-Modelle

Weiter verbreitet als die SPC-Modelle sind heute, insbesondere bei der Simulation großer Biomoleküle, Mitglieder der großen Familie der TIP-Modelle (engl. *transferable intermolecular potential models*), von denen TIP3P, TIP4P und TIP5P nur drei der bekanntesten sind (Jorgensen, Chandrasekhar et al. 1983; Mahoney und Jorgensen 2000). Die generische Bezeichnung TIP*n*P mit $n = 1, \ldots, 5$ steht für starre und nicht polarisierbare Modelle mit n Atomen und Punktladungen, es wurden aber auch hier flexible und polarisierbare Varianten entwickelt, beispielsweise TIP4F (Mahoney und Jorgensen 2001) oder TIP4P-pol (B. Chen et al. 2000). Die TIP*n*P-Modelle beinhalten, ebenso wie die SPC-Modelle, standardmäßig nur ein Lennard-Jones-Potential zwischen Sauerstoffatomen. Bei einzelnen Varianten wie zum Beispiel dem für die Implementation in das Kraftfeld CHARMM modifizierten TIP3P-Modell sind aber auch Lennard-Jones-Potentiale für Wasserstoffatome enthalten.

5.5.4.4 Vergleich der Wassermodelle

Bei der Anwendung wird die Wahl des zu verwendenden Wassermodells insofern erleichtert, als dass viele Kraftfelder auf ein bevorzugtes Modell abgestimmt sind, so etwa GROMOS auf SPC/E, AMBER und CHARMM27 auf TIP3P oder OPLS auf TIP4P. Darüber hinaus darf aber bei der Entscheidung für ein Wassermodell nicht außer Acht gelassen werden, welche Eigenschaften des Wassers für die mit einer Simulation zu untersuchende Fragestellung von Bedeutung sind, da alle Wassermodelle unterschiedliche Stärken und Schwächen haben und keines allen anderen in jeder Hinsicht überlegen ist. Wichtige Anhaltspunkte können Vergleichsstudien liefern wie etwa die von Vega et al. (Vega und Abascal 2011), die für eine große Anzahl verschiedener thermodynamischer Eigenschaften von Wasser untersuchen, wie gut die Modelle SPC/E, TIP3P, TIP4P, TIP4P/2005 und TIP5P die experimentellen Größen reproduzieren. Obwohl das TIP3P-Modell sich bei diesem Vergleich den anderen Modellen als unterlegen erweist, ist es doch für die Simulation von Biomolekülen oft die erste Wahl, da wichtige Kraftfelder für Proteine und Lipide für eine Verwendung zusammen mit dem TIP3P-Modell parametrisiert worden sind. Schließlich bleibt als Faktor, der zu berücksichtigen ist, auch die Rechenzeit, die bei flexiblen oder polarisierbaren Modellen um einen Faktor von 5 beziehungsweise 6 höher liegt als bei starren, nicht polarisierbaren Modellen. Für die erhöhte Rechenzeit der flexiblen Modelle sind die hochfrequenten Streckschwingungen der Bindung zwischen Sauerstoff und Wasserstoffatomen verantwortlich, die einen Zeitschritt der Diskretisierung (siehe Kap. 6) von 0,1 fs erfordern, während starre O-H-Bindungen in Verbindung mit Constraints (Abschn. 5.4) Zeitschritte von 1 bis 2 fs ermöglichen.

5.6 Wissenscheck

Nach einer Zusammenfassung dieses Kapitel bieten Verständnisfragen und Aufgaben die Möglichkeit, das Verständnis der behandelten Themen zu vertiefen.

5.6.1 Zusammenfassung

In der klassischen Molekulardynamik wird einem System, das aus N Teilchen besteht, ein empirisches Potential V_{FF} zugeordnet, das eine Funktion der N Kernkoordinaten $R_1, \ldots, R_N$ ist. Üblicherweise wird dieses Potential als Summe aus einem bindenden und einem nichtbindenden Anteil,

$$V_{FF} = V_b + V_{nb} \tag{5.119}$$

geschrieben. V_b setzt sich aus harmonischen Potentialen für alle kovalenten Bindungslängen und Bindungswinkeln und aus weiteren Potentialen für alle Diederwinkel zusammen,

$$V_b = V_{str} + V_{bend} + V_{tors} \,. \tag{5.120}$$

Jeder dieser drei Beiträge entspricht einer Summe über alle 2-, 3- und 4-Tupel von Atomen, durch die Bindungen, Bindungswinkel und Diederwinkel beschrieben werden.

Der nichtbindende Anteil V_{nb} ist die Summe aus einem Beitrag V_{vdW}, der die Pauli-Abstoßung und die Van-der-Waals-Anziehung beschreibt, und einem zweiten Beitrag, der die Coulomb-Wechselwirkung repräsentiert:

$$V_{nb} = V_{vdW} + V_{el} \,. \tag{5.121}$$

V_{vdW} wird in der Regel durch ein Lennard-Jones-Potential modelliert, das mit der sechsten Potenz des Abstands abfällt und deshalb nur bis zu einem Cutoff von etwa 8 bis 12 Å ausgewertet werden muss. Das Coulomb-Potential V_{el} fällt dagegen nur mit der ersten Potenz des Abstands ab, so dass ein Cutoff zu größeren Näherungsfehlern führt als beim Lennard-Jones-Potential. Alternativ kann V_{el} in einen kurz- und langreichweitigen Beitrag aufgespalten werden, so dass der kurzreichweitige Teil direkt und der langreichweitige Teil nach Fourier-Transformation im reziproken Teil aufsummiert.

Alle Parameter, die für die Berechnung der genannten Potentialbeiträge erforderlich sind, bilden zusammen mit den Funktionsformen das sogenannte Kraftfeld. Es gibt eine Reihe von Kraftfeldern, die für verschiedene Anwendungsbereiche optimiert sind.

5.6.2 Verständnisfragen

5.1 Kovalent gebundene Atome
Warum werden zwischen kovalent gebundenen Atomen keine Coulomb- oder Van-der-Waals-Wechselwirkungen ausgewertet?

5.2 Defekte des harmonischen Potentials
Harmonische Potentiale können kovalente Bindungen gut beschreiben, solange der Bindungsabstand nicht zu sehr vom Gleichgewichtsabstand abweicht. Welche Defekte hat dieses Modell aber bei größeren Abstandsänderungen?

5.3 Mittlerer Abstand und Gleichgewichtsabstand
Ist der Gleichgewichtsabstand R_0 eines harmonischen Potentials für eine kovalente Bindung gleich dem mittleren Abstand $\langle R \rangle$ der im Experiment bestimmt werden kann?

5.4 Vergleich der Bindungsstärke
Ordnen Sie die kovalente Bindung, die Wasserstoffbrückenbindung und die Van-der-Waals-Bindungen nach ihrer Stärke.

5.5 Elektrische Neutralität
Warum erfordern MD-Simulationen mit periodischen Randbedingungen eine elektrisch neutrale Simulationsbox?

5.6 Coulomb-Wechselwirkungen
Bei einer quantenmechanischen Behandlung von Atomen und Molekülen tritt nur die Coulomb-Kraft als Wechselwirkung auf. Warum gibt es bei einem empirischen Kraftfeld neben der Coulomb-Wechselwirkung weitere Wechselwirkungen wie etwa die Van-der-Waals-Anziehung?

5.6.3 Aufgaben

5.7 Eichung des Potentials
Üblicherweise werden abstandsabhängige Potentiale bei passenden Abständen auf null geeicht: Zum Beispiel das harmonische Potential beim Gleichgewichtsabstand und das Coulomb-Potential bei unendlich großem Abstand. Zeigen Sie, dass eine Eichfreiheit besteht, dass sich also die Dynamik eines Systems nicht ändert, wenn zum Potential eine Konstante addiert wird.

5.8 Streckschwingungen
Die kovalente Bindung zwischen Wasserstoff- und Sauerstoffatomen weist Streckschwingungen mit Frequenzen der Größenordnung $f = 10^{14}$ Hz auf. Gehen Sie näherungsweise davon aus, dass das Sauerstoffatom sich aufgrund seiner sechzehnmal höheren Masse kaum bewegt, so dass sich praktisch nur das Wasserstoffatom mit einer Masse von etwa $m_H = 1{,}67 \cdot 10^{27}$ kg bewegt. Wie groß muss dann die Kraftkonstante K in einem harmonischen Potential sein, das diese Bindung näherungsweise beschreibt? Lösen Sie dazu die Bewegungsgleichung für einen harmonischen Oszillator.

5.9 Lennard-Jones-Potential (1)
Zeigen Sie das die zum Lennard-Jones-Potential

$$V_{\text{LJ}} = E_0 \left[\left(\frac{R_0}{R} \right)^{12} - 2 \left(\frac{R_0}{R} \right)^6 \right]$$

gehörende Kraft für $R = R_0$ verschwindet.

5.10 Lennard-Jones-Potential (2)
Zeigen Sie, dass sich das Lennard-Jones-Potential im engen Abstand um den Gleichgewichtsabstand R_0 herum durch ein harmonisches Potential approximieren lässt.

5.12 Approximation durch Gitterladungen
Am Ort $(a(n + \varepsilon), 0, 0)$ für ein ganzzahliges n befindet sich eine Ladung q, deren Coulomb-Potential im PME-Verfahren durch zwei Ladungen

$$q_- = q(1 - \varepsilon)$$

und

$$q_+ = q\epsilon$$

mit $0 < \epsilon < 1$ an den Orten $(an, 0, 0)$ beziehungsweise $(a(n + 1), 0, 0)$ approximiert werden soll, wobei a die Gitterkonstante ist. Zeigen Sie mit Hilfe der Näherung $1/(1 + \alpha) \approx 1 - \alpha$ für $|\alpha| \ll 1$, dass das Coulomb-Potential der Gitterladungen am Ort $(x, 0, 0)$ in erster Näherung mit dem Potential von q übereinstimmt, wenn $x \gg an$ gilt und der Abstand $|x - an|$ damit groß gegen a ist.

5.13 Dipol-Dipol-Wechselwirkung
Die Coulomb-Wechselwirkung zwischen Wassermolekülen wird in der Regel so berechnet, dass jedes Atom des einen Moleküls mit jedem Atom des anderen Moleküls elektrostatisch wechselwirkt. Zeigen Sie für die unten gezeigte schematische Ladungsanordnung, dass die elektrostatische Wechselwirkung zwischen den abgebildeten elektrisch neutralen Molekülen mit statischem Dipolmoment für große Abstände mit der dritten Potenz des Abstandes abnimmt.

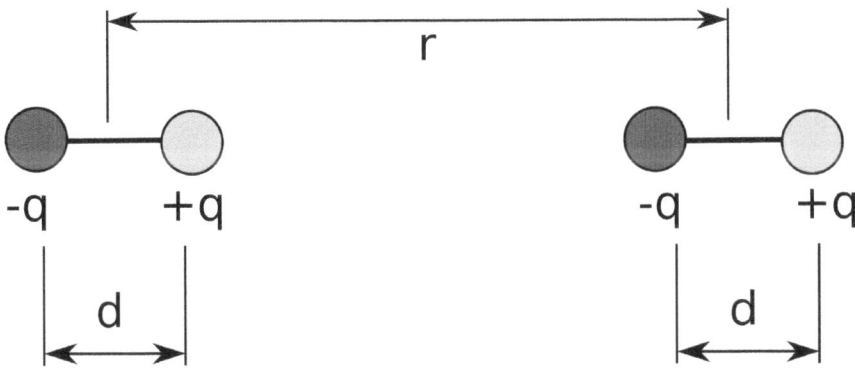

Verwenden Sie die Näherung $(1 + x)^\alpha \approx 1 + \alpha x$ für $|x| \ll 1$.

Literatur

Allinger, N. L., Kuo-Hsiang Chen und J. Lii (1996). „An improved force field (MM4) for saturated hydrocarbons". In: *Journal of Computational Chemistry* 17.

Allinger, Norman L. (1977). „Conformational analysis. 130. MM2. A hydrocarbon force field utilizing V1 and V2 torsional terms". In: *Journal of the American Chemical Society* 99.25, S. 8127–8134. DOI: https://doi.org/10.1021/ja00467a001.

Allinger, Norman L., Young H. Yuh und Jenn Huei Lii (1989). „Molecular mechanics. The MM3 force field for hydrocarbons. 1". In: *Journal of the American Chemical Society* 111.23, S. 8551–8566. DOI: https://doi.org/10.1021/ja00205a001.

Andersen, Hans C (Okt. 1983). „Rattle: A velocity version of the shake algorithm for molecular dynamics calculations". In: *Journal of Computational Physics* 52.1, S. 24–34. DOI: https://doi.org/10.1016/0021-9991(83)90014-1.

Aziz, Ronald A. und Martin J. Slaman (Juni 1991). „An examination of *ab initio* results for the helium potential energy curve". In: *The Journal of Chemical Physics* 94.12, S. 8047–8053. DOI: https://doi.org/10.1063/1.460139.

Baker, Christopher M. (2015). „Polarizable force fields for molecular dynamics simulations of biomolecules". In: *Wiley Interdisciplinary Reviews: Computational Molecular Science* 5.2, S. 241–254. DOI: https://doi.org/10.1002/wcms.1215.

Bartelmann, Matthias u. a. (2018). *Mechanik*. Theoretische Physik. Berlin: Springer Spektrum.

Barth, Eric u. a. (1995). „Algorithms for constrained molecular dynamics". In: *Journal of Computational Chemistry* 16.10, S. 1192–1209.

Bauer, Brad A. und Sandeep Patel (2012). „Recent applications and developments of charge equilibration force fields for modeling dynamical charges in classical molecular dynamics simulations". In: *Theoretical Chemistry Accounts* 131.3, S. 1153. DOI: https://doi.org/10.1007/s00214-012-1153-7.

Becke, A. D. (1988). „Correlation energy of an inhomogeneous electron gas: A coordinate-space model". In: *The Journal of Chemical Physics* 88.2, S. 1053–1062. DOI: https://doi.org/10.1063/1.454274.

Becke, Axel D. (1993). „Density-functional thermochemistry. III. The role of exact exchange". In: *The Journal of Chemical Physics* 98.7, S. 5648–5652. DOI: https://doi.org/10.1063/1.464913.

Berendsen, H. J. C., J. R. Grigera und T. P. Straatsma (1987). „The missing term in effective pair potentials". In: *The Journal of Physical Chemistry* 91.24, S. 6269–6271. DOI: https://doi.org/10.1021/j100308a038.

Berendsen, H. J. C., J. P. M. Postma, u. a. (1981). „Interaction Models for Water in Relation to Protein Hydration". In: *Intermolecular Forces*. Ed. by Bernard Pullman. Vol. 14. Dordrecht: Springer Netherlands, S. 331–342. DOI: https://doi.org/10.1007/978-94-015-7658-1_21.

Bernal, J. D. und R. H. Fowler (1933). „A Theory of Water and Ionic Solution, with Particular Reference to Hydrogen and Hydroxyl Ions". In: *The Journal of Chemical Physics* 1, S. 515–548. DOI: https://doi.org/10.1063/1.1749327.

Born, Max und Joseph E. Mayer (1932). „Zur Gittertheorie der Ionenkristalle". In: *Zeitschrift für Physik* 75.1, S. 1–18. DOI: https://doi.org/10.1007/BF01340511.

Borwein, David, Jonathan M. Borwein und Keith F. Taylor (1985). „Convergence of lattice sums and Madelung's constant". In: *Journal of Mathematical Physics* 26.11, S. 2999–3009. DOI: https://doi.org/10.1063/1.526675.

Buckingham, R. A. (1938). „The classical equation of state of gaseous helium, neon and argon". In: *Proceedings of the Royal Society of London. Series A. Mathematical and Physical Sciences* 168.933, S. 264–283. DOI: https://doi.org/10.1098/rspa.1938.0173.

Chen, Bin, Jianhua Xing und J. Ilja Siepmann (2000). „Development of Polarizable Water Force Fields for Phase Equilibrium Calculations". In: *The Journal of Physical Chemistry B* 104.10, S. 2391–2401. DOI: https://doi.org/10.1021/jp993687m.

Ciccotti, G. und J.P. Ryckaert (1986). „Molecular dynamics simulation of rigid molecules". In: *Computer Physics Reports* 4.6, S. 346–392. DOI: https://doi.org/10.1016/0167-7977(86)90022-5.

Darden, Tom, Darrin York und Lee Pedersen (1993). „Particle mesh Ewald: An N·log(N) method for Ewald sums in large systems". In: *The Journal of Chemical Physics* 98.12, S. 10089. DOI: https://doi.org/10.1063/1.464397.

Deem, M. W., John M. Newsam und S. K. Sinha (1990). „The h = 0 term in Coulomb sums by the Ewald transformation". In: *The Journal of Physical Chemistry* 94.21, S. 8356–8359. DOI: https://doi.org/10.1021/j100384a066.

Dunning, Thom H. (Jan. 1989). „Gaussian basis sets for use in correlated molecular calculations. I. The atoms boron through neon and hydrogen". In: *The Journal of Chemical Physics* 90.2, S. 1007–1023. DOI: https://doi.org/10.1063/1.456153.

Eastwood, J.W., R.W. Hockney und D.N. Lawrence (Apr. 1980). „P3M3DP - The three-dimensional periodic particle-particle/ particle-mesh program". In: *Computer Physics Communications* 19.2, S. 215–261. DOI: https://doi.org/10.1016/0010-4655(80)90052-1.

Essmann, Ulrich u. a. (1995). „A smooth particle mesh Ewald method". In: *The Journal of Chemical Physics* 103.19, S. 8577. DOI: https://doi.org/10.1063/1.470117.

Ewald, P. P. (1921). „Die Berechnung optischer und elektrostatischer Gitterpotentiale". In: *Annalen der Physik* 369.3, S. 253–287. DOI: https://doi.org/10.1002/andp.19213690304.

Fernádez, Berta, Miguel A. Ríos und Luís Carballeira (1991). „Molecular mechanics (MM2) and conformational analysis of compounds with N-C-O units. Parametrization of the force field and anomeric effect". In: *Journal of Computational Chemistry* 12.1, S. 78–90. DOI: https://doi.org/10.1002/jcc.540120109.

Frenkel, Daan und Berend Smit (2001). *Understanding molecular simulation: from algorithms to applications*. Computational science series. San Diego, Calif.: Acad. Press.

Frisch, M.J. u. a. (2003). „Gaussian 03". In: Publisher: Gaussian, Inc.

Goodman, Lionel, Vojislava Pophristic und Frank Weinhold (Dec. 1999). „Origin of Methyl Internal Rotation Barriers". In: *Accounts of Chemical Research* 32.12, S. 983–993. DOI: https://doi.org/10.1021/ar990069f.

Grisenti, R. E. u. a. (2000). „Determination of the Bond Length and Binding Energy of the Helium Dimer by Diffraction from a Transmission Grating". In: *Physical Review Letters* 85.11, S. 2284–2287. DOI: https://doi.org/10.1103/PhysRevLett.85.2284.

Gubskaya, Anna V. und Peter G. Kusalik (2002). „The total molecular dipole moment for liquid water". In: *The Journal of Chemical Physics* 117.11, S. 5290–5302. DOI: https://doi.org/10.1063/1.1501122.

Guillot, Bertrand (2002). „A reappraisal of what we have learnt during three decades of computer simulations on water". In: *Journal of Molecular Liquids* 101.1-3, S. 219–260. DOI: https://doi.org/10.1016/S0167-7322(02)00094-6.

Hess, Berk u. a. (1997). „LINCS: a linear constraint solver for molecular simulations". In: *Journal of computational chemistry* 18.12, S. 1463–1472.

Hockney, Roger W. und James W. Eastwood (1999). *Computer simulation using particles*. Reprinted. Bristol: Inst. of Physics Publ. ISBN: 978-0-85274-392-8.

Izadi, Saeed, Ramu Anandakrishnan und Alexey V. Onufriev (2014). „Building Water Models: A Different Approach". In: *The Journal of Physical Chemistry Letters* 5.21, S. 3863–3871. DOI: https://doi.org/10.1021/jz501780a.

Jensen, Frank (2017). *Introduction to computational chemistry*. Chichester, West Sussex Hoboken, NJ Oxford: Wiley.

Jones, J. E. (1924). „On the determination of molecular fields. II. From the equation of state of a gas". In: *Proceedings of the Royal Society of London. Series A, Containing Papers of a Mathematical and Physical Character* 106.738, S. 463–477. DOI: https://doi.org/10.1098/rspa.1924.0082.

Jorgensen, William L., Jayaraman Chandrasekhar, u. a. (1983). „Comparison of simple potential functions for simulating liquid water". In: *The Journal of Chemical Physics* 79.2, S. 926–935. DOI: https://doi.org/10.1063/1.445869.

Jorgensen, William L., David S. Maxwell und Julian Tirado-Rives (1996). „Development and Testing of the OPLS All-Atom Force Field on Conformational Energetics and Properties of Organic Liquids". In: *Journal of the American Chemical Society* 118.45, S. 11225–11236. DOI: https://doi.org/10.1021/ja9621760.

Jorgensen, William L. und Julian Tirado-Rives (1988). „The OPLS [optimized potentials for liquid simulations] potential functions for proteins, energy minimizations for crystals of cyclic peptides and crambin". In: *Journal of the American Chemical Society* 110.6, S. 1657–1666. DOI: https://doi.org/10.1021/ja00214a001.

Kopitzki, Konrad und Peter Herzog (2017). *Einführung in die Festkörperphysik*. Berlin, Heidelberg: Springer Berlin Heidelberg. DOI: https://doi.org/10.1007/978-3-662-53578-3.

Kräutler, Vincent, Wilfred F Van Gunsteren und Philippe H Hünenberger (2001). „A fast SHAKE algorithm to solve distance constraint equations for small molecules in molecular dynamics simulations". In: *Journal of computational chemistry* 22.5, S. 501–508.

Lambros, Eleftherios und Francesco Paesani (2020). „How good are polarizable and flexible models for water: Insights from a many-body perspective". In: *The Journal of Chemical Physics* 153.6, S. 060901. DOI: https://doi.org/10.1063/5.0017590.

Leach, Andrew R. (2009). *Molecular modelling: principles and applications*. Harlow: Pearson/Prentice Hall.

Lee, Chengteh, Weitao Yang und Robert G. Parr (1988). „Development of the Colle-Salvetti correlation-energy formula into a functional of the electron density". In: *Physical Review B* 37.2, S. 785–789. DOI: https://doi.org/10.1103/PhysRevB.37.785.

Lee, Sang-Ho, Kim Palmo und Samuel Krimm (2005). „WIGGLE: A new constrained molecular dynamics algorithm in Cartesian coordinates". In: *Journal of Computational Physics* 210.1, S. 171–182. DOI: https://doi.org/10.1016/j.jcp.2005.04.006.

Leimkuhler, B. und Charles Matthews (2015). *Molecular dynamics: with deterministic and stochastic numerical methods*. Cham: Springer.

Li, Lin u. a. (2013). „On the Dielectric „Constant" of Proteins: Smooth Dielectric Function for Macromolecular Modeling and Its Implementation in DelPhi". In: *Journal of Chemical Theory and Computation* 9.4, S. 2126–2136. DOI: https://doi.org/10.1021/ct400065j.

Lii, Jenn Huei und Norman L. Allinger (1989). „Molecular mechanics. The MM3 force field for hydrocarbons. 3. The van der Waals' potentials and crystal data for aliphatic and aromatic hydrocarbons". In: *Journal of the American Chemical Society* 111.23, S. 8576–8582. DOI: https://doi.org/10.1021/ja00205a003.

Lopes, Pedro E. M. u. a. (2013). „Polarizable Force Field for Peptides and Proteins Based on the Classical Drude Oscillator". In: *Journal of Chemical Theory and Computation* 9.12, S. 5430–5449. DOI: https://doi.org/10.1021/ct400781b.

Mahoney, Michael W. und William L. Jorgensen (2000). „A five-site model for liquid water and the reproduction of the density anomaly by rigid, nonpolarizable potential functions". In: *The Journal of Chemical Physics* 112.20, S. 8910–8922. DOI: https://doi.org/10.1063/1.481505.

Mahoney, Michael W. und William L. Jorgensen (2001). „Quantum, intramolecular flexibility, and polarizability effects on the reproduction of the density anomaly of liquid water by simple potential functions". In: *The Journal of Chemical Physics* 115.23, S. 10758–10768. DOI: https://doi.org/10.1063/1.1418243.

Marrink, Siewert J. u. a. (2007). „The MARTINI Force Field: Coarse Grained Model for Biomolecular Simulations". In: *The Journal of Physical Chemistry B* 111.27, S. 7812–7824. DOI: https://doi.org/10.1021/jp071097f.

Miyamoto, Shuichi und Peter A. Kollman (1992). „Settle: An analytical version of the SHAKE and RATTLE algorithm for rigid water models". In: *Journal of Computational Chemistry* 13.8, S. 952–962. DOI: https://doi.org/10.1002/jcc.540130805.

Morse, Philip M. (1929). „Diatomic Molecules According to the Wave Mechanics. II. Vibrational Levels". In: *Physical Review* 34.1, S. 57–64. DOI: https://doi.org/10.1103/PhysRev.34.57.

Mortier, Wilfried J., Swapan K. Ghosh und S. Shankar (1986). „Electronegativity-equalization method for the calculation of atomic charges in molecules". In: *Journal of the American Chemical Society* 108.15, S. 4315–4320. DOI: https://doi.org/10.1021/ja00275a013.

Mourik, Tanja van und Thom H. Dunning (1999). „A new *ab initio* potential energy curve for the helium dimer". In: *The Journal of Chemical Physics* 111.20, S. 9248–9258. DOI: https://doi.org/10.1063/1.479839.

Neumann, Martin (1983). „Dipole moment fluctuation formulas in computer simulations of polar systems". In: *Molecular Physics* 50.4, S. 841–858. DOI: https://doi.org/10.1080/00268978300102721.

Patel, Sandeep und Charles L. Brooks (2004). „CHARMM fluctuating charge force field for proteins: I parameterization and application to bulk organic liquid simulations". In: *Journal of Computational Chemistry* 25.1, S. 1–16. DOI: https://doi.org/10.1002/jcc.10355.

Patel, Sandeep, Alexander D. Mackerell und Charles L. Brooks (2004). „CHARMM fluctuating charge force field for proteins: II Protein/solvent properties from molecular dynamics simulations using a nonadditive electrostatic model". In: *Journal of Computational Chemistry* 25.12, S. 1504–1514. DOI: https://doi.org/10.1002/jcc.20077.

Pople, John A., Martin Head-Gordon und Krishnan Raghavachari (1987). „Quadratic configuration interaction. A general technique for determining electron correlation energies". In: *The Journal of Chemical Physics* 87.10, S. 5968–5975. DOI: https://doi.org/10.1063/1.453520.

Raghavachari, K. u. a. (1980). „Self-consistent molecular orbital methods. XX. A basis set for correlated wave functions". In: *The Journal of Chemical Physics* 72.1, S. 650–654. DOI: https://doi.org/10.1063/1.438955.

Rappe, A. K. u. a. (1992). „UFF, a full periodic table force field for molecular mechanics and molecular dynamics simulations". In: *Journal of the American Chemical Society* 114.25, S. 10024–10035. DOI: https://doi.org/10.1021/ja00051a040.

Ryckaert, Jean-Paul, Giovanni Ciccotti und Herman J.C Berendsen (1977). „Numerical integration of the cartesian equations of motion of a system with constraints: molecular dynamics of n-alkanes". In: *Journal of Computational Physics* 23.3, S. 327–341. DOI: https://doi.org/10.1016/0021-9991(77)90098-5.

Schlick, Tamar (2006). *Molecular modeling and simulation: an interdisciplinary guide*. New York: Springer.

Schreiber, H. und O. Steinhauser (1992). „Cutoff size does strongly influence molecular dynamics results on solvated polypeptides". In: *Biochemistry* 31.25, S. 5856–5860. DOI: https://doi.org/10.1021/bi00140a022.

Shvab, I. und Richard J. Sadus (2016). „Atomistic water models: Aqueous thermodynamic properties from ambient to supercritical conditions". In: *Fluid Phase Equilibria* 407, S. 7–30. DOI: https://doi.org/10.1016/j.fluid.2015.07.040.

Smith, D.Foss und John Overend (1972). „Anharmonic force constants of water". In: *Spectrochimica Acta Part A: Molecular Spectroscopy* 28.3, S. 471–483. DOI: https://doi.org/10.1016/0584-8539(72)80234-4.

Smith, Daniel G. A. u. a. (May 2020). „Psi4 1.4: Open-source software for high-throughput quantum chemistry". In: *The Journal of Chemical Physics* 152.18, S. 184108. DOI: https://doi.org/10.1063/5.0006002.

Smith, J. S., O. Isayev und A. E. Roitberg (2017). „ANI-1: an extensible neural network potential with DFT accuracy at force field computational cost". In: *Chemical Science* 8.4, S. 3192–3203. DOI: https://doi.org/10.1039/C6SC05720A.

Smith, Paul E. und B. Montgomery Pettitt (1994). „Modeling Solvent in Biomolecular Systems". In: *The Journal of Physical Chemistry* 98.39, S. 9700–9711. DOI: https://doi.org/10.1021/j100090a002.

Tang, K. T., J. P. Toennies und C. L. Yiu (1995). „Accurate Analytical He-He van der Waals Potential Based on Perturbation Theory". In: *Physical Review Letters* 74.9, S. 1546–1549. DOI: https://doi.org/10.1103/PhysRevLett.74.1546.

Tao, Peng, Xiongwu Wu und Bernard R. Brooks (2012). „Maintain rigid structures in Verlet based Cartesian molecular dynamics simulations". In: *The Journal of Chemical Physics* 137.13, S. 134110. DOI: https://doi.org/10.1063/1.4756796.

Toukan, Kahled und Aneesur Rahman (1985). „Molecular-dynamics study of atomic motions in water". In: *Physical Review B* 31.5, S. 2643–2648. DOI: https://doi.org/10.1103/PhysRevB.31.2643.

Van Gunsteren, W. F. und Martin Karplus (1982). „Effect of constraints on the dynamics of macromolecules". In: *Macromolecules* 15.6, S. 1528–1544. DOI: https://doi.org/10.1021/ma00234a015.

Vega, Carlos und Jose L. F. Abascal (2011). „Simulating water with rigid non-polarizable models: a general perspective". In: *Physical Chemistry Chemical Physics* 13, S. 19663. DOI: https://doi.org/10.1039/c1cp22168j.

Wallqvist, Anders und Raymond D. Mountain (2007). „Molecular Models of Water: Derivation and Description". In: *Reviews in Computational Chemistry*. Ed. by Kenny B. Lipkowitz und Donald B. Boyd. Hoboken, NJ, USA: John Wiley & Sons, Inc., S. 183–247. DOI: https://doi.org/10.1002/9780470125908.ch4.

Warshel, Arieh und Robert M. Weiss (1980). „An empirical valence bond approach for comparing reactions in solutions and in enzymes". In: *Journal of the American Chemical Society* 102.20, S. 6218–6226. DOI: https://doi.org/10.1021/ja00540a008.

Wennberg, Christian L. u. a. (2013). „Lennard-Jones Lattice Summation in Bilayer Simulations Has Critical Effects on Surface Tension and Lipid Properties". In: *Journal of Chemical Theory and Computation* 9.8, S. 3527–3537. DOI: https://doi.org/10.1021/ct400140n.

Wilson, E. Bright, J. C. Decius und Paul C. Cross (1980). *Molecular vibrations: the theory of infrared and raman vibrational spectra*. First published in 1980, is an unabridged and corrected republication of the work originally published in 1955 by McGraw-Hill Book Company, Inc. New York: Dover Publications Inc. ISBN: 978-0-486-63941-3.

Yang, Lijiang u. a. (2006). „New-Generation Amber United-Atom Force Field". In: *The Journal of Physical Chemistry B* 110.26, S. 13166–13176. DOI: https://doi.org/10.1021/jp060163v.

Yoneya, Makoto, H. J. C. Berendsen und Kootaro Hirasawa (1994). „A Non-Iterative Matrix Method for Constraint Molecular Dynamics Simulations". In: *Molecular Simulation* 13.6, S. 395–405. DOI: https://doi.org/10.1080/08927029408022001.

Integration der Bewegung 6

Inhaltsverzeichnis

6.1 Trajektorien 162
6.2 Euler-Verfahren 166
6.3 Berechenbarkeit und Chaos 171
6.4 Eigenschaften von Integratoren 176
6.5 Verlet-Algorithmus 195
6.6 Multiskalenverfahren 204
6.7 Weitere Integratoren 212
6.8 Wissenscheck 215

Die klassische Molekulardynamik (MD) beschreibt die Dynamik eines Systems aus N Atomen im Rahmen der Newtonschen Mechanik, also mit Hilfe des zweiten Newtonschen Gesetzes oder mit dem Hamilton-Formalismus. Wenn wir die Positionsvektoren der Atome $I = 1, \ldots, N$ mit $\boldsymbol{R}_I$, die Massen mit M_I und die auf sie wirkenden Kräfte mit $\boldsymbol{F}_I$ bezeichnen, erhalten wir so die Bewegungsgleichungen

$$\boldsymbol{F}_I = M_I \frac{\mathrm{d}^2 \boldsymbol{R}_I}{\mathrm{d}t^2} . \tag{6.1}$$

Die Lösung solcher Bewegungsgleichungen wird auch als Integration bezeichnet. Im Fall der Molekulardynamik mit ihrer großen Teilchenzahl (von Tausenden bis über hundert Millionen) und den komplexen Wechselwirkungen kann die Integration der Bewegungsgleichung nicht analytisch erfolgen, was nicht überraschen kann, da es schon für Drei-Körper-Probleme mit Zentralkräften keine geschlossenen Lösungen gibt (Rebhan 2015). Es bleibt daher nur der Weg einer numerischen Lösung, die in diesem Fall mit einer Diskretisierung der Bewegung einhergeht. Der Integrator, sozusagen das „Arbeitspferd" einer MD-Simulation, liefert die Trajektorie, die Abfolge aller Atompositionen zu diskreten Zeitpunkten, die die Grundlage für alle weiteren Auswertungen der Simulation bildet. Eine sehr anschauliche und lebhafte Darstellung eines numerischen Integrators, speziell des Leap-Frog-Algorithmus (siehe

Abschn. 6.5.3) findet sich in Feynmans Vorlesungen über Physik (Feynman et al. 2015, Abschn. 9.6).
Auch hier soll der Leap-Frog-Algorithmus behandelt werden (Abschn. 6.5.3). Zuvor aber wird das Ergebnis der Integration, die Trajektorie vorgestellt (Abschn. 6.1), danach werden als Beispiel für Integratoren die besonders anschaulichen und deshalb didaktisch wertvollen, wenn auch in der Praxis der Molekulardynamik nicht verwendeten Euler-Verfahren als einfachste Beispiele für einen Integrator vorgestellt (Abschn. 6.2). Anschließend werden, nach einem Abschnitt über Berechenbarkeit und Chaos (Abschn. 6.3), die Eigenschaften diskutiert, die ein für MD-Simulationen brauchbarer Integrator haben sollte, welche Erwartungen man an ihn stellen darf und welche nicht (Abschn. 6.4). Danach werden mit dem Verlet-Algorithmus (Abschn. 6.5) und seinen Varianten die Verfahren präsentiert, die gegenwärtig bei den allermeisten MD-Simulationen verwendet werden, gefolgt von einem Abschn. (6.6) über Multiskalenverfahren, eine neue Klasse von Verfahren, die insbesondere bei großen Systemen und langen Simulationszeiten sehr vielversprechend sind. Nach einem kurzen Überblick über weitere Verfahren schließt das Kapitel mit Verständnisfragen und Übungsaufgaben.

6.1 Trajektorien

Die numerische Integration der Bewegungsgleichung (6.1) ist in MD-Simulationen immer mit einer Diskretisierung der Bahnkurven der Atome verbunden und liefert im Ergebnis die sogenannte Trajektorie. Wir betrachten in diesem Abschnitt zunächst eine abstrakte Formulierung der Koordinaten, danach das allgemeine Diskretisierungsschema und schließlich die Taylor-Entwicklung der Koordinaten als Vergleichsmaßstab zur Beurteilung der Genauigkeit diskretisierter Bahnkurven.

6.1.1 Abstrakte Koordinaten

Viele Aspekte einer diskreten Integration der Bewegung hängen weder von der Art der verwendeten Koordinaten noch von ihrer Anzahl ab. Um deutlich zu machen, dass die folgenden Betrachtungen unabhängig davon sind, ob das Molekül nur einen oder $3N$ Freiheitsgrade hat, ob wir kartesische Koordinaten oder Abstände und Winkel verwenden, führen wir einen abstrakten Koordinatenvektor $\boldsymbol{q}$ ein, der im Falle kartesischer Koordinaten dem in Abschn. (3.3.2) definierten Vektor $\underline{\boldsymbol{R}}$ entspricht und in diesem Fall

$$\boldsymbol{q} = (q_1, \ldots, q_I, \ldots, q_{3N}) \qquad (6.2)$$
$$= (X_1, Y_1, Z_1, \ldots, X_N, Y_N, Z_N) \qquad (6.3)$$

lautet. Um unseren Blick auf das Wesentliche zu fokussieren, lassen wir bei allen Gleichungen dieses Kapitels (es sei denn, es wird ausdrücklich das Gegenteil festgestellt) die geometrische Bedeutung von $\boldsymbol{q}$ außer Acht und tun so, als hätten wir ein

6.1 Trajektorien

eindimensionales Problem vor uns, und ersetzen dementsprechend die vektorielle Größe q in Gedanken durch einen Skalar q. Das Gleiche gilt für den Geschwindigkeitsvektor v, der im Fall kartesischer Koordinaten durch

$$v = \dot{q} = (\dot{q}_1, \ldots, \dot{q}_I, \ldots, \dot{q}_{3N}) \tag{6.4}$$
$$= (\dot{X}_1, \dot{Y}_1, \dot{Z}_1, \ldots, \dot{X}_N, \dot{Y}_N, \dot{Z}_N) \tag{6.5}$$

gegeben ist, wobei der Punkt über den Symbolen wie gewohnt für die zeitliche Ableitung steht. Oft ist es günstiger statt des Geschwindigkeitsvektors v den zu q konjugierten Impulsvektor p des Hamilton-Formalismus (Bartelmann et al. 2018) (siehe Anhang) zu verwenden. Dieser kann im kartesischen Fall und in Abwesenheit geschwindigkeitsabhängiger Potentiale mit Hilfe der Diagonalmatrix M, deren Diagonalelemente die Massen M_I der Atome sind, dargestellt werden:

$$p = \mathsf{M} v . \tag{6.6}$$

Wir gehen davon aus, dass alle Kräfte konservativ sind und sich aus einer potentiellen Energie V ableiten lassen, die allein von den Koordinaten q abhängt, und dass die Kräfte sich deshalb als Gradient des Potentials schreiben lassen:

$$F = -\frac{\partial V}{\partial q} = -\nabla_q V . \tag{6.7}$$

Wie sich diese Kräfte explizit berechnen lassen, war Inhalt von Kap. 5, an dieser Stelle ist es wichtig zu beachten, dass die Berechnung der Kräfte der zeitraubendste Teil jedes Integrationsverfahrens ist. Die Bewegungsgleichung (6.1) bringen wir mit den neuen Koordinaten in die Form

$$F = \mathsf{M} \frac{d^2 q}{dt^2} = \frac{dp}{dt} . \tag{6.8}$$

Im Rahmen des Hamilton-Formalismus lässt sich diese Bewegungsgleichung auch durch die kanonischen Gleichungen

$$\dot{q} = \frac{\partial H}{\partial p} \quad \text{und} \quad \dot{p} = -\frac{\partial H}{\partial q} \tag{6.9}$$

ersetzen, wobei $H(q, p)$ die Hamilton-Funktion ist, die vom Koordinatenvektor q und vom konjugierten Impulsvektor p abhängt und im Fall der in der Molekulardynamik üblicherweise verwendeten Wechselwirkungen mit der Gesamtenergie identifiziert werden darf.

6.1.2 Diskretisierung

Wir unterteilen nun die Zeitachse in Intervalle der konstanten Länge Δt und nummerieren die diskreten Zeitpunkte, zu denen die Koordinaten q berechnet werden, mit dem ganzzahligen Index k:

$$t_k = k \Delta t \,. \tag{6.10}$$

Die – durch ein numerisches Verfahren berechneten – Koordinaten zu den Zeitpunkten t_k bezeichnen wir mit $\boldsymbol{q}_k$. Um möglichen Verwechslungen vorzubeugen, sollen kleine lateinische Buchstaben als Indizes Zeitpunkte angeben, während große lateinische Buchstaben die Komponenten der Koordinatenvektoren indizieren. Die Komponente I des Koordinatenvektors $\boldsymbol{q}_k$ zum Zeitpunkt t_k wird dann mit $q_{k,I}$ bezeichnet. Wie wir später sehen werden (siehe Abschn. 6.3), wird die exakte Lösung $\boldsymbol{q}(t)$ in der Molekulardynamik für große Zeiten noch nicht einmal näherungsweise durch die $\boldsymbol{q}_k$ approximiert, es gilt also bei MD-Simulationen im Allgemeinen nicht $\boldsymbol{q}(t_k) \approx \boldsymbol{q}_k$. Die Folge der Koordinaten zu diskreten Zeitpunkten bezeichnen wir als Trajektorie.

▶ **Merksatz 6.1** Die Trajektorie des simulierten dynamischen Systems ist die Folge

$$\boldsymbol{q}_0, \boldsymbol{q}_1, \ldots, \boldsymbol{q}_n \,,$$

der Koordinatenvektoren zu den diskreten Zeitpunkten

$$t_k = k \Delta t \quad \text{für} \quad k = 0, 1, \ldots, n \,.$$

Eine Darstellung einer zweidimensionalen Trajektorie ist in Abb. 6.3a in Abschn. 6.3 gegeben. Die zu den Koordinaten $\boldsymbol{q}_k$ gehörenden Geschwindigkeiten, Impulse, Beschleunigungen und Kräfte bezeichnen wir mit

$$\boldsymbol{v}_k \,, \quad \boldsymbol{p}_k \,, \quad \boldsymbol{a}_k \quad \text{und} \quad \boldsymbol{F}_k \,. \tag{6.11}$$

Während wir aus der exakten Lösung $\boldsymbol{q}(t)$ durch Ableitung nach der Zeit t die exakte Geschwindigkeit $\dot{\boldsymbol{q}}(t)$ erhalten können, hängen die Geschwindigkeiten $\boldsymbol{v}_k$ davon ab, mit welchem Integrator die Trajektorie bestimmt wird. Bei manchen Integratoren, wie etwa dem Positions-Verlet-Algorithmus (siehe Abschn. 6.5.1), werden die Geschwindigkeiten überhaupt nicht berechnet. Unabhängig vom Integrator können wir die Geschwindigkeiten in erster Näherung durch

$$\boldsymbol{v}_k = \frac{\boldsymbol{q}_{k+1} - \boldsymbol{q}_{k-1}}{2\Delta t} \tag{6.12}$$

annähern. Eine verbesserte Schätzung (Berendsen und Van Gunsteren 1986),

$$\boldsymbol{v}_k = \frac{\boldsymbol{q}_{k+1} - \boldsymbol{q}_{k-1}}{2\Delta t} - \frac{1}{12}(\boldsymbol{a}_{k+1} - \boldsymbol{a}_{k-1})\Delta t \,, \tag{6.13}$$

nutzt auch die Beschleunigungen

$$a_k = \mathsf{M}^{-1} F_k(q_k), \qquad (6.14)$$

die sich aus den ortsabhängigen Kräften $F_k(q_k)$ ergeben.

Die verschiedenen Methoden, mit denen sich solche Trajektorien berechnen lassen (wie zum Beispiel die Euler-Verfahren oder der Verlet-Algorithmus) folgen im Wesentlichen alle diesem Schema:

1. Finde für den Zeitpunkt t_0 Startwerte für die Koordinaten q_0 und die Geschwindigkeiten v_0.
2. Berechne neue Koordinaten q_{k+1} und Geschwindigkeiten v_{k+1} aus den alten Werten $q_0, \ldots, q_k$ und $v_0, \ldots, v_k$.
3. Fahre fort mit Schritt 2, falls der Zähler k die maximale Schrittzahl noch nicht erreicht hat.

Die Startwerte aus dem ersten Schritt müssen oft geraten werden. Thermodynamische Daten wie die Dichte der simulierten Flüssigkeit oder die Maxwell-Boltzmann'sche Geschwindigkeitsverteilung können helfen, physikalisch allzu unvernünftige Startwerte zu vermeiden. Soll das Verhalten eines Proteins in wässriger Lösung untersucht werden, verwendet man dort, wo es möglich ist, Strukturdaten aus der Proteinkristallographie oder aus NMR-Experimenten.

So wie die Simulationsbox aus Abschn. 4.2 als „Leinwand" versinnbildlicht wurde, auf der die Simulation dargestellt wird, so können wir uns den Koordinatenvektor q_k als dreidimensionales Bild des Systems zum Zeitpunkt t_k veranschaulichen, und die Trajektorie als dreidimensionalen „Film", der die Dynamik des Systems über einen Zeitraum wiedergibt. Wie bei Bildern und Filmen in der Kunst stellt sich auch hier die Frage nach der richtigen Interpretation, eine Frage, die kontrovers diskutiert werden kann (Frenkel 2013). Abschn. 6.3 gibt zumindest einige Beispiele, wie wir Trajektorien aus MD-Simulationen berechneten Trajektorien *nicht* interpretieren sollten.

6.1.3 Taylor-Entwicklung

Um die im Folgenden diskutierten Integratoren zu klassifizieren, setzen wir voraus, dass sich die Lösung $q(t)$ der Bewegungsgleichung (6.8) in eine Taylor-Reihe der Form

$$q(t + \Delta t) = q(t) + \sum_{m=1}^{\infty} \frac{\Delta t^m}{m!} \left. \frac{\partial^m q}{\partial t^m} \right|_{q=q(t)} \qquad (6.15)$$

entwickeln lässt. Wir vergleichen die unten vorgestellten Integratoren mit dieser Taylor-Reihe und klassifizieren die Integratoren entsprechend der Anzahl der Terme, die mit der Taylor-Reihe übereinstimmen. Der triviale (und natürlich völlig nutzlose) Integrator

$$q_{k+1} = q_k \tag{6.16}$$
$$v_{k+1} = v_k \tag{6.17}$$

wäre nach diesem Klassifikationsschema ein Integrator der Ordnung 0, während der Integrator

$$q_{k+1} = q_k + v_k \, \Delta t \tag{6.18}$$
$$v_{k+1} = v_k + a_k \, \Delta t \tag{6.19}$$

(siehe Abschn. 6.2.1) von der Ordnung 1 ist.

6.2 Euler-Verfahren

Das vermutlich älteste Verfahren zur numerischen Lösung von Differentialgleichungen wurde schon 1768 von Leonhard Euler vorgestellt (Euler 1911). Zugleich ist es das einfachste und anschaulichste Verfahren und wird hier deshalb aus didaktischen Gründen vorgestellt, obwohl es, insbesondere wegen der starken Energiedrift der Standardvariante dieses Verfahrens, in MD-Simulationen keine Anwendung findet.

6.2.1 Standard-Euler-Verfahren

Die einfachste Form des Euler-Verfahrens, das sogenannte Standard-Euler-Verfahren, ist durch die Gleichungen

$$q_{k+1} = q_k + v_k \Delta t \,, \tag{6.20}$$
$$v_{k+1} = v_k + a_k \Delta t \tag{6.21}$$

(Standard-Euler-Verfahren)

festgelegt. Durch einen Vergleich mit der Taylor-Entwicklung (6.15) können wir das Standard-Euler-Verfahren als ein Verfahren erster Ordnung klassifizieren. Die naive Erwartung ist, dass die Genauigkeit eines Integrators mit seiner Ordnung steigt.

6.2.2 Symplektisches Euler-Verfahren

Das Standard-Euler-Verfahren verwendet in Gl. (6.20) die Geschwindigkeit v_k zum Zeitpunkt t_k, um zu berechnen, wie sich die Position im Zeitintervall zwischen t_k und t_{k+1} entwickelt. Mit scheinbar gleichem Recht könnte man stattdessen die Geschwindigkeit v_{k+1} am Ende dieses Zeitintervalls nehmen. Genau dies geschieht

6.2 Euler-Verfahren

beim sogenannten symplektischen Euler-Verfahren, einer Modifikation des Standardverfahrens:

$$q_{k+1} = q_k + v_{k+1}\Delta t \, , \quad (6.22)$$

$$v_{k+1} = v_k + a_k\Delta t \, . \quad (6.23)$$

(Symplektisches Euler-Verfahren)

Eine alternative Formulierung dieses Verfahrens erhält man, indem man v_{k+1} in (6.22) durch die rechte Seite von (6.23) substituiert:

$$q_{k+1} = q_k + v_k\Delta t + a_k\Delta t^2 \quad (6.24)$$

$$v_{k+1} = v_k + a_k\Delta t \, . \quad (6.25)$$

Da dem dritten Term auf der rechten Seite von (6.24) der Faktor 1/2 aus der Taylor-Entwicklung (6.15) fehlt, ist auch dieses Verfahren nur von der Ordnung 1.

6.2.3 Weg-Zeit-Gesetz

Das Standard- und das symplektische Euler-Verfahren unterscheiden sich darin, welche Geschwindigkeit, v_k oder v_{k+1}, für die Fortschreibung des Positionsvektors q_k verwendet wird. Wenn die auf das System von Teilchen wirkenden Kräfte F und damit auch die Beschleunigungen a der Teilchen konstant sind, oder wenn der Zeitschritt Δt so klein ist, dass Kräfte und Beschleunigungen zumindest näherungsweise konstant sind, dann erwarten wir, dass sich die Geschwindigkeiten v im Intervall von t_k bis t_{k+1} linear von v_k zu v_{k+1} ändern. Aus diesem Grund sollte die Fortschreibung des Positionsvektors q_k genauer werden, wenn wir statt v_k oder v_{k+1} den Mittelwert beider Geschwindigkeitsvektoren verwenden. Ein solches Verfahren,

$$q_{k+1} = q_k + \frac{1}{2}(v_k + v_{k+1})\Delta t \quad (6.26)$$

$$v_{k+1} = v_k + a_k\Delta t \, , \quad (6.27)$$

entspricht dem Weg-Zeit-Gesetz für konstant beschleunigte Bewegungen. Nach kurzer Umformung dieser Gleichungen zu

$$q_{k+1} = q_k + v_k\Delta t + \frac{1}{2}a_k\Delta t^2 \quad (6.28)$$

$$v_{k+1} = v_k + a_k\Delta t \quad (6.29)$$

wird durch einen Vergleich mit der Taylor-Entwicklung (6.15) deutlich, dass dieses Verfahren von der Ordnung 2 ist.

6.2.4 Vergleich der Euler-Verfahren

Ein eindimensionaler harmonischer Oszillator mit der Bewegungsgleichung

$$\ddot{q} = -q, \tag{6.30}$$

den Randbedingungen $q(0) = 1$ und $\dot{q}(0) = 0$ und der dazugehörenden analytischen Lösung

$$q(t) = \cos(t) \tag{6.31}$$

stellt ein einfaches Beispiel dar, um die oben vorgestellten Integratoren zu testen. Trotz seiner Einfachheit ist der harmonische Oszillator auch für die Simulation komplexer Vielteilchen-Systeme sehr wichtig, da ein großer Teil der potentiellen Energie des Systems aus harmonischen Potentialen stammt. Aus den in Abb. 6.1 gezeigten Kurven, ergibt sich überraschenderweise, dass das symplektische Euler-Verfahren den anderen beiden Verfahren deutlich überlegen ist, obwohl es von geringerer Ordnung als das Weg-Zeit-Gesetz ist und obwohl auf den ersten Blick nicht erkennbar ist, warum es besser als das Standard-Euler-Verfahren sein sollte.

Die in Abb. 6.2 dargestellte Energie des Oszillators weist beim Weg-Zeit-Gesetz und besonders beim Standard-Euler-Verfahren eine große Drift auf, die diese Verfahren unbrauchbar macht. Weitere Nachteile des Standard-Euler-Verfahrens, die erst bei einer eingehenden Analyse in Abschn. 6.4 sichtbar werden, sind die Verletzung der Zeitumkehrinvarianz und die fehlende Erhaltung des Phasenraumvolumens.

6.2.4.1 Positiv gekrümmtes Potential

Die beiden Euler-Verfahren weisen einen frappierenden Unterschied in der Energiedrift auf. Um die Ursache hierfür besser zu verstehen, betrachten wir zunächst den einfachen Fall eines positiv gekrümmten Potentials. Wenn das Potential V keine

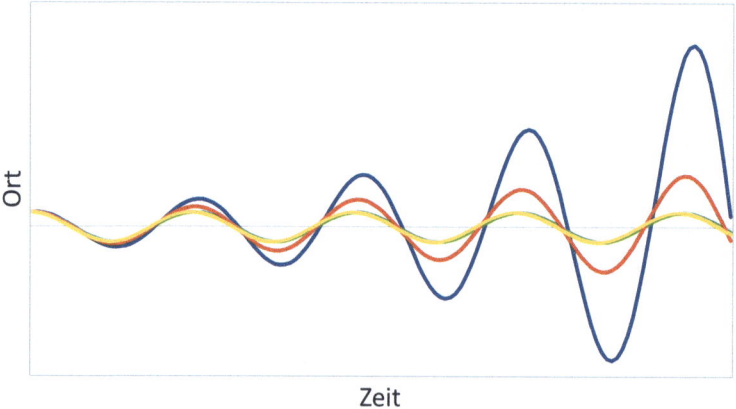

Abb. 6.1 Auslenkung eines harmonischen Oszillators, simuliert mit dem Standard-Euler-Verfahren (blaue Kurve), mit dem Weg-Zeit-Gesetz (rot) und mit dem symplektischen Euler-Verfahren (grün). Das letzte Verfahren fällt in diesem Fall mit der analytischen Lösung (gelb) praktisch zusammen

6.2 Euler-Verfahren

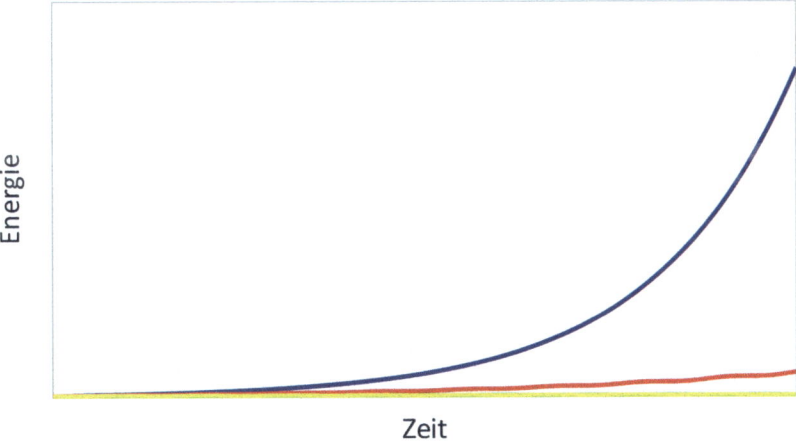

Abb. 6.2 Energie eines harmonischen Oszillators, simuliert mit dem Standard-Euler-Verfahren (blaue Kurve) und mit dem Weg-Zeit-Gesetz (rot). Die mit dem symplektischen Euler-Verfahren (grün) berechnete Energie fällt praktisch mit der analytisch berechneten Energie (gelb) zusammen

Krümmung aufweist, wenn also der Gradient $\nabla_q V = -m\boldsymbol{a}$ und damit die Beschleunigung $\boldsymbol{a}$ konstant sind, verschwinden in der Taylor-Entwicklung (6.15) die dritte und alle höheren Ableitungen des Ortes nach der Zeit. Das Weg-Zeit-Gesetz ist dann exakt und hat keine Energiedrift. Dieser Fall ist allerdings trivial und für MD-Simulationen nicht relevant. Realistischer ist der Fall, dass sich ein Teilchen in der Umgebung eines Gleichgewichtes und entsprechend in einem positiv gekrümmten Potential befindet.[1] In diesem Fall überschätzen beide Euler-Verfahren den Betrag der neuen Geschwindigkeit $\boldsymbol{v}_{k+1}$ und liefern deshalb eine zu hohe kinetische Energie. Das symplektische Euler-Verfahren kann diesen Fehler jedoch näherungsweise kompensieren, indem es bei Bewegungen potentialaufwärts einen zu kurzen Schritt $|\boldsymbol{q}_{k+1} - \boldsymbol{q}_k|$ und bei Bewegungen potentialabwärts einen zu langen Schritt ausführt und deshalb die potentielle Energie unterschätzt. Weitergehende Betrachtungen zur Energiedrift der Euler-Verfahren finden sich in Vertiefung 6.1 und in Abschn. 6.4.3.

Vertiefung 6.1: Energie-Drift des Euler-Verfahrens
Für ein System in der Nähe des Gleichgewichts und für genügend kleine Zeitschritte Δt schätzen wir zunächst die Energiedrift des Standard-Euler-Verfahrens ab. Der besseren Übersicht wegen beschränken wir uns auf ein ein-

---

[1] Im eindimensionalen Fall ist das Potential positiv gekrümmt, wenn die zweite Ableitung nach dem Ort positiv ist: $\partial^2 V / \partial q^2 > 0$. Im höherdimensionalen Fall ist die Bedingung für die positive Krümmung, dass die Hesse-Matrix, also die Matrix der zweiten Ableitungen von V, positiv definit ist, was äquivalent zu der Bedingung ist, dass alle Eigenwerte der Hesse-Matrix positiv sind (siehe Anhang).

dimensionales Problem ohne damit die Allgemeinheit der Argumentation einzuschränken. Die Änderung der kinetischen Energie binnen eines Zeitschritts können wir exakt berechnen:

$$\Delta E_{\text{kin}} = \frac{m}{2} (v_{k+1})^2 - \frac{m}{2} (v_k)^2 \qquad (6.32)$$

$$= \frac{m}{2} (v_k + a_k \Delta t)^2 - \frac{m}{2} (v_k)^2 \qquad (6.33)$$

$$= m v_k a_k \Delta t + \frac{m}{2} (a_k)^2 \Delta t^2 \,. \qquad (6.34)$$

Die Änderung der potentiellen Energie schätzen wir mit Hilfe einer Taylor-Entwicklung bis zur zweiten Ordnung:

$$\Delta V \approx (q_{k+1} - q_k) \left.\frac{\partial V}{\partial q}\right|_{q=q_k} + \frac{1}{2} (q_{k+1} - q_k)^2 \left.\frac{\partial^2 V}{\partial q^2}\right|_{q=q_k} . \qquad (6.35)$$

Da wir nur konservative Potentiale betrachten wollen, können wir die erste Ableitung des Potentials V nach dem Ort q durch die (negative) Kraft $-ma_k$ ersetzen und erhalten so

$$\Delta V \approx -ma_k (q_{k+1} - q_k) + \frac{1}{2} (q_{k+1} - q_k)^2 \left.\frac{\partial^2 V}{\partial q^2}\right|_{q=q_k} . \qquad (6.36)$$

Wir ersetzen jetzt entsprechend Gl. (6.20) die Differenz $q_{k+1} - q_k$ durch $v_k \Delta t$ und erhalten so

$$\Delta V \approx -m v_k a_k \Delta t + \frac{1}{2} (v_k \Delta t)^2 \left.\frac{\partial^2 V}{\partial q^2}\right|_{q=q_k} . \qquad (6.37)$$

Für die Änderung der Gesamtenergie ergibt sich daraus näherungsweise

$$\Delta E \approx \frac{\Delta t^2}{2} \left[m (a_k)^2 + (v_k)^2 \left.\frac{\partial^2 V}{\partial q^2}\right|_{q=q_k} \right] . \qquad (6.38)$$

Solange die Geometrie des Moleküls nicht zu weit vom Gleichgewicht (also einem lokalen Energieminimum) entfernt ist, ist die zweite Ableitung von V nach dem Ort positiv, so dass auch die Energieänderung ΔE positiv ist und die Gesamtenergie mit jedem Diskretisierungsschritt wächst.

Wenn das simulierte System abgeschlossen ist, wenn also die potentielle Energie V ausschließlich von der Wechselwirkung der Atome untereinander herrührt, was bei MD-Simulationen üblicherweise der Fall ist, steht dieser stetige Zuwachs der Gesamtenergie im Widerspruch zum Energieerhaltungssatz.

Für das symplektische Euler-Verfahren erhalten wir nach kurzer Rechnung die Abschätzung

$$\Delta E \approx \frac{\Delta t^2}{2} \left[-m\,(a_k)^2 + (v_k)^2 \left.\frac{\partial^2 V}{\partial q^2}\right|_{q=q_k} \right], \qquad (6.39)$$

wobei wir Terme der Ordnung Δt^3 und höher vernachlässigt haben. Im Fall eines harmonischen Oszillators verschwindet der Klammerausdruck in Gl. (6.39) und wir erhalten $\Delta E \approx 0$.

Bei beiden Euler-Verfahren ist der Fehler in der Gesamtenergie von der Ordnung Δt^2. Die Verfahren liefern den gleichen Wert für die kinetische Energie, unterscheiden sich jedoch in der potentiellen Energie, die im trivialen Fall einer Abwesenheit der Potentialkrümmung ($\partial^2 V/\partial q^2 = 0$) vom Standard-Euler-Verfahren zu hoch und vom symplektischen Euler-Verfahren im gleichen Umfang zu tief geschätzt wird. Im Normalfall einer positiven Krümmung des Potentials ($\partial^2 V/\partial q^2 > 0$) hingegen können die beiden Terme auf der rechten Seite von Gl. (6.39) sich teilweise kompensieren und die Energiedrift deutlich vermindern. Als Beispiel betrachten wir ein Teilchen, das sich in einem Potential mit positiver Krümmung in Richtung ansteigenden Potentials bewegt. Beide Euler-Verfahren überschätzen in diesem Fall den Anstieg der kinetischen Energie. Der Anstieg der potentiellen Energie wird vom Standard-Euler-Verfahren ebenfalls überschätzt (das Teilchen ist zu schnell und bewegt sich deshalb im Zeitschritt Δt zu weit in Richtung steigendes Potential), während das symplektische Euler-Verfahren den Anstieg der potentiellen Energie unterschätzt (das Teilchen ist zu langsam und bewegt sich deshalb nicht weit genug). Eine weitere Betrachtung zur Energiedrift des symplektischen Euler-Verfahrens findet sich in Abschn. 6.4.3.

Die bisher betrachteten Integratoren (auch das symplektische Euler-Verfahren) sind für MD-Simulationen nicht optimal. Wie sie systematisch verbessert werden könnten, ist vorerst nicht klar. Einfach eine Taylor-Entwicklung höherer Ordnung zu verwenden, erscheint nicht erfolgversprechend, denn das Weg-Zeit-Gesetz, das von der Ordnung 2 ist, erwies sich dem symplektischen Euler-Verfahren von der Ordnung 1 unterlegen. Wir stellen deshalb in den folgenden beiden Abschnitten zunächst einige allgemeine Betrachtungen an, bevor wir uns geeigneteren Integratoren zuwenden.

6.3 Berechenbarkeit und Chaos

Die vorausberechnete Bahn einer Marssonde sollte zu jedem Zeitpunkt so genau wie möglich mit der tatsächlich durchlaufenen Bahn übereinstimmen, es sollte also für alle Zeiten $q(t_k) \approx q_k$ gelten. Der Verlauf mehrerer Marsmissionen und vergleichbarer Unternehmungen zeigt, dass dies grundsätzlich möglich ist. Die Bahn eines Moleküls, das durch eine Flüssigkeit diffundiert, lässt sich dagegen nicht über einen längeren Zeitraum vorhersagen, da schon kleinste Ungenauigkeiten bei den Anfangsbedingungen oder bei der Integration der Bewegung nach kurzer Zeit zu großen Abweichungen führen können.

6.3.1 Ljapunow-Exponenten

Mechanische Systeme mit mehr als einem Freiheitsgrad können chaotisches Verhalten aufweisen, ein System mit 10^4 Freiheitsgraden wird dies nahezu mit Sicherheit tun. Wir nennen ein dynamisches System chaotisch, wenn noch so winzige Unterschiede der Anfangsbedingungen nach ausreichender Zeit zu erheblich verschiedenen Endzuständen führen. Beispielsweise seien q_k und q'_k zwei Trajektorien, die sich geringfügig im Anfangszustand unterscheiden:

$$|q_0 - q'_0| = \varepsilon. \tag{6.40}$$

Wenn das untersuchte System die Energie erhält und der Newtonschen Mechanik gehorcht, ist der Abstand zwischen beiden Trajektorien für einen begrenzten Zeitraum gleich dem Produkt aus ε und einem Exponentialfaktor mit der verstrichenen Zeit als Argument (Rebhan 2015; Eckmann und Ruelle 1985; Schuster 1989).

▶ **Merksatz 6.2** Für zwei anfänglich fast identische Trajektorien q_k und q'_k mit Abstand ε beschreibt der Ljapunow-Exponent λ_L des chaotischen Systems das exponentielle Auseinanderlaufen der Trajektorien:

$$|q_k - q'_k| \sim \varepsilon \, e^{\lambda_L k \Delta t}. \tag{6.41}$$

Ein positiver Ljapunow-Exponent eines Systems ist eine wesentliche Voraussetzung für ein chaotisches Verhalten desselben. Systeme mit positivem Exponenten werden auch als Ljapunow-instabil bezeichnet. Ist der Ljapunow-Exponent des Systems negativ, besitzt dieses mindestens einen Fixpunkt, auf den benachbarte Trajektorien hinzulaufen.

Ein Beispiel für Chaos in MD-Simulationen wird in Abb. 6.3 gezeigt. Bei einer Simulation von 65536 Wassermolekülen führt eine Änderung der Anfangsposition eines Moleküls um einen Pikometer nach einer Simulationszeit von zehn Nanosekunden zu einer Abweichung der Endposition um mehr als zwanzig Nanometer. Dieses Beispiel zeigt uns, dass es völlig unmöglich ist, die genaue Bahn eines Moleküls über die übliche Dauer einer Simulation zu berechnen.

6.3.1.1 Spektrum von Ljapunow-Exponenten

Die Abhängigkeit einer Trajektorie vom Anfangszustand für ein dynamisches System mit N Freiheitsgraden lässt sich noch detaillierter, nämlich durch ein ganzes Spektrum von $2N$ einzelnen Ljapunow-Exponenten $\lambda_1, \ldots, \lambda_{2N}$ beschreiben,

6.3 Berechenbarkeit und Chaos

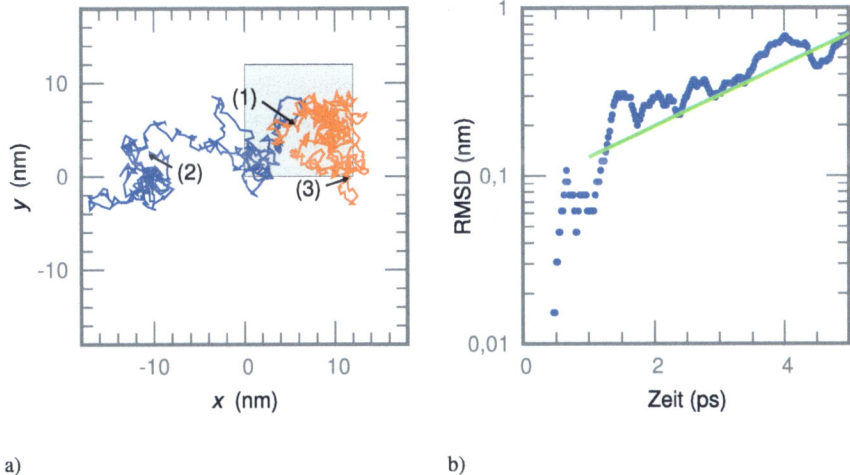

a) b)

Abb. 6.3 Simulation einer mit Wasser gefüllten Box mit periodischen Randbedingungen und 12 nm Kantenlänge über einen Zeitraum von 10 ns. **a** Die blaue Kurve gibt die globalen x- und y-Koordinaten eines zufällig ausgewählten Wassermoleküls wieder, das sich innerhalb dieser 10 ns diffusiv vom Startpunkt (1) bis zum Endpunkt (2) bewegt. Wird unter ansonsten gleichen Bedingungen die anfängliche x-Koordinate des Wassermoleküls um 1 pm erhöht, bewegt sich das Molekül auf einer mit zunehmender Zeit immer stärker abweichenden Bahn (rote Kurve) zum Endpunkt (3). Das grau unterlegte Quadrat zeigt die Größe der periodischen Simulationsbox an. **b** Die blauen Kreise stehen für die über alle Wassermoleküle der Box gemittelte, zeitabhängige Wurzel aus der quadratischen Abweichung (*root mean square deviation*, RMSD) der Molekülkoordinaten der beiden unter (**a**) genannten Trajektorien voneinander. Die grüne Linie kennzeichnet einen Bereich, der von einem Ljapunow-Exponenten dominiert wird

wenn man (abhängig vom Anfangszustand) geeignete verallgemeinerte Koordinaten $\boldsymbol{q} = (q_1, \ldots, q_N)$ und dazugehörige konjugierte Impulse $\boldsymbol{p} = (p_1, \ldots, p_N)$ findet. Anders als in Gl. (6.2) werden die Komponenten dieses verallgemeinerten Koordinatenvektors $\boldsymbol{q}$ in aller Regel nicht kartesisch sein, die Ljapunow-Exponenten sind aber invariant unter bestimmten Koordinatentransformationen (Eichhorn et al. 2001).

Bei konservativen Systemen wird beispielsweise die konstante Gesamtenergie einer der konjugierten Impulse sein. Jeder Koordinate q_I und jedem dazu konjugierten Impuls p_I lässt sich dann ein einzelner Ljapunow-Exponent λ_I beziehungsweise λ_{I+N} zuordnen, von denen der größte gleich dem oben beschriebenen Ljapunow-Exponenten des Systems, λ_L, ist. Wenn sich beispielsweise die beiden Trajektorien $\boldsymbol{q}_k$ und $\boldsymbol{q}'_k$ anfänglich in der Koordinate q_I um den Betrag $\varepsilon_I = |q_{0,I} - q'_{0,I}|$ unterscheiden, dann lässt sich das Auseinanderlaufen beider Trajektorien in dieser Koordinate für einen gewissen Zeitraum durch

$$\left| q_{k,I} - q'_{k,I} \right| \sim \varepsilon_I \, e^{\lambda_I k \Delta t} \tag{6.42}$$

beschreiben. Auf analoge Weise lässt sich die Entwicklung des konjugierten Impulses p_I mit Hilfe des Ljapunow-Exponenten λ_{I+N} darstellen.

6.3.1.2 Konservative Systeme

Für konservative Systeme, bei denen also die Gesamtenergie eine Erhaltungsgröße ist, verschwindet die Summe aller Ljapunow-Exponenten (Rebhan 2015). Außerdem sind für solche Systeme die Ljapunow-Exponenten paarweise symmetrisch um den Nullpunkt angeordnet. Für jeden Exponenten $\lambda_I > 0$ existiert also ein Exponent $\lambda_J = -\lambda_I$. Dies gilt auch für Systeme, bei denen nur die kinetische Energie erhalten bleibt (Dettmann und Morriss 1996), beispielsweise also Systeme bei denen die Temperatur durch einen isokinetischen Thermostaten konstant gehalten wird (siehe Kap. 8).

Da bei konservativen Systemen einer der konjugierten Impulse durch die konstante Gesamtenergie gegeben ist, muss einer der Ljapunow-Exponenten null sein, denn der Unterschied in der Energie wird sich bei zwei verschiedenen Trajektorien im Zeitverlauf nicht ändern. Bei konservativen Systemen mit nur einem Freiheitsgrad kann es daher keine von null verschiedenen Ljapunow-Exponenten und daher auch kein chaotisches Verhalten geben.

6.3.1.3 Berechenbarkeit von Teilchenbahnen

Die Koordinaten einzelner Teilchen in einem System mit vielen Freiheitsgraden werden (außer in ganz trivialen Fällen) chaotisch sein (siehe zum Beispiel Abb. 6.3), so dass es – anders als bei Marssonden – in MD-Simulationen nicht das Ziel eines numerischen Integrationsverfahrens sein kann, die genaue Bahnkurve eines Atoms vorherzusagen. Andererseits zeigt die Erfahrung, dass sich aus den durch MD-Simulationen gewonnenen Trajektorien viele Erkenntnisse gewinnen lassen. Einen Anhaltspunkt, wie dieser scheinbare Widerspruch aufgelöst werden kann, bietet das Beschattungslemma.

6.3.2 Beschattungslemma

Die exakte Lösung $q(t)$ der Bewegungsgleichung (6.8) zur Anfangsbedingung $q(0) = q_0$ werde durch eine diskrete Trajektorie q_k approximiert. Eine weitere exakte Lösung $\tilde{q}(t)$ derselben Bewegungsgleichung mit einer leicht veränderten Anfangsposition $\tilde{q}(0)$ bezeichnet man als **„Schattentrajektorie"**, wenn diese nie stärker als um eine Konstante $\epsilon > 0$ von q_k abweicht,

$$\left|q_k - \tilde{q}(t_k)\right| \leq \epsilon \quad \text{für alle} \quad k = 0, 1, 2, \dots . \tag{6.43}$$

Ein Beispiel für eine Schattentrajektorie wird in Abb. 6.4 am Beispiel des Doppelpendels gezeigt. Die mit dem Geschwindigkeits-Verlet-Algorithmus berechnete Trajektorie weicht nach einiger Zeit erkennbar von der exakten Lösung ab, stimmt aber hervorragend mit einer zweiten exakten Lösung überein, die sich von der ersten durch geringfügig geänderte Anfangswerte unterscheidet.

Vereinfacht gesagt besagt nun das Beschattungslemma, dass es unter gewissen Voraussetzungen für jede Trajektorie q_k eine Schattentrajektorie $\tilde{q}(t)$ gibt. Die Abweichung ϵ hängt vom Integrator ab, mit dem q_k erzeugt wurde, und kann beliebig

6.3 Berechenbarkeit und Chaos

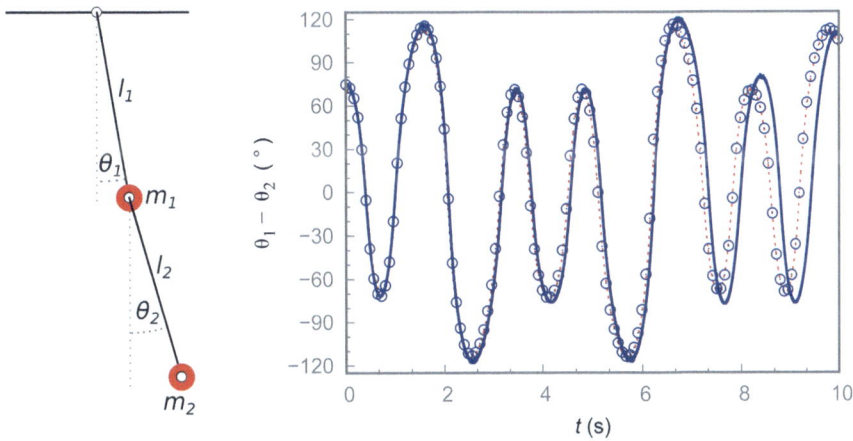

Abb. 6.4 Links: Skizze eines mathematischen Doppelpendels mit den Pendelmassen, den Stablängen und Auslenkungswinkeln m_1, l_1 und θ_1 beziehungsweise m_2, l_2 und θ_2. Rechts: Mit dem Geschwindigkeits-Verlet-Algorithmus simulierte Winkeldifferenz $\theta_1 - \theta_2$. Die mit einem Zeitschritt von $\Delta t = 0{,}25$ ms berechnete Kurve (durchgezogene blaue Linie) wird in diesem Beispiel als quasiexakt angesehen. Die mit $\Delta t = 0{,}25$ s berechnete Trajektorie (offene blaue Kreise) weicht nach einigen Sekunden erkennbar von der exakten Kurve ab, stimmt aber perfekt mit einer anderen quasiexakten Trajektorie überein (unterbrochene rote Linie), die mit $\Delta t = 0{,}25$ ms und geringfügig abweichenden Anfangsbedingungen berechnet wurde und als Schatten-Trajektorie bezeichnet wird

klein werden, wenn nur der Zeitschritt Δt klein genug gewählt wird. Sofern sich das Beschattungslemma auf Systeme anwenden lässt, stellt es kein Problem dar, wenn diese Ljapunow-instabil sind. Bei einer wässrigen Lösung von Biomolekülen ist es nicht möglich und auch nicht sinnvoll die Positionen aller Atome experimentell auf einen Pikometer genau zu bestimmen. Entsprechend ist es bei MD-Simulationen auch völlig ausreichend, eine typische Anordnung der Atome als Anfangsposition zu verwenden. Dass das Beschattungslemma auch auf Hamilton-Funktionen angewandt werden kann, die für MD-Simulationen relevant sind, lässt sich derzeit allerdings nicht beweisen.

▶ **Merksatz 6.3** Unter der Annahme, dass das Beschattungslemma anwendbar ist, ist eine mit einem symplektischen Integrator berechnete Trajektorie nie sehr weit von einer exakten Trajektorie (der sogenannten Schattentrajektorie) des untersuchten Systems entfernt, auch wenn die Anfangsbedingungen leicht unterschiedlich sein können.

Zu Kriterien, die darüber entscheiden, ob das Beschattungslemma anwendbar ist, gehört das Kraftgesetz $\boldsymbol{F}(\boldsymbol{q})$ oder, gleichwertig, die Hamilton-Funktion $H(\boldsymbol{q}, \boldsymbol{p})$ sowie Eigenschaften des Integrators, die im nächsten Abschnitt diskutiert werden. Ursprünglich wurde das Beschattungslemma, auch Bowen-Asonov-Lemma genannt, nur für hyperbolische Systeme bewiesen (Anosov 1967; Bowen 1975).

Später konnten Hammel et al. auch die Anwendbarkeit auf zweidimensionale, nichthyperbolische Systeme zeigen (Hammel et al. 1988).

Die Existenz einer Schattentrajektorie ändert nichts an der Ljapunow-Instabilität eines Systems, nimmt ihr aber den Schrecken, denn sie garantiert, dass die berechnete Trajektorie brauchbar ist. Wir greifen diesen Punkt im Abschnitt zum Phasenraum wieder auf (Abschn. 6.4.4.1). Eine Trajektorie mit starker Energiedrift, wie sie das Standard-Euler-Verfahren für ein einfaches Pendel liefert, besitzt dagegen keine Schattentrajektorie und ist gänzlich unbrauchbar.

Eine Vielzahl von Studien mit MD-Simulationen lässt vermuten, dass sich das Beschattungslemma auch hier anwenden lässt, auch wenn ein strenges theoretisches Fundament fehlt. Diese Situation wird in dem bekannten Lehrbuch von Daan Frenkel und Berend Smit in sehr bildlicher Sprache wie folgt zusammengefasst:

> *Hence, our trust in Molecular Dynamics simulation as a tool to study the time evolution of many-body systems is based largely on belief. To conclude this discussion, let us say that there is clearly still a corpse in the closet. We believe this corpse will not haunt us, and we quickly close the closet.*
>
> Daan Frenkel und Berend Smit (Frenkel und Smit 2001)

6.4 Eigenschaften von Integratoren

Die vorhergehende Betrachtung hat deutlich gemacht, was MD-Simulationen nicht leisten können: eine genaue Vorhersage der Bahnen aller Teilchen. Was aber können solche Simulationen leisten und welche Anforderungen sollte ein gutes Integrationsverfahren dazu erfüllen? Die Erfahrung zeigt, dass trotz des chaotischen Verhaltens der Teilchen zumindest statistische Aussagen möglich sind. Im Anhang B wird versucht, dies aus der Theoretischen Mechanik heraus zu begründen. Ein einfaches Beispiel für eine solche statistische Aussage ist der mittlere Betrag der Teilchengeschwindigkeit, der sich vorhersagen lässt, auch wenn die Geschwindigkeiten der einzelnen Teilchen nicht exakt berechnet werden können.

Schon wegen des breiten Anwendungsbereiches kann eine Liste von Eigenschaften, die ein optimaler numerischer Integrator haben sollte, keine absolute Gültigkeit beanspruchen. Es hat sich in der Literatur aber ein Kanon von Forderungen herausgebildet, die man an einen Integrator für Hamilton'sche System stellt und die gemeinsam haben, dass sie versuchen Eigenschaften des Hamilton-Formalismus auf den Integrator zu übertragen. Fünf dieser Eigenschaften, nämlich

1. die lokale Genauigkeit der Koordinaten,
2. die Zeitumkehrinvarianz der Trajektorien,
3. die Erhaltung der Energie,

6.4 Eigenschaften von Integratoren

4. die symplektische Struktur,
5. die Erhaltung des Phasenraumvolumens und
6. die Ergodizität.

sollen in den folgenden Abschnitten genauer betrachtet werden.

6.4.1 Genauigkeit der Positionen

Im vorherigen Abschnitt wurde bereits festgellt, dass komplexe Systeme wie große, in Wasser gelöste Biomoleküle Ljapunow-instabil sind. Wir können also nach längerer Simulationszeit keinerlei Erwartungen an die Position einzelner Atome stellen. Auch können wir aus der Genauigkeit eines Integrators allein offenbar keine weitreichenden Schlussfolgerungen ziehen, denn die beiden Euler-Verfahren unterscheiden sich bei jedem einzelnen Iterationsschritt nicht in der Positionsgenauigkeit und trotzdem zeigt das symplektische Euler-Verfahren auf lange Sicht ein wesentlich besseres Verhalten als das Standard-Euler-Verfahren. Daraus zu schließen, die Positionsgenauigkeit des einzelnen Iterationsschrittes wäre bedeutungslos, ist natürlich unangebracht: alle in der Praxis erfolgreich verwendeten Integratoren zeichnen sich durch eine gute Positionsgenauigkeit aus.

6.4.1.1 Lokale Genauigkeit

Wir betrachten zunächst die lokale Genauigkeit (also die Genauigkeit, mit der aus einem gegebenen Punkt q_k im Koordinatenraum der nächstfolgende Punkt q_{k+1} berechnet werden kann) und bezeichnen dazu mit $q(t)$ die Bahnkurve, die sich bei exakter Integration ergeben würde, und nehmen an, dass sich diese in eine Taylor-Reihe der Form

$$q(t + \Delta t) = q(t) + \sum_{m=1}^{n-1} \frac{\Delta t^m}{m!} \frac{\partial^m q}{\partial t^m} + O(\Delta t^n) \qquad (6.44)$$

entwickeln lässt. Die Landau-Notation $O(\Delta t^n)$ bezeichnet hier irgendeine Funktion $f(t + \Delta t)$ mit dem Verhalten

$$0 < \lim_{\Delta t \to 0} \left| \frac{f(t + \Delta t)}{\Delta t^n} \right| < \infty. \qquad (6.45)$$

Wir werden das Symbol $O(\Delta t^n)$ verwenden, um die Genauigkeit verschiedener Integrationsmethoden anzugeben. Bricht man die Taylor-Reihe (6.44) nach der dritten Ordnung ab, erhält man eine Näherung mit einer lokalen Genauigkeit zweiter Ordnung und einem Fehler von der Ordnung $O(\Delta t^3)$,

$$q(t + \Delta t) = q(t) + v(t)\Delta t + \frac{1}{2}a(t)\Delta t^2 + O(\Delta t^3), \qquad (6.46)$$

die dem Weg-Zeit-Gesetz der gleichförmig beschleunigten Bewegung entspricht. Die Euler-Verfahren besitzen eine lokale Genauigkeit erster Ordnung, das heißt der Fehler bei einem Iterationsschritt ist von der Ordnung $O(\Delta t^2)$. Eine höhere lokale Genauigkeit lässt sich mit dem Verlet-Algorithmus erzielen (Abschn. 6.5), dessen Fehler von der Ordnung $O(\Delta t^3)$, bei geeigneten Anfangsbedingungen sogar von der Ordnung $O(\Delta t^4)$ ist.

6.4.1.2 Globale Genauigkeit

Die Ordnung f des globalen Fehlers eines Integrators gibt an, wie stark die Abweichung der Trajektorie q_k von der exakten Lösung $q(t)$ nach n Schritten reduziert wird, wenn der Zeitschritt Δt verringert wird:

$$|q_n - q(t_n)| = O(\Delta t^f) \, . \tag{6.47}$$

Die Ordnung des globalen Fehlers ist höchstens so groß wie die des lokalen Fehlers, meist jedoch geringer. Der Verlet-Algorithmus beispielsweise, der eine lokale Genauigkeit von mindestens zweiter Ordnung hat, besitzt eine globale Genauigkeit erster Ordnung.

6.4.1.3 Zeitschritt

Unabhängig von der Wahl des Integrators lässt sich die lokale Genauigkeit immer steigern, wenn der Zeitschritt Δt verringert wird. Andererseits müssen dann entsprechend mehr Integrationsschritte durchgeführt werden, was den Rechenaufwand erhöht, ein Dilemma, das in Abb. 6.5 skizziert wird.

▶ **Merksatz 6.4** Bei atomistischen MD-Simulationen wird in der Regel ein Zeitschritt von $\Delta t = 1$ fs verwendet. Wird die Länge der Wasserstoffbindungen festgehalten, kann der Zeitschritt auf 2 fs erhöht werden.

Bei einer harmonischen Schwingung mit einer Periode T ist eine Mindestbedingung für die Stabilität der numerischen Integration, dass der Zeitschritt Δt kleiner als T/π ist (Schlick 2006). Bei der Simulation biologischer Moleküle entsprechen die höchsten Frequenzen und damit kleinsten Periodendauern den Streckschwingungen von N-H-Bindungen mit $T \approx 10$ fs, so dass der Zeitschritt kleiner als etwa 3,2 fs gewählt werden sollte. Am Beispiel des Verlet-Algorithmus lässt sich jedoch zeigen, dass berechnete Trajektorien künstliche Resonanzen aufweisen können, wenn das

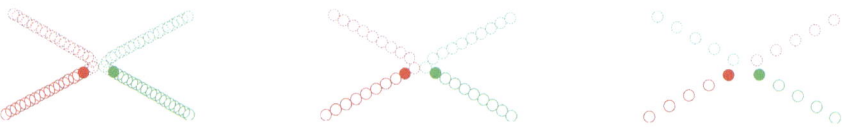

Abb. 6.5 Skizze zur Wahl eines optimalen Zeitschritts Δt. Ein zu kleines Δt (linkes Bild) macht die Rechnung unnötig aufwendig, ein zu großes (rechtes Bild) kann zu falschen Ergebnissen führen, in diesem Beispiel wird eine tatsächlich stattfindende Kollision „übersehen"

6.4 Eigenschaften von Integratoren

Verhältnis aus der Periode T eines simulierten Systems und dem Zeitschritt Δt der Integration gleich dem Verhältnis zweier teilerfremder natürlicher Zahlen n und m ist (Mandziuk und Schlick 1995; Schlick 2006):

$$\frac{T}{\Delta t} = \frac{n}{m}. \tag{6.48}$$

Eine Resonanz mit $n = 3$ führt oft zur Instabilität der Trajektorie, höhere Resonanzen zu Fluktuationen der Energie. Um zumindest Resonanzen vierter Ordnung zu vermeiden, sollte der Zeitschritt die Bedingung

$$\Delta t < \frac{\sqrt{2}}{2\pi} T \approx 0{,}225\, T \tag{6.49}$$

erfüllen, was bei Anwesenheit von N-H-Streckschwingungen $\Delta t < 2{,}25$ fs bedeutet. Meist wird bei klassischen MD-Simulationen mit allen Atomen ein Zeitschritt von einer Femtosekunde, bei Constraints für die die Bindungslängen von Wasserstoffatomen auch zwei Femtosekunden gewählt.

6.4.2 Zeitumkehrinvarianz

In einem abgeschlossenen System, das durch die klassische Mechanik beschrieben wird, kann jeder Vorgang der vorwärts in der Zeit abläuft, auch rückwärts ablaufen. Zu jeder Lösung $\boldsymbol{q}(t)$ der Bewegungsgleichung (6.1) oder der kanonischen Gleichungen (6.9) zu den Anfangsbedingungen $\boldsymbol{q}(0) = \boldsymbol{q}_0$ und $\dot{\boldsymbol{q}}(0) = \boldsymbol{v}_0$ existiert auch eine Lösung $\boldsymbol{q}'(t) = \boldsymbol{q}(-t)$ derselben Gleichungen zu den Anfangsbedingungen $\boldsymbol{q}'(0) = \boldsymbol{q}_0$ und $\dot{\boldsymbol{q}}'(0) = -\boldsymbol{v}_0$. Alle Vorgänge der klassischen Mechanik sind also zeitlich reversibel, eine Eigenschaft, die auch als Zeitumkehrinvarianz bezeichnet wird, und darauf beruht, dass das zweite Newtonsche Gesetz (6.1) und die kanonischen Gleichungen des Hamilton-Formalismus (6.9) invariant unter einer Spiegelung der Zeitachse sind, bei der t durch $-t$ ersetzt wird. Bei einer solchen Spiegelung wechseln alle Geschwindigkeiten, Impulse und ungeraden Ableitungen des Ortes nach der Zeit ihr Vorzeichen.

Bei einem diskreten Integrator bedeutet Reversibilität, dass der Integrator invariant ist unter einer Ersetzung von Δt durch $-\Delta t$ und der Indizes k und $k+1$ durch $-k$ und $-k-1$. Wir wenden diese Ersetzung auf die Gl. (6.20)–(6.21) an und erhalten

$$q_{-k-1} = q_{-k} - v_{-k}\Delta t \tag{6.50}$$
$$v_{-k-1} = v_{-k} - a_{-k}\Delta t. \tag{6.51}$$

Der besseren Vergleichbarkeit wegen verschieben wir Position und Geschwindigkeit auf der Zeitachse, indem wir die Indizes um $2k + 1$ erhöhen:

$$q_k = q_{k+1} - v_{k+1}\Delta t \tag{6.52}$$
$$v_k = v_{k+1} - a_{k+1}\Delta t. \tag{6.53}$$

Nach Umordnung erhalten wir schließlich mit

$$q_{k+1} = q_k + v_k \Delta t + a_{k+1} \Delta t^2 \tag{6.54}$$
$$v_{k+1} = v_k + a_{k+1} \Delta t \tag{6.55}$$

Gleichungen für die in der Zeit umgekehrte Trajektorie, die eine andere Form als das Standard-Euler-Verfahren haben, weshalb dieses nicht reversibel ist. Für die Positionen ist die Abweichung von der Zeitumkehrinvarianz von der Ordnung $O(\Delta t^2)$, so dass wir dieses Verfahren auch als näherungsweise zeitumkehrinvariant bezeichnen können. Auf gleiche Weise können wir zeigen, dass auch das symplektische Euler-Verfahren bis auf einen Fehler der Ordnung $O(\Delta t^2)$ zeitumkehrinvariant ist. Das implizite Euler-Verfahren (siehe Abschn. 6.7) ist dagegen reversibel.

▸ **Merksatz 6.5** Die klassische Mechanik ist zeitumkehrinvariant: alle Vorgänge, die in der Zeit vorwärts ablaufen, können auch rückwärts ablaufen, wenn sämtliche Geschwindigkeiten ihr Vorzeichen wechseln. Integratoren, die diese Reversibilität widerspiegeln, wird ein besseres Verhalten auf langen Zeitskalen zugeschrieben.

Bei Algorithmen, die reversibel und symplektisch sind, wie etwa den Verlet-Verfahren (Abschn. 6.5), ist es schwer zu entscheiden, in welchem Ausmaß ihre Leistungsfähigkeit auf ihrer Reversibilität oder auf ihrer symplektischen Eigenschaft beruhen (Leimkuhler und Matthews 2015). Der Vergleich zwischen dem symplektischen, aber nicht reversiblen Euler-Verfahren und den Verlet-Verfahren kann aber zumindest als Indiz für die Bedeutung der Zeitumkehrinvarianz gedeutet werden.

Ein systematisches Verfahren um zeitumkehrinvariante Integratoren zu entwickeln, sogenannte *reversible reference system propagator algorithms* (RESPA) wurde von Tuckerman et al. (Tuckerman et al. 1992) vorgestellt (siehe Abschn. 6.6.1). Die einfachsten und bekanntesten Vertreter solcher Integratoren sind die Verlet-Verfahren. Durch ihre Reversibilität eignen sich diese Integratoren besonders für Multiskalenverfahren (siehe Abschn. 6.6) und für hybride Molekulardynamik-Monte-Carlo-Verfahren, bei denen die Zeitumkehrinvarianz erforderlich ist, damit die Bedingung des detaillierten Gleichgewichts erfüllt wird.

Insgesamt erscheint die Reversibilität eines Integrators immer als vorteilhaft, weil diese Eigenschaft eine grundlegende Symmetrie der klassischen Mechanik widerspiegelt.

6.4.2.1 Makroskopische Systeme

Die Zeitumkehrinvarianz klassischer Molekulardynamik-Simulationen von Systemen mit sehr vielen Teilchen erscheint zunächst eigenartig, denn makroskopische Systeme können offensichtlich irreversible Veränderungen erfahren, beispielsweise die Lösung eines Salzes in Wasser. Ein anderes Beispiel ist ein Behälter, der durch eine Trennwand in zwei Hälften geteilt wird, von denen die linke mit einem Gas gefüllt und die rechte evakuiert ist. Entfernt man die Trennwand, füllt sich der Behäl-

6.4 Eigenschaften von Integratoren

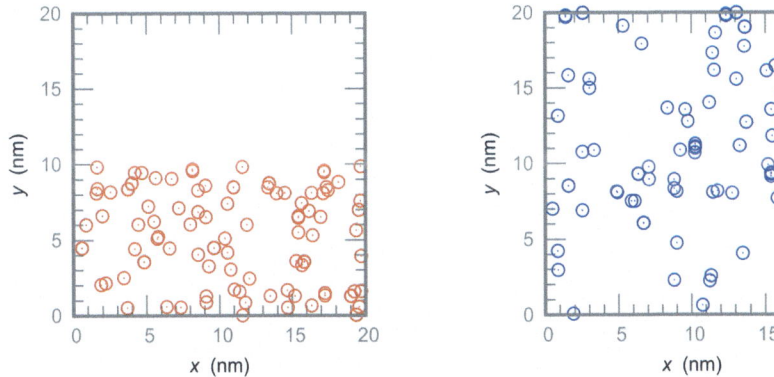

Abb. 6.6 Zu Beginn einer MD-Simulation ist die untere Hälfte einer Simulationsbox mit Heliumatomen gefüllt (linke Abbildung). Nach einer Simulationszeit von 10 ns ist die Simulationsbox gleichmäßig mit Atomen gefüllt (rechte Abbildung). Nach Umkehrung aller Geschwindigkeiten führt die Simulation wieder zum Ausgangszustand zurück. Dargestellt wird die Projektion der Atomkoordinaten auf eine Ebene senkrecht zur z-Achse

ter gleichmäßig mit dem Gas, ein Vorgang, der sich ohne äußere Energiezufuhr nicht umkehren lässt.

In einer MD-Simulation (siehe Abb. 6.6), wo für alle mikroskopischen Freiheitsgrade Werte angegeben werden können, lassen sich (anders als in der makroskopischen Physik, wo nur wenige makroskopische Freiheitsgrade kontrollierbar sind - siehe Kap. 7) die Geschwindigkeiten aller Teilchen umkehren, wodurch wieder der ursprüngliche Zustand erreicht wird. Aber auch ohne die bewusste Wahl geeigneter Geschwindigkeiten kann während einer MD-Simulation zufällig der Zustand eintreten, dass die Hälfte der Simulationsbox evakuiert ist, auch wenn dies mit wachsender Teilchenzahl extrem unwahrscheinlich wird. Dies ist kein Widerspruch zum zweiten Hauptsatz der Thermodynamik, der erst mit unendlich großer Teilchenzahl exakt wird.

6.4.3 Energieerhaltung

Die Fähigkeit eines Integrators, die Energie zumindest näherungsweise zu erhalten, ist im Vergleich zur lokalen Genauigkeit des Integrators das wichtigere Kriterium. Der Vergleich der Euler-Verfahren am Beispiel des harmonischen Oszillators (6.2.4) zeigt dies plastisch: Obwohl beide Algorithmen eine lokale Genauigkeit erster Ordnung besitzen, weist das Standard-Euler-Verfahren eine starke Energiedrift auf und erzeugt eine Trajektorie, die sich mit monoton wachsendem Abstand von der exakten Lösung entfernt, während man beim symplektischen Euler-Verfahren praktisch keine Energiedrift beobachtet und eine Trajektorie erhält, deren Abstand von der exakten Lösung beschränkt ist.

Allgemein zeichnen sich Symplektische Integratoren dadurch aus, dass sie keine ausgeprägte Energiedrift besitzen, wie wir beispielhaft am Vergleich der beiden

Euler-Verfahren sehen konnten (siehe Vertiefung 6.1). Zwar erhalten symplektische Integratoren die Energie nicht exakt, es wird aber vermutet, dass diese Verfahren eine Erhaltungsgröße besitzen, die der Hamilton-Funktion H (die die Energie des Systems angibt) nahe kommt, die sogenannte Schatten-Hamilton-Funktion $\tilde{H}$ (engl. *shadow Hamiltonian*). Obwohl $\tilde{H}(\boldsymbol{q}_k, \boldsymbol{p}_k)$ formal eine Funktion der Koordinaten $\boldsymbol{q}_k$ und der Impulse $\boldsymbol{p}_k$ ist, schreiben wir im Folgenden nur $\tilde{H}$, um zu betonen, dass es sich bei der Schatten-Hamilton-Funktion bezüglich der Trajektorie um eine Konstante der Bewegung handelt, dass $\tilde{H}$ also unabhängig vom Zeitpunkt t_k ist.

6.4.3.1 Euler-Schatten-Hamilton-Funktion

Für das symplektische Euler-Verfahren lässt sich $\tilde{H}$ als Reihenentwicklung von Δt darstellen (Hairer et al. 2006; Offen und Ober-Blöbaum 2022) und lautet bis zur ersten Ordnung in Δt:

$$\tilde{H} = H(\boldsymbol{q}_k, \boldsymbol{p}_k) - \frac{1}{2} \boldsymbol{H}_{q,k} \cdot \boldsymbol{H}_{p,k} \Delta t + O(\Delta t^2) \,, \tag{6.56}$$

wobei $\boldsymbol{H}_{q,k}$ den Gradienten

$$\boldsymbol{H}_{q,k} = \left. \frac{\partial H}{\partial \boldsymbol{q}} \right|_{q=q_k} \tag{6.57}$$

bezeichnet und $\boldsymbol{H}_{p,k}$ entsprechend definiert ist. Für ein besonders einfaches System, wie etwa das harmonische Pendel mit der Hamilton-Funktion (siehe Aufgabe 6.11)

$$H(q_k, p_k) = \frac{p_k^2}{2m} + \frac{D}{2} q_k^2 \tag{6.58}$$

fallen die Terme der Ordnung $O(\Delta t^2)$ weg und die Schatten-Hamilton-Funktion (Kim 2015) vereinfacht sich zu

$$\tilde{H} = H(q_k, p_k) - \frac{1}{2} \omega^2 q_k p_k \Delta t \quad \text{mit} \quad \omega^2 = \frac{D}{m} \,. \tag{6.59}$$

Wenn der Zeitschritt Δt klein genug ist, um die numerische Integration nicht instabil werden zu lassen, bleiben q_k und p_k beschränkt und damit auch die Abweichung $|H - \tilde{H}|$ der Energie H des Pendels von der konstanten Größe $\tilde{H}$. Durch geeignete Wahl des Zeitschritts kann das Maximum dieser Abweichung beliebig klein gemacht werden, unabhängig von der Dauer der Simulation. Dies ist der entscheidende Unterschied zum Standard-Euler-Verfahren, wo diese Abweichung mit wachsender Simulationsdauer über alle Maßen wächst (siehe Vertiefung 6.1).

6.4.3.2 Verlet-Schatten-Hamilton-Funktion

Auch für den Verlet-Algorithmus (Abschn. 6.5) wird die Existenz einer Schatten-Hamilton-Funktion $\tilde{H}$ angenommen, die der wahren Hamilton-Funktion bei genügend kleinen Zeitschritten beliebig nahe kommen kann. Eine Reihenentwicklung bis zur dritten Ordnung wurde von Hammonds und Heyes (Hammonds und Heyes 2020, 2021) für den Positions-Verlet-Algorithmus durchgeführt:

$$\tilde{H} = H(\boldsymbol{q}_k, \boldsymbol{p}_k) + \frac{\Delta t^2}{24}(2\boldsymbol{p}_k^t \dot{\boldsymbol{a}}_k - \mathsf{M}\boldsymbol{a}_k^2) + O(\Delta t^4) \,. \tag{6.60}$$

Im einfachen Beispiel des durch (6.58) definierten harmonischen Oszillators erhalten wir

$$\tilde{H} = H(q_k, p_k) - \frac{\omega^2 \Delta t^2}{12}\left(\frac{p_k^2}{m} + \frac{1}{2}Dq_k^2\right) + O(\Delta t^4) \,. \tag{6.61}$$

Der Verlet-Algorithmus erhält die Energie bis zur Ordnung $O(\Delta t^2)$, also um eine Ordnung besser als der symplektische Euler-Algorithmus.

6.4.3.3 Energie als Überwachungsfunktion

Wie oben diskutiert können zeitliche Schwankungen der Energie eines simulierten Systems ein Artefakt des Integrators sein, aber auch zahlreiche andere Ursachen haben. Einige Beispiele hierfür sind ein zu langer Zeitschritt bei der Integration, ein zu kleiner Abschneideparameter bei der Reichweite nichtbindender Kräfte oder schlicht Programmierfehler. Die Überwachung der Energie im Laufe einer MD-Simulation ist daher ein wichtiges Kontrollinstrument zur Aufdeckung von Fehlern. Skeel, Zhang und Schlick (Skeel et al. 1997; Skeel 1999) haben für symplektische Algorithmen gezeigt, dass sich Artefakte des Integrators besser von Fehlern unterscheiden lassen, wenn die berechnete Energie auf geeignete Weise transformiert wird. Die transformierte Energie weist deutlich geringere Schwankungen auf, so dass große zeitliche Sprünge der transformierten Funktion ein Indikator für Fehler beim Aufsetzen der Simulationsrechnung oder im Simulationsprogramm sind.

6.4.4 Symplektische Integratoren

Eine sehr weitreichende, aber auch sehr abstrakte Eigenschaft des zweiten Newtonschen Gesetzes und des Hamilton-Formalismus ist ihr symplektischer Charakter, der auch für numerische Integratoren angestrebt wird. Um diese Eigenschaft besser zu verstehen, wenden wir uns zunächst dem Phasenraum zu, denn eine wichtige Folgerung aus dem symplektischen Charakter des Hamilton-Formalismus ist der Satz von Liouville, der die Erhaltung des Phasenraumvolumens formuliert. Außerdem können wir mit Hilfe des Phasenraums eine vergleichsweise einfache Definition für den symplektischen Charakter eines Integrators geben. Eine ausführlichere Darstellung des Hamilton-Formalismus, seines symplektischen Charakters und des Satzes von Liouville für Systeme mit beliebiger Dimension findet sich auch im Anhang.

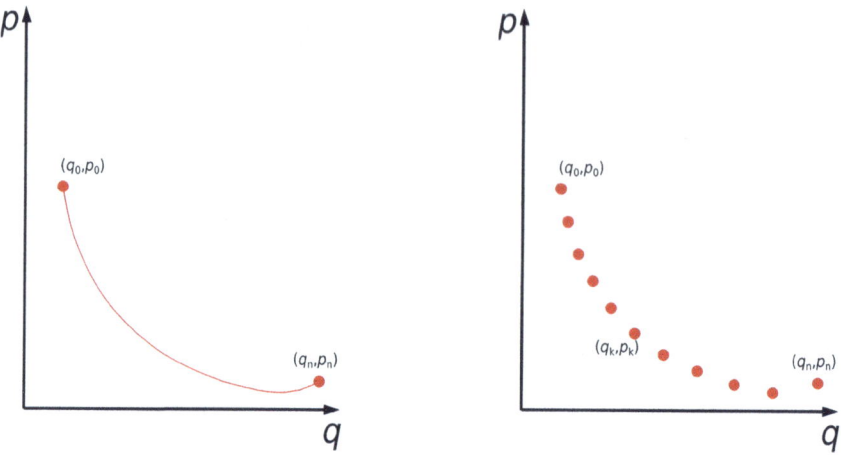

Abb. 6.7 Kontinuierliche (links) und diskrete (rechts) Trajektorie im Phasenraum eines Systems mit einem Positionsfreiheitsgrad

6.4.4.1 Phasenraum

Der Zustand eines dynamischen Systems zu einem bestimmten Zeitpunkt wird durch Angabe der Positionen sowie der Impulse oder Geschwindigkeiten aller Teilchen vollständig beschrieben. Eine solche Angabe entspricht geometrisch einem Punkt im sogenannten Phasenraum, der für ein System mit N Teilchen die Dimension $6N$ hat. Um uns den Phasenraum möglichst anschaulich vorstellen zu können, beschränken wir uns im Folgenden wo immer möglich auf ein System mit nur einer Ortskoordinate q und einer Impulskoordinate p, so dass wir den Phasenraum als Fläche darstellen können. Die Entwicklung eines dynamischen Systems im Verlauf der Zeit lässt sich als Kurve im Phasenraum darstellen (siehe Abb. 6.7 links).

Das zweite Newtonsche Gesetz oder die kanonischen Gleichungen des Hamilton-Formalismus können wir als Abbildungen auffassen, die einen Punkt im Phasenraum zur Zeit t auf einen anderen Punkt zum späteren Zeitpunkt $t + dt$ abbilden:

$$\begin{pmatrix} q(t) \\ p(t) \end{pmatrix} \mapsto \begin{pmatrix} q(t+dt) \\ p(t+dt) \end{pmatrix} \tag{6.62}$$

mit

$$q(t+dt) = q(t) + \frac{\partial H}{\partial p} dt \tag{6.63}$$

$$p(t+dt) = p(t) - \frac{\partial H}{\partial q} dt . \tag{6.64}$$

Kontinuierliche Kurven im Phasenraum können sich nie schneiden, denn aufgrund des deterministischen Charakters gibt es zu jedem Punkt im Phasenraum genau eine mögliche Richtung, in die sich die Kurve fortsetzen kann. Periodische Vorgänge weisen im Phasenraum eine geschlossene Kurve auf. Einer harmonischen Schwingung,

6.4 Eigenschaften von Integratoren

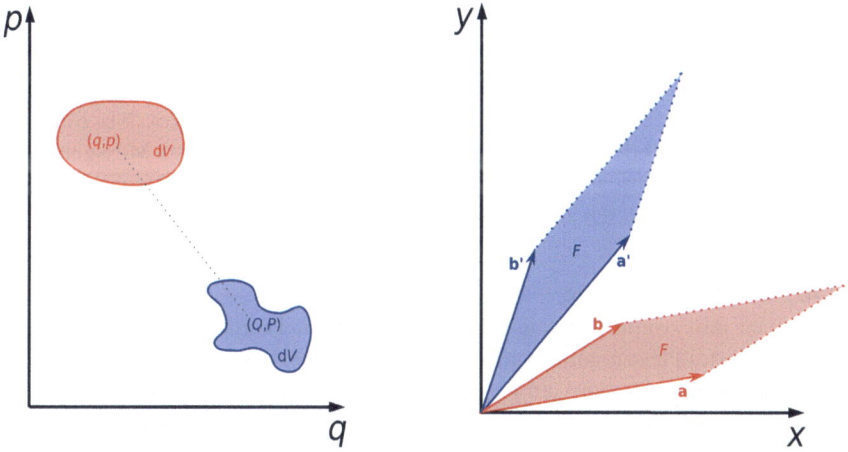

Abb. 6.8 Phasenraumvolumen (links) und Erhaltung von Parallelogrammflächen unter Koordinatentransformationen (rechts)

die durch die Hamilton-Funktion

$$H(q, p) = \frac{m}{2}p^2 + \frac{D}{2}q^2 \tag{6.65}$$

beschrieben wird, entspricht ein Kreis um den Ursprung, sofern die Achsen für q und p geeignet skaliert sind.

Einer diskreten Trajektorie q_k, die von einem numerischen Integrator erzeugt wird, können wir eine Folge von Punkten (q_k, p_k) im Phasenraum zuordnen (Abb. 6.7 rechts).[2]

6.4.4.2 Phasenraumvolumen

Häufig ist der Zustand eines dynamischen Systems nur näherungsweise bekannt. Oder es soll ein makroskopischer Zustand untersucht werden, der durch eine große Zahl benachbarter Punkte im Phasenraum repräsentiert wird. Betrachten wir etwa ein gefaltetes Protein in wässriger Lösung, ist die genaue Position und Geschwindigkeit dieses oder jenes Wassermoleküls nicht von Bedeutung – wir können ohnehin nicht alle Positionen und Geschwindigkeiten genau messen oder berechnen. In solchen Fällen ist es sinnvoll, eine Menge von Phasenraumpunkten zu einem Phasenraumvolumen dV zusammenzufassen (siehe Abb. 6.8).

Bei Systemen, die nicht abgeschlossen sind, etwa einem Pendel mit Reibung, kann das Phasenraumvolumen im Verlauf der Zeit abnehmen und sogar bis auf einen Punkt schrumpfen (einen sogenannten Attraktor). Für abgeschlossene Systeme, die durch

---

[2] Manche Integratoren wie der Positions-Verlet-Algorithmus erzeugen nur Positionen, aber keine Impulse oder Geschwindigkeiten, so dass wir diese geeignet ergänzen müssen.

das zweite Newton'sche Gesetz oder den Hamilton-Formalismus beschrieben werden, gilt aber der Satz von Liouville, der besagt, dass das Phasenraumvolumen eines solchen Systems eine Erhaltungsgröße ist (siehe Vertiefung 6.2). Allerdings bleibt nur die Größe des Phasenraumvolumens erhalten, nicht seine Form. Als Beispiel zeigt Abb. 6.8 (links) das Phasenraumvolumen, das im Rahmen der Messgenauigkeit mit dem Zustand (q, p) vereinbar ist sowie das Volumen, das mit dem aus (q, p) hervorgegangenen späteren Zustand (Q, P) vereinbar ist.

6.4.4.3 Flächenerhaltung

Wir können das zweite Newtonsche Gesetz und den Hamilton-Formalismus als Abbildungen des Phasenraumes auf sich selbst auffassen: Jedem Phasenraumpunkt (q, p) zum Zeitpunkt t_0 wird ein Phasenraumpunkt (Q, P) zum späteren Zeitpunkt t_1 zugeordnet. Auf gleiche Weise können wir numerische Integratoren interpretieren.

Wir stellen uns jetzt die Frage, welche Bedingungen solche Abbildungen erfüllen müssen, um das Phasenraumvolumen zu erhalten. Wir finden eine Antwort darauf, indem wir uns ansehen, welche linearen Abbildungen die Fläche eines Parallelogramms erhalten. Dies ist zunächst erstaunlich, ist es doch sehr unwahrscheinlich, dass die Phasenraumvolumina, die uns interessieren, die Form eines Parallelogramms haben. Weiterhin ist die durch den Hamilton-Formalismus gegebene Abbildung des Phasenraums nichtlinear, außer in belanglosen Fällen. Wir können aber die Erhaltung eines Phasenraumvolumens endlicher Größe auch dadurch zeigen, dass wir es in infinitesimale Parallelogramme zerlegen und die Flächenerhaltung für jedes davon zeigen. Die Beschränkung auf ein infinitesimales Gebiet erlaubt uns, die Abbildung im Phasenraum lokal zu linearisieren.

Ein Parallelogramm, das in der xy-Ebene durch die Spaltenvektoren

$$\boldsymbol{a} = \begin{pmatrix} a_x \\ a_y \end{pmatrix} \quad \text{und} \quad \boldsymbol{b} = \begin{pmatrix} b_x \\ b_y \end{pmatrix} \tag{6.66}$$

aufgespannt wird (rote Fläche in Abb. 6.8 rechts), besitzt die Fläche

$$A = |a_x b_y - a_y b_x| . \tag{6.67}$$

In moderner Schreibweise wird diese Fläche auch als 2-Form $A = \boldsymbol{a} \wedge \boldsymbol{b}$ geschrieben (Leimkuhler und Matthews 2015). Mit Hilfe der schiefsymmetrischen Matrix

$$\mathsf{S}_2 = \begin{pmatrix} 0 & 1 \\ -1 & 0 \end{pmatrix} \tag{6.68}$$

lässt sich die Fläche auch durch

$$A = (a_x, a_y) \begin{pmatrix} 0 & 1 \\ -1 & 0 \end{pmatrix} \begin{pmatrix} b_x \\ b_y \end{pmatrix} = \boldsymbol{a}^\mathrm{t} \mathsf{S}_2 \boldsymbol{b} \tag{6.69}$$

6.4 Eigenschaften von Integratoren

ausdrücken, wobei der Zeilenvektor a^t durch Transposition des Spaltenvektors a entsteht. Wir suchen jetzt nach linearen Koordinatentransformationen J,

$$a \mapsto Ja = a', \tag{6.70}$$

die a und b derart auf neue Vektoren a' und b' abbilden, dass diese ein Parallelogramm gleicher Fläche aufspannen (blaue Fläche in Abb. 6.8 rechts), die also die Flächen

$$a'^t S_2 b' = (Ja)^t S_2 (Jb) = a^t J^t S_2 J \, b = a^t S_2 b \tag{6.71}$$

invariant lassen. Die lineare Transformation J muss also die Bedingung

$$J^t S_2 J = S_2 \tag{6.72}$$

erfüllen und wird dann als symplektische Transformation bezeichnet. Ein Spezialfall solcher Transformationen sind die orthogonalen Drehungen (Abb. 6.8 rechts). Führen wir zwei lineare Transformationen hintereinander aus, beispielsweise eine Drehung um den Winkel α

$$J_1 = \begin{pmatrix} \cos\alpha & \sin\alpha \\ -\sin\alpha & \cos\alpha \end{pmatrix} \tag{6.73}$$

und eine Punktspiegelung

$$J_2 = \begin{pmatrix} -1 & 0 \\ 0 & -1 \end{pmatrix}, \tag{6.74}$$

können wir die resultierende Transformation durch ein Produkt von Matrizen darstellen:

$$a'' = J_2 a' = J_2 J_1 a. \tag{6.75}$$

Wenn die Transformationen J_1 und J_2 symplektisch sind, dann ist es wegen

$$(J_2 J_1)^t S_2 (J_2 J_1) = J_1^t \left(J_2^t S_2 J_2 \right) J_1 = J_1^t S_2 J_1 = S_2 \tag{6.76}$$

auch die Transformation $J = J_2 J_1$ symplektisch. In unserem Beispiel bleibt die Parallelogrammfläche also auch bei einer Drehspiegelung erhalten.

6.4.4.4 Erhaltung des Phasenraumvolumens

Um die Erhaltung eines beliebigen Phasenraumvolumens in einem zweidimensionalen Phasenraum zu zeigen, reicht es aus, die Erhaltung infinitesimaler Parallelogramme zu beweisen, da wir jede endliche Fläche als Summe solcher Parallelogramme darstellen können. In höherdimensionalen Phasenräumen läuft es ebenso, nur verwenden wir Hyperquader anstelle von Parallelogrammen.

Ein dynamisches System habe anfänglich den Zustand $(q, p)^t$ und später den Zustand $(Q, P)^t$, der das Ergebnis einer Transformation φ ist:

$$\varphi\left[\begin{pmatrix} q \\ p \end{pmatrix}\right] = \begin{pmatrix} Q \\ P \end{pmatrix}. \tag{6.77}$$

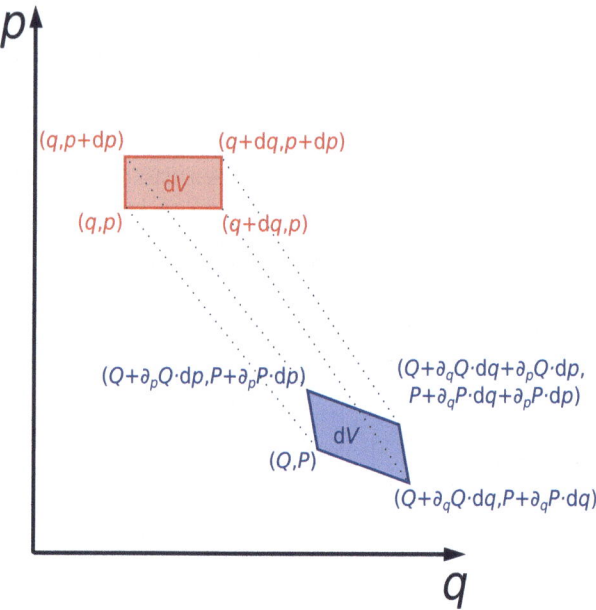

Abb. 6.9 Infinitesimale Phasenraumtransformation: Der Phasenraumpunkt $(q, p)^t$ wird in den neuen Punkt $(Q, P)^t$ transformiert. Dabei wird das infinitesimale Rechteck bei $(q, p)^t$ flächenerhaltend in ein Parallelogramm bei $(Q, P)^t$ überführt. Wir verwenden ∂_q und ∂_p als Kurzformen für die partiellen Ableitungsoperatoren ∂/∂_q beziehungsweise ∂/∂_p

Als Beispiel für die Phasenraumerhaltung zeigt Abb. 6.9 wie ein anfänglich rechteckiges Phasenraumvolumen bei $(q, p)^t$ in ein späteres Phasenraumvolumen mit der Form eines Parallelogramms bei $(Q, P)^t$ transformiert wird, ohne dass sich die Fläche ändert. Eine solche Transformation φ (beispielsweise die Hamilton'schen kanonischen Gleichungen oder ein numerischer Integrator, wie das Euler-Verfahren) wird im Allgemeinen nichtlinear sein, wir können sie aber lokal linearisieren, wenn wir uns auf eine infinitesimale Umgebung von $(q, p)^t$ beschränken.

Eine solche Linearisierung erlaubt uns die Jacobi-Matrix

$$J_\varphi = \begin{pmatrix} \frac{\partial Q}{\partial q} & \frac{\partial Q}{\partial p} \\ \frac{\partial P}{\partial q} & \frac{\partial P}{\partial p} \end{pmatrix}, \tag{6.78}$$

mit deren Hilfe wir den Phasenraumpunkt

$$\begin{pmatrix} Q + dQ \\ P + dP \end{pmatrix} = \varphi \left[\begin{pmatrix} q + dq \\ p + dp \end{pmatrix} \right], \tag{6.79}$$

der aus der Transformation eines Phasenraumpunktes $(q + dq, p + dp)^t$ aus der Nachbarschaft von $(q, p)^t$ entsteht, als linear von $(q, p)^t$ und $(dq, dp)^t$ abhängig

6.4 Eigenschaften von Integratoren

schreiben können:

$$\begin{pmatrix} Q \\ P \end{pmatrix} + \begin{pmatrix} dQ \\ dP \end{pmatrix} = \varphi \left[\begin{pmatrix} q \\ p \end{pmatrix} \right] + \begin{pmatrix} \frac{\partial Q}{\partial q} & \frac{\partial Q}{\partial p} \\ \frac{\partial P}{\partial q} & \frac{\partial P}{\partial p} \end{pmatrix} \begin{pmatrix} dq \\ dp \end{pmatrix}. \tag{6.80}$$

Die Jacobi-Matrix beschreibt den linearen Zusammenhang zwischen einer kleinen Änderung des Anfangszustandes, also $(q + dq, p + dp)^t$ statt $(p, q)^t$, und der daraus folgenden Änderung des Endzustands. Da die Jacobi-Matrix nur eine lokale Beschreibung dieses Zusammenhanges liefern kann, ist sie vom Phasenraumpunkt $(q, p)^t$ abhängig, in dessen Umgebung die Transformation φ linearisiert werden soll. Genaugenommen müssten wir diese Matrix also mit $J_\varphi(q, p)^t$ benennen.

Das Konzept der Jacobi-Matrix lässt sich einfach auf höherdimensionale Phasenräume übertragen. Für einen $2N$-dimensionalen Phasenraum definieren wir dazu

$$z^t = (q_1, \ldots, q_N, p_1, \ldots, p_N)^t \tag{6.81}$$

und schreiben die $2N \times 2N$ Elemente der Jacobi-Matrix in der Form

$$J_{i,j} = \frac{\partial z_i}{\partial z_j} \quad \text{für} \quad i, j = 1, \ldots, 2N. \tag{6.82}$$

Der schiefsymmetrischen Matrix S geben wir im $2N$-dimensionalen Fall die Form

$$(S_{2N})_{i,j} = \delta_{i,j-N} - \delta_{i,j+N} \tag{6.83}$$

mit $\delta_{i,k} = 1$ für $i = k$ und $\delta_{i,k} = 0$ sonst. Mit 1_N und 0_N als $N \times N$-Einheits- beziehungsweise Null-Matrix können wir S_{2N} auch in Blockform schreiben:

$$S_{2N} = \begin{pmatrix} 0_N & 1_N \\ -1_N & 0_N \end{pmatrix}. \tag{6.84}$$

Mit Hilfe der Jacobi-Matrix stellen wir jetzt fest: ein Phasenraumvolumen bleibt genau dann erhalten, wenn für jeden Punkt z des Phasenraumvolumens die zugehörige Jacobi-Matrix die Gleichung

$$J_\varphi^t(z) \, S_{2N} \, J_\varphi(z) = S_{2N} \tag{6.85}$$

erfüllt.

6.4.4.5 Die klassische Mechanik ist symplektisch

Um zu zeigen, dass die klassische Mechanik symplektisch ist, betrachten wir die infinitesimale Transformation ϕ, die einen Phasenraumpunkt $(q, p)^t$ zum Zeitpunkt t in einen neuen Phasenraumpunkt $(Q, P)^t$ zum späteren Zeitpunkt $t + dt$ überführt. Aus den kanonischen Gleichungen des Hamilton-Formalismus (6.9) folgt

$$Q = q + \frac{\partial H}{\partial p} dt \quad \text{und} \quad P = p - \frac{\partial H}{\partial q} dt. \tag{6.86}$$

Das zweite Newton'sche Gesetz liefert äquivalente Gleichungen. Wir sehen dies, wenn wir in (6.9) folgende Ersetzungen vornehmen:

$$\frac{\partial H}{\partial p} = v \quad \text{und} \quad \frac{\partial H}{\partial q} = -F.$$

Aus den Gl. (6.86) erhalten wir durch Ableitung nach q und p die Jacobi-Matrix für den Hamilton-Formalismus,

$$\mathsf{J}_\mathrm{H} = \begin{pmatrix} 1 + \frac{\partial^2 H}{\partial q \partial p} dt & \frac{\partial^2 H}{\partial p^2} dt \\ -\frac{\partial^2 H}{\partial q^2} dt & 1 - \frac{\partial^2 H}{\partial q \partial p} dt \end{pmatrix}, \tag{6.87}$$

mit deren Hilfe wir durch zweifache Matrixmultiplikation

$$\mathsf{J}_\mathrm{H}^\mathrm{t} \mathsf{S}_2 \mathsf{J}_\mathrm{H} = \mathsf{S}_2 \left[1 + \frac{\partial^2 H}{\partial q^2} \frac{\partial^2 H}{\partial p^2} dt^2 - \left(\frac{\partial^2 H}{\partial q \partial p} dt \right)^2 \right] \tag{6.88}$$

erhalten (siehe auch Aufgabe 6.14). Da dt eine infinitesimale Größe ist, folgt

$$\mathsf{J}_\mathrm{H}^\mathrm{t} \mathsf{S}_2 \mathsf{J}_\mathrm{H} = \mathsf{S}_2, \tag{6.89}$$

und wir haben gezeigt, dass die klassische Mechanik symplektisch ist (in Vertiefung 6.2 bringen wir den Hamilton-Formalismus in eine Form, die den symplektischen Charakter noch anschaulicher macht).

Wenn wir das infinitesimale Zeitintervall dt durch ein endlich großes Zeitintervall Δt ersetzen, was dem Standard-Euler-Verfahren entspricht, wäre Gl. (6.89) nur näherungsweise erfüllt, womit gezeigt wird, dass dieses Verfahren nicht symplektisch ist. Mit der Hamilton-Funktion des harmonischen Oszillators (6.65) würden wir beispielsweise

$$\mathsf{J}_\mathrm{H}^\mathrm{t} \mathsf{S}_2 \mathsf{J}_\mathrm{H} = \mathsf{S}_2 \left(1 + \omega^2 \Delta t^2 \right) \tag{6.90}$$

erhalten.

6.4 Eigenschaften von Integratoren

> **Vertiefung 6.2: Symplektische Form des Hamilton-Formalismus**
>
> Die kanonischen Gleichungen des Hamilton-Formalismus,
>
> $$\begin{pmatrix} \dot{q} \\ \dot{p} \end{pmatrix} = \begin{pmatrix} \frac{\partial H}{\partial p} \\ -\frac{\partial H}{\partial q} \end{pmatrix}, \tag{6.91}$$
>
> können wir mit Hilfe der schiefsymmetrischen Matrix S_2 auch in die Form
>
> $$\begin{pmatrix} \dot{q} \\ \dot{p} \end{pmatrix} = \begin{pmatrix} 0 & 1 \\ -1 & 0 \end{pmatrix} \begin{pmatrix} \frac{\partial H}{\partial q} \\ \frac{\partial H}{\partial p} \end{pmatrix}, \tag{6.92}$$
>
> oder, für $2N$-dimensionale Phasenraumkoordinaten
>
> $$z^{\mathrm{t}} = (q_1, \ldots, q_N, p_1, \ldots, p_N)^{\mathrm{t}}, \tag{6.93}$$
>
> in die Form
>
> $$\dot{z} = S_{2N} \partial_z H \quad \text{mit} \quad \partial_z = \left(\frac{\partial}{\partial z_1}, \ldots, \frac{\partial}{\partial z_{2N}} \right)^{\mathrm{t}} \tag{6.94}$$
>
> bringen, die den symplektischen Charakter des Hamilton-Formalismus veranschaulicht, indem sie die Verflechtung von Positions- und Impulskoordinaten hervorhebt.

6.4.4.6 Satz von Liouville

Zu Beginn von Abschn. 6.4.4.4 haben wir festgestellt, dass symplektische Transformationen das Phasenraumvolumen erhalten. Später haben wir die kanonischen Gleichungen des Hamilton-Formalismus als symplektische Transformation identifiziert. Beide Aussagen zusammen begründen den Satz von Liouville, der besagt, dass das Phasenraumvolumen, das von einer Menge von Anfangszuständen eines dynamischen Systems eingenommen wird, genau gleich groß ist, wie das Phasenraumvolumen, das die daraus hervorgehenden Endzustände zu einem späteren Zeitpunkt einnehmen, sofern das System durch die Newtonsche Mechanik oder den Hamilton-Formalismus beschrieben wird.

▶ **Merksatz 6.6** Nach dem Satz von Liouville erhält die klassische Mechanik das Phasenraumvolumen. Dies gilt auch für jeden symplektischen Integrator.

Solche Systeme können also keinen Attraktor besitzen, das heißt, verschiedene Anfangszustände können nicht im gleichen Endzustand enden. Auch können sich aus einem Anfangszustand nicht mehrere Endzustände entwickeln. Sehr anschauliche grafische Darstellungen, die den Phasenraumfluss am Beispiel des harmonischen

Oszillators für verschiedene Integratoren illustrieren, wurden von Griebel vorgestellt (Griebel et al. 2004).

6.4.4.7 Symplektische Integratoren

Die kanonischen Gleichungen des Hamilton-Formalismus stellen nur ein Beispiel für symplektische Abbildungen auf dem Phasenraum dar. Auch numerische Integratoren können symplektisch sein und mit dem symplektischen Euler-Verfahren haben wir bereits einen solchen Integrator kennengelernt. Wir wollen hier zeigen, dass dieses Verfahren seinen Namen zurecht trägt, und stellen dazu die Gl. (6.24) und (6.25) um und ersetzen die Geschwindigkeiten v_k durch die Impulse $p_k = m v_k$ und erhalten so die Gleichungen

$$q_{k+1} = q_k + \Delta t\, p_k/m + \Delta t^2\, a_k$$
$$p_{k+1} = p_k + \Delta t\, m a_k\,. \tag{6.95}$$

Wir leiten die neue Koordinate q_{k+1} und den neuen Impuls p_{k+1} nach der alten Koordinate q_k und dem alten Impuls p_k ab und erhalten so die die Jacobi-Matrix

$$J_E = \begin{pmatrix} 1 + \frac{\partial a_k}{\partial q_k} \Delta t^2 & \frac{\Delta t}{m} \\ \frac{\partial a_k}{\partial q_k} m \Delta t & 1 \end{pmatrix} \tag{6.96}$$

Einfache Matrixmultiplikation zeigt, dass diese Matrix die Gleichung

$$J_E^t S_2 J_E = S_2 \tag{6.97}$$

erfüllt, weshalb das Verfahren symplektisch ist.

Der symplektische Charakter dieses Verfahrens tritt besonders deutlich zu Tage, wenn wir es als Hintereinanderausführung der Abbildungen

$$\begin{pmatrix} q_k \\ p_k \end{pmatrix} \mapsto \begin{pmatrix} q_k \\ p_{k+1} \end{pmatrix} = \begin{pmatrix} q_k \\ p_k + m a_k \Delta t \end{pmatrix}$$

und

$$\begin{pmatrix} q_k \\ p_{k+1} \end{pmatrix} \mapsto \begin{pmatrix} q_{k+1} \\ p_{k+1} \end{pmatrix} = \begin{pmatrix} q_k + p_{k+1} \Delta t/m \\ p_{k+1} \end{pmatrix}$$

auffassen (siehe Abb. 6.10). Die Jacobi-Matrix J_E des symplektischen Euler-Verfahrens können wir dann als Matrixprodukt der Jacobi-Matrizen

$$J_{E1} = \begin{pmatrix} 1 & 0 \\ m \Delta t (\partial a_k/\partial q_k) & 1 \end{pmatrix} \tag{6.98}$$

und

$$J_{E2} = \begin{pmatrix} 1 & \Delta t/m \\ 0 & 1 \end{pmatrix} \tag{6.99}$$

6.4 Eigenschaften von Integratoren

Abb. 6.10 Hintereinanderausführung von Abbildungen beim symplektischen Euler-Verfahren

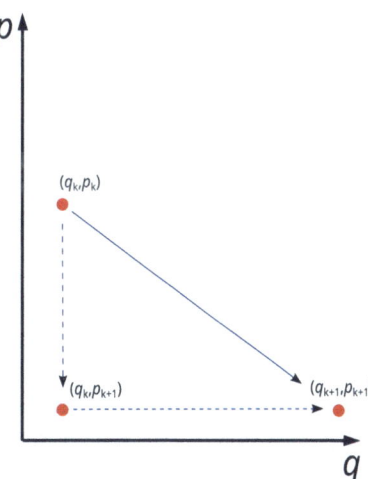

der beiden hintereinander ausgeführten Abbildungen schreiben:

$$J_E = J_{E2} J_{E1} \,. \tag{6.100}$$

Man sieht leicht, dass sowohl $J_{E1}^t S_2 J_{E1} = S_2$ als auch $J_{E2}^t S_2 J_{E2} = S_2$ gelten, und damit auch

$$J_E^t S_2 J_E = S_2 \,, \tag{6.101}$$

denn, wie in Abschn. 6.4.4.3 gezeigt, ist die Hintereinanderausführung zweier symplektischer Transformationen wieder symplektisch.

6.4.4.8 Bedeutung symplektischer Integratoren

Aus dem symplektischen Charakter eines Integrators folgt unmittelbar, dass der Integrator das Phasenraumvolumen erhält, was schon für sich allein ein guter Grund dafür ist, bei der Auswahl eines Integrators auf diese Eigenschaft zu achten. Daüberhinaus ergeben sich aus dem symplektischen Charakter eine Reihe weiterer Konsequenzen.

Schatten-Hamilton-Funktion und Schatten-Trajektorie

Für einfache Hamilton-Funktionen lässt sich für symplektische Integratoren die Existenz einer Schatten-Hamilton-Funktion zeigen (siehe Abschn. 6.4.3), einer Erhaltungsgröße, die bei genügend kleinem Zeitschritt Δt der Energie sehr nahe kommt. Für kompliziertere Hamilton-Funktionen kann die Existenz einer solchen Erhaltungsgröße nicht gezeigt werden, wird aber allgemein angenommen (Frenkel und Smit 2001). Eng verbunden mit dem Vorhandensein einer Schatten-Hamilton-Funktion ist die Existenz einer Schatten-Trajektorie (Abschn. 6.3.2), die dafür verantwortlich ist, dass sich symplektische Integratoren auf langen Zeitskalen deutlich besser verhalten als nichtsymplektische Verfahren (Leimkuhler 1999; Leimkuhler und Reich 1994; Leimkuhler und Skeel 1994). Zu den Eigenschaften symplektischer Algorithmen gehört auch die Erhaltung des Drehimpulses (Sanz-Serna 1988;

Zhang und Skeel 1995), die aber bei MD-Simulationen meist durch die Randbedingungen der Simulationsbox zunichte gemacht wird (Leimkuhler und Matthews 2015).

Ergodizität
Symplektische Integratoren erzeugen zudem Trajektorien, die zumindest annähernd ergodisch (siehe Abschn. 6.4.4.9) sind, eine Eigenschaft die Griebel (Griebel et al. 2004) als „numerische Ergodizität" bezeichnet. Ausführliche Diskussionen symplektischer Integratoren für Molekulardynamiksimulationen finden sich beispielsweise bei Leimkuhler und Matthews (Leimkuhler und Matthews 2015) und bei Gray et al. (Gray et al. 1994) wie auch bei Meiss (Meiss 1992), der besonders die grundlegenden Eigenschaften symplektischer Integratoren behandelt.

Verlet-Verfahren
Die Verlässlichkeit der weit verbreiteten Verlet-Verfahren (Abschn. 6.5) wird im Wesentlichen auf ihren symplektischen Charakter zurückgeführt (Tuckerman et al. 1992; Biesiadecki und Skeel 1993) und hat Anstrengungen motiviert, symplektische Integratoren höherer Ordnung zu entwickeln. Beispiele hierfür sind das RESPA-Verfahren aus Abschn. 6.6.1 und eine von Yoshida vorgestellte Methode systematisch symplektische Integratoren höherer Ordnung zu entwickeln (Yoshida 1990). Die einfachste dieser Methoden ist von vierter Ordnung und wurde von Forest und Ruth (Forest und Ruth 1990) vorgestellt.

6.4.4.9 Ergodizität
Ein dynamisches System wird als ergodisch bezeichnet, wenn es (vereinfacht gesagt) im Laufe der Zeit alle erlaubten Zustände auch tatsächlich annimmt. Ein einzelner harmonischer Oszillator beispielsweise ist ein ergodisches System, da innerhalb einer Periode des Oszillators alle Zustände durchlaufen werden, die der Oszillator annehmen kann. Ein System aus zwei ungekoppelten harmonischen Oszillatoren mit konstanter Gesamtenergie E ist dagegen kein ergodisches System. Wenn die Energie der beiden Oszillatoren durch das Wertepaar (E_1, E_2) mit $E_1 + E_2 = E$ angegeben wird, dann kann das System mangels Kopplung der Oszillatoren niemals durch zeitliche Entwicklung in den Zustand $(E_1 + \Delta E, E_2 - \Delta E)$ übergehen, obwohl auch dies ein erlaubter Zustand des Systems mit $E_1 + \Delta E + E_2 - \Delta E = E$ ist.

Da in einem ergodischen System alle erlaubten Zustände angenommen werden, wenn genügend Zeit vergeht, lassen sich Eigenschaften des Systems durch eine zeitliche Mittelung genauso gut bestimmen wie durch eine sogenannte Schar- oder Ensemblemittelung. Als Ensemble bezeichnen wir hier die Menge aller erlaubten Zustände des Systems.

6.5 Verlet-Algorithmus

Die in Abschn. 6.2 behandelten Euler-Verfahren sind nur von didaktischem Interesse. Das „Arbeitspferd" der Molekulardynamiksimulationen bildet gegenwärtig die Klasse der Verlet-Integratoren, zu denen der Positions-Verlet-, der Geschwindigkeits-Verlet- sowie der Leap-Frog-Algorithmus gehören, die in diesem Abschnitt diskutiert werden sollen. Weitere Integratoren die in der Vergangenheit häufiger verwendet wurden oder die derzeit als mögliche Alternativen für die Zukunft untersucht werden, sind den beiden folgenden Abschnitten vorbehalten.

6.5.1 Positions-Verlet-Algorithmus

Das symplektische Euler-Verfahren ist nur von erster Ordnung genau und außerdem nicht zeitumkehrinvariant. Ein Verfahren, das beide Nachteile vermeidet, ist der Positions-Verlet-Algorithmus, oft nur Verlet-Algorithmus genannt. Wir werden ihn auf zwei unterschiedlichen Wegen konstruieren.

6.5.1.1 Taylor-Entwicklung

Der erste Weg beginnt mit einer Taylor-Entwicklung bis zur dritten Ordnung:

$$\boldsymbol{q}_{k+1} = \boldsymbol{q}_k + \Delta t\, \boldsymbol{v}_k + \frac{1}{2}\Delta t^2\, \boldsymbol{a}_k + \frac{1}{6}\Delta t^3\, \boldsymbol{j}_k\,. \tag{6.102}$$

Hier steht $\boldsymbol{j}_k$ für den Ruck, die Zeitableitung der Beschleunigung $\boldsymbol{a}_k$. Anschließend ersetzen wir den positiven Zeitschritt $+\Delta t$ durch einen negativen, $-\Delta t$, und erhalten

$$\boldsymbol{q}_{k-1} = \boldsymbol{q}_k - \Delta t\, \boldsymbol{v}_k + \frac{1}{2}\Delta t^2\, \boldsymbol{a}_k - \frac{1}{6}\Delta t^3\, \boldsymbol{j}_k\,. \tag{6.103}$$

Eine Addition der beiden letzten Gleichungen liefert nach Umordnung die Definitions-Gleichung des Positions-Verlet-Algorithmus:

$$\boldsymbol{q}_{k+1} = 2\boldsymbol{q}_k - \boldsymbol{q}_{k-1} + \Delta t^2\, \boldsymbol{a}_k\,. \tag{6.104}$$

Man kann diese Gleichung auch durch Umformung des zentralen Differenzenquotienten zweiter Ordnung

$$\boldsymbol{a}_k \approx \frac{(\boldsymbol{q}_{k+1} - \boldsymbol{q}_k) - (\boldsymbol{q}_k - \boldsymbol{q}_{k-1})}{\Delta t^2}\,, \tag{6.105}$$

zur Annäherung der Beschleunigung erhalten. Die Zeitumkehrinvarianz dieses Algorithmus ist offenkundig, da das Zeitintervall Δt nur quadratisch eingeht. Bei geeigneten Anfangsbedingungen $\boldsymbol{q}_{k-1}$ und $\boldsymbol{q}_k$ hat dieser Algorithmus eine Genauigkeit der Ordnung 3, also einen Fehler der Ordnung $O(\Delta t^4)$, da sich die Terme der Ordnung Δt^3 bei der Differenzbildung weggehoben haben. Trotzdem ist der globale Fehler ebenso wie bei den anderen Varianten von Verlet-Algorithmen nur von der Ordnung $O(\Delta t^2)$ (Tuckerman 2015).

Der Positions-Verlet-Algorithmus benötigt keine Geschwindigkeiten oder Impulse. Man kann aber durch

$$\begin{aligned}v_k &= \frac{q_{k+1} - q_{k-1}}{2\Delta t} \\ &= \frac{q_k - q_{k-1}}{\Delta t} + \frac{1}{2}\Delta t\, a_k\end{aligned} \tag{6.106}$$

Geschwindigkeiten oder Impulse

$$p_k = \mathsf{M}\frac{q_k - q_{k-1}}{\Delta t} + \frac{1}{2}\Delta t\, \mathsf{M}a_k \tag{6.107}$$

retrospektiv mit einem Fehler der Ordnung $O(\Delta t^2)$ berechnen. Dieser Fehler lässt sich durch die genauere Schätzung (Berendsen und Van Gunsteren 1986)

$$v_k = \frac{q_{k+1} - q_{k-1}}{2\Delta t} - \frac{a_{k+1} - a_{k-1}}{12}\Delta t \tag{6.108}$$

bis zur Ordnung $O(\Delta t^3)$ verbessern. Wie in der folgenden Vertiefung gezeigt wird, ist der Verlet-Algorithmus auch symplektisch, erhält also das Phasenraumvolumen.

Vertiefung 6.3: Symplektische Eigenschaft des Verlet-Algorithmus

Um die Jacobi-Matrix zu erhalten, formulieren wir den Verlet-Algorithmus (hier der Einfachheit halber für ein eindimensionales System) mit den Impulsen wie folgt um:

$$\begin{aligned}p_{k+1/2} &= p_k + \Delta t\, ma_k/2 \\ q_{k+1} &= q_k + \Delta t\, p_{k+1/2}/m \\ p_{k+1} &= p_{k+1/2} + \Delta t\, ma_{k+1}/2\,,\end{aligned} \tag{6.109}$$

damit wir den Algorithmus wie beim symplektischen Euler-Verfahren als Hintereinanderausführung mehrerer Abbildungen darstellen können. Der Einfachheit halber beschränken wir uns dabei auf eindimensionale Systeme. In diesem Fall benötigen wir, wie in Abb. 6.11 skizziert, drei hintereinander ausgeführte Abbildungen:

$$\begin{pmatrix} q_k \\ p_k \end{pmatrix} \mapsto \begin{pmatrix} q_k \\ p_{k+1/2} \end{pmatrix} = \begin{pmatrix} q_k \\ p_k + \frac{\Delta t}{2}ma_k \end{pmatrix}$$

sowie

$$\begin{pmatrix} q_k \\ p_{k+1/2} \end{pmatrix} \mapsto \begin{pmatrix} q_{k+1} \\ p_{k+1/2} \end{pmatrix} = \begin{pmatrix} q_k + \frac{\Delta t}{m}p_{k+1/2} \\ p_{k+1/2} \end{pmatrix}$$

und
$$\begin{pmatrix} q_{k+1} \\ p_{k+1/2} \end{pmatrix} \mapsto \begin{pmatrix} q_{k+1} \\ p_{k+1} \end{pmatrix} = \begin{pmatrix} q_{k+1} \\ p_{k+1/2} + \frac{\Delta t}{2} m a_{k+1} \end{pmatrix}.$$

Für die drei Abbildungen erhalten wir die drei Jacobi-Matrizen

$$J_1 = \begin{pmatrix} 1 & 0 \\ \frac{\Delta t}{2} m \frac{\partial a_k}{\partial q_k} & 1 \end{pmatrix} \tag{6.110}$$

und

$$J_2 = \begin{pmatrix} 1 & \frac{\Delta t}{m} \\ 0 & 1 \end{pmatrix} \tag{6.111}$$

und

$$J_3 = \begin{pmatrix} 1 & 0 \\ \frac{\Delta t}{2} m \frac{\partial a_k}{\partial q_{k+1}} & 1 \end{pmatrix} \tag{6.112}$$

deren Produkt die Jacobi-Matrix des Verlet-Algorithmus ergibt:

$$J = J_3 J_2 J_1 \tag{6.113}$$

Auch hier sieht man leicht, dass $J_n^t S_2 J_n = S_2$ für $n = 1, 2, 3$ gilt, und damit auch

$$J^t S_2 J = (J_3 J_2 J_1)^t S_2 (J_3 J_2 J_1) = S_2 \tag{6.114}$$

Grundsätzlich gilt, dass die Hintereinanderausführung mehrerer symplektischer Transformationen wieder symplektisch ist.

6.5.1.2 Minimierung der Wirkung

Es ist instruktiv zu betrachten, dass sich der Verlet-Algorithmus auch direkt aus einem sehr grundlegenden Prinzip der Physik herleiten lässt, dem Hamilton'schen Prinzip, das besagt, dass ein physikalischer Vorgang in der Zeit zwischen t_a und t_b so abläuft, dass die Wirkung S minimal (oder genauer: extremal) wird. Für ein System der klassischen Mechanik mit einem Freiheitsgrad und konservativen Kräften ist die Wirkung durch

$$S = \int_{t_a}^{t_b} \left[\frac{p^2}{2m} - V(q) \right] dt \tag{6.115}$$

Abb. 6.11 Hintereinanderausführung von Abbildungen beim Verlet-Algorithmus

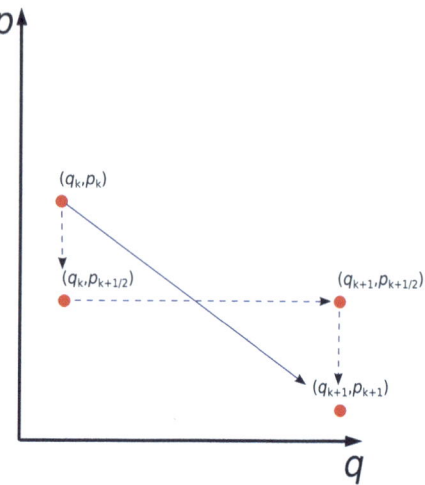

gegeben. Für eine numerische Lösung muss diese Wirkung diskretisiert werden und lautet dann in ihrer einfachsten Form

$$S = \sum_{k=0}^{n-1} \left[\frac{m}{2} \left(\frac{q_{k+1} - q_k}{\Delta t} \right)^2 - V(q_k) \right] \Delta t . \quad (6.116)$$

Diese diskretisierte Wirkung wird minimal, wenn alle Ableitungen nach den q_k null sind:

$$m \frac{2q_k - q_{k+1} - q_{k-1}}{\Delta t} - \Delta t \frac{\partial V}{\partial q_k} = 0 \quad (6.117)$$

Nach kurzer Umformung erhalten wir so die Gleichung

$$q_{k+1} = 2q_k - q_{k-1} - \frac{\Delta t^2}{m} \frac{\partial V}{\partial q_k}, \quad (6.118)$$

die wegen $-\partial V / \partial q_k = F_k = m a_k$ mit dem in Gl. (6.104) definierten Positions-Verlet-Algorithmus übereinstimmt.

6.5.2 Geschwindigkeits-Verlet-Algorithmus

Der im vorigen Abschnitt behandelte ursprüngliche Verlet-Algorithmus (hier zur besseren Unterscheidung immer als Positions-Verlet-Algorithmus bezeichnet), kommt ohne die Berechnung von Geschwindigkeiten aus, was vorteilhaft ist, sofern diese nicht benötigt werden. Oft ist die Kenntnis von Geschwindigkeiten oder Impulsen aber erforderlich, beispielsweise bei Simulationen mit konstanter Temperatur (siehe

Kap. 8), wo die Geschwindigkeiten über den Gleichverteilungssatz zur Abschätzung der Temperatur verwendet werden. In solchen Fällen kann der Positions-Verlet-Algorithmus so umgeformt werden, dass die Geschwindigkeiten oder Impulse ohne zusätzlichen Rechenaufwand bestimmt werden können.

Wir verfahren wie in Abschn. 6.5 und verwenden, wie in den Gl. (6.102) und (6.103), eine Taylor-Entwicklung für einen positiven und einen negativen Zeitschritt. Diesmal starten wir aber nicht beide Schritte zum Zeitpunkt t_k, sondern führen den Rückwärtsschritt zum Zeitpunkt t_{k+1} aus und brechen die Entwicklung bereits nach der zweiten Ordnung ab. Wir erhalten so die Gleichungen

$$q_{k+1} = q_k + \Delta t\, v_k + \frac{1}{2}\Delta t^2\, a_k \tag{6.119}$$

und

$$q_k = q_{k+1} - \Delta t\, v_{k+1} + \frac{1}{2}\Delta t^2\, a_{k+1}\,. \tag{6.120}$$

Die Addition beider Gleichungen liefert

$$v_{k+1} = v_k + \frac{1}{2}\Delta t\, (a_k + a_{k+1}) \tag{6.121}$$

und damit das Gleichungspaar

$$q_{k+1} = q_k + \Delta t\, v_k + \frac{1}{2}\Delta t^2\, a_k \tag{6.122}$$

$$v_{k+1} = v_k + \frac{1}{2}\Delta t\, (a_k + a_{k+1})\,, \tag{6.123}$$

das den Geschwindigkeits-Verlet-Algorithmus (Swope et al. 1982) definiert, der sich vom Weg-Zeit-Gesetz (Gl. 6.28 und 6.29) durch eine genauere Schätzung für die Geschwindigkeiten unterscheidet. Die Geschwindigkeiten haben dadurch ebenso wie die Positionen einen lokalen Fehler der Ordnung $O(\Delta t^3)$ und ebenso einen globalen Fehler der Ordnung $O(\Delta t^3)$.

6.5.3 Leap-Frog-Algorithmus

Die letzten beiden Summanden auf der rechten Seite von Gl. (6.120) können wir als Produkt aus dem Zeitschritt Δt und der Geschwindigkeit zu einem in der Mitte zwischen t_k und t_{k+1} liegenden Zeitpunkt

$$t_{k+1/2} = \frac{1}{2}(t_k + t_{k+1}) \tag{6.124}$$

interpretieren:

$$\Delta t\, v_k + \frac{1}{2}\Delta t^2\, a_k = \Delta t\left(v_k + \frac{1}{2}\Delta t\, a_k\right) = \Delta t\, v_{k+1/2}\,. \tag{6.125}$$

Abb. 6.12 Skizze des LeapFrogAlgorithmus

Aus den Gl. (6.122) und (6.123) des Geschwindigkeits-Verlet-Algorithmus lässt sich so durch

$$q_{k+1} = q_k + \Delta t\, v_{k+1/2} \tag{6.126}$$
$$v_{k+1/2} = v_{k-1/2} + \Delta t\, a_k \tag{6.127}$$

ein neues Verfahren formulieren, das als Leap-Frog-Algorithmus bezeichnet wird (Hockney und Eastwood 1999). Wie in Abb. 6.12 skizziert werden bei diesem Verfahren, anders als beim Geschwindigkeits-Verlet-Algorithmus, die Positionen und Geschwindigkeiten nicht für gleiche Zeitpunkte bestimmt, sondern für um einen halben Zeitschritt gegeneinander versetzte Zeiten.

6.5.4 Vergleich der Verlet-Integratoren

Eine weitere Variante des Verlet-Algorithmus ist ein als *Beeman's algorithm* (Schofield 1973) bekanntes Verfahren (nicht zu verwechseln mit *Beeman's method* (Beeman 1976; Leach 2009), einer Predictor-Corrector-Methode, siehe Abschn. 6.7.1). Alle diese Varianten (Positions-Verlet, Geschwindigkeits-Verlet, Leap-Frog und Beeman) sind gleichwertig (Berendsen und Van Gunsteren 1986; Toxvaerd 1993) und führen (von möglichen numerischen Abweichungen abgesehen) bei passenden Anfangsbedingungen zu exakt gleichen Trajektorien (Tuckerman et al. 1992) (siehe auch Vertiefung 6.4). Alle diese Varianten sind deshalb wie der Positions-Verlet-Algorithmus zeitumkehrinvariant.[3]

Die Äquivalenz der verschiedenen Verlet-Algorithmen erscheint paradox, wenn man bedenkt, dass der Positions-Verlet-Algorithmus einen Fehler der Ordnung $O(\Delta t^4)$ aufweist, die übrigen Varianten dagegen einen der Ordnung $O(\Delta t^3)$. Tatsächlich werden gleiche Trajektorien nur erreicht, wenn q_{-1}, $v_{-1/2}$, q_0 und v_0 in einem geeigneten Verhältnis zueinander stehen, was (außer in trivialen Fällen wie konstanter Beschleunigung) erzwingt, dass die Anfangswerte q_0 und q_1 und damit alle Werte der Positions-Verlet-Trajektorie einen Fehler der Ordnung $O(\Delta t^3)$ aufweisen. Feststellungen, dass die verschiedenen Varianten des Verlet-Algorithmus zu unterschiedlichen Trajektorien führen (Rodger 1989; Tuckerman et al. 1992, 1993), gründen auf der Annahme von Anfangsbedingungen, die der Genauigkeit des jeweiligen Algorithmus entsprechen (also $O(\Delta t^4)$ für Positions-Verlet und $O(\Delta t^3)$ für

---

[3] In der Literatur wird die Frage nach der Zeitumkehrinvarianz des Geschwindigkeits-Verlet-Algorithmus manchmal anders beantwortet (Stickler und Schachinger 2014). Bilden Sie sich Ihr eigenes Urteil durch Lösung von Aufgabe 6.9.

Geschwindigkeits-Verlet), was zwangsläufig zu inkompatiblen Anfangsbedingungen führt (siehe Vertiefung 6.4). Trotzdem laufen die unterschiedlichen Trajektorien nicht entsprechend dem Ljapunow-Exponenten des Systems (Abschn. 6.3.1) auseinander, sondern bleiben sich nahe (Tuckerman et al. 1993).

▶ **Merksatz 6.7** Der Positions-Verlet-, Geschwindigkeits-Verlet- und Leap-Frog-Algorithmus liefern bei geeigneten Anfangsbedingungen identische Trajektorien. Diese Integratoren sind symplektisch und zeitlich reversibel und erhalten eine Größe, die der Energie nahekommt. Die meisten MD-Simulationen verwenden diese Integratoren.

Der Positions-Verlet-Algorithmus hat in Multiskalenverfahren Stabilitätsvorteile gegenüber dem Geschwindigkeits-Verlet-Algorithmus (Batcho und Schlick 2001; Batcho et al. 2001). Auch benötigt der Positions-Verlet-Algorithmus bei Vorhandensein von Constraints (siehe Abschn. 5.4) nur einen Durchlauf pro Iterationsschritt, während Algorithmen, die auch die Impulse oder Geschwindigkeiten berechnen, zwei Durchläufe benötigen (Schlick 2006).

Wird ein Thermostat verwendet (siehe Kap. 8), sind diese Algorithmen nicht mehr gleichwertig, da die kinetische Energie zu unterschiedlichen Zeiten berechnet wird. Es hat sich erwiesen, dass die mit dem Leap-Frog-Algorithmus zu den Zeiten $t_{k+1/2}$ berechnete kinetische Energie etwas genauer ist als die mit dem Geschwindigkeits-Verlet-Algorithmus berechnete Energie zu den Zeiten t_k (Abraham et al. 2023). Manche Anwendungen benötigen die Geschwindigkeiten ausdrücklich synchron mit den Positionen, beispielsweise wenn geschwindigkeitsabhängige Kräfte vorhanden sind (Berendsen 2007). In diesen Fällen kann nur der Geschwindigkeits-Verlet- nicht aber der Leap-Frog-Algorithmus verwendet werden.

Vertiefung 6.4: Äquivalenz von Positions- und Geschwindigkeits-Verlet-Algorithmus

Wir führen uns hier vor Augen, dass der Positions-Verlet- und der Geschwindigkeits-Verlet-Algorithmus zu exakt gleichen Trajektorien führen, wenn geeignete Anfangsbedingungen vorliegen. Zur besseren Unterscheidung kennzeichnen wir die Trajektorien q_k^{pv} und q_k^{vv} mit pv (Positions-Verlet) beziehungsweise vv (Geschwindigkeits-Verlet). Die Geschwindigkeiten und Beschleunigungen bezeichnen wir entsprechend. Aus der Übereinstimmung der Positionen zu einem gegebenen Zeitpunkt t_k dürfen wir auf die Gleichheit der Beschleunigungen $a_k^{pv} = a_k^{vv}$ zum gleichen Zeitpunkt schließen.

Um beide Trajektorien zu berechnen benötigen wir neben den Gl. (6.104) und (6.122–6.123) noch je zwei Anfangsbedingungen: die Positionen q_0^{pv} und q_1^{pv} für den Positions-Verlet-Algorithmus und die Position q_0^{vv} und die Geschwindigkeit v_0^{vv} für den Geschwindigkeits-Verlet-Algorithmus. Wenn wir identische Trajektorien erhalten wollen, können wir für einen der beiden Algorithmen die beiden Anfangswerte frei wählen, für den anderen müssen passende Anfangswerte verwendet werden.

Wir betrachten zunächst den Fall, dass wir q_0^{pv} und q_1^{pv} für den Positions-Verlet-Algorithmus vorgeben und danach die passenden Anfangswerte für den Geschwindigkeits-Verlet-Algorithmus bestimmen. Diese müssen zwei Bedingungen erfüllen, nämlich, dass zum Zeitpunkt t_0 die Positionen für beide Trajektorien übereinstimmen,

$$q_0^{\text{pv}} = q_0^{\text{vv}}, \qquad (6.128)$$

und dass die Geschwindigkeit v_0^{vv} die Gleichung

$$v_0^{\text{vv}} = \frac{1}{\Delta t}\left(q_1^{\text{pv}} - q_0^{\text{pv}}\right) - \frac{1}{2}a_0^{\text{pv}}\Delta t \qquad (6.129)$$

erfüllt. In dieser Gleichung wird v_0^{vv} als mittlere Geschwindigkeit im Zeitintervall $[t_0; t_1]$ korrigiert um die durch die Beschleunigung a_0^{vv} erfolgte Änderung der Geschwindigkeit geschrieben und hat deshalb einen Fehler von der Ordnung $O(\Delta t^2)$. Dieser Fehler ist von geringerer Ordnung als der Fehler, der entsprechend Gl. (6.123) durch Mittlung der Beschleunigungen a_0^{vv} und a_1^{vv} erreichbar ist. Ursache hierfür ist der Wunsch, mit dem Geschwindigkeits-Verlet-Algorithmus die gleiche Trajektorie zu erreichen wie mit dem Positions-Verlet-Algorithmus, wodurch die Bedingung (6.129) erzwungen wird. Aus dieser Bedingung folgt zusammen mit Gl. (6.122), dass auch die Positionen zum Zeitpunkt t_1 übereinstimmen:

$$q_1^{\text{vv}} = q_0^{\text{vv}} + \left[\frac{1}{\Delta t}\left(q_1^{\text{pv}} - q_0^{\text{pv}}\right) - \frac{1}{2}a_0^{\text{pv}}\Delta t\right]\Delta t + \frac{1}{2}a_0^{\text{vv}}\Delta t^2 = q_1^{\text{pv}}. \qquad (6.130)$$

Nehmen wir nun an, die beiden Trajektorien q_k^{pv} und q_k^{vv} seien für $k = 0, 1, \ldots, n$ identisch. Die Geschwindigkeit zum Zeitpunkt t_{n-1} beträgt dann nach Gl. (6.122)

$$v_{n-1}^{\text{vv}} = \frac{1}{\Delta t}\left(q_n^{\text{vv}} - q_{n-1}^{\text{vv}}\right) - \frac{1}{2}a_{n-1}^{\text{vv}}\Delta t \qquad (6.131)$$

und die Geschwindigkeit zum nächstfolgenden Zeitpunkt nach Gl. (6.123)

$$v_n^{\text{vv}} = v_{n-1}^{\text{vv}} + \frac{1}{2}\left(a_{n-1}^{\text{vv}} + a_n^{\text{vv}}\right)\Delta t \qquad (6.132)$$

$$= \frac{1}{\Delta t}\left(q_n^{\text{vv}} - q_{n-1}^{\text{vv}}\right) - \frac{1}{2}a_{n-1}^{\text{vv}}\Delta t + \frac{1}{2}\left(a_{n-1}^{\text{vv}} + a_n^{\text{vv}}\right)\Delta t \qquad (6.133)$$

$$= \frac{1}{\Delta t}\left(q_n^{\text{pv}} - q_{n-1}^{\text{pv}}\right) + \frac{1}{2}a_n^{\text{pv}}\Delta t \qquad (6.134)$$

$$= \frac{1}{\Delta t}\left(q_{n+1}^{\text{pv}} - q_n^{\text{pv}}\right) - \frac{1}{2}a_n^{\text{pv}}\Delta t, \qquad (6.135)$$

6.5 Verlet-Algorithmus

wobei wir im letzten Schritt Gl. (6.104) verwendet haben. Mit Hilfe von v_n^{vv} und Gl. (6.123) können wir zeigen, dass die Positionen beider Trajektorien auch zum Zeitpunkt t_{n+1} übereinstimmen:

$$q_{n+1}^{vv} = q_n^{vv} + \left[\frac{1}{\Delta t}\left(q_{n+1}^{pv} - q_n^{pv}\right) - \frac{1}{2}a_n^{pv}\Delta t\right]\Delta t + \frac{1}{2}a_n\Delta t^2 = q_{n+1}^{pv}. \tag{6.136}$$

Da wir n beliebig gewählt hatten, sind beide Trajektorien zu allen Zeitpunkten $t_n \geq t_0$ identisch.

Betrachten wir jetzt noch den Fall, dass q_0^{vv} und v_0^{vv} für den Geschwindigkeits-Verlet-Algorithmus vorgegeben seien und wir passende Positionen q_0^{pv} und q_1^{pv} für den Positions-Verlet-Algorithmus finden müssen. Wieder sind zwei Bedingungen zu erfüllen, nämlich

$$q_0^{pv} = q_0^{vv} \tag{6.137}$$

und

$$q_1^{pv} = q_0^{vv} + v_0^{vv}\Delta t + \frac{1}{2}a_0^{vv}\Delta t^2. \tag{6.138}$$

Diese Position hat einen Fehler der Ordnung $O(\Delta t^3)$ und bleibt deshalb hinter der Genauigkeit des Positions-Verlet-Algorithmus zurück. Dies ist der Preis, den wir für die Übereinstimmung der Trajektorie mit der des Geschwindigkeits-Verlet-Algorithmus zahlen müssen. Im Weiteren können wir dann auf ähnliche Weise wie oben zeigen, dass die so erzeugten Trajektorien q_k^{pv} und q_k^{vv} identisch sind. Ein numerisches Beispiel für einen eindimensionalen harmonischen Oszillator,

$$H(q, p) = \frac{m}{2}v^2 + \frac{D}{2}q^2 \quad \text{mit} \quad m = 1 \quad \text{und} \quad D = 1, \tag{6.139}$$

dessen Trajektorie mit beiden Algorithmen für die ersten fünf Zeitpunkte berechnet wurde, ist in Tab. 6.1 gegeben. Dieses Beispiel unterscheidet sich von dem von Tuckerman et al. (Tuckerman et al. 1993) gegebenen Beispiel nur dadurch, dass für $q_1^{(pv)}$ ein Wert gewählt wurde, der zu identischen Trajektorien führt. Tuckerman et al. dagegen wählen einen Wert, der näher an der exakten Lösung liegt und der erreichbaren Genauigkeit des Positions-Verlet-Algorithmus entspricht, aber zu abweichenden Positions-Verlet- und Geschwindigkeits-Verlet-Trajektorien führt.

Tab. 6.1 Geschwindigkeits-Verlet- und Positions-Verlet-Trajektorien für einen harmonischen Oszillator mit $\Delta t = 0{,}01$

k	q_k^{vv}	v_k^{vv}	q_k^{pv}
0	1,000 000 000 000 000	0,500 000 000 000 000	1,000 000 000 000 000
1	1,004 950 000 000 000	0,489 975 250 000 000	1,004 950 000 000 000
2	1,009 799 505 000 000	0,479 901 502 475 000	1,009 799 505 000 000
3	1,014 548 030 049 500	0,469 779 764 799 753	1,014 584 030 049 500
4	1,019 195 100 295 995	0,459 611 049 148 025	1,019 195 100 295 995
5	1,023 740 251 032 460	0,449 396 372 391 383	1,023 740 251 032 460

6.6 Multiskalenverfahren

Nahezu unabhängig von der Wahl des Integrators ist die Tatsache, dass weit mehr Rechenzeit für die Neuberechnung der Kräfte erforderlich ist als für alles andere, weshalb effiziente Verfahren die Kräfte so selten wie möglich berechnen werden (Schlick 2001). Behandelt man alle Kräfte gleich, richtet sich die Zeit, nach der eine Neuberechnung der Kräfte nötig ist, nach den hochfrequenten Bindungsstreckschwingungen zwischen Wasserstoffatomen und ihren Bindungspartnern. Mit Hilfe von Constraints (siehe Abschn. 5.4) lässt sich zwar die Länge dieser Bindungen festhalten und die Zeit zwischen zwei aufeinanderfolgenden Berechnungen der Kräfte dadurch etwas hochsetzen – üblicherweise von einer auf zwei Femtosekunden – es bleibt aber das allgemeine Problem, dass sich die Kräfte von Streck- und Biegeschwingungen schnell ändern und daher häufig neuberechnet werden müssen. Die nichtbindenden Wechselwirkungen (Abschn. 5.3) bleiben dagegen über längere Zeiten weitgehend konstant: Bei der Coulomb-Kraft, die auch über große Distanzen noch wirksam ist, bewirken kleine Positionsänderungen der Atome meist kaum einen Unterschied in der Stärke und Richtung.

Als Beispiel betrachten wir die in Abschn. 6.4.1.3 angesprochenen Streckschwingungen eines Wasserstoffatoms gegen ein Sauerstoffatom. Innerhalb einer Zeit von rund 10 fs vollführt das Wasserstoffatom eine vollständige Schwingung mit einer Amplitude von etwas mehr als 3 pm, während der die harmonische Kraft der Bindung zwischen $-2{,}5$ und $+2{,}5$ Nanonewton schwankt. Die Coulomb-Kraft, die das Wasserstoffatom (unter der Annahme einer Partialladung von $+0{,}2\,e$) auf ein 1 nm entferntes Wasserstoffatom ausübt, schwankt in diesem Zeitraum zwischen 9,96 und 10,04 Pikonewton, eine Änderung, die gegenüber der Oszillation der harmonischen Kraft vernachlässigt werden kann.

Die nichtbindenden Wechselwirkungen ändern sich nicht nur langsamer als die bindenden, sie nehmen auch den größten Teil der Rechenzeit in Anspruch. Dies gilt insbesondere für große Systeme, da der Rechenaufwand für die bindenden Kräfte für N Atome mit der Ordnung $O(N)$ wächst, während der Aufwand für die nichtbindenden Kräfte, zumindest für die elektrostatischen Wechselwirkungen, mit einer Ordnung von bis zu $O(N^2)$ steigen kann. Es sind daher häufig extrem große Systeme

6.6 Multiskalenverfahren

mit vielen Millionen Atomen bei denen man gegenwärtig schon MD-Simulationen mit Multiskalenverfahren finden kann (Zhao et al. 2013; Jung und Sugita 2017).

Das Konzept der Multiskalenverfahren geht auf Streett, Tildesley und Saville zurück (Streett et al. 1978; Allen und Tildesley 2017), ein modifizierter Verlet-Algorithmus für diesen Ansatz wurde später von Grubmüller et al. vorgeschlagen (Grubmüller et al. 1991). Die gegenwärtig wahrscheinlich gebräuchlichste Methode dieser Art, das RESPA-Verfahren, wird im folgenden Abschnitt behandelt.

6.6.1 RESPA-Verfahren

Tuckerman, Berne und Martyna (Tuckerman et al. 1991a, b, c, 1992) stellten 1991 den *reversible reference system propagator algorithm* (RESPA, auch r-RESPA) vor, der eine systematische Konstruktion von Multiskalenverfahren erlaubt, die zugleich symplektisch und zeitlich reversibel sind. Um dieses Verfahren behandeln zu können, führen wir zunächst den Liouville-Operator ein, mit dessen Hilfe wir einen alternativen Weg zum symplektischen Euler-Verfahren und zum Geschwindigkeits-Verlet-Algorithmus beschreiben können, um darauf aufbauend dann ein RESPA-Verfahren vorzustellen.

6.6.1.1 Liouville-Operator

Für ein eindimensionales System formulieren wir die kanonischen Gleichungen des Hamilton-Formalismus so um,

$$\frac{d}{dt}\begin{pmatrix} q \\ p \end{pmatrix} = \begin{pmatrix} \partial H/\partial p \\ -\partial H/\partial q \end{pmatrix} \tag{6.140}$$

$$= \left(\frac{\partial H}{\partial p}\frac{\partial}{\partial q} - \frac{\partial H}{\partial q}\frac{\partial}{\partial p}\right)\begin{pmatrix} q \\ p \end{pmatrix}, \tag{6.141}$$

dass wir einen Operator

$$iL = \frac{\partial H}{\partial p}\frac{\partial}{\partial q} - \frac{\partial H}{\partial q}\frac{\partial}{\partial p}, \tag{6.142}$$

den sogenannten Liouville-Operator[4] definieren können, der auf den Zustandsvektor

$$z = \begin{pmatrix} q \\ p \end{pmatrix} \tag{6.143}$$

des dynamischen Systems genau so wirkt wie der Zeitableitungsoperator d/dt:

$$\frac{d}{dt}z = iLz. \tag{6.144}$$

---

[4] Der Liouville-Operator wird in der Literatur meist zusammen mit der imaginären Einheit $i = \sqrt{-1}$ definiert, um die Analogie zum Zeitentwicklungsoperator $\exp(-iHt/\hbar)$ der Quantenmechanik deutlich zu machen.

Mit Hilfe des Liouville-Operators können wir die kanonischen Gleichungen also in eine Form bringen, die sich rein formal einfach durch Exponentierung lösen lässt:

$$z(t) = e^{iLt} z(0) \,, \tag{6.145}$$

wobei die gewöhnliche Exponentialfunktion für reelle Zahlen mit Hilfe ihrer Reihenentwicklung

$$e^{iLt} = 1 + iLt + \frac{1}{2}(iLt)^2 + \frac{1}{6}(iLt)^3 + \frac{1}{24}(iLt)^4 + \ldots \tag{6.146}$$

zu einer Exponentialdarstellung von Operatoren verallgemeinert wird. Operatoren des Typs $\exp(iLt)$ werden als Propagatoren bezeichnet, da sie beschreiben, wie sich die Entwicklung einer Trajektorie zeitlich fortsetzt. Für infinitesimale Zeitschritte dt kann die Reihenentwicklung (6.146) nach der ersten Ordnung in $iL\,dt$ abgebrochen werden:

$$e^{iL\,dt} = 1 + iL\,dt \,. \tag{6.147}$$

Unter günstigen Umständen gilt dies auch für endlich große Zeitschritte Δt, nämlich dann, wenn der Operator $iL\Delta t$ nilpotent vom Grad 2 ist, wenn also $(iL\Delta t)^2 = 0$ gilt. Bei einem konservativen System lassen sich die partiellen Ableitungen der Hamilton-Funktion durch die Geschwindigkeit v und die Kraft F ausdrücken,

$$\frac{\partial H}{\partial p} = \frac{p}{m} = v \quad \text{und} \quad -\frac{\partial H}{\partial q} = F = ma \,, \tag{6.148}$$

so dass wir den sich daraus ergebenden Liouville-Operator

$$iL = \frac{p}{m}\frac{\partial}{\partial q} + ma\frac{\partial}{\partial p} \tag{6.149}$$

in zwei Teile aufspalten können,

$$iL = iL_1 + iL_2 \,, \tag{6.150}$$

die den beiden kanonischen Gleichungen und damit der zeitlichen Änderung des Ortes und des Impulses entsprechen:

$$iL_1 = \frac{p}{m}\frac{\partial}{\partial q} \quad \text{und} \quad iL_2 = ma\frac{\partial}{\partial p} \,. \tag{6.151}$$

Dabei müssen für den Impuls p und die Beschleunigung a die Werte verwendet werden, die dem Zustandsvektor entsprechen, auf den der jeweilige Operator angewendet wird. Der Vorteil der Aufspaltung (6.150) liegt darin, die beiden Operatoren iL_1 und iL_2 für sich genommen nilpotent vom Grad 2 sind, so dass die Reihenentwicklung

6.6 Multiskalenverfahren

für die exponentierten Operatoren $\exp(iL_1)$ und $\exp(iL_2)$ wie in Gl. (6.147) nach der ersten Ordnung abgebrochen werden kann. Wir erhalten dann

$$e^{iL_1 t} z = \sum_{k=0}^{\infty} \frac{1}{k!}(iL_1 t)^k z = \sum_{k=0}^{\infty} \frac{1}{k!}(pt/m)^k \frac{\partial^k}{\partial q^k} \begin{pmatrix} q \\ p \end{pmatrix} = \begin{pmatrix} q + pt/m \\ p \end{pmatrix} \tag{6.152}$$

und

$$e^{iL_2 t} z = \sum_{k=0}^{\infty} \frac{1}{k!}(iL_2 t)^k z = \sum_{k=0}^{\infty} \frac{1}{k!}(mat)^k \frac{\partial^k}{\partial p^k} \begin{pmatrix} q \\ p \end{pmatrix} = \begin{pmatrix} q \\ p + mat \end{pmatrix} . \tag{6.153}$$

Leider können wir die Exponentialfunktion einer Summe von Operatoren nicht wie bei einer Summe reeller Zahlen zerlegen, denn p und $\partial/\partial p$ vertauschen nicht und damit auch iL_1 und iL_2 nicht, so dass gilt

$$e^{iL_1 t + iL_2 t} \neq e^{iL_1 t} e^{iL_2 t} . \tag{6.154}$$

Um trotzdem Nutzen aus (6.152) und (6.153) zu ziehen, wenden wir die Trotter-Faktorisierung an.

6.6.1.2 Trotter-Faktorisierung
Die Lie-Trotter-Produktformel[5],

$$e^{iL_1 t + iL_2 t} = \lim_{n \to \infty} \left(e^{iL_1 t/n} e^{iL_2 t/n} \right)^n , \tag{6.155}$$

erlaubt es die Exponentialfunktion einer Operatorensumme zu faktorisieren. Für ein genügend kleines Δt gilt näherungsweise

$$e^{iL_1 \Delta t + iL_2 \Delta t} \approx e^{iL_1 \Delta t} e^{iL_2 \Delta t} . \tag{6.156}$$

6.6.1.3 Symplektisches Euler-Verfahren in Operatordarstellung
Wir gehen analog zur Darstellung in Abb. 6.10 vor und wenden zunächst $\exp(iL_2 \Delta t)$ auf $z(0)$ an und erhalten nach Gl. (6.153)

$$e^{iL_2 \Delta t} z(0) = \begin{pmatrix} q(0) \\ p(0) + ma(0)\Delta t \end{pmatrix} . \tag{6.157}$$

---

[5] Die ursprüngliche Form einer Produktformel für die Exponentierung von Matrizen wird dem Mathematiker Sophus Lie zugeschrieben, eine verallgemeinerte Form wurde später von Trotter veröffentlicht (Trotter 1959). Eine ausführliche Diskussion zur Herkunft dieser Formel findet sich bei Cohen et al. (Cohen et al. 1982).

Auf dieses Ergebnis wenden wir anschließend $\exp(iL_1\Delta t)$ an und erhalten auf ähnliche Weise wie bei der Herleitung von Gl. (6.152)

$$\begin{aligned} e^{iL_1\Delta t} e^{iL_2\Delta t} z(0) &= \begin{pmatrix} q(0) + [p(0) + ma(0)\Delta t]\Delta t/m \\ p(0) + ma(0)\Delta t \end{pmatrix} \\ &= \begin{pmatrix} q(0) + p(\Delta t)\Delta t/m \\ p(0) + ma(0)\Delta t \end{pmatrix}, \end{aligned} \qquad (6.158)$$

wobei zu beachten ist, dass wir $\exp(iL_1\Delta t)$ auf $p(0) + ma(0)\Delta t$ und nicht auf $p(0)$ anwenden mussten. Die rechte Seite von (6.158) entspricht der zeitlichen Entwicklung

$$v(\Delta t) = v(0) + a(0)\Delta t \qquad (6.159)$$
$$q(\Delta t) = q(0) + v(\Delta t)\Delta t \qquad (6.160)$$

des symplektischen Euler-Verfahrens, womit gezeigt ist, dass das Näherungsverfahren

$$z(\Delta t) \approx e^{iL_2\Delta t} e^{iL_1\Delta t} z(0) \qquad (6.161)$$

symplektisch aber nicht zeitumkehrinvariant ist. Die fehlende Reversibilität des Propagators

$$e^{iL_1\Delta t} e^{iL_2\Delta t} \qquad (6.162)$$

beruht darauf, dass $iL_1\Delta t$ und $iL_2\Delta t$ nicht vertauschen,

$$e^{-iL_1\Delta t} e^{-iL_2\Delta t} \neq e^{-iL_2\Delta t} e^{-iL_1\Delta t} = \left(e^{iL_1\Delta t} e^{iL_2\Delta t}\right)^{-1}, \qquad (6.163)$$

denn für sich genommen sind $\exp(iL_1\Delta t)$ und $\exp(iL_2\Delta t)$ schon zeitumkehrinvariant (siehe Aufgabe 6.13), das heißt es gilt

$$e^{-iL_1\Delta t} e^{iL_1\Delta t} = e^{-iL_2\Delta t} e^{iL_2\Delta t} = 1. \qquad (6.164)$$

6.6.1.4 Geschwindigkeits-Verlet-Algorithmus in Operatordarstellung

Die fehlende Reversibilität des Propagators (6.162) lässt sich durch die modifizierte Trotter-Produktformel (Trotter 1959)

$$e^{iL_1 t + iL_2 t} = \lim_{n \to \infty} \left(e^{iL_2 t/(2n)} e^{iL_1 t/n} e^{iL_2 t/(2n)} \right)^n \qquad (6.165)$$

erreichen. Mit der ersten nichttrivialen Näherung

$$e^{iL_1\Delta t + iL_2\Delta t} = e^{iL_2\Delta t/2} e^{iL_1\Delta t} e^{iL_2\Delta t/2} + O(\Delta t)^3 \qquad (6.166)$$

können wir den Geschwindigkeits-Verlet-Algorithmus

$$\begin{pmatrix} q(\Delta t) \\ p(\Delta t) \end{pmatrix} \approx e^{iL_2\Delta t/2} e^{iL_1\Delta t} e^{iL_2\Delta t/2} \begin{pmatrix} q(0) \\ p(0) \end{pmatrix}$$

$$\approx e^{iL_2\Delta t/2} e^{iL_1\Delta t} \begin{pmatrix} q(0) \\ p(0) + ma(0)\Delta t/2 \end{pmatrix}$$

$$\approx e^{iL_2\Delta t/2} \begin{pmatrix} q(0) + p(0)\Delta t/m + a(0)\Delta t^2/2 \\ p(0) + ma(0)\Delta t/2 \end{pmatrix}$$

$$\approx \begin{pmatrix} q(0) + p(0)\Delta t/m + a(0)\Delta t^2/2 \\ p(0) + ma(0)\Delta t/2 + ma(\Delta t)\Delta t/2 \end{pmatrix} \quad (6.167)$$

erhalten. Die zeitliche Reversibilität wird durch die symmetrische Formulierung des Propagators (6.166) erreicht:

$$\left[e^{iL_2\Delta t/2} e^{iL_1\Delta t} e^{iL_2\Delta t/2} \right]^{-1} = e^{-iL_2\Delta t/2} e^{-iL_1\Delta t} e^{-iL_2\Delta t/2}. \quad (6.168)$$

Diese Zerlegung entspricht dem in Abb. 6.11 dargestellten Schema.

6.6.1.5 Ein einfaches RESPA-Verfahren

Die Möglichkeit, den Liouville-Operator in Summanden aufzuteilen, nutzen wir jetzt für eine Trennung in einen schnell und einen langsam veränderlichen Teil. Entsprechend teilen wir auch die Hamilton-Funktion auf,

$$H = H_{\text{fast}} + H_{\text{slow}}, \quad (6.169)$$

wobei der schnelle Anteil H_{fast} die potentielle Energie schnell veränderlicher Kräfte $F_{\text{fast}} = ma_{\text{fast}}$ und die kinetische Energie und H_{slow} die restliche potentielle Energie enthält, die zu den langsam veränderlichen Kräften $F_{\text{slow}} ma_{\text{slow}}$ gehört. Den zu H_{fast} gehörenden Liouville-Operator teilen wir wie oben in einen Summanden iL_1 für die kinetische und einen Summanden iL_2 für die potentielle Energie auf, so dass der gesamte Liouville-Operator die Form

$$iL = iL_{\text{fast}} + iL_{\text{slow}} \quad (6.170)$$

besitzt, mit

$$iL_{\text{fast}} = iL_1 + iL_2 \quad (6.171)$$

und

$$iL_1 = \frac{\partial H_{\text{fast}}}{\partial p} \frac{\partial}{\partial q} = \frac{p}{m} \frac{\partial}{\partial q} \quad (6.172)$$

$$iL_2 = \frac{\partial H_{\text{fast}}}{\partial q} \frac{\partial}{\partial p} = ma_{\text{fast}} \frac{\partial}{\partial p} \quad (6.173)$$

$$iL_{\text{slow}} = \frac{\partial H_{\text{slow}}}{\partial q} \frac{\partial}{\partial p} = ma_{\text{slow}} \frac{\partial}{\partial p}. \quad (6.174)$$

Die zeitliche Entwicklung des Systems lässt sich jetzt durch den symplektischen und reversiblen Propagator

$$e^{iL\tau t} \approx e^{iL_{\text{slow}}\tau/2} \, e^{iL_{\text{fast}}\tau} \, e^{iL_{\text{slow}}\tau/2} \qquad (6.175)$$

mit dem Zeitschritt $\tau = n\Delta t$ beschreiben, wobei der Propagator $\exp(iL_{\text{fast}}\tau)$ der schnellen Wechselwirkungen,

$$e^{iL_{\text{fast}}\tau} = \left(e^{iL_2\Delta t/2} e^{iL_1\Delta t} e^{iL_2\Delta t/2} \right)^n \qquad (6.176)$$

ähnlich wie in Gl. (6.166) durch das Trotter-Produkt (6.165) angenähert wird, das einer Folge von n Zeitschritten der Länge Δt mit dem Geschwindigkeits-Verlet-Algorithmus gleich kommt. Der Zeitschritt $\tau = n\Delta t$ für die langsamen Kräfte kann unter Umständen deutlich länger gewählt werden, als der Zeitschritt Δt für die schnellen Kräfte. Wenn der Rechenaufwand für die schnell veränderlichen Kräfte als vernachlässigbar angesehen wird, lässt sich die Geschwindigkeit der Simulation auf diese Weise um einen Faktor n steigern.

6.6.1.6 N-dimensionale Systeme

Die oben angestellten Betrachtungen haben wir der besseren Übersicht wegen für ein eindimensionales dynamisches System angestellt. Sie lassen sich jedoch problemlos auf N-dimensionale Systeme verallgemeinern, indem man für z und iL die Definitionen

$$z^{\text{t}} = (q_1, \ldots, q_N, p_1, \ldots, p_N)^{\text{t}} \qquad (6.177)$$

und

$$iL = \sum_{I=1}^{N} \frac{\partial H}{\partial p_I} \frac{\partial}{\partial q_I} - \frac{\partial H}{\partial q_I} \frac{\partial}{\partial p_I} \qquad (6.178)$$

verwendet.

6.6.1.7 Artefakte von Multiskalenverfahren

Während die Algorithmen der Verlet-Klasse sich als verhältnismäßig robust gegenüber kleineren Anwendungsfehlern erwiesen haben, erfordert die Verwendung von Multiskalenverfahren mehr Aufmerksamkeit (Morrone et al. 2010; Pechlaner et al. 2021), denn unter ungünstigen Umständen können Artefakte auftreten (Bishop et al. 1997; Jung und Sugita 2017; Sidler et al. 2019). Ein Schulbeispiel für ein solches Artefakt präsentieren Leimkuhler und Matthews (Leimkuhler und Matthews 2015) mit dem eindimensionalen harmonischen Oszillator

$$H(p, q) = \frac{1}{2}p^2 + \frac{1}{2}\omega^2 q^2 + \frac{1}{2}q^2 , \qquad (6.179)$$

wobei ω^2 sehr groß gegenüber eins sein soll. An sich ist die Anwendung eines Multiskalenverfahrens für ein solches System unnötig. Es ist ein einfacher Oszillator, der sehr gut mit einem Verlet-Algorithmus simuliert werden kann und für den sogar die analytische Lösung

$$q(t) = q(0)\sin\left(\sqrt{1+\omega^2}\,t + \varphi\right) \quad \text{mit} \quad \varphi = \arccos[\dot{q}(0)/\omega q(0)] \quad (6.180)$$

bekannt ist. Wir können den Term $q^2/2$ auf der rechten Seite von (6.179) aber auch als kleine Störung für einen Oszillator

$$\tilde{H}(p,q) = \frac{1}{2}p^2 + \frac{1}{2}\omega^2 q^2 , \quad (6.181)$$

ansehen. Der ungestörte Oszillator $\tilde{H}$ soll jetzt analytisch berechnet werden und die kleine Störung durch einen langen Zeitschritt τ simuliert werden. Wenn dieser Zeitschritt ein ganzzahliges Vielfaches der halben Periodendauer des ungestörten Oszillators ist,

$$\tau = \frac{nT}{2} \quad \text{mit} \quad T = \frac{2\pi}{\omega} , \quad (6.182)$$

kommt es zu einer Resonanz mit im Zeitverlauf linear anwachsender Amplitude. Schlimmer noch ist die Existenz eines kleinen Intervalls für τ unterhalb dieser Resonanzen, das exponentielles Wachstum bewirkt und dazu führt, dass der lange Zeitschritt τ nur um höchstens eine Faktor $\pi/2$ über dem kurzen Zeitschritt Δt liegen sollte (Ma et al. 2003). In günstigen Fällen sind so Zeitschritte τ von bis zu 5 fs möglich, ein Vorteil, der auch noch gegen den erhöhten Verwaltungsaufwand des Algorithmus abgewogen werden muss. In der weiteren Entwicklung wurden jedoch Wege gefunden, die auftretenden Resonanzen durch Regulierung der kinetischen Energie (Minary et al. 2004; Leimkuhler et al. 2013; Abreu und Tuckerman 2021a,b) zu unterdrücken und so lange Zeitschritte von bis zu $\tau = 100$ fs zu ermöglichen.

▶ **Merksatz 6.8** Multiskalenverfahren versprechen den Rechenaufwand für MD-Simulationen zu verringern, indem Kräfte, die sich langsam ändern seltener berechnet werden. Unter geeigneten Bedingungen kann der Zeitschritt dadurch für die sich langsam ändernden Kräfte von 2 auf 100 Femtosekunden verlängert werden.

Bei der Diskussion möglicher Artefakte des RESPA-Verfahrens sollte ein Punkt nicht vergessen werden, den Grubmüller und Tavan (Grubmüller und Tavan 1998) schon früh bei der Evaluation von Multiskalenverfahren im Allgemeinen angesprochen haben: Obwohl grundsätzlich MD-Simulationen erstrebenswert sind, die in jeder Hinsicht so genau wie möglich sind, erzwingt bei praktischen Studien die unvermeidliche Abwägung zwischen Geschwindigkeit und Genauigkeit, dass der Fokus bei der Genauigkeit auf den relevanten Größen eines Systems liegt (beispielsweise die großräumige Struktur eines Proteins), während bei irrelevanten Größen (wie etwa den exakten Positionen und Geschwindigkeiten aller Atome) die Genauigkeit insoweit geopfert werden kann, als wie sie die Beschreibung der relevanten Größen nicht wesentlich beeinflusst. Die Beurteilung, welche Größen relevant sind und welche nicht, hängt selbstverständlich von der Fragestellung, dem untersuchten System und letztlich auch von der subjektiven Einschätzung des Betrachters ab.

6.7 Weitere Integratoren

Bei allen bisher vorgestellten Integratoren handelt es sich um explizite Algorithmen. Das bedeutet, dass es in einem Schritt berechenbare Ausdrücke gibt, durch die sich die neuen Größen q_{k+1} und p_{k+1} aus den vorherigen Größen $q_k, q_{k-1}, \ldots, q_0$ und $p_k, p_{k-1}, \ldots, p_0$ gewinnen lassen. Dort, wo dies nicht sofort offenkundig ist, wie etwa beim symplektischen Euler-Verfahren in der Form (6.22)–(6.23), lässt sich dies stets durch Umformulierung wie in (6.24)–(6.25) erreichen.

Bei den impliziten Verfahren müssen dagegen die neuen Größen durch eine numerische Lösung nicht auflösbarer Gleichungen des Typs

$$f(q_{k+1}, q_k, \ldots, p_{k+1}, p_k, \ldots) = 0 \qquad (6.183)$$
$$g(q_{k+1}, q_k, \ldots, p_{k+1}, p_k, \ldots) = 0 \qquad (6.184)$$

gewonnen werden. Ein einfaches Beispiel hierfür ist das durch

$$q_{k+1} = q_k + \frac{\Delta t}{2}(v_k + v_{k+1}) \qquad (6.185)$$
$$v_{k+1} = v_k + \frac{\Delta t}{2}(a_k + a_{k+1}) \qquad (6.186)$$

definierte implizite Euler-Verfahren, das im Gegensatz zu den in Abschn. 6.2 vorgestellten Euler-Verfahren zeitlich reversibel ist (siehe Aufgabe 6.8). Die im Folgenden vorgestellten Predictor-Corrector-Methoden gehören ebenso zu den impliziten Algorithmen wie einige der im darauffolgenden Abschnitt diskutierten Runge-Kutta-Verfahren.

6.7.1 Predictor-Corrector-Methoden

Unter *predictor-corrector*-Methoden verstehen wir Verfahren, die für die Vorhersage zukünftiger Werte unter anderem die – zunächst noch unbekannten – Ergebnisse der Vorhersage verwenden. Diese Verfahren arbeiten daher iterativ, das heißt die Ergebnisse einer Vorhersage, werden genutzt um eine folgende, bessere Vorhersage zu erstellen, solange bis die Ergebnisse mit den gemachten Annahmen übereinstimmen. Zu diesen Verfahren zählen unter anderem die Methode von Rahman, *Beeman's method* (Beeman 1976; Leach 2009) und der Gear-Algorithmus (auch Back-Differentiation-Formula (BDF) genannt) (Gear 1967).

6.7.1.1 Verfahren von Rahman

Ein besonders frühes und einfaches Beispiel für einen Predictor-Corrector-Algorithmus wurde 1964 von Rahman (Rahman 1964) vorgestellt. Ausgehend von den bekannten Werten für $\boldsymbol{q}_{k-1}$, $\boldsymbol{q}_k$ und $\boldsymbol{v}_k$ wird in diesem Verfahren zunächst ein Wert

$$\boldsymbol{q}_{k+1} = \boldsymbol{q}_{k-1} + 2\Delta t\, \boldsymbol{v}_k \qquad (6.187)$$

vorausgesagt. Im Sonderfall konstanter Beschleunigung entspricht $\boldsymbol{v}_k$ der mittleren Geschwindigkeit im Zeitintervall zwischen t_{k-1} und t_{k+1} und die Vorhersage für $\boldsymbol{q}_{k+1}$ ist exakt. Bei relevanten Problemen muss die zeitliche Änderung der Beschleunigung berücksichtigt werden. Dazu wird aus der ortsabhängigen Kraft $\boldsymbol{F}(\boldsymbol{q}_{k+1})$ die Beschleunigung $\boldsymbol{a}_{k+1} = \boldsymbol{F}(\boldsymbol{q}_{k+1})\,\mathsf{M}^{-1}$ abgeleitet, mit deren Hilfe dann $\boldsymbol{v}_{k+1}$ und eine verbesserte Vorhersage für $\boldsymbol{q}_{k+1}$ gewonnen werden können:

$$\boldsymbol{v}_{k+1} = \boldsymbol{v}_k + \frac{1}{2}\Delta t\,(\boldsymbol{a}_k + \boldsymbol{a}_{k+1}) \qquad (6.188)$$

$$\boldsymbol{q}_{k+1} = \boldsymbol{q}_k + \frac{1}{2}\Delta t\,(\boldsymbol{v}_k + \boldsymbol{v}_{k+1})\,. \qquad (6.189)$$

In die Vorhersage auf der linken Seite der Gl. (6.188)–(6.189) gehen also auf der rechten Seite von (6.188)–(6.189) mit der Geschwindigkeit $\boldsymbol{v}_{k+1}$ und der vom Ort $\boldsymbol{q}_{k+1}$ abhängigen Beschleunigung $\boldsymbol{a}_{k+1}$ Werte ein, die erst noch vorhergesagt werden sollen. Die Gl. (6.188) und (6.189) können iterativ so lange angewandt werden bis die Vorhersagen (bei ausreichend kleinem Zeitschritt Δt) für $\boldsymbol{q}_{k+1}$ konvergieren.

Für ein numerisches Beispiel (siehe auch Vertiefung 6.4) verwenden wir den eindimensionalen harmonischen Oszillator,

$$H(q, p) = \frac{m}{2}v^2 + \frac{D}{2}q^2 \quad \text{mit} \quad m = 1 \quad \text{und} \quad D = 1\,, \qquad (6.190)$$

mit den Startwerten $q_{-1} = 0{,}94509$, $q_0 = 1$ und $v_0 = 0{,}5$ und einem Zeitschritt $\Delta t = 0{,}1$. In Tab. 6.2 wird die Position q_{k+1} mit dem Rahman-Verfahren berechnet und mit der analytischen Position $q(\Delta t)$ verglichen. Die erste Zeile ($j = 1$) gibt die mit Gl. (6.187) erhaltenen Ergebnisse wieder, danach folgen zwei Iterationen mit den Gl. (6.188)–(6.189). Um in diesem Fall mit dem Geschwindigkeits-Verlet-Algorithmus ein vergleichbar genaues Ergebnis für die Position zu erhalten wie mit dem Rahman-Verfahren, müssten wir den Zeitschritt mehr als halbieren. Das

Tab. 6.2 Mit dem Rahman-Verfahren berechnete Position und Geschwindigkeit zum Zeitpunkt $t_1 = \Delta t$ für einen eindimensionalen harmonischen Oszillator (6.190) mit $\Delta t = 0{,}01$ für drei Iterationen $j = 1, 2, 3$

j	q_1	v_1	$|q_1 - q(\Delta t)|$
1	1,04509	0,40000	0,00017
2	1,04500	0,39775	0,00008
3	1,04489	0,39775	0,00003

Rahman-Verfahren erlaubt also längere Zeitschritte, erfordert dafür aber mehrere Iterationen für jeden einzelnen Zeitschritt. Zudem ist es weder symplektisch noch reversibel, was sich nachteilig auf die Ergebnisse bei langen Simulationszeiten auswirkt.

6.7.2 Runge-Kutta-Verfahren

Die Runge-Kutta-Verfahren bilden eine sehr große Familie von Verfahren, zu denen unter vielen anderen auch Euler-Verfahren gehören. Für eine allgemeine Definition betrachten wir den zeitabhängigen Vektor $y(t)$, dessen Ableitung durch eine Funktion $f(y)$ gegeben ist,

$$\dot{y} = f(y) . \tag{6.191}$$

Eine Diskretisierung durch ein (nicht unterteiltes) Runge-Kutta-Verfahren hat dann die Form

$$y_{k+1} = y_k + \Delta t \sum_{i=1}^{s} \beta_i u_{i,k} \tag{6.192}$$

mit den zeitabhängigen Vektoren

$$u_{i,k} = f\left[y_k + \Delta t (\alpha_{i,1} u_{1,k} + \ldots + \alpha_{i,s} u_{s,k} \right] . \tag{6.193}$$

Die konstanten Koeffizienten β_i und $\alpha_{i,j}$ definieren die jeweilige Methode, s gibt die Stufe des Verfahrens an.

6.7.2.1 Standard-Euler-Verfahren als einfaches Beispiel

Ein besonders einfaches Beispiel für ein Runge-Kutta-Verfahren der Stufe 1 ist durch die Koeffizienten $\alpha_{1,1} = 0$ und $\beta_1 = 1$ gegeben. Für ein eindimensionales System, dessen Dynamik durch

$$f\begin{pmatrix} q \\ v \end{pmatrix} = \begin{pmatrix} v \\ F(q)/m \end{pmatrix} \tag{6.194}$$

beschrieben wird, liefert das Verfahren die Gleichung

$$\begin{pmatrix} q_{k+1} \\ v_{k+1} \end{pmatrix} = \begin{pmatrix} q_k \\ v_k \end{pmatrix} + \Delta t \begin{pmatrix} v_k \\ F(q_k)/m \end{pmatrix} , \tag{6.195}$$

die mit dem Standard-Euler-Verfahren übereinstimmt. Runge-Kutta-Verfahren, die für MD-Simulationen verwendet werden (siehe zum Beispiel Janezic und Orel 1993), sind allerdings deutlich komplexer und haben mindestens die Stufe 4.

6.7.2.2 Unterteilte Verfahren

Die in Abschn. 6.7.2 definierte Familie von numerischen Integrationsverfahren lässt sich auf eine sehr allgemeine, durch Gl. (6.191) beschriebene, Klasse von Differentialgleichungen anwenden und kann deshalb auch nicht die besondere symplektische Struktur der kanonischen Gleichungen des Hamilton-Formalismus vorteilhaft ausnutzen. Es liegt daher nahe, spezielle Varianten dieser Verfahren zu suchen, die die symplektische Struktur erhalten (Sanz-Serna 1988). Bei den oben beschriebenen, durch die Gl. (6.192) und (6.193) definierten Runge-Kutta-Verfahren ist dies nur mit impliziten Methoden möglich (Leimkuhler und Matthews 2015), die für MD-Simulationen wegen der hohen Berechnungskosten für die Kräfte wenig vorteilhaft sind (Reich 1996).

Die in Abschn. 6.7.2 definierten Methoden lassen sich jedoch zu den sogenannten unterteilten (engl. *partitioned*) Runge-Kutta-Verfahren erweitern, von denen einige explizit und symplektisch sind. Das bekannteste Beispiel hierfür ist der Geschwindigkeits-Verlet-Algorithmus. Eine ausführlichere Diskussion weiterer Verfahren dieser Klasse findet sich beispielsweise bei (Sanz-Serna und Calvo 1994).

6.8 Wissenscheck

Nach einer Zusammenfassung dieses Kapitel bieten Verständnisfragen und Aufgaben die Möglichkeit, das Verständnis der behandelten Themen zu vertiefen.

6.8.1 Zusammenfassung

Klassische MD-Simulationen beschreiben die Wechselwirkung zwischen Atomen und Molekülen im Rahmen der Newton'schen Mechanik – durch das zweite Newton'sche Gesetz oder, gleichwertig, durch den Hamilton-Formalismus. Für die sich dadurch ergebenden Differentialgleichungen gibt es keine analytischen Lösungen, so dass numerische Verfahren angewandt werden müssen, um zumindest Näherungen zu erhalten. Das Ergebnis solcher numerischer Integratoren sind Trajektorien, die die Positionen aller Teilchen zu diskreten Zeitpunkten enthalten, die sich in der Regel immer um einen konstanten Zeitschritt unterscheiden.

Der Positions-Verlet-Algorithmus und die weitgehend äquivalenten Geschwindigkeits-Verlet- und Leap-Frog-Algorithmen sind die derzeit leistungsfähigsten numerischen Integratoren zur Erzeugung diskreter Trajektorien für klassische MD-Simulationen. Der Erfolg dieser Verfahren beruht unter anderem darauf, dass sie mit dem Hamilton-Formalismus die Reversibilität und die symplektische Eigenschaft teilen.

Die hohe Genauigkeit des Verlet-Algorithmus ändert nichts an der Ljapunow-Instabilität der mit MD-Simulationen untersuchten Systeme. Dies bedeutet, dass sich Trajektorien, selbst wenn sie sich anfänglich nur ganz geringfügig unterscheiden, mit fortschreitender Zeit exponentiell voneinander entfernen. Die mit numerischen Integratoren erzeugten Trajektorien müssen trotzdem nicht unbrauchbar sein, denn bei symplektischen Integratoren wird unterstellt, dass für eine von ihnen hervorgebrachte Trajektorie stets eine Schattentrajektorie existiert, die sich nie weiter als einen konstanten Abstand von der Trajektorie des Integrators entfernt. Dieser Maximalabstand kann durch Verringerung des Zeitschritts beliebig klein gemacht werden. Die Schattentrajektorie ist eine exakte Lösung der Dynamik des Systems für Anfangsbedingungen, die sich nur wenig von den Anfangsbedingungen für den Integrator unterscheiden. Da die Anfangsbedingungen eines dynamischen Systems mit sehr vielen Teilchen ohnehin zum größten Teil irrelevant sind und sich auch der relevante Teil nur mit begrenzter Genauigkeit bestimmen lässt, enthalten die Schattentrajektorien und damit auch die vom Integrator berechneten Trajektorien die Informationen, die man sinnvoll über das System erlangen kann.

Während mit den konventionellen Verlet-Verfahren Zeitschritte von einer Femtosekunde, bei Constraints für die Wasserstoffbindungen auch zwei Femtosekunden verwendet werden, versprechen neue Multiskalenverfahren Zeitschritte von bis zu hundert Femtosekunden, wodurch sich die MD-Simulationen um bis zu zwei Größenordnungen beschleunigen lassen. Das Grundprinzip der Multiskalenverfahren besteht darin, dass der größte Teil der Kräfte sich nur sehr langsam ändert und deshalb nur selten berechnet werden muss, während nur ein sehr kleiner Teil von sich schnell ändernden Kräften häufig berechnet werden muss.

6.8.2 Verständnisfragen

6.1 Trajektorie
Was ist in der in diesem Kapitel verwendeten Notation der Unterschied zwischen $q(t_k)$ und q_k?

6.2 Lokale Genauigkeit
Welche Bedeutung hat die lokale Genauigkeit eines Integrators?

6.3 Ljapunow-Instabilität
Welchen Sinn kann eine Trajektorie überhaupt haben, wenn sie Ljapunow-instabil ist?

6.4 Phasenraum
Warum ist die Phasenraumerhaltung eines Integrators von Bedeutung?

6.5 Verlet-Verfahren
Welche Eigenschaften machen die Verlet-Verfahren zu besonders bewährten Integratoren bei MD-Simulationen?

6.6 Multiskalenverfahren
Welche Motivation steckt hinter den Multiskalenverfahren?

6.7 Implizite Verfahren
Aus welchem Grund werden bei MD-Simulationen kaum implizite Integratoren eingesetzt?

6.8.3 Aufgaben

6.8 Zeitumkehrinvarianz des impliziten Euler-Verfahrens
Zeigen Sie, dass das durch die Gl. (6.185)–(6.186) definierte implizite Euler-Verfahren zeitumkehrinvariant ist. Ersetzen Sie dazu Δt durch $-\Delta t$ und die Indizes k und $k+1$ durch $-k$ und $-k-1$ (siehe auch Abschn. 6.4.2).

6.9 Zeitumkehrinvarianz des Geschwindigkeits-Verlet-Algorithmus
Zeigen Sie auf entsprechende Weise wie in Aufgabe 6.8, dass der durch die Gl. (6.122)–(6.123) definierte Geschwindigkeits-Verlet-Algorithmus zeitumkehrinvariant ist.

6.10 Positions-Verlet-Algorithmus
Zeigen Sie, dass der Positions-Verlet-Algorithmus nur die Genauigkeit $O(\Delta t^3)$ hat, wenn einer der Ausgangswerte $\boldsymbol{q}_{k-1}$ und $\boldsymbol{q}_k$ nur die Genauigkeit $O(\Delta t^3)$ hat.

6.11 Energieerhaltung
Durch das symplektische Euler-Verfahren werden die Koordinaten (q, p) zum Zeitpunkt t auf neue Koordinaten (Q, P) zum Zeitpunkt $t + \Delta t$ abgebildet:

$$Q = q + p\Delta t/m + a\Delta t^2$$
$$P = p + ma\Delta t$$

Dieser Integrator erhält die Energie nicht streng, aber zumindest doch näherungsweise. Wir betrachten als einfaches Beispiel einen harmonischen Oszillator mit $a = -q$, wobei wir die Größeneinheiten für die Masse m und die Kraftkonstante D so gewählt haben, dass $m = D = 1$ gilt. In diesem Fall ist die Größe

$$\tilde{H} = \frac{1}{2}\left(p^2 + q^2 - qp\Delta t\right),$$

die sich für genügend kleine Zeitschritte Δt nur wenig von der Energie $(p^2 + q^2)/2$ unterscheidet, eine Erhaltungsgröße. Zeigen Sie, dass dies tatsächlich zutrifft, dass also

$$\frac{1}{2}\left(P^2 + Q^2 - QP\Delta t\right) = \frac{1}{2}\left(p^2 + q^2 - qp\Delta t\right)$$

gilt.

6.12 Geschwindigkeiten im Positions-Verlet-Algorithmus
Zeigen Sie, dass im Positions-Verlet-Algorithmus Gl. (6.108) eine bessere Schätzung für die Geschwindigkeiten bietet als Gl. (6.106).

6.13 Liouville-Operator
Zeigen Sie, dass die Propagatoren

$$\exp(iL_1 \Delta t) \quad \text{und} \quad \exp(iL_2 \Delta t)$$

mit

$$iL_1 = \frac{p}{m}\frac{\partial}{\partial q} \quad \text{und} \quad iL_2 = ma\frac{\partial}{\partial p}$$

reversibel sind.

6.14 Symplektischer Hamilton-Formalismus
Die Jacobi-Matrix für einen infinitesimalen Zeitschritt im Rahmen des Hamilton-Formalismus lautet:

$$J = \begin{pmatrix} 1 + \frac{\partial^2 H}{\partial q \partial p}dt & \frac{\partial^2 H}{\partial p^2}dt \\ -\frac{\partial^2 H}{\partial q^2}dt & 1 - \frac{\partial H}{\partial q}dt \end{pmatrix}$$

Wenn die kinetische Energie die Form $T = mv^2/2 = p^2/(2m)$ hat und die potentielle Energie V von einer konservativen Kraft $F = -\partial V/\partial q$ herrührt, dann können wir die Ableitungen der Hamilton-Funktion $H = T + V$ wie folgt schreiben,

$$\frac{\partial H}{\partial q} = -F, \quad \frac{\partial^2 H}{\partial q^2} = -\frac{\partial F}{\partial q}, \quad \frac{\partial^2 H}{\partial p^2} = \frac{1}{m}, \quad \frac{\partial^2 H}{\partial q \partial p} = 0,$$

und dadurch die Jacobi-Matrix vereinfachen. Zeigen Sie nun, dass dieser infinitesimale Zeitschritt des Hamilton-Formalismus (oder äquivalent: der Newton'schen Mechanik) symplektisch ist, indem Sie die Matrix $J^t S_2 J$ bilden und **danach** den infinitesimalen Zeitschritt dt gegen null gehen lassen. Wenn das Ergebnis gleich S_2 ist, also gleich der zweidimensionalen schiefsymmetrischen Matrix mit -1 und 1 auf der Nebendiagonalen, dann ist die symplektische Eigenschaft gezeigt.

Literatur

Abraham, Mark u. a. (2023). „GROMACS 2023 Manual". In: Publisher: Zenodo Version Number: 2023. https://doi.org/10.5281/ZENODO.7588711.

Abreu, C. R. A. und M. E. Tuckerman (2021a). „Multiple timescale molecular dynamics with very large time steps: avoidance of resonances". In: *The European Physical Journal B* 94.11, S. 231. https://doi.org/10.1140/epjb/s10051-021-00226-4.

Abreu, Charlles R. A. und Mark E. Tuckerman (2021b). „Hamiltonian based resonance-free approach for enabling very large time steps in multiple time-scale molecular dynamics". In: *Molecular Physics* 119.19–20, e1923848. https://doi.org/10.1080/00268976.2021.1923848.

Allen, Michael Patrick und Dominic J. Tildesley (2017). *Computer simulation of liquids*. 2nd ed. Oxford: Oxford university press. ISBN: 978-0-19-880320-1.

Anosov, D. V. (1967). „Geodesic flows on closed Riemannian manifolds of negative curvature". In: *Proceedings of the Steklov Institute of Mathematics* 90, S. 1–235.

Bartelmann, Matthias u. a. (2018). *Mechanik. Theoretische Physik.* Berlin: Springer Spektrum.
Batcho, Paul F., David A. Case und Tamar Schlick (2001). „Optimized particle-mesh Ewald/multiple-time step integration for molecular dynamics simulations". In: *The Journal of Chemical Physics* 115.9, S. 4003–4018. https://doi.org/10.1063/1.1389854.
Batcho, Paul F. und Tamar Schlick (2001). „Special stability advantages of position-Verlet over velocity-Verlet in multiple-time step integration". In: *The Journal of Chemical Physics* 115.9, S. 4019–4029. https://doi.org/10.1063/1.1389855.
Beeman, D. (1976). „Some multistep methods for use in molecular dynamics calculations". In: *Journal of Computational Physics* 20.2, S. 130–139. https://doi.org/10.1016/0021-9991(76)90059-0.
Berendsen, H. J. C. und W. F. Van Gunsteren (1986). „Practical Algorithms for Dynamic Simulations". In: *Molecular-Dynamics Simulation of Statistical-Mechanical Systems.* Ed. by G. Ciccotti und William G Hoover. Proceedings of the International School of Physics "Enrico Fermi" 97. Amsterdam: North-Holland, S. 43–65.
Berendsen, Herman J. C. (2007). *Simulating the physical world: hierarchical modeling from quantum mechanics to fluid dynamics.* Cambridge: Cambridge University Press.
Biesiadecki, Jeffrey J. und Robert D. Skeel (1993). „Dangers of Multiple Time Step Methods". In: *Journal of Computational Physics* 109.2, S. 318–328. https://doi.org/10.1006/jcph.1993.1220.
Bishop, Thomas C., Robert D. Skeel und Klaus Schulten (1997). „Difficulties with multiple time stepping and fast multipole algorithm in molecular dynamics". In: *Journal of Computational Chemistry* 18.14, S. 1785–1791. https://doi.org/10.1002/(SICI)1096-987X(19971115)18: 14<1785::AID-JCC7>3.0.CO;2-G.
Bowen, Rufus (1975). „ω-Limit Sets for Axiom A Diffeomorphisms". In: *Journal of Differential Equations* 18, S. 333–339.
Cohen, Joel E. u. a. (1982). „Eigenvalue Inequalities for Products of Matrix Exponentials". In: *Linear Algebra and Its Applications.* Vol. 45. North Holland.
Dettmann, C. P. und G. P. Morriss (1996). „Proof of Lyapunov exponent pairing for systems at constant kinetic energy". In: *Physical Review E* 53.6, R5545–R5548. https://doi.org/10.1103/PhysRevE.53.R5545.
Eckmann, J.-P. und D. Ruelle (1985). „Ergodic theory of chaos and strange attractors". In: *Reviews of Modern Physics* 57, S. 617–656. https://doi.org/10.1103/RevModPhys.57.617.
Eichhorn, Ralf, Stefan J. Linz und Peter Hänggi (2001). „Transformation invariance of Lyapunov exponents". In: *Chaos, Solitons & Fractals* 12.8, S. 1377–1383. https://doi.org/10.1016/S0960-0779(00)00120-X.
Euler, Leonhard (1911). *Leonhardi Euleri opera omnia.* Basel: Birkhäuser.
Feynman, Richard P. u. a. (2015). *Feynman-Vorlesungen über Physik.* Berlin: De Gruyter.
Forest, Etienne und Ronald D. Ruth (1990). „Fourth-order symplectic integration". In: *Physica D: Nonlinear Phenomena* 43.1, S. 105–117. https://doi.org/10.1016/0167-2789(90)90019-L.
Frenkel, Daan (2013). „Simulations: The dark side". In: *The European Physical Journal Plus* 128. https://doi.org/10.1140/epjp/i2013-13010-8.
Frenkel, Daan und Berend Smit (2001). *Understanding molecular simulation: from algorithms to applications.* Computational science series. San Diego, Calif.: Acad. Press.
Gear, C. W. (1967). „The numerical integration of ordinary differential equations". In: *Mathematics of Computation* 21.98, S. 146–156. https://doi.org/10.1090/S0025-5718-1967-0225494-5.
Gray, Stephen K., Donald W. Noid und Bobby G. Sumpter (1994). „Symplectic integrators for large scale molecular dynamics simulations: A comparison of several explicit methods". In: *The Journal of Chemical Physics* 101, S. 4062–4072. https://doi.org/10.1063/1.467523.
Griebel, Michael u. a. (2004). *Numerische Simulation in der Moleküldynamik: Numerik, Algorithmen, Parallelisierung, Anwendungen.* Berlin: Springer.
Grubmüller, H. u. a. (1991). „Generalized Verlet Algorithm for Efficient Molecular Dynamics Simulations with Long-range Interactions". In: *Molecular Simulation* 6.1–3, S. 121–142. https://doi.org/10.1080/08927029108022142.

Grubmüller, Helmut und Paul Tavan (1998). „Multiple time step algorithms for molecular dynamics simulations of proteins: How good are they?" In: *Journal of Computational Chemistry* 19.13, S. 1534–1552. https://doi.org/10.1002/(SICI)1096-987X(199810)19:13<1534:: AID-JCC10>3.0.CO;2-I.

Hairer, E., Christian Lubich und Gerhard Wanner (2006). *Geometric numerical integration: structure-preserving algorithms for ordinary differential equations*. 2nd ed. Springer series in computational mathematics 31. OCLC: ocm69223213. Berlin ; New York: Springer. ISBN: 978-3-540-30663-4.

Hammel, Stephan M., James A. Yorke und Celso Grebogi (1988). „Numerical orbits of chaotic processes represent true orbits". In: *Bulletin of the American Mathematical Society* 19.2, S. 465–469. https://doi.org/10.1090/S0273-0979-1988-15701-1.

Hammonds, K. D. und D. M. Heyes (2021). „Shadow Hamiltonian in classical NVE molecular dynamics simulations involving Coulomb interactions". In: *The Journal of Chemical Physics* 154.17, S. 174102. https://doi.org/10.1063/5.0048194.

Hammonds, K. D. und D. M. Heyes (2020). „Shadow Hamiltonian in classical NVE molecular dynamics simulations: A path to long time stability". In: *The Journal of Chemical Physics* 152.2, S. 024114. https://doi.org/10.1063/1.5139708.

Hockney, Roger W. und James W. Eastwood (1999). *Computer simulation using particles*. Reprinted. Bristol: Inst. of Physics Publ. ISBN: 978-0-85274-392-8.

Janezic, Dusanka und Bojan Orel (1993). „Implicit Runge-Kutta method for molecular dynamics integration". In: *Journal of Chemical Information and Computer Sciences* 33.2, S. 252–257. https://doi.org/10.1021/ci00012a011.

Jung, Jaewoon und Yuji Sugita (2017). „Multiple program/multiple data molecular dynamics method with multiple time step integrator for large biological systems". In: *Journal of Computational Chemistry* 38.16, S. 1410–1418. https://doi.org/10.1002/jcc.24511.

Kim, Sangrak (2015). „Time step and shadow Hamiltonian in molecular dynamics simulations". In: *Journal of the Korean Physical Society* 67.3, S. 418–422. https://doi.org/10.3938/jkps.67.418.

Leach, Andrew R. (2009). *Molecular modelling: principles and applications*. Harlow: Pearson/Prentice Hall.

Leimkuhler, B. und Charles Matthews (2015). *Molecular dynamics: with deterministic and stochastic numerical methods*. Cham: Springer.

Leimkuhler, B. und S. Reich (1994). „Symplectic integration of constrained Hamiltonian systems". In: *Mathematics of Computation* 63.208, S. 589–589. https://doi.org/10.1090/S0025-5718-1994-1250772-7.

Leimkuhler, B. J. (1999). „Comparison of geometric integrators for rigid body simulation." In: *Computational Molecular Dynamics: Challenges, Methods, Ideas*. Ed. by P. Deuflhard u. a. Berlin: Springer, S. 349–362.

Leimkuhler, Ben, Daniel T. Margul und Mark E. Tuckerman (2013). „Stochastic, resonance-free multiple time-step algorithm for molecular dynamics with very large time steps". In: *Molecular Physics* 111.22-23, S. 3579–3594. https://doi.org/10.1080/00268976.2013.844369.

Leimkuhler, Benedict J. und Robert D. Skeel (1994). „Symplectic Numerical Integrators in Constrained Hamiltonian Systems". In: *Journal of Computational Physics* 112.1, S. 117–125. https://doi.org/10.1006/jcph.1994.1085.

Ma, Qun, Jesús A. Izaguirre und Robert D. Skeel (2003). „Verlet-I/R-RESPA/Impulse is Limited by Nonlinear Instabilities". In: *SIAM Journal on Scientific Computing* 24.6, S. 1951–1973. https://doi.org/10.1137/S1064827501399833.

Mandziuk, Margaret und Tamar Schlick (1995). „Resonance in the dynamics of chemical systems simulated by the implicit midpoint scheme". In: *Chemical Physics Letters* 237.5-6, S. 525–535. https://doi.org/10.1016/0009-2614(95)00316-V.

Meiss, J. D. (1992). „Symplectic maps, variational principles, and transport". In: *Reviews of Modern Physics* 64, S. 795–848. https://doi.org/10.1103/RevModPhys.64.795.

Minary, P., M. E. Tuckerman und G. J. Martyna (2004). „Long Time Molecular Dynamics for Enhanced Conformational Sampling in Biomolecular Systems". In: *Physical Review Letters* 93.15, S. 150201. https://doi.org/10.1103/PhysRevLett.93.150201.

Morrone, Joseph A., Ruhong Zhou und B. J. Berne (2010). „Molecular Dynamics with Multiple Time Scales: How to Avoid Pitfalls". In: *Journal of Chemical Theory and Computation* 6.6, S. 1798–1804. https://doi.org/10.1021/ct100054k.

Offen, C. und S. Ober-Blöbaum (2022). „Symplectic integration of learned Hamiltonian systems". In: *Chaos: An Interdisciplinary Journal of Nonlinear Science* 32.1, S. 013122. https://doi.org/10.1063/5.0065913.

Pechlaner, Maria, Chris Oostenbrink und Wilfred F. Gunsteren (2021). „On the use of multiple-time-step algorithms to save computing effort in molecular dynamics simulations of proteins". In: *Journal of Computational Chemistry* 42.18, S. 1263–1282. https://doi.org/10.1002/jcc.26541.

Rahman, A. (1964). „Correlations in the Motion of Atoms in Liquid Argon". In: *Physical Review* 136, A405–A411. https://doi.org/10.1103/PhysRev.136.A405.

Rebhan, Eckhard (2015). *Mechanik*. Berlin: Springer Berlin.

Reich, Sebastian (1996). „Enhancing energy conserving methods". In: *BIT Numerical Mathematics* 36.1, S. 122–134. https://doi.org/10.1007/BF01740549.

Rodger, P. Mark (1989). „On the Accuracy Of Some Common Molecular Dynamics Algorithms". In: *Molecular Simulation* 3.5–6, S. 263–269. https://doi.org/10.1080/08927028908031379.

Sanz-Serna, J. M. (1988). „Runge-kutta schemes for Hamiltonian systems". In: *BIT* 28.4, S. 877–883. https://doi.org/10.1007/BF01954907.

Sanz-Serna, J. M. und M. P. Calvo (1994). *Numerical Hamiltonian problems*. 1st ed. Applied mathematics and mathematical computation 7. London ; New York: Chapman & Hall. ISBN: 978-0-412-54290-9.

Schlick, Tamar (2006). *Molecular modeling and simulation: an interdisciplinary guide*. New York: Springer.

Schlick, Tamar (2001). „Time-Trimming Tricks for Dynamic Simulations". In: *Structure* 9.4, R45–R53. https://doi.org/10.1016/S0969-2126(01)00593-7.

Schofield, P. (1973). „Computer simulation studies of the liquid state". In: *Computer Physics Communications* 5.1, S. 17–23. https://doi.org/10.1016/0010-4655(73)90004-0.

Schuster, Heinz Georg (1989). *Deterministic chaos: an introduction*. Weinheim: VCH-Verl.-Ges.

Sidler, Dominik u. a. (2019). „Density artefacts at interfaces caused by multiple time-step effects in molecular dynamics simulations". In: *F1000Research* 7, S. 1745. https://doi.org/10.12688/f1000research.16715.3.

Skeel, Robert D. (1999). „Integration Schemes for Molecular Dynamics and Related Applications". In: *The Graduate Student's Guide to Numerical Analysis '98*. Ed. by Mark Ainsworth, Jeremy Levesley und Marco Marletta. Vol. 26. Berlin, Heidelberg: Springer Berlin Heidelberg, S. 119–176. ISBN: 978-3-642-08503-1 978-3-662-03972-4. https://doi.org/10.1007/978-3-662-03972-4_4.

Skeel, Robert D., Guihua Zhang und Tamar Schlick (1997). „A Family of Symplectic Integrators: Stability, Accuracy, and Molecular Dynamics Applications". In: *SIAM Journal on Scientific Computing* 18.1, S. 203–222. https://doi.org/10.1137/S1064827595282350.

Stickler, Benjamin A. und Ewald Schachinger (2014). *Basic Concepts in Computational Physics*. Cham: Springer International Publishing. ISBN: 978-3-319-02434-9 978-3-319-02435-6. https://doi.org/10.1007/978-3-319-02435-6.

Streett, W.B., D.J. Tildesley und G. Saville (1978). „Multiple time-step methods in molecular dynamics". In: *Molecular Physics* 35.3, S. 639–648. https://doi.org/10.1080/00268977800100471.

Swope, William C. u. a. (1982). „A computer simulation method for the calculation of equilibrium constants for the formation of physical clusters of molecules: Application to small water clusters". In: *The Journal of Chemical Physics* 76.1, S. 637–649. https://doi.org/10.1063/1.442716.

Toxvaerd, S. (Aug. 1993). „Comment on: Reversible multiple time scale molecular dynamics". In: *The Journal of Chemical Physics* 99.3, S. 2277–2277. ISSN: 0021-9606, 1089-7690. https://doi.org/10.1063/1.465241. https://pubs.aip.org/jcp/article/99/3/2277/949436/Comment-on-Reversible-multiple-time-scale.

Trotter, H. F. (1959). „On the Product of Semi-Groups of Operators". In: *Proceedings of the American Mathematical Society* 10, S. 545. https://doi.org/10.2307/2033649.

Tuckerman, M., B. J. Berne und G. J. Martyna (1993). „Reply to Comment on: Reversible multiple time scale molecular dynamics". In: *The Journal of Chemical Physics* 99.3, S. 2278–2279. https://doi.org/10.1063/1.465242.

Tuckerman, M., B. J. Berne und G. J. Martyna (1992). „Reversible multiple time scale molecular dynamics". In: *The Journal of Chemical Physics* 97, S. 1990–2001. https://doi.org/10.1063/1.463137.

Tuckerman, Mark E. (2015). *Statistical mechanics: theory and molecular simulation*. Oxford: Oxford Univ. Press.

Tuckerman, Mark E., Bruce J. Berne und Glenn J. Martyna (1991a). „Molecular dynamics algorithm for multiple time scales: Systems with long range forces". In: *The Journal of Chemical Physics* 94.10, S. 6811—6815. https://doi.org/10.1063/1.460259.

Tuckerman, Mark E., Bruce J. Berne und Angelo Rossi (1991b). „Erratum: Molecular dynamics algorithm for multiple time scales: Systems with disparate masses [J. Chem. Phys. **94**, 1465 (1991)]". In: *The Journal of Chemical Physics* 94.11, S. 7566–7566. https://doi.org/10.1063/1.460751.

Tuckerman, Mark E., Bruce J. Berne und Angelo Rossi (1991c). „Molecular dynamics algorithm for multiple time scales: Systems with disparate masses". In: *The Journal of Chemical Physics* 94.2, S. 1465–1469. https://doi.org/10.1063/1.460004.

Yoshida, Haruo (1990). „Construction of higher order symplectic integrators". In: *Physics Letters A* 150.5–7, S. 262–268.

Zhang, Mei-Qing und Robert D. Skeel (1995). „Symplectic integrators and the conservation of angular momentum". In: *Journal of Computational Chemistry* 16.3, S. 365–369. https://doi.org/10.1002/jcc.540160309.

Zhao, Gongpu u. a. (2013). „Mature HIV-1 capsid structure by cryo-electron microscopy and all-atom molecular dynamics". In: *Nature* 497.7451, S. 643–646. https://doi.org/10.1038/nature12162.

Ensembles 7

Inhaltsverzeichnis

7.1	Makrozustände	224
7.2	Mikrokanonisches Ensemble	230
7.3	Kanonisches Ensemble	236
7.4	Isotherm-Isobares Ensemble	248
7.5	Mittelung	252
7.6	Wissenscheck	258

Simulationen der Molekulardynamik (MD) sind vom Grundsatz her mikroskopisch: Zu diskreten Zeitpunkten sind die Positionen und Geschwindigkeiten aller Teilchen, aus denen sich das simulierte System zusammensetzt, bekannt. Typischerweise handelt es sich dabei um einige 10^3 bis 10^8 Koordinaten, von denen praktisch alle für sich genommen ohne Interesse sind, mit Ausnahme etwa einiger weniger, die beispielsweise die Konformation eines Proteins beschreiben. Selbst wenn die Koordinaten eines Proteins sich im Zeitverlauf durch experimentelle Methoden wie die Einzelmolekülspektroskopie (Weiss 1999; Moerner und Fromm 2003) mit mikroskopischer Genauigkeit messen lassen, kann doch der Zustand der Umgebung des Proteins – in der Regel hauptsächlich Wasser – nur durch wenige makroskopische Parameter wie Energie, Temperatur, Druck oder Volumen beschrieben werden.

Wenn die mikroskopischen Resultate von MD-Simulationen mit den makroskopischen Randbedingungen von Experimenten in Einklang gebracht werden sollen, ist daher eine statistische Interpretation nötig. Das Verhältnis zwischen Experiment und MD-Simulation weist somit Ähnlichkeiten zur Relation zwischen der Thermodynamik und der statistischen Mechanik auf, die versucht, die Gesetzmäßigkeiten der Thermodynamik auf die klassische Mechanik zurückzuführen.

Ein zentraler Baustein bei dem Versuch, mikro- und makroskopische Zustände miteinander in Verbindung zu bringen, ist das Konzept des Ensembles, das in Abschn. 7.1 eingeführt wird. Je nachdem, welche makroskopischen Größen kontrolliert werden sollen, unterscheidet man zwischen verschiedenen Arten von Ensembles, von denen die drei für die Molekulardynamik wichtigsten – das mikrokanonische, das kanonische und das isotherm-isobare – in den Abschn. 7.2–7.4 vorgestellt werden. Das großkanonische Potential, das in der Thermodynamik eine prominente Stellung hat, ist für MD-Simulationen von geringer Bedeutung und wird hier nicht behandelt. Eng verbunden mit dem Konzept des Ensembles ist das der Mittelung, entweder als Ensemble- oder Scharmittelung oder als Zeitmittelung. Beispiele hierfür finden sich in Abschn. 7.5.

7.1 Makrozustände

Für eine genauere Definition von Makrozuständen führen wir zunächst den Begriff des Ensembles ein, das eine gedachte Menge von gleichartigen und voneinander völlig unabhängigen Systemen sein soll, die sich in verschiedenen Mikrozuständen befinden können. Wir bezeichnen die Anzahl der Systeme, die das Ensemble bilden, mit Λ, eine Zahl, die so groß gewählt werden soll, dass beim Grenzübergang $\Lambda \to \infty$ kaum noch Änderungen zu erwarten sind. Die Mikrozustände, in denen sich die einzelnen Systeme des Ensembles befinden, können wir uns als Punkte im Phasenraum vorstellen, der für ein System mit N klassischen Teilchen ein $6N$-dimensionales Kontinuum gleich dem $\mathbb{R}^6$ ist. Manche Betrachtungen werden allerdings einfacher, wenn man einen diskreten Phasenraum verwendet, in dem sich die Anzahl der Zustände abzählen lässt. Unter Berücksichtigung der Heisenberg'schen Unschärferelation

$$\Delta x \Delta p \geq \frac{\hbar}{2} \tag{7.1}$$

ist es ohnehin nicht sinnvoll, mit beliebig genauen Punkten im Phasenraum zu arbeiten. Wir erlauben uns daher, den Phasenraum in kleine Volumina mit der Größe des Planckschen Wirkungsquantums h oder von Bruchteilen desselben aufzuteilen, so dass die Anzahl der Mikrozustände im Phasenraum abzählbar wird. Wir können dann jedem System eines Ensembles eine natürliche Zahl i zuordnen, die angibt, in welchem Mikrozustand sich das System befindet.

7.1.1 Wahrscheinlichkeiten von Mikrozuständen

Der Begriff des Ensembles dient dazu durch Verzicht auf mikroskopische Informationen zu einer vergröberten, einfacheren Beschreibung dynamischer Systeme zu gelangen. Folgerichtig ist es nicht das Ziel, für jedes System aus dem Ensemble zu jeder Zeit den genauen Mikrozustand anzugeben, sondern stattdessen statistische Aussagen zu treffen. Dazu verwendet man als wichtigste Angabe die relative Häufigkeit h_i, mit der der Mikrozustand i in einem Ensemble auftritt. Wenn man diese Häufigkeiten durch die Anzahl Λ der Systeme im Ensemble teilt, bekommt man die Wahrscheinlichkeit w_i, den Mikrozustand i bei einem zufällig gewählten System des

7.1 Makrozustände

Ensembles zu finden:

$$w_i = \frac{h_i}{\Lambda} \,. \tag{7.2}$$

Für unsere Zwecke können wir den Makrozustand eines Ensembles zu einem festen Zeitpunkt als eindeutig durch die Angabe der Wahrscheinlichkeiten

$$w_1, w_2, w_3, \ldots \tag{7.3}$$

festgelegt ansehen. Grundsätzlich sind alle Makrozustände denkbar, die die Normierungsbedingung

$$\sum_i w_i = 1 \tag{7.4}$$

erfüllen (die Summation läuft über alle Mikrozustände i), aber nur wenige davon werden wir tatsächlich beobachten. Von besonderem Interesse sind Makrozustände, bei denen sich die Wahrscheinlichkeiten mit der Zeit nicht ändern, man spricht dann von Gleichgewichtszuständen. Die Frage nach dem Gleichgewicht führt auf einen weiteren Begriff: die Entropie.

7.1.2 Entropie

Wir definieren die Entropie, eine makroskopische Größe, mit Hilfe der Wahrscheinlichkeiten aus Gl. (7.2) durch[1]

$$S = -k_B \sum_i w_i \ln w_i \,, \tag{7.5}$$

wobei k_B für die Boltzmann-Konstante steht. Eine fundamentale Eigenschaft dieser Größe ist, dass sie für abgeschlossene Systeme nur zu- aber nie abnehmen kann.

▶ **Merksatz 7.1** Nach dem zweiten Hauptsatz der Thermodynamik nimmt die Entropie eines Makrozustandes eines Ensembles abgeschlossener Systeme mit der Zeit monoton zu, bis ein Gleichgewichtszustand erreicht wird:

$$\frac{dS}{dt} \geq 0 \,. \tag{7.6}$$

---

[1] Für den Fall verschwindender Wahrscheinlichkeiten können wir den Ausdruck $w \ln w$ durch den ansonsten gleichwertigen Ausdruck $\ln w^w$ ersetzen, der wegen $0^0 = 1$ keine Probleme bereitet.

In der Thermodynamik wird dieser Hauptsatz als Axiom eingeführt. Er ist in der Physik beispiellos, weil dieser Hauptsatz das einzige Gesetz der Physik ist, das der Zeit eine Richtung gibt.[2] Versuche, diesen Hauptsatz im Rahmen der statistischen Mechanik zu begründen, werden in Vertiefung 7.1 vorgestellt. Da sich nach dem zweiten Hauptsatz jedes Ensemble abgeschlossener Systeme von selbst in einen Gleichgewichtszustand entwickelt, wollen wir uns im Folgenden auf Gleichgewichtszustände beschränken (auch deshalb, weil die Behandlung von Nichtgleichgewichtszuständen so viel schwerer ist). Es lässt sich leicht zeigen (siehe Aufgabe 7.6), dass die Entropie eines Ensembles abgeschlossener Systeme genau dann den maximal möglichen Wert

$$S = k_B \ln \Omega \tag{7.7}$$

annimmt, wenn alle erlaubten Mikrozustände (deren Anzahl Ω beträgt) gleich wahrscheinlich sind. Die Annahme der Gleichwahrscheinlichkeit wird deshalb als grundlegendes Postulat der Statistischen Mechanik gewertet:

▶ **Merksatz 7.2** Alle Mikrozustände eines abgeschlossenen Systems sind gleich wahrscheinlich.

Die von der Energie E eines abgeschlossenen Systems abhängige Zahl Ω wird in der Form

$$\Omega(E) = \sum_i \delta_{E_i, E} \tag{7.8}$$

auch als mikrokanonische Zustandssumme bezeichnet, ein Begriff der in Abschn. 7.3 auf das kanonische Ensemble übertragen wird. Aus der Liouville-Gleichung (Bartelmann et al. 2015) folgt, dass dieser Makrozustand zeitlich konstant, also ein Gleichgewichtszustand ist. Ein sehr einfaches Beispiel stellt ein Ensemble periodischer Systeme dar, deren diskrete Trajektorien im Phasenraum durch die Zustände

$$z_1, z_2, z_3, \ldots, z_n \quad \text{mit} \quad z_i = \begin{pmatrix} q_i \\ p_i \end{pmatrix} \quad \text{und} \quad z_{n+1} = z_1 \tag{7.9}$$

gegeben sind. Wenn sich zu Beginn alle Systeme im Mikrozustand $i = 1$ befinden, im Phasenraum also den Punkt z_1 einnehmen, dann beträgt die Wahrscheinlichkeit für diesen Mikrozustand $w_1 = 1$ und für alle übrigen Mikrozustände $w_2 = \ldots = w_n = 0$. Nach einem Zeitschritt Δt gehen alle Systeme in den Mikrozustand $i = 2$ über und die Wahrscheinlichkeiten ändern sich entsprechend. Der einzig zeitlich konstante Makrozustand ist in diesem Beispiel durch die Wahrscheinlichkeitswerte

$$w_1 = w_2 = w_3 = \ldots = w_n = \frac{1}{n} \tag{7.10}$$

---

[2] Eine Verletzung der Zeitumkehrinvarianz wird auch bei der Schwachen Wechselwirkung beobachtet, führt aber im Prinzip nur zur Vertauschung von Teilchen und Antiteilchen.

gegeben.

Den minimal möglichen Wert für die Entropie, $S = 0$, erreichen wir, wenn die Wahrscheinlichkeit für einen einzelnen Mikrozustand k eins ist und für alle übrigen Mikrozustände null. Wir können die Entropie also als ein Maß für unser Unwissen über den genauen Zustand des Ensembles auffassen.

Vertiefung 7.1: H-Theorem
Der zweite Hauptsatz der Thermodynamik, nach dem die Entropie eines abgeschlossenen Systems stetig zunimmt, hat in der Thermodynamik den Rang eines Axioms. Im Rahmen der Anstrengungen, die Axiome der Thermodynamik mit den Methoden der statistischen Physik aus den Grundgesetzen der klassischen Mechanik herzuleiten, veröffentlichte Ludwig Boltzmann 1872 das H-Theorem (nach überwiegender Auffassung „eta"-Theorem zu sprechen) (Boltzmann 1872, 2003). In diesem Theorem zeigte Boltzmann für ein abgeschlossenes fast-ideales Gas – unter Voraussetzung recht allgemeiner Annahmen und unter Vernachlässigung von Korrelationen zwischen der Bewegung einzelner Gasteilchen, dass die Entropie des Gases solange zunehmen muss, bis sie ihr Maximum erreicht hat. Einwände gegen das H-Theorem machten geltend, dass es wegen der Zeitumkehrinvarianz der klassischen Mechanik möglich sein muss, einen makroskopischen Anfangszustand zu finden, von dem ausgehend die Entropie im Lauf der Zeit zunächst abnimmt (Loschmidt-Paradoxon (Wu 1975)). Diese Einwände beruhen insbesondere auf dem Wiederkehrsatz von Poincaré (Jacobs 1972), nach dem es für jeden Anfangszustand eines beschränkten mechanischen Systems eine beliebig kleine Umgebung im Phasenraum gibt, in die die Phasenraumtrajektorien immer wieder zurückkehren. Ein konkretes Beispiel dafür liefert Abb. 7.4: Wenn in einem Behälter anfangs nur die eine Hälfte mit einem Gas gefüllt ist und die andere Hälfte evakuiert, dann wird sich das Gas zwar nach kurzer Zeit auf den gesamten Behälter ausdehnen, es wird sich aber nach endlicher Zeit wieder kurzzeitig vollständig in die ursprüngliche Hälfte zurückziehen (unter Umständen ist eine winzige Änderung der Anfangsbedingungen erforderlich). In seiner Antwort auf diese Einwände betonte Boltzmann den statistischen Charakter des zweiten Hauptsatzes: Ausnahmen seien zwar möglich, aber statistisch derart unwahrscheinlich, dass sie praktisch unmöglich seien.

7.1.3 Makroskopische Zustandsgrößen

Die Wahrscheinlichkeiten w_i für die einzelnen Mikrozustände hängen vom dynamischen System selbst, also der Art seiner Teilchen und ihrer Wechselwirkungen und dem Volumen ab, in dem die Teilchen sich bewegen, sowie von äußeren Einflussgrößen wie der Gesamtenergie, der Temperatur oder dem Druck. Die Art und die Anzahl N der Teilchen wollen wir hier stets als konstant ansehen. Die Energie E, das Volumen V, die Temperatur T und den Druck p sehen wir dagegen als makroskopische Zustandsgrößen an, durch die der Makrozustand des Ensembles und damit auch der Wert aller w_i festgelegt wird. Diese Zustandsgrößen sind nicht alle voneinander unabhängig, wir können beispielsweise nicht das Volumen ändern und gleichzeitig den Druck und alle übrigen Zustandsgrößen konstant halten. Man unterscheidet deshalb zwischen sogenannten Zustandsvariablen und Zustandsgrößen.

7.1.3.1 Zustandsvariablen
Als Zustandsvariablen werden speziell die makroskopischen Zustandsgrößen bezeichnet, deren Angabe notwendig und hinreichend ist, um den Makrozustand eines Ensembles festzulegen. Für das mikrokanonische Ensemble etwa (Abschn. 7.2) bilden die Teilchenzahl N, das Volumen V und die Energie E die Zustandsvariablen, durch die der Makrozustand eines mikrokanonischen Ensembles eindeutig festgelegt ist. Der Druck p und die Temperatur T sind in diesem Fall Zustandsgrößen, die durch den Wert der Zustandsvariablen festgelegt sind. An diesem Beispiel sehen wir, dass wir die Ensembles eines dynamischen Systems danach klassifizieren können, welche der Zustandsvariablen wir kontrollieren wollen. Die drei für MD-Simulationen wichtigsten Fälle, das mikrokanonische, das kanonische und das isotherm-isobare Ensemble werden in Abb. 7.1 schematisch dargestellt und in den folgenden drei Abschnitten behandelt. Es gibt weitere Ensemble, wie das großkanonische oder μVT-Ensemble mit veränderlicher Teilchenzahl N und chemischem Potential μ oder das isoenthalpisch-isobare oder NpH-Ensemble, die in der Thermodynamik von Bedeutung, bei MD-Simulationen aber selten sind.

7.1 Makrozustände

Mikrokanonisches oder *NVE*-Ensemble: Die N Teilchen befinden sich in einem geschlossenen Behälter mit konstantem Volumen V, der wärmeisoliert ist, so dass die Energie E erhalten bleibt. Temperatur und Druck im Behälter fluktuieren um von E und V abhängige Gleichgewichtswerte, wobei die Fluktuationen mit zunehmender Systemgröße abnehmen.

Kanonisches oder *NVE*-Ensemble: Die N Teilchen befinden sich in einem geschlossenen Behälter mit konstantem Volumen V, können aber mit der Umgebung Wärme austauschen. Die Umgebung wird als Wärmebad mit konstanter Temperatur T angesehen. Der Druck im Behälter und die Energie des Systems fluktuieren um von V und T abhängige Gleichgewichtswerte mit einer Standardabweichung proportional zu $N^{-1/2}$.

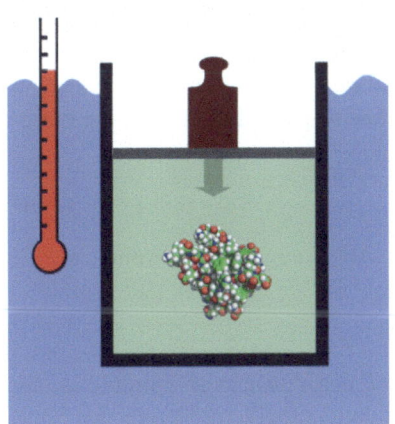

Isothermisch-isobares Ensemble oder *NpT*-Ensemble: Die Teilchen befinden sich in einem geschlossenen Behälter, dessen Größe durch äußeren Druck geändert werden kann, und können mit der Umgebung Wärme austauschen. Die Umgebung wird als Wärmebad mit konstanter Temperatur T angesehen. Außerdem wird ein konstanter äußerer Druck p angenommen. Das Volumen und die Energie des Systems schwanken um Mittelwerte, die von p und T abhängen. Je kleiner das System ist, desto stärker werden diese Schwankungen.

Abb. 7.1 Schematische Darstellung des mikrokanonischen (oben), kanonischen (Mitte) und isotherm-isobaren Ensembles (unten)

7.2 Mikrokanonisches Ensemble

Zuerst betrachten wir das mikrokanonische Ensemble, das auch als NVE-Ensemble bezeichnet wird, da der Makrozustand eines mikrokanonischen Ensembles durch die Werte für die Teilchenzahl N, das Volumen V und die Energie E eindeutig festgelegt ist. Dieses Ensemble entspricht den bisher beschriebenen MD-Simulationen, bei denen sich eine feste Anzahl von Teilchen in einem vorgegebenen Volumen bewegt und der Integrator die Energie des Systems erhält, zumindest näherungsweise.

Für einen durch die Zustandsvariablen N, V und E festgelegten Makrozustand des Ensembles existieren auch eindeutige Werte für Zustandsgrößen wie den Druck p und die Temperatur T. Während die Zustandsvariablen für jedes einzelne System des Ensembles fest vorgegeben sind, sind die Zustandsgrößen strenggenommen nur für das gesamte Ensemble definiert. Für ein einzelnes System, dessen Dynamik wir mit einer MD-Simulation untersuchen, sind also Teilchenzahl, Volumen und Energie wohldefinierte Größen, der Druck und die Temperatur und auch die Entropie genaugenommen aber nicht. In den folgenden beiden Kapiteln werden wir sehen, wie wir trotzdem für Druck und Temperatur Ausdrücke formulieren können, die sich für jedes einzelne System berechnen lassen und die in der Mittelung über das gesamte Ensemble die richtigen Werte für Druck und Temperatur liefern. Zunächst aber sehen wir, wie sich p und T abstrakt mit Hilfe der thermodynamischen Potentiale für ein Ensemble erhalten lassen.

7.2.1 Thermodynamisches Potential

Thermodynamische Potentiale sind Funktionen von Zustandsvariablen, die wir verwenden können, um die zu einem Makrozustand eines Ensembles gehörenden Zustandsgrößen zu berechnen. Als Beispiel betrachten wir die Entropie $S(N, V, E)$, die im mikrokanonischen Ensemble eine Funktion von Teilchenzahl, Volumen und Energie ist. Die Zustandsgröße Temperatur ist über die partielle Ableitung der Entropie nach der Energie definiert,

$$\frac{1}{T} = \frac{\partial S}{\partial E}, \tag{7.11}$$

und die Zustandsgröße Druck über die partielle Ableitung nach dem Volumen,

$$p = T \frac{\partial S}{\partial V}. \tag{7.12}$$

Demnach geben dE/T beziehungsweise pdV/T den Zuwachs an Entropie an, der durch eine Erhöhung der Energie um dE oder durch eine Vergrößerung des Volumens um dV verursacht wird. Sofern wir davon ausgehen können, dass die Entropie streng monoton mit der Energie wächst,[3] können wir die Funktion $S(N, V, E)$

---

[3] Dies trifft praktisch immer zu, außer in extrem seltenen Fällen, wo negative Temperaturen auftreten (Mandt 2013).

7.2 Mikrokanonisches Ensemble

nach der Energie auflösen und auf gleiche Weise ein thermodynamisches Potential $E(N, V, S)$ formulieren, aus dem sich durch

$$T = \frac{\partial E}{\partial S} \quad \text{und} \quad p = \frac{\partial E}{\partial V} \tag{7.13}$$

ebenfalls die Zustandsgrößen p und T erhalten lassen. Weitere thermodynamische Potentiale werden wir bei der Behandlung des kanonischen und des isotherm-isobaren Ensembles kennenlernen.

Der Gleichgewichtszustand eines Ensembles lässt sich auch dadurch kennzeichnen, dass ein zugehöriges thermodynamisches Potential einen Extremalwert annimmt. Im mikrokanonischen Ensemble ist es nach dem zweiten Hauptsatz (Merksatz 7.1) die Entropie $S(N, V, E)$, die im Gleichgewicht maximal wird. Im kanonischen und im isotherm-isobaren Ensemble sind es die freie Energie $F(N, V, T)$ (auch Helmholtz-Energie) beziehungsweise die freie Enthalpie $G(N, p, T)$ (auch Gibbs-Energie), die im Gleichgewicht ein Minimum annehmen.

7.2.2 Teilsysteme

Mit Hilfe der thermodynamischen Potentiale für das mikrokanonische Ensemble, also $S(N, V, E)$ oder $E(N, V, S)$, können für ein abgeschlossenes System Temperatur und Druck bestimmt werden. Wir teilen nun das abgeschlossene System in Teilsysteme auf, um zu zeigen, dass auch jedem Teilsystem die gleiche Temperatur und der gleiche Druck zugeordnet werden kann wie dem Gesamtsystem, vorausgesetzt, dieses befindet sich im Gleichgewicht. Als einfaches Beispiel unterteilen wir das Gesamtsystem mit der konstanten Energie E in zwei Teilsysteme 1 und 2 (siehe Abb. 7.2), die untereinander Energie und Volumen austauschen können. Wir betrachten zunächst den Austausch von Energie, bezeichnen mit $\tilde{E}_1$ und $\tilde{E}_2$ die Energiewerte der beiden Teilsysteme und suchen den Energiewert $\tilde{E}_1$, der von allen möglichen der wahrscheinlichste ist. Da nach dem Postulat der statistischen Mechanik (Merksatz 7.2) alle Mikrozustände des Gesamtsystems gleich wahrscheinlich sind, ist dies genau der Wert, für den die Anzahl der zu dieser Energieaufteilung passenden Mikrozustände

$$\Omega_{1,2}(E_1, E_2) = \Omega_1(E_1)\Omega_2(E_2) \tag{7.14}$$

maximal wird und für den damit auch die Summe der Entropiewerte

$$S_1 + S_2 = -k_B \ln \Omega_1 - k_B \ln \Omega_2 = -k_B \ln(\Omega_{1,2}) \tag{7.15}$$

ihr Maximum annimmt. Wir bezeichnen diese Summe als Gesamtentropie

$$S_{1,2}(E_1, E_2) = S_1(E_1) + S_2(E_2) \tag{7.16}$$

Abb. 7.2 Schematische Darstellung eines Systems im mikrokanonischen Ensemble mit zwei Teilsystemen

für ein System mit der Energieaufteilung (E_1, E_2).[4]

7.2.2.1 Temperatur und Druck

Die Entropie $S_{1,2}$ wird extremal, wenn sie durch eine kleine Energieverschiebung dE von Teilsystem 1 zu Teilsystem 2 nicht geändert wird, wenn also gilt

$$dS_{1,2} = \frac{\partial S_1}{\partial E_1}(-dE) + \frac{\partial S_2}{\partial E_2}(+dE) = 0 \,. \tag{7.17}$$

Dies ist nach Gl. (7.11) genau dann der Fall, wenn beide Teilsysteme die gleiche Temperatur besitzen:

$$T_1 = T_2 \,. \tag{7.18}$$

Auf gleiche Weise erhalten wir für den Druck

$$p_1 = T_1 \frac{\partial S_1}{\partial V_1} = T_2 \frac{\partial S_2}{\partial V_2} = p_2 \,. \tag{7.19}$$

In einem homogenen System werden sich im Gleichgewicht auch alle anderen makroskopischen Zustandsgrößen in allen Teilsystemen angleichen, wie etwa die Massen-, Ladungs- oder Teilchendichten.

---

[4] Die Entropie $S_{1,2}(E_1, E_2)$ ist nicht gleich der Gesamtentropie des Systems, da zu dieser auch unwahrscheinliche Energieverteilungen beitragen (Huang 2011). Wenn die Teilsysteme aber groß genug sind, sind diese Beiträge vernachlässigbar.

7.2.2.2 Energiefluktuationen

Auch wenn eine Energieverteilung, bei der beide Teilsysteme den gleichen Druck und die gleiche Temperatur annehmen, die wahrscheinlichste ist, ist eine andere Verteilung trotzdem möglich. Deshalb stellen wir uns die Frage, wie stark die Wahrscheinlichkeit der Energieverteilung zurückgeht, wenn diese von den Gleichgewichtswerten $\tilde{E}_1$ und $\tilde{E}_2 = E - \tilde{E}_1$ abweichen und zwar um einen Bruchteil α der Gesamtenergie E. Wir entwickeln $S_{1,2}$ dazu in eine Taylor-Reihe bis zur zweiten Ordnung:

$$S_{1,2}(\tilde{E}_1 - \alpha E, \tilde{E}_2 + \alpha E) = S_{1,2}(\tilde{E}_1, \tilde{E}_2) + \frac{\alpha^2 E^2}{2}\left(\frac{\partial^2 S_1}{\partial E_1^2} + \frac{\partial^2 S_2}{\partial E_2^2}\right). \quad (7.20)$$

Den linearen Term der Taylor-Reihe durften wir weglassen, da dieser im Gleichgewicht verschwindet. Die zweite Ableitung der Entropie nach der Energie bringen wir in die Form

$$\frac{\partial^2 S}{\partial E^2} = \frac{\partial}{\partial E}\frac{1}{T} = -\frac{1}{T^2}\frac{\partial T}{\partial E} \quad (7.21)$$

und ersetzen die Ableitung der Temperatur nach der Energie, $\partial T/\partial E$ durch den Kehrwert der absoluten Wärmekapazität bei konstantem Volumen, $1/C_V$, und erhalten so

$$S_{1,2}(\tilde{E}_1 - \alpha E, \tilde{E}_2 + \alpha E) = S_{1,2}(\tilde{E}_1, \tilde{E}_2) - \frac{\alpha^2 E^2}{2T^2}\left(\frac{1}{C_{V,1}} + \frac{1}{C_{V,1}}\right). \quad (7.22)$$

Für das Verhältnis $\Omega_{1,2}(\tilde{E}_1 - \alpha E, \tilde{E}_2 + \alpha E)$ zu $\Omega_{1,2}(\tilde{E}_1, \tilde{E}_2)$ und damit für das Verhältnis der Wahrscheinlichkeiten $w(\alpha)$ zu $w(0)$ folgt daraus

$$\frac{w(\alpha)}{w(0)} = \exp\left[-\frac{\alpha^2 E^2}{2k_B T^2}\left(\frac{1}{C_{V,1}} + \frac{1}{C_{V,1}}\right)\right], \quad (7.23)$$

wobei $w(\alpha)$ die Wahrscheinlichkeit dafür angibt, dass die Energieverteilung um αE von der wahrscheinlichsten Verteilung abweicht. Zur Vereinfachung haben wir dabei stillschweigend angenommen, dass Energieänderungen nur in diskreten Portionen möglich sind, ansonsten müssten wir mit Wahrscheinlichkeitsdichten statt mit Wahrscheinlichkeiten arbeiten. Für ein einfaches Rechenbeispiel nehmen wir das ideale Gas mit den Teilchenzahlen N_1 und N_2 für die Teilsysteme und $N = N_1 + N_2$ für das Gesamtsystem. Für die Gesamtenergie und die absoluten Wärmekapazitäten erhalten wir in diesem Beispiel

$$E = \frac{3}{2}Nk_B T \quad \text{und} \quad C_{V,i} = \frac{3}{2}N_i k_B. \quad (7.24)$$

Nehmen wir vereinfachend an, die beiden Teilsysteme seien gleich groß, also $N_1 = N_2 = N/2$, dann erhalten wir schließlich

$$\frac{w(\alpha)}{w(0)} = e^{-3\alpha^2 N}. \quad (7.25)$$

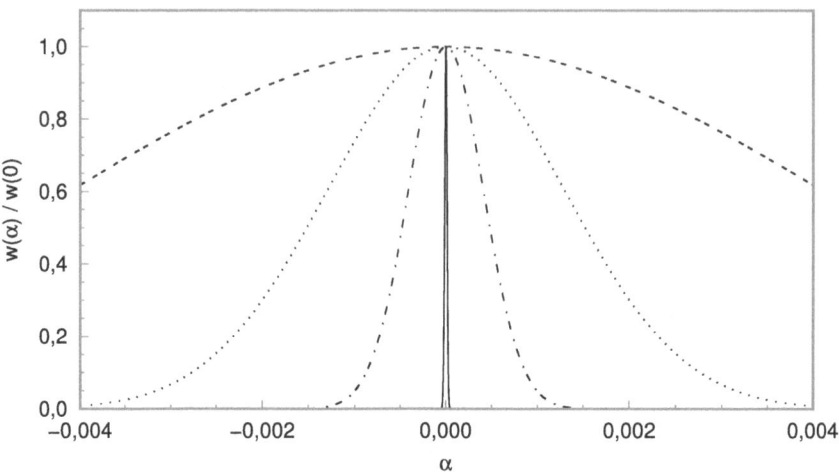

Abb. 7.3 Wahrscheinlichkeit für eine Energiefluktuation αE für zwei gleich große Teilsysteme mit der Gesamtenergie E in Abhängigkeit von der Anzahl der simulierten Teilchen N: 10^9 (durchgezogene Line, —), 10^6 (- · -), 10^5 (· · ·) und 10^4 (- -)

Für ein makroskopisches System mit einer Teilchenzahl von $N = 10^{23}$ ist die Wahrscheinlichkeit $w(0)$ praktisch eins und die Wahrscheinlichkeit für eine winzige Energieschwankung von einem Milliardstel Prozent ($\alpha = 10^{-11}$) beträgt etwa 10^{-13}. Für makroskopische Systeme im Gleichgewicht können wir daher feststellen, dass im Rahmen der Messgenauigkeit bei der Aufteilung der Energie auf Teilsysteme nur die wahrscheinlichste Aufteilung realisiert wird und andere praktisch unmöglich sind. Bei MD-Simulationen für kleine System können wir keine derart sichere Aussage treffen. Für ein kleines simuliertes System mit $N = 10^5$ Teilchen ist die optimale Aufteilung der Energie nur etwa zwanzigmal wahrscheinlicher als eine Aufteilung, bei der eines der Teilsysteme eine um ein Prozent höhere Energie und das andere eine um ein Prozent niedrigere Energie besitzt (siehe auch Abb. 7.3).

Wenn bei einer MD-Simulation eines der Teilsysteme eine Wasserbox ist und das andere Teilsystem ein im Wasser gelöstes Protein, dann sind – wegen der vergleichsweise kleinen Teilchenzahl – Energiefluktuationen zwischen dem Wasser und dem Protein und damit auch entsprechende Temperaturfluktuationen möglich.

7.2.2.3 Verallgemeinerte Kräfte

Die Betrachtung der Teilsysteme macht deutlich, warum wir in einem mikrokanonischen Ensemble die Temperatur und den Druck als verallgemeinerte Kräfte und die Energie und das Volumen als die dazugehörigen verallgemeinerten Koordinaten auffassen dürfen. So wie bei einem mechanischen Gleichgewicht entgegengesetzt gerichtete Kräfte die gleiche Größe besitzen, sind im thermodynamischen Gleichgewicht auch Druck und Temperatur der Teilsysteme gleich groß.

Befindet sich das System nicht im Gleichgewicht, können sich die Temperaturen der Teilsysteme unterscheiden. Im Fall $T_1 > T_2$ bewirkt das Ungleichgewicht dieser verallgemeinerten Kräfte T_1 und T_2 durch Energieübertragung eine Verschiebung

7.2 Mikrokanonisches Ensemble   235

der verallgemeinerten Koordinaten E_1 und E_2, solange bis diese die Gleichgewichtswerte $\tilde{E}_1$ und $\tilde{E}_2$ erreichen. Ebenso bewirkt ein Ungleichgewicht bei p_1 und p_2 einen Volumensausgleich, der die Teilsysteme ins Gleichgewicht bringt.

7.2.3 Equilibrierung

Beim Start einer MD-Simulation befindet sich das System – unabhängig vom verwendeten Ensemble – in der Regel noch nicht im thermodynamischen Gleichgewicht. Der Ungleichgewichtszustand kann ausdrücklich erwünscht sein, zum Beispiel, wenn die Entfaltung eines Proteins simuliert werden soll (siehe zum Beispiel (Scheraga et al. 2007)), aber auch in einem solchen Fall wird angestrebt, dass sich zumindest ein Teilsystem im Gleichgewicht befindet, nämlich das Wasser, welches das Protein umgibt. Das übliche Vorgehen besteht dann darin, dass in einer ersten Simulationsrechnung die Bindungslängen und -winkel sowie die Diederwinkel des Proteins konstant gehalten werden, solange bis die Entropie des Gesamtsystems (unter Berücksichtigung der constraints für das Protein) sich ihrem Maximum weitgehend angenähert hat. Für die gängigen Wassermodelle existieren für eine Reihe verschiedener Temperaturen equilibrierte Simulationsboxen, in die sich Proteine einfügen lassen. Als Simulationsboxen im thermodynamischen Gleichgewicht wurden sogar in Wasser gelöste Lipiddoppelschichten für den Einbau von Proteinen bereitgestellt (Wolf et al. 2010).

Die Zeit, die erforderlich ist, damit sich ein simuliertes System ins Gleichgewicht begibt, hängt von dem verwendeten Ensemble, von der vorgegebenen Energie oder Temperatur und ganz besonders von dem System selber ab. Bei einer Wasserbox unter Normalbedingungen sollte eine Equilibrierungszeit von 100 ps ausreichend sein, um das Wasser ins thermodynamische Gleichgewicht zu bringen. Bei komplizierten Makromolekülen können erheblich längere Simulationszeiten erforderlich sein um ein Gleichgewicht zu erreichen (Genheden und Ryde 2012). Nicht zuletzt entscheidet auch der Zweck einer MD-Simulation darüber, wie sorgfältig das System ins Gleichgewicht gebracht werden muss (Stella und Melchionna 1998; Walton und VanVliet 2006).

Ein besonders anschauliches Beispiel für einen anfänglichen Nichtgleichgewichtszustand soll Abb. 7.4 geben. Ein Heliumgas ist zu Beginn der Simulation auf die untere Hälfte der Simulationsbox beschränkt. Nach einer Simulationszeit von 10 ns ist die Box gleichmäßig gefüllt. Nach dem grundlegenden Postulat der statistischen Mechanik (Merksatz 7.2) sind beide Mikrozustände gleich wahrscheinlich. Wenn wir aber Makrozustände betrachten, dann steht einem Ensemble von Mikrozuständen, bei denen das Gas auf die untere Boxhälfte beschränkt ist, ein zweites Ensemble von Mikrozuständen gegenüber, bei denen diese Beschränkung aufgehoben ist. Das zweite Ensemble umfasst erheblich mehr Mikrozustände als das erste und steht deshalb für den weitaus wahrscheinlicheren Makrozustand.

Eine einfache und schnelle Möglichkeit, ein System wie etwa eine Wasserbox, zu Beginn einer Simulations ins Gleichgewicht zu bringen, besteht darin, den einzelnen Wassermolekülen zufällig verteilte Gechwindigkeitsrichtungen zuzuordnen und

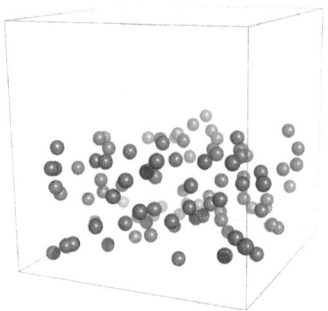 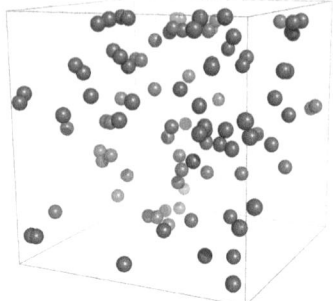

Abb. 7.4 Ein simuliertes Heliumgas, das anfänglich auf die untere Hälfte einer kubischen Simulationsbox beschränkt ist, füllt die Box 10 ns nach Aufhebung der Beschränkung vollständig aus (siehe auch Abb. 6.6)

Geschwindigkeitsbeträge, die gemäß der Maxwell-Boltzmann-Geschwindigkeitsverteilung (siehe Abschn. 7.3.2) ausgewürfelt wurden.

7.2.4 Simulation makroskopischer Systeme

Das mikrokanonische Ensemble ist das einfachste aller thermodynamischen Ensemble und ermöglicht es im Prinzip die zeitliche Entwicklung eines abgeschlossenen Systems bis in alle Einzelheiten exakt zu beschreiben. Mikroskopische Genauigkeit ist aber bei MD-Simulationen typischerweise nicht von Interesse, sondern vielmehr die Dynamik einer eher kleinen Zahl von Zustandsgrößen. Diese Dynamik kann grundsätzlich auch im mikrokanonischen Ensemble untersucht werden. Nachteilig für einen Vergleich der Ergebnisse von MD-Simulationen und Experimenten ist allerdings, dass bei Experimenten meist die Temperatur eines Systems kontrolliert werden kann, nicht aber dessen Energie, während es bei MD-Simulationen im mikrokanonischen Ensemble genau umgekehrt ist: Die Energie kann exakt vorgegeben werden, die Temperatur dagegen lässt sich erst im Nachhinein einigermaßen genau bestimmen. Ähnlich verhält es sich mit dem Druck und dem Volumen. Für die Simulation von makroskopischen Systemen, die in der Natur konstanter Temperatur und konstantem Druck ausgesetzt sind, werden daher andere Ensemble wie das kanonische oder das isotherm-isobare dem mikrokanonischen Ensemble vorgezogen.

7.3 Kanonisches Ensemble

Experimentelle Bedingungen werden besser durch das kanonische Ensemble (oder NVT-Ensemble) beschrieben, bei dem anstatt der Energie die Temperatur T vorgegeben wird. Eine feste Anzahl N von Teilchen bewegt sich in einem vorgegebenen Volumen V. Mit einem äußeren Wärmebad konstanter Temperatur T kann Energie ausgetauscht werden. Da der Begriff der Temperatur in der Statistischen Mechanik für große Teilchenzahlen (in der Größenordnung der Avogadro-Zahl $\approx 6 \cdot 10^{23}$) ein-

7.3 Kanonisches Ensemble

geführt wird, müssen in der Molekulardynamik Zusatzannahmen gemacht werden, um auch für Teilchenzahlen im Bereich von 10^3 bis 10^8, die also viele Zehnerpotenzen unter der Avogadro-Zahl liegen, einen sinnvollen Temperaturbegriff einzuführen. Die zentrale Annahme ist hier der Gleichverteilungssatz, nach dem die mittlere kinetische Energie aller Teilchen proportional zur Temperatur ist. Verschiedene, Thermostate genannte, Algorithmen, die es erlauben kanonische Ensemble zu simulieren, werden in Kap. 8 vorgestellt.

7.3.1 Boltzmann-Verteilung

Wir betrachten ein inneres System mit konstantem Volumen und konstanter Teilchenzahl, das Wärme austauschen kann mit einem zweiten sehr viel größeren, äußeren System, das wir Wärmebad nennen. Das Gesamtsystem, das aus dem inneren und dem äußeren System gebildet wird, sei abgeschlossen. Da für das innere System die Teilchenzahl N, das Volumen V und die Temperatur T vorgegeben sind, wird ein Ensemble solcher Systeme als NVT- oder kanonisches Ensemble bezeichnet. Anders als im mikrokanonischen Ensemble ist hier nicht jeder Mikrozustand gleich wahrscheinlich. Stattdessen unterliegen die Wahrscheinlichkeiten der Mikrozustände der Boltzmann-Verteilung (siehe auch Vertiefung 7.2).

▶ **Merksatz 7.3** Wenn sich ein System in einem großen Wärmebad mit der Temperatur T befindet, dann lässt sich mit Hilfe des Boltzmann-Faktors $\exp(-E_i/k_B T)$ die Wahrscheinlichkeit

$$w_i = \frac{1}{Z} e^{-E_i/k_B T} \tag{7.26}$$

angeben, dass sich das System im Mikrozustand i mit der Energie E_i befindet. Die Summe aller Boltzmann-Faktoren,

$$Z = \sum_i e^{-E_i/k_B T}, \tag{7.27}$$

wird kanonische Zustandssumme genannt.

So wie die mikrokanonische Zustandssumme Ω im NVE-Ensemble die Anzahl der erlaubten Zustände mit der vorgegebenen konstanten Energie E angibt, ist die kanonische Zustandssumme ein Maß für die Zahl der Mikrozustände, die das System im NVT-Ensemble bei der Temperatur T annehmen kann. Wir dürfen – ohne dass sich an der Dynamik des Systems etwas ändert – die potentielle Energie so eichen, dass der tiefstliegende Energiezustand die Energie $E = 0$ annimmt. Am Temperaturnullpunkt bei $T = 0$ sind daher nur die Mikrozustände i erlaubt, für die $E_i = 0$ gilt. Für diese Zustände ist der Boltzmann-Faktor $\exp(-E_i/k_B T)$ gleich eins, für alle übrigen Zustände gleich null. In diesem Grenzfall fallen die kanonische Zustandssumme Z und die mikrokanonische Zustandssumme Ω zusammen. Im entgegengesetzten

Grenzfall $T = \infty$ sind alle Mikrozustände erlaubt, gleich wahrscheinlich und alle Boltzmann-Faktoren gleich eins. Die kanonische Zustandssumme ist in diesem Fall gleich der Anzahl aller Mikrozustände. Im Bereich $0 < T < \infty$ können grundsätzlich alle Mikrozustände auftreten, sind aber nicht gleich wahrscheinlich und werden in der kanonischen Zustandssumme entsprechend ihrem Boltzmann-Faktor gewichtet.

Vertiefung 7.2: Boltzmann-Verteilung
Der Einfachheit halber betrachten wir ein System I mit nur zwei möglichen Energiezuständen E_1 und E_2, das mit einem System II, einem großen Wärmebad mit der Temperatur T, Energie austauschen kann. Das Gesamtsystem, bestehend aus den Systemen I und II, ist abgeschlossen und hat die konstante Energie E. Mit $\Omega_1 = \Omega(E - E_1)$ und $\Omega_2 = \Omega(E - E_2)$ bezeichnen wir die Anzahl der Zustände, die System II und damit das Gesamtsystem annehmen kann, wenn das System I die Energie E_1 beziehungsweise E_2 besitzt. Mit $E_2 = E_1 - \Delta E$ können wir die Entropie $S(E - E_2)$ durch eine Taylor-Entwicklung um $E - E_1$ herum ausdrücken,

$$S(E - E_2) = S(E - E_1) - \Delta E \frac{\partial S}{\partial E} = S(E - E_1) - \frac{\Delta E}{T}, \quad (7.28)$$

und erhalten dann mit

$$k_B \ln \Omega_2 = k_B \ln \Omega_1 - \frac{\Delta E}{T}, \quad (7.29)$$

das Verhältnis der Anzahlen der Mikrozustände

$$\frac{\Omega_2}{\Omega_1} = e^{-\Delta E/k_B T}. \quad (7.30)$$

Damit wir die Taylor-Entwicklung in Gl. (7.28) nach dem linearen Term abbrechen dürfen, muss die Energiedifferenz ΔE sehr viel kleiner sein als die Energie $E - E_1$ von System II,

$$\Delta E \ll E - E_1, \quad (7.31)$$

im Idealfall ist das Wärmebad also unendlich groß. Da das Gesamtsystem aus System I und II abgeschlossen ist, sind alle Mikrozustände gleich wahrscheinlich und das Verhältnis Ω_2/Ω_1 ist gleich dem Verhältnis der Wahrscheinlichkeiten w_2/w_1:

$$\frac{w_2}{w_1} = e^{-\Delta E/k_B T}. \quad (7.32)$$

Die vorhergehende Betrachtung für ein System mit zwei Zuständen lässt sich auf Systeme mit vielen Zuständen erweitern. Mit Hilfe der kanonischen Zustandssumme

$$Z = \sum_i e^{-E_i/k_B T} \tag{7.33}$$

schreiben wir

$$w_i = \frac{1}{Z} e^{-E_i/k_B T} \tag{7.34}$$

als Wahrscheinlichkeit, dass das Teilsystem I sich in einem Mikrozustand mit der Energie E_i befindet.

7.3.2 Maxwell-Boltzmann-Geschwindigkeitsverteilung

Für homogene Systeme wie Flüssigkeiten oder Gase kann aus der Boltzmann-Verteilung auch eine Verteilungsfunktion für Geschwindigkeiten abgeleitet werden. Wenn die Wechselwirkungen zwischen den Teilchen des Systems nicht von den Geschwindigkeiten abhängen, unterliegt auch die kinetische Energie der Boltzmann-Verteilung. Die Zustände gleicher kinetischer Energie sind jedoch entartet, denn zu jedem Energiewert gibt es verschiedene Richtungen der Geschwindigkeiten. Wir stellen uns die Geschwindigkeitsrichtungen $\boldsymbol{v}$ als Radiusvektoren einer Kugel vor, deren Oberfläche mit dem Quadrat der Geschwindigkeit wächst, und schließen daraus, dass auch der Entartungsgrad mit v^2 wächst. Für die Wahrscheinlichkeit, dass sich ein Teilchen mit der Masse m mit einer Geschwindigkeit mit einem Betrag zwischen v und $v + dv$ bewegt, folgt daraus

$$w(v) \sim v^2 \, e^{-mv^2/2k_B T} \, dv \, . \tag{7.35}$$

Eine Normierung dieser Wahrscheinlichkeit führt auf die Maxwell-Boltzmann-Geschwindigkeitsverteilung, nach der ein Teilchen mit der Masse m bei einer Temperatur T mit der Wahrscheinlichkeit

$$w(v) = 4\pi \left(\frac{m}{2\pi k_B T} \right)^{3/2} v^2 \, e^{-mv^2/2k_B T} \, dv \tag{7.36}$$

eine Geschwindigkeit aus dem Intervall $[v, v + dv]$ hat. Die Maxwell-Boltzmann-Verteilung kann dazu verwendet werden, ein System zum Start einer MD-Simulation ins Gleichgewicht zu bringen (siehe Abschn. 7.2.3). Für das Geschwindigkeitsquadrat ergibt sich die Verteilung

$$\tilde{w}(v^2) = \sqrt{\frac{2}{\pi}} \left(\frac{m}{k_B T} \right)^{3/2} v^2 \, e^{-mv^2/2k_B T} \, dv \, , \tag{7.37}$$

die besonders für die Berechnung der mittleren kinetischen Energie von Bedeutung ist.

7.3.3 Gleichverteilungssatz

Aus der Maxwell-Boltzmann-Verteilung lässt sich auch die mittlere quadratische Geschwindigkeit

$$\langle v^2 \rangle = \frac{3k_B T}{m} \tag{7.38}$$

und damit auch die mittlere kinetische Energie eines Systems von N Teilchen der Masse m

$$E_{\text{kin}} = \frac{3}{2} N k_B T \tag{7.39}$$

erhalten. Eine noch allgemeinere Aussage liefert der Gleichverteilungssatz:

▶ **Merksatz 7.4** Sofern die Energie quadratisch von einem Freiheitsgrad abhängt und der Abstand benachbarter Energieniveaus klein gegenüber $k_B T$ ist, lautet die mittlere Energie für diesen Freiheitsgrad

$$\langle E \rangle = \frac{1}{2} k_B T \ . \tag{7.40}$$

Wegen der geforderten quadratischen Abhängigkeit vom Freiheitsgrad ist der Gleichverteilungssatz für die potentielle Energie nur in enger Umgebung des Gleichgewichtszustand (wo das Potential näherungsweise parabolisch ist) anwendbar. Für die kinetische Energie gilt er jedoch streng, weshalb diese für Entwicklung von Thermostaten von zentraler Bedeutung ist.

7.3.4 Innere Energie

Im mikrokanonischen Ensemble ist die als Zustandsvariable vorgegebene Energie identisch mit der mikroskopischen Gesamtenergie jedes einzelnen Systems des Ensembles. Im kanonischen Ensemble wird statt der Energie die Temperatur als Zustandsvariable vorgegeben. Ein System kann deshalb Mikrozustände unterschiedlicher Energie annehmen mit einer Wahrscheinlichkeit, die der Boltzmann-Verteilung genügt. Zur besseren Unterscheidung von der Energie eines Mikrozustands wird die Energie als makroskopische Zustandsgröße als innere Energie U bezeichnet. Sie ist gleich dem gewichteten Mittelwert der Energiewerte E_i der Mikrozustände.

▶ **Merksatz 7.5** Die innere Energie im kanonischen Ensemble lautet

$$U = \sum_i w_i E_i \tag{7.41}$$

7.3 Kanonisches Ensemble

mit den Boltzmann-Wahrscheinlichkeiten $w_i = \exp(-E_i/k_BT)/Z$.

Ein für viele Ableitungen nützlicher Zusammenhang stellt die innere Energie mit Hilfe der Ableitung der kanonischen Zustandssumme nach der Temperatur dar:

$$U = k_B T^2 \frac{1}{Z} \frac{\partial Z}{\partial T}. \tag{7.42}$$

Eine Herleitung dieser Gleichung findet sich in der Lösung zu Aufgabe 7.7.

7.3.5 Freie Energie

Setzt man die Boltzmann-Wahrscheinlichkeiten in die allgemeine Definition der Entropie ein, die auch für das kanonische Ensemble gültig ist, erhält man

$$\begin{aligned} S &= -k_B \sum_i \left(\frac{1}{Z} e^{-E_i/k_BT}\right) \ln\left(\frac{1}{Z} e^{-E_i/k_BT}\right) \\ &= \sum_i \frac{E_i}{T} \frac{1}{Z} e^{-E_i/k_BT} + k_B \frac{1}{Z} \ln Z \sum_i e^{-E_i/k_BT} \\ &= \frac{U}{T} + k_B \ln Z. \end{aligned} \tag{7.43}$$

Nach Umordnung und Multiplikation folgt daraus

$$-k_B T \ln Z = U - TS. \tag{7.44}$$

Der Ausdruck auf der linken Seite dieser Gleichung wird als freie Energie F definiert. Für diese Größe gilt:

▶ **Merksatz 7.6** Die freie Energie $F(N, V, T)$, das thermodynamische Potential des kanonischen Ensembles, kann durch

$$F = U - TS \tag{7.45}$$

oder mit Hilfe der kanonischen Zustandssumme Z durch

$$F = -k_B T \ln Z, \tag{7.46}$$

definiert werden.

Während die Teilchenzahl N, das Volumen V und die Temperatur T die natürlichen Zustandsvariablen der freien Energie $F(N, V, T)$ als thermodynamischem Potential sind, lassen sich der Druck p, die Entropie S und die innere Energie U als makroskopischen Zustandsgrößen durch Ableitungen der freien Energie bestimmen,

$$p = -\frac{\partial F}{\partial V} \tag{7.47}$$

$$S = -\frac{\partial F}{\partial T} \tag{7.48}$$

$$U = F + T\frac{\partial F}{\partial T} \tag{7.49}$$

ähnlich wie durch die Gl. (7.11) und (7.12) im Fall des mikrokanonischen Ensembles.

7.3.5.1 Gleichgewicht

Ein kanonisches Ensemble befindet sich genau dann im Gleichgewicht, wenn die freie Energie minimal wird. Wir können uns dies verdeutlichen, wenn wir die Freie Energie mit Hilfe der Gl. (7.5) und (7.41) in Abhängigkeit von den Wahrscheinlichkeiten w_i der Mikrozustände schreiben:

$$F = \sum_i w_i E_i + k_B T \sum_i w_i \ln w_i \,. \tag{7.50}$$

Wir nehmen an, dass die Wahrscheinlichkeiten w_i, die den Makrozustand des Ensembles festlegen, die freie Energie minimieren. Würden wir dann zwei Wahrscheinlichkeiten w_j und w_k durch $w_j + \varepsilon$ und $w_k - \varepsilon$ mit einem infinitesimalen ε ersetzen, darf sich nach Voraussetzung die freie Energie nicht ändern, sonst wären wir nicht im Minimum. Die sich daraus ergebende Änderung der freien Energie,

$$\begin{aligned}\Delta F &= (w_j + \varepsilon)[E_j + k_B T \ln(w_j + \varepsilon)] \\ &\quad + (w_k - \varepsilon)[E_k + k_B T \ln(w_k - \varepsilon)] \\ &\quad - w_j[E_j + k_B T \ln w_j] \\ &\quad - w_k[E_k + k_B T \ln w_k]\,,\end{aligned} \tag{7.51}$$

muss also gleich null sein. Da ε infinitesimal sein soll, gilt

$$\ln(w_j + \varepsilon) = \ln w_j + \frac{\varepsilon}{w_j} \quad \text{und} \quad \ln(w_k - \varepsilon) = \ln w_k - \frac{\varepsilon}{w_k}\,. \tag{7.52}$$

Für ΔF folgt dann unter Vernachlässigung von Termen der Ordnung ε^2

$$\Delta F = \varepsilon \left[(E_j - E_k) + k_B T \ln \frac{w_j}{w_k} \right]\,. \tag{7.53}$$

Da $\Delta F = 0$ sein soll, muss der Ausdruck in den eckigen Klammern verschwinden und es folgt

$$\frac{w_j}{w_k} = e^{-(E_j - E_k)/k_B T} \tag{7.54}$$

und damit die Boltzmann-Verteilung, die das Gleichgewicht des kanonischen Ensembles charakterisiert.

7.3.6 Zusätzliche Koordinaten

Das Mindestmaß an Information, das erforderlich ist um einen Makrozustand zu definieren, ist durch die Angabe der Zustandsvariablen gegeben, also im kanonischen Ensemble durch die Angabe von Volumen und Temperatur. Durch zusätzliche Informationen kann ein System genauer beschrieben werden, im Extremfall – durch die Angabe der Positionen und Geschwindigkeiten aller Teilchen – so genau, dass der Mikrozustand des Systems festgelegt ist, dass also für diesen Mikrozustand k die Wahrscheinlichkeit w_k eins ist und für alle übrigen Mikrozustände j mit $j \neq k$ die Wahrscheinlichkeit w_j null ist. Dieser Extremfall lässt sich in einem Experiment nicht verwirklichen. Denkbar sind jedoch zusätzliche Angaben beispielsweise über die Konformation eines Proteins. Als Beispiel verwenden wir eine zusätzliche Koordinate ξ, die der Einfachheit halber diskret sein soll. Für jeden Wert ξ_k dieser diskreten Koordinate können wir eine Indexmenge I_k bilden, die die Indizes i aller Mikrozustände enthält, die zu diesem Wert von ξ_k gehören. Mit Hilfe dieser Indexmengen können wir die kanonische Zustandssumme

$$Z = \sum_k Z(\xi_k) \tag{7.55}$$

in Summanden

$$Z(\xi_k) = \sum_{i \in I_k} e^{-E_i/k_B T} \tag{7.56}$$

unterteilen, die jeweils die Boltzmann-Faktoren umfassen, die zu einem Wert ξ_k der diskreten Koordinate gehören. Für jeden Wert ξ_k können wir dann eine freie Energie

$$F(\xi_k) = -k_B T \ln Z(\xi_k) \,. \tag{7.57}$$

formulieren, für die nach den Gl. (7.56) und (7.26)

$$e^{-F(\xi)/k_B T} = \sum_{i \in I_k} e^{-E_i/k_B T} = Z \sum_{i \in I_k} w_i \tag{7.58}$$

gilt. Wenn wir

$$w(\xi_k) = \sum_{i \in I_k} w_i \tag{7.59}$$

als Wahrscheinlichkeit ansehen, dass das Ensemble durch die Koordinate ξ_k beschrieben wird, können wir diese Wahrscheinlichkeit durch

$$w(\xi_k) = \frac{1}{Z} e^{-F(\xi_k)/k_B T} \tag{7.60}$$

ausdrücken.

7.3.7 Inverse Temperatur

Manche der in diesem Kapitel genannten Beziehungen lassen sich übersichtlicher formulieren, wenn man die inverse Temperatur

$$\beta = \frac{1}{k_B T} \qquad (7.61)$$

verwendet. Boltzmann-Faktor und kanonische Zustandssumme lauten dann

$$e^{-\beta E_i} \quad \text{und} \quad Z = \sum_i e^{-\beta E_i}, \qquad (7.62)$$

und für die innere Energie erhalten wir

$$U = -\frac{1}{Z} \frac{\partial}{\partial \beta}. \qquad (7.63)$$

Die inverse Temperatur ist besonders vorteilhaft für die Beschreibung von Systemen mit beschränkter Energie, wie etwa Spinsystemen, bei denen die Entropie zunächst mit der Energie zu- dann aber ab einer gewissen Energie $\tilde{E}$ wieder abnimmt. Bei dieser Energie wird die Ableitung der Entropie nach der Energie und damit die Temperatur negativ. Da die Temperatur T für

$$\frac{1}{T} = \left.\frac{\partial S}{\partial E}\right|_{E=\tilde{E}} \qquad (7.64)$$

divergiert, wechselt die Temperatur hier von $T = +\infty$ zu $T = -\infty$. Die inverse Temperatur β verläuft dagegen im gesamten Energiebereich stetig und hat für $\tilde{E}$ einen Nulldurchgang.

7.3.8 Temperaturfluktuationen

Die Temperatur ist eine der Zustandsvariablen des kanonischen Ensembles, also eine fest vorgegebene Größe, durch die ein makroskopischer Zustand charakterisiert wird. Insofern erscheint es paradox von Temperaturfluktuationen im kanonischen Ensemble zu sprechen. Allerdings ist die Temperatur strenggenommen nur für das gesamte Ensemble definiert, nicht aber für ein einzelnes System des Ensembles, insbesondere nicht, wenn die einzelnen Systeme nur von mikroskopischem Ausmaß sind. Gesucht wird deshalb eine Größe, die für ein einzelnes System berechenbar ist und im Grenzfall makroskopisch großer Systeme mit der über das Ensemble definierten Temperatur übereinstimmt. Besonders geeignet ist eine über die kinetische Energie definierte Temperatur

$$T_{kin} = \frac{2 E_{kin}}{3 N k_B}, \qquad (7.65)$$

7.3 Kanonisches Ensemble

da die kinetische Energie nach dem Gleichverteilungssatz (Merksatz 7.4) in unendlich großen Systemen streng proportional zur Temperatur sein sollte. Für kleine Systeme dagegen fluktuiert die so definierte Temperatur (Frenkel und Smit 2001).

Wir gehen hier einen leicht abweichenden Weg und betrachten Fluktuationen der mikroskopischen Gesamtenergie und interpretieren diese mit Hilfe der absoluten Wärmekapazität bei konstantem Volumen, C_V, als Schwankungen einer über die Energie und Wärmekapazität definierten Temperatur T_C des Systems. Wir definieren die Fluktuation der Energie durch

$$\Delta E = \sqrt{\langle (E - \langle E \rangle)^2 \rangle} \,, \tag{7.66}$$

wobei die spitzen Klammern einen Mittelwert über das gesamte Ensemble kennzeichnen sollen. Die Fluktuation von T_C definieren wir über die Wärmekapazität und erhalten

$$\Delta T_C = \frac{\Delta E}{C_V} \,. \tag{7.67}$$

Nach einigen Umformungen (siehe Vertiefung 7.3) erhält man für die relativen Schwankungen der so definierten Temperatur

$$\frac{\Delta T_C}{T_C} = \sqrt{\frac{k_B}{C_V}} \,. \tag{7.68}$$

Da die absolute Wärmekapazität linear mit der Systemgröße wächst, sinkt die relative Schwankung mit dem Kehrwert der Wurzel der Systemgröße.

Als einfaches Beispiel betrachten wir ein ideales Gas mit N Teilchen, für das wir eine Wärmekapazität

$$C_V = \frac{3}{2} N k_B \tag{7.69}$$

verwenden und so eine relative Fluktuation

$$\frac{\Delta T_C}{T_C} = \sqrt{\frac{2}{3N}} \tag{7.70}$$

erhalten, die mit wachsender Teilchenzahl wie $1/\sqrt{N}$ gegen null strebt. Für ein makroskopisches Gas mit einer Teilchenzahl von der Größenordnung der Avogadro-Zahl ist die relative Fluktuation der Temperatur T_C deshalb kleiner als 10^{-11}, bei kleinen Systemen müssen wir jedoch nennenswerte Schwankungen erwarten. Bei einem extrem kleinen System wie etwa den 100 Heliumatomen aus Abb. 7.4 kommen wir auf eine relative Fluktuation von mehr als zehn Prozent, was bei Raumtemperatur einer Schwankungsbreite von mehr als 30 K entspricht. Wir dürfen von dieser Beispielsrechnung allerdings keine quantitative Genauigkeit erwarten, denn das Konzept der Wärmekapazität wurde für makroskopische Systeme entwickelt und hat auf mikroskopischer Ebene nur eine sehr begrenzte Gültigkeit. Zudem ist ein System von nur 100 Atomen selbst für MD-Simulationen untypisch klein. Es

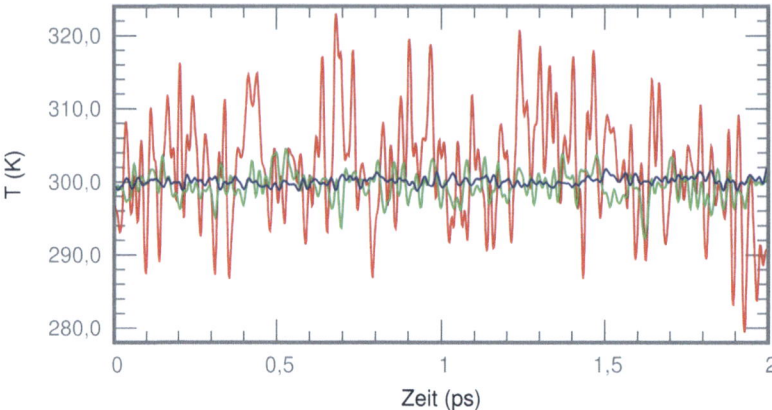

Abb. 7.5 Im mikrokanonischen Ensemble über die kinetische Energie berechnete Temperatur T für Wasserboxen mit 2 nm (rot), 5 nm (grün) und 12 nm (blau) Kantenlänge

bleibt aber die Tatsache, dass die über die Energie definierte Temperatur T_C für Systemgrößen, wie sie für MD-Simulationen üblich sind, nicht beliebig scharf definiert ist. Wir werden dieses Thema bei der Diskussion von Thermostaten in Kap. 8 wieder aufgreifen.

Ein Beispiel für die Abhängigkeit der Temperaturfluktuationen von der Systemgröße wird in Abb. 7.5 gezeigt. Dazu wurden MD-Simulationen für Wasserboxen verschiedener Größe im mikrokanonischen Ensemble durchgeführt. Die Gesamtenergie bleibt bei diesen Simulationen erhalten, es kommt aber zu Fluktuationen zwischen kinetischer und potentieller Energie und damit auch zu Fluktuationen der Temperatur T_{kin}, deren zeitliche Schwankungen mit sinkender Systemgröße zunehmen. Im Vergleich zu dieser *NVE*-Simulationen würde eine (scheinbar näherliegende) Berechnung von Temperaturfluktuationen im kanonischen Ensemble nur die Eigenschaften des verwendeten Thermostaten widerspiegeln.

Vertiefung 7.3: Temperaturfluktuationen
Da wir für die Definition der Fluktuation einer Größe sowohl den Mittelwert als auch das mittlere Quadrat dieser Größe benötigen, verwenden wir das Konzept des Erwartungswertes. Wenn das betrachtete System ergodisch ist, können Erwartungswerte sowohl durch Ensemble-Mittelung als auch durch zeitliche Mittelung gebildet werden. Wir kennzeichnen Erwartungswerte durch spitze Klammern und schreiben

$$\langle E \rangle = \sum_i E_i w_i = U \qquad (7.71)$$

7.3 Kanonisches Ensemble

für die mittlere Energie, die wir auch als innere Energie U kennengelernt haben. Nach Gl. (7.42) können wir auch

$$\langle E \rangle = k_B T^2 \frac{1}{Z} \frac{\partial Z}{\partial T} = -\frac{1}{Z} \frac{\partial Z}{\partial \beta} \,. \tag{7.72}$$

schreiben. Der letzte Ausdruck auf der rechten Seite dieser Gleichung wurde mit Hilfe der inversen Temperatur β (7.61) formuliert, wodurch die folgenden Umformungen etwas erleichtert werden. Den Erwartungswert für das Quadrat der Energie kann man auf entsprechende Weise formulieren (siehe Aufgabe 7.8):

$$\langle E^2 \rangle = \frac{1}{Z} \frac{\partial^2 Z}{\partial \beta^2} \,. \tag{7.73}$$

Die Gl. (7.72) und (7.73) erlauben uns nun, einen einfachen Ausdruck für die zu erwartenden Fluktuationen der Energie zu erhalten, die wir als positive Wurzel aus der mittleren quadratischen Abweichung der Energie von ihrem Erwartungswert definieren wollen:

$$\begin{aligned}\Delta E &= \sqrt{\langle (E - \langle E \rangle)^2 \rangle} \\ &= \sqrt{\langle E^2 \rangle - \langle E \rangle^2} \\ &= \sqrt{\frac{1}{Z} \frac{\partial^2 Z}{\partial \beta^2} - \left(\frac{1}{Z} \frac{\partial Z}{\partial \beta}\right)^2} \\ &= \sqrt{\frac{\partial}{\partial \beta} \left(\frac{1}{Z} \frac{\partial Z}{\partial \beta}\right)} \\ &= \sqrt{-\frac{\partial}{\partial \beta} \langle E \rangle} \,. \end{aligned} \tag{7.74}$$

Schließlich kehren wir von der inversen Temperatur β zur normalen Temperatur T zurück und erhalten

$$\Delta E = T \sqrt{k_B \frac{\partial}{\partial T} \langle E \rangle} \,. \tag{7.75}$$

Die Änderung der Energie mit der Temperatur lässt sich mit Hilfe der absoluten Wärmekapazität des Systems C_V, ausdrücken,

$$\langle \Delta E \rangle = C_V \Delta T_C \,, \tag{7.76}$$

so dass wir die relative Fluktuation der Temperatur wie folgt schreiben können:

$$\frac{\Delta T_C}{T_C} = \sqrt{\frac{k_B}{C_V}}. \qquad (7.77)$$

7.4 Isotherm-Isobares Ensemble

Das kanonische Ensemble kommt den üblichen experimentellen Bedingungen näher als das mikrokanonische, hat aber wie dieses den Nachteil, dass das Volumen des Systems als makroskopische Zustandsvariable vorgegeben werden muss. In den meisten Fällen interessiert man sich jedoch für Systeme, die einem konstanten Druck ausgesetzt sind, bei denen also das Volumen fluktuieren kann. Zur Beschreibung solcher Systeme bietet sich das isotherm-isobare oder NpT-Ensemble an und die Gibbs-Energie $G(N, p, T)$ als thermodynamisches Potential. Wir versuchen, die Betrachtung dieses Ensembles durch Analogien zum kanonischen Ensemble zu erleichtern und beginnen mit der isotherm-isobaren Zustandssumme.

7.4.1 Isotherm-isobare Zustandssumme

In Analogie zur kanonischen Zustandssumme (7.27) lässt sich eine isotherm-isobare Zustandssumme

$$\tilde{Z} = \sum_i e^{-H_i/k_B T} \qquad (7.78)$$

formulieren, indem wir die Energie E_i durch die Enthalpie

$$H_i = E_i + p V_i \qquad (7.79)$$

ersetzen, wobei V_i das Volumen des Mikrozustands i ist. Analog zu (7.26) lauten die Wahrscheinlichkeiten für die Mikrozustände im isotherm-isobaren Ensemble

$$w_i = \frac{1}{\tilde{Z}} e^{-H_i/k_B T}. \qquad (7.80)$$

Die Enthalpie H_i enthält neben der Energie des Mikrozustands i noch die Arbeit pV_i, die geleistet werden muss, um das Volumen V_i des Mikrozustands gegen den äußeren Druck zur Verfügung zu stellen. Mit

$$G = -k_B T \ln \tilde{Z} \qquad (7.81)$$

7.4 Isotherm-Isobares Ensemble

erhalten wir mit der freien Enthalpie oder Gibbs'schen Energie $G(N, p, T)$ ein thermodynamisches Potential für das isotherm-isobare Ensemble, das im Gleichgewicht minimal wird. Auf entsprechende Weise wie in Abschn. 7.3.5 gelangen wir zu der Beziehung

$$G = U + pV - TS \tag{7.82}$$

und können Volumen, Entropie und innere Energie

$$V = \frac{\partial G}{\partial p} \tag{7.83}$$

$$S = -\frac{\partial G}{\partial T} \tag{7.84}$$

$$U = G - p\frac{\partial G}{\partial p} + T\frac{\partial G}{\partial T} \tag{7.85}$$

durch Ableitung dieses thermodynamischen Potentials nach dem Druck beziehungsweise der Temperatur gewinnen.

7.4.2 Druckschwankungen

Der Druck ist eine der Zustandsvariablen des isotherm-isobaren Ensembles, also eine fest vorgegebene Größe für einen makroskopischen Zustand. Insofern erscheinen Druckschwankungen in einem solchen Ensemble paradox – ebenso wie die Temperaturfluktuationen im kanonischen Ensemble. Der Druck ist jedoch, ebenso wie die Temperatur, nur für das Ensemble rigoros definiert. Um den Druck auch für ein einzelnes System berechnen zu können, nutzen wir die Kompressibilität

$$\kappa = -\frac{1}{V}\frac{\partial V}{\partial p}, \tag{7.86}$$

die beschreibt, wie das Volumen des Systems sich mit wachsendem Druck zusammenzieht, und definieren so eine Druckdifferenz

$$\Delta p_\kappa = -\frac{1}{\kappa}\frac{\Delta V}{V}, \tag{7.87}$$

die sich auf die Volumenänderung eines einzelnen Systems zurückführen lässt. Die Fluktuationen des Volumens beschreiben wir auf gleiche Weise wie die der Temperatur durch

$$\Delta V = \sqrt{\langle (V - \langle V \rangle)^2 \rangle}. \tag{7.88}$$

Mit Hilfe der Kompressibilität erhalten wir nach einiger Rechnung (siehe Vertiefung 7.4) die Beziehung

$$\frac{\Delta V}{V} = \sqrt{\frac{\kappa k_\mathrm{B} T}{V}}, \tag{7.89}$$

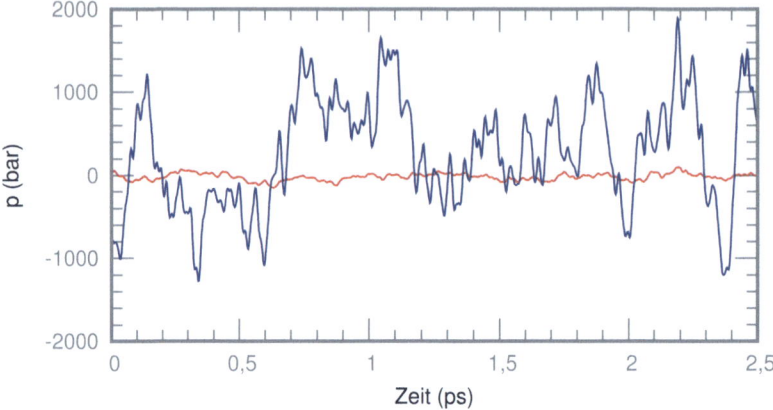

Abb. 7.6 Druckschwankungen in Wasserboxen mit 2 nm (blau) und 12 nm (rot) Kantenlänge simuliert im *NVE*-Ensemble bei 300 K

aus der wir auch eine entsprechende Aussage für den Druck gewinnen können:

$$\frac{\Delta p_\kappa}{p_\kappa} = -\frac{1}{p_\kappa}\sqrt{\frac{k_\mathrm{B} T}{\kappa V}}. \qquad (7.90)$$

Während die Kompressibilität eine extensive Größe ist, die nicht von der Systemgröße abhängt, ist das Volumen proportional zur Teilchenzahl. Für einen Milliliter Wasser unter Normalbedingungen ($\kappa \approx 5 \cdot 10^{-10}\,\mathrm{Pa}^{-1}$) sagt die obenstehende Gleichung eine relative Druckschwankung von etwa drei Millionstel Prozent voraus, was kaum messbar ist. Für eine (sehr kleine) Wasserbox von 2 nm Kantenlänge für eine MD-Simulation folgt aus Gl. (7.90) dagegen eine relative Druckschwankung von mehr als 32 000 %. Selbst bei einer Simulationsbox von 12 nm Kantenlänge (und damit einem 216mal größeren Volumen) treten noch Schwankungen von mehr als 2000 % auf. Es muss an dieser Stelle bemerkt werden, dass die Kompressibilität eine makroskopische Größe ist, deren Verwendung für mikroskopische Systeme eine grobe Vereinfachung darstellt, so dass wir – ebenso wie bei der Betrachtung der relativen Temperaturschwankungen – von dieser Beispielsrechnung keine quantitative Genauigkeit erwarten können. Trotzdem dürfen wir schließen, dass der Druck für in der Molekulardynamik übliche Systeme keine Größe ist, die scharf gemessen werden kann.

Ein Beispiel für Druckschwankungen in simulierten Wasserboxen verschiedener Größe zeigt Abb. 7.6. Die MD-Simulationen wurden im kanonischen Ensemble (*NVE*) durchgeführt, denn bei einer Simulation im isotherm-isobaren Ensemble (*NpT*) würde die Fluktuation des Drucks ganz wesentlich vom Barostaten und der verwendeten Zeitkonstanten abhängen (siehe Kap. 9).

7.4 Isotherm-Isobares Ensemble

Vertiefung 7.4: Druckschwankungen

Wir gehen ähnlich vor wie in Vertiefung 7.3 und formulieren zunächst die isotherm-isobare Zustandssumme $\tilde{Z}$ in Abhängigkeit von der inversen Temperatur:

$$\tilde{Z} = \sum_i e^{-\beta H_i} . \qquad (7.91)$$

Wir bilden die ersten beiden Ableitungen von $\tilde{Z}$ nach p,

$$\frac{\partial \tilde{Z}}{\partial p} = -\sum_i \beta V_i e^{-pH_i} \qquad (7.92)$$

$$\frac{\partial^2 \tilde{Z}}{\partial p^2} = \sum_i \beta^2 V_i^2 e^{-pH_i} , \qquad (7.93)$$

und verwenden diese, um die Erwartungswerte des Volumens,

$$\langle V \rangle = -\frac{1}{\beta \tilde{Z}} \frac{\partial \tilde{Z}}{\partial p} , \qquad (7.94)$$

und des mittleren Volumenquadrats,

$$\langle V^2 \rangle = \frac{1}{\beta^2 \tilde{Z}} \frac{\partial^2 \tilde{Z}}{\partial p^2} , \qquad (7.95)$$

zu berechnen. Mit Hilfe von (7.94) und (7.95) können wir die positive Wurzel aus der mittleren quadratischen Abweichung des Volumens von seinem Erwartungswert als Maß für die Schwankung des Volumens definieren:

$$\begin{aligned}
\Delta V &= \sqrt{\langle (V - \langle V \rangle)^2 \rangle} \\
&= \sqrt{\langle V^2 \rangle - \langle V \rangle^2} \\
&= \sqrt{\frac{1}{\beta^2 \tilde{Z}} \frac{\partial^2 \tilde{Z}}{\partial p^2} - \left(\frac{1}{\beta \tilde{Z}} \frac{\partial \tilde{Z}}{\partial p}\right)^2} \\
&= \sqrt{\frac{\partial}{\partial p} \left(\frac{1}{\beta^2 \tilde{Z}} \frac{\partial \tilde{Z}}{\partial p}\right)} \\
&= \sqrt{-\frac{1}{\beta} \frac{\partial}{\partial p} \langle V \rangle} .
\end{aligned} \qquad (7.96)$$

Schließlich kehren wir von der inversen Temperatur β zur normalen Temperatur T zurück und erhalten

$$\Delta V = \sqrt{-k_B T \frac{\partial}{\partial p} \langle V \rangle} \,. \tag{7.97}$$

Die Änderung des Volumens mit dem Druck beschreiben wir mit Hilfe der Kompressibilität und gelangen schließlich zu

$$\frac{\Delta V}{V} = \sqrt{\frac{\kappa k_B T}{V}} \tag{7.98}$$

und

$$\frac{\Delta p_\kappa}{p_\kappa} = -\frac{1}{p_\kappa} \sqrt{\frac{k_B T}{\kappa V}} \tag{7.99}$$

als Ausdruck für die relative Fluktuationen des Volumens beziehungsweise des Drucks.

7.5 Mittelung

Experimente an in Wasser gelösten großen Biomolekülen sind notwendigerweise makroskopisch. Das gilt nicht nur, wenn beobachtet wird, wie sich eine große Anzahl von Biomolekülen im Durchschnitt verhält, sondern auch, wenn die Dynamik eines einzelnen Moleküls mit Hilfe der Einzelmolekülspektroskopie untersucht wird (Weiss 1999; Moerner und Fromm 2003), denn in beiden Fällen befindet sich das Biomolekül in einer Umgebung, die nur durch wenige makroskopische Zustandsvariablen, etwa Druck und Temperatur, charakterisiert wird, beispielsweise in einer wässrigen Lösung. Bei einer MD-Simulation wird diese Umgebung durch eine Vielzahl mikroskopischer Variablen charakterisiert, die experimentell nicht zugänglich sind. Im Idealfall wird bei einer MD-Simulation über alle erlaubten Werte dieser mikroskopischen Variablen (unter Beachtung der vorgegebenen Werte für die makroskopischen Zustandsvariablen) gemittelt. Diese Mittelung kann über ein möglichst großes Ensemble vom gleichartigen Systemen (bei MD-Simulationen oft Replica genannt) erfolgen (Elber und Karplus 1987) oder über eine Mittelung über die Zeit – man spricht dann von Ensemble- oder Scharmittel beziehungsweise vom Zeitmittel. Wenn das untersuchte System ergodisch ist und der verwendete Integrator die Ergodizität erhält, stimmen Ensemble- und Zeitmittel überein, zumindest im Grenzfall sehr großer Ensemble und sehr langer Simulationszeiten, denn bei ergodischen Systemen liegt die Trajektorie dicht im zugänglichen Bereich des Phasenraums, so dass das System im Laufe der Zeit den gesamten Phasenraum besucht.

7.5.1 Zeitmittel

Bei einer Zeitmittelung wird während der Simulation zu n diskreten Zeitpunkten t_k die Größe $A(t_k)$ bestimmt und dann das arithmetische Mittel

$$\overline{A}_Z = \frac{1}{n} \sum_{k=1}^{n} A(t_k) \qquad (7.100)$$

gebildet. Die Größe A steht hier für eine beliebige Größe, die sich berechnen lässt, wenn der mikroskopische Zustand des Systems bekannt ist. So wie Mittelwerte für eine Größe A gebildet werden können, kann die Mittelung auch für die Verteilung von A durchgeführt werden: Gemittelt werden in diesem Fall die relativen Häufigkeiten der verschiedenen Werte von A. Voraussetzung für ein sinnvolles Zeitmittel ist eine ausreichend lange Simulationszeit. Wenn verschiedene Bereiche des Phasenraums durch hohe Energiebarrieren getrennt sind, wird sich eine Trajektorie, die diese Bereiche verbindet, über einen entsprechend langen Zeitraum erstrecken. Wenn ein solcher Zeitraum die Länge einer MD-Simulation aber überschreitet, wird die Trajektorie nur einen sehr beschränkten Teil des Phasenraums abtasten und der mit dieser Trajektorie berechnete Mittelwert $\overline{A}_Z$ kann erheblich von dem experimentellen Wert für die Größe A abweichen. Beispiele hierfür sind Faltungs- und Entfaltungsvorgänge von Proteinen, die größtenteils auf Zeitskalen stattfinden, die weit außerhalb der zeitlichen Reichweite von MD-Simulationen liegen.

7.5.2 Ensemblemittel

Die Ensemble-Mittelung einer Größe A kann so verstanden werden, dass für jeden zugänglichen Punkt z im Phasenraum ein Wert $A(z)$ bestimmt wird und anschließend von allen Werten der gewichtete Mittelwert

$$\overline{A}_E = \sum_z w(z) A(z) \qquad (7.101)$$

berechnet wird. Die Wichtung der Werte erfolgt entsprechend dem verwendeten Ensemble mit Wahrscheinlichkeiten w gemäß den Gl. (7.10), (7.26) beziehungsweise (7.80).[5] Bei der Zeitmittelung entfällt eine solche explizite Wichtung, da die dynamische Entwicklung des Systems sicherstellt, dass die Trajektorie mit der Wahrscheinlichkeit $w(z)$ eine Umgebung des Punktes z im Phasenraum besucht. In seiner reinen Form gehört die Ensemblemittelung zu den Monte-Carlo-Verfahren. Die bei MD-Simulationen verwendete Replica-Methode dagegen ist eine Mischung aus Zeit- und Ensemblemittelung.

---

[5] Der Einfachheit halber haben wir hier stillschweigend angenommen, dass die Punkte im Phasenraum abzählbar sind. Andernfalls müssten wir eine Wahrscheinlichkeitsdichte verwenden.

7.5.3 Replicas

Bei MD-Simulationen wird die Ensemble-Mittelung im einfachsten Fall dadurch erreicht, dass vom gleichen System R Kopien (Replica genannt) gebildet werden, deren Dynamik gleichzeitig berechnet werden kann. Um zu unabhängigen Ergebnissen zu gelangen, müssen die Anfangsbedingungen für alle R Replica verschieden sein. Dies kann beispielsweise dadurch geschehen, dass für Wassermoleküle zufällige Geschwindigkeiten gemäß der Maxwell-BoltzmannVerteilung verwendet werden. Für jedes der Replicas wird danach eine Zeitmittelung durchgeführt und zum Schluss wird der Durchschnitt der R verschiedenen Zeitmittel gebildet. Die Replica-Methode ist von ihrer Anlage her bestens für die parallele Ausführung geeignet und kann daher überall dort, wo Parallelrechner genutzt werden können, Vorteile gegenüber einer reinen Zeitmittelung bieten.

Vertiefung 7.5: Beispiel für die Replica-Methode
Ein einfaches Beispiel für die Anwendung der Replica-Methode findet sich bei Schneider et al. (Schneider et al. 2018), die die Entfaltung des Proteins CspA unter äußerem Druck mit Hilfe der Einzelmolekülspektroskopie und MD-Simulationen untersucht haben. Dazu wurde das Csp A (Schindelin et al. 1994) (Abb. 7.7) in einer Wasserbox bei einer Temperatur von 600 K im NpT-Ensemble simuliert, um auf diese Weise viele weit voneinander entfernte Punkte im Phasenraum zu erhalten, die als Startpunkte für 30 Replicas dienen.

Für diese 30 Replicas wurden anschließend Trajektorien von je 100 ns Länge simuliert, für die in regelmäßigen Zeitabständen der durch

$$R_G = \sqrt{\frac{1}{M} \sum_{I=1}^{N} m_I (\boldsymbol{R}_I - \boldsymbol{R}_S)^2} \quad (7.102)$$

definierte Gyrationsradius berechnet wurde, wobei

$$M = \sum_{I=1}^{N} m_I \quad (7.103)$$

für die Gesamtmasse und

$$\boldsymbol{R}_S = \frac{1}{M} \sum_{I=1}^{N} m_I \boldsymbol{R}_I \quad (7.104)$$

für den Schwer- oder Massenmittelpunktsvektor stehen. Der Gyrationsradius, der bei einer homogenen Vollkugel dem $\sqrt{3/5}$-fachen des Kugelradius entspricht, ist ein Maß für die räumliche Ausdehnung eines Proteins und kann

Abb. 7.7 Cartoon-Darstellung des Cold Shock Proteins Csp A (Schindelin et al. 1994)

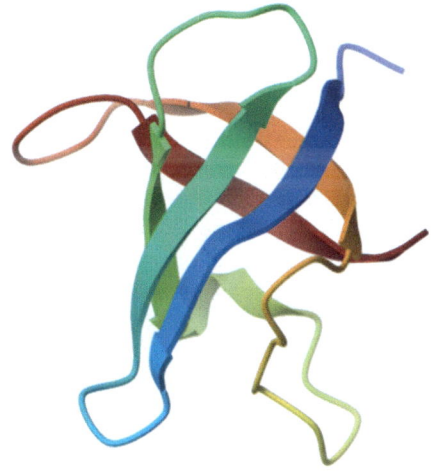

Abb. 7.8 Verteilung des Gyrationsradius für das Protein Csp A bei Umgebungsdruck (gepunktete Linie) und bei einem äußeren Druck von 2 kbar (durchgezogene Linie) simuliert im *NpT*-Ensemble bei 300 K

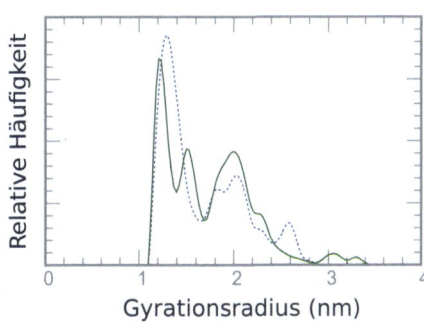

als Ordnungsparameter für den Faltungszustand eines Proteins dienen: Für die gefaltete Konformation ist er in der Regel kleiner als für die ungefaltete.

Die Verteilung von R_G für Normaldruck und für einen äußeren Druck von 2 kbar (Abb. 7.8) weist jeweils zwei deutlich getrennte Maxima bei etwa 1,3 nm beziehungsweise 2 nm auf, die für die gefaltete und die entfaltete Konformation von CspA stehen. Um diese Verteilung mit einer einzelnen Trajektorie zu erhalten, wäre statt insgesamt 3μ s eine wesentlich längere Simulationszeit erforderlich gewesen, da die Zeit für eine Übergang vom gefalteten zum ungefalteten Zustand und umgekehrt im Millisekundenbereich liegen dürfte.

7.5.4 Fehlerbetrachtung

Wie die Fehler experimenteller Messungen lassen sich auch die Fehler der durch MD-Simulationen bestimmten Werte in zwei Kategorien einteilen: systematische und zufällige Fehler. Aufgrund der zahlreichen Näherungen, die Teil der klassischen Molekulardynamik sind, gibt es vielfältige Ursachen für systematische Fehler. Teilweise lassen sich diese mit Hilfe von zusätzlichen MD-Simulationen abschätzen oder sogar eliminieren (siehe etwa Abschn. 4.5.1), teilweise sind sie völlig unbekannt. Zufällige Fehler dagegen lassen sich mit den üblichen statistischen Methoden untersuchen (Erdmann et al. 2020). Ein einfaches und weitverbreitetes Maß für den zufälligen Fehler des Mittelwertes einer Zeitreihe ist die Standardabweichung der Messwerte geteilt durch die Wurzel aus deren Anzahl. Dieses Maß setzt allerdings voraus, dass die einzelnen Werte unabhängig sind. Hieraus ergibt sich für die Zeitmittelung bei MD-Simulationen ein Dilemma: Berechnet man die zu bestimmende Größe in sehr kurzen Zeitabständen, sind die Werte stark voneinander abhängig und der Fehler des Mittelwertes wird entsprechend unterschätzt. Berechnet man die Größe andererseits in sehr großen Zeitabständen, ist die Fehlerschätzung zwar recht genau, aber es wird Information verschenkt und der Mittelwert dadurch unnötig ungenau.

Zur Illustration dieses Problems kehren wir zum Zeitmittel einer Größe A aus Abschn. 7.5.1 zurück:

$$\overline{A} = \frac{1}{n} \sum_{k=1}^{n} A_k , \qquad (7.105)$$

wobei A_k für den zur Zeit t_k berechneten Wert steht und der Index „Z" für den zeitlichen Mittelwert $\overline{A}$ der besseren Lesbarkeit wegen weggelassen wurde. Bei unendlich langer Simulationszeit würde uns das arithmetische Mittel den sogenannten Erwartungswert $\langle A \rangle$ liefern, bei endlich langer Simulation ist $\overline{A}$ eine Schätzung für $\langle A \rangle$. Diese Schätzung wird fehlerhaft sein, da die Werte $A_1, A_2, \ldots A_n$ nur eine kleine Stichprobe bilden. Wir verwenden die Standardabweichung der Einzelwerte A_k um den Fehler des Mittelwertes $\overline{A}$ abzuschätzen,

$$\Delta \overline{A} = \sqrt{\frac{1}{n(n-1)} \sum_{k=1}^{n} (A_k - \overline{A})^2} , \qquad (7.106)$$

und erwarten, dass $\Delta \overline{A}$ mit wachsendem n gegen null strebt. Wenn die einzelnen Werte $A_1, A_2, \ldots A_n$ stark korreliert (also statistisch nicht unabhängig) sind, wird das oben definierte $\Delta \overline{A}$ den Fehler des Mittelwertes $\overline{A}$ unterschätzen.

Ein einfaches und robustes Verfahren, um unsere Schätzung für den Fehler von $\overline{A}$ zu verbessern, besteht in der Blockbildung. Dabei werden jeweils zwei aufeinanderfolgende Werte durch deren Mittelwert ersetzt. Diese Transformation wird solange wiederholt, bis wir eine Folge statistisch unabhängiger Werte erhalten, aus denen sich dann der Fehler von $\overline{A}$ berechnen lässt (Flyvbjerg und Petersen 1989). Um die Berechnung einfacher zu machen, nehmen wir an, dass genau 2^n Werte A_k vorliegen

7.5 Mittelung

und setzen

$$x_k^{(0)} = A_k \quad \text{für} \quad k = 1, \ldots, 2^n \tag{7.107}$$

und führen dann n Blocktransformationen durch:

$$x_k^{(j)} = \frac{1}{2}\left[x_{2k-1}^{(j-1)} + x_{2k}^{(j-1)}\right] \quad \text{für} \quad j = 1, \ldots, n \text{ und } k = 1, \ldots, 2^{n-j}. \tag{7.108}$$

Diese Transformation erhält den Mittelwert: $\overline{x}^{(j)} = \overline{x}^{(j-1)}$. Den Fehler des Mittelwerts nach j Transformationen berechnen wir zu

$$\Delta \overline{x}^{(j)} = \frac{1}{2^{n-j}}\sqrt{\sum_{k=1}^{2^{n-j}}\left[x_k^{(j)} - \overline{x}^{(j)}\right]^2}. \tag{7.109}$$

Als Rechenbeispiel betrachten wir eine Folge von 2^{16} korrelierten Zahlen mit

$$x_1^{(0)} = r_1 \tag{7.110}$$

und

$$x_k^{(0)} = \frac{1}{2}(x_{k-1}^{(0)} + r_k) \quad \text{für} \quad k = 2, \ldots, 2^{16}, \tag{7.111}$$

wobei die r_k für Zufallszahlen aus dem Intervall $[-1, +1]$ stehen. Diese Folge besitzt die Erwartungswerte $\langle x_k^{(0)} \rangle = 0$ und $\langle [x_k^{(0)}]^2 \rangle = 1/3$ und eine durch

$$\tau = \left[\ln \frac{\langle x_k^{(0)} x_k^{(0)} \rangle - \langle x_k^{(0)} \rangle^2}{\langle x_k^{(0)} x_{k+1}^{(0)} \rangle - \langle x_k^{(0)} \rangle^2}\right]^{-1} \Delta t \tag{7.112}$$

definierte Korrelationszeit $\tau \approx 1{,}44\,\Delta t$ (mit Δt bezeichnen wir die Zeit zwischen der Erhebung zweier aufeinander folgender Werte $x_k^{(0)}$ und $x_{k+1}^{(0)}$). Ein Zufallsexperiment liefert den Mittelwert $\overline{x}^{(0)} = 0{,}002$ und damit einen Fehler, der fast doppelt so groß ist wie der nach Gl. (7.106) zu erwartende Fehler. Wie vermutet unterschätzt Gl. (7.106) den wahren Fehler des Mittelwertes bei korrelierten Daten. In Abb. 7.9 erkennt man, dass etwa fünf Blocktransformationen (7.111) ausreichen, um die geblockten Werte ausreichend zu entkorrelieren, so dass wir mit der üblichen Formel für den Standardfehler den wahren Fehler des Mittelwertes gut abschätzen können. Wenn die Korrelationszeit der Daten von vornherein bekannt ist, können wir statt Gl. (7.106) eine an korrelierte Daten angepasste Formel für den Fehler des Mittelwertes verwenden (Flyvbjerg und Petersen 1989):

$$\Delta \overline{A} = \sqrt{\frac{1 + 2\tau/\Delta t}{n(n-1)} \sum_{k=1}^{n}(A_k - \overline{A})^2}, \tag{7.113}$$

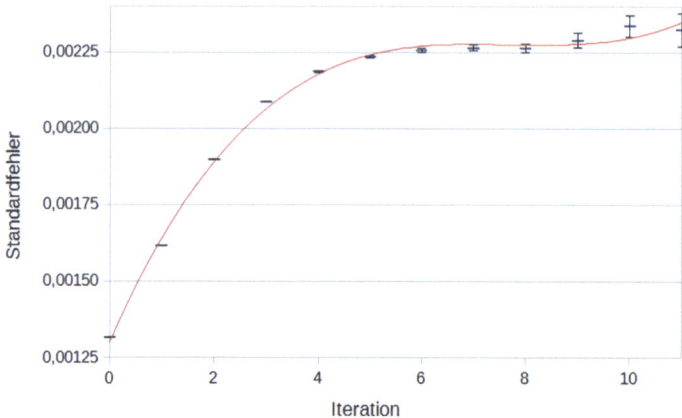

Abb. 7.9 Aus einem Zufallsexperiment erhaltene Fehler des Mittelwertes für die ursprünglichen Daten (Iteration 0) und für blocktransformierte Daten (Iterationen 1-11). Die durchgezogene Kurve dient der Führung des Auges

wobei Δt den zeitlichen Abstand zweier aufeinander folgender Datenpunkte angibt. In unserem Rechenbeispiel bedeutet dies, dass die Standardformel (7.106) den wahren Fehler des Mittelwertes wegen der Korrelationszeit von $\tau \approx 1{,}44\,\Delta t$ um den Faktor $\sqrt{1 + 2\tau/\Delta t} \approx 2$ unterschätzt.

7.6 Wissenscheck

Nach einer Zusammenfassung dieses Kapitel bieten Verständnisfragen und Aufgaben die Möglichkeit, das Verständnis der behandelten Themen zu vertiefen.

7.6.1 Zusammenfassung

Die experimentellen Bedingungen bei der Untersuchung von Flüssigkeiten, Gasen und großen Biomolekülen stellen einen Makrozustand des untersuchten Systems dar, der durch die Angabe weniger makroskopischer Zustandsvariablen wie etwa Teilchenzahl, Energie, Volumen, Temperatur oder Druck vollständig beschrieben ist. Über den Mikrozustand des Systems lassen sich aus der Angabe der makroskopischen Zustandsvariablen nur statistische Aussagen ableiten, nämlich die Wahrscheinlichkeiten w_i mit der die einzelnen Mikrozustände in einem gedachten Ensemble unabhängiger, gleichartiger Systeme auftreten.

Die Eigenschaften eines solchen Ensembles hängen davon ab, welche Zustandsvariablen gewählt werden, um den Makrozustand zu kontrollieren. Wählt man neben der Teilchenzahl N noch Volumen und Energie *(NVE)*, spricht man vom mikrokanonischen Ensemble, bei Volumen und Temperatur *(NVT)* vom kanonischen Ensemble und bei Druck und Temperatur *(NpT)* vom isotherm-isobaren Ensemble. Im *NVE*-Ensemble sind die Wahrscheinlichkeiten aller erlaubten Mikrozustände gleich groß, im NVT-Ensemble sind sie proportional zum Boltzmann-Faktor $\exp(-E_i/k_B T)$, im NpT-Ensemble proptial zu $\exp(-H_i/k_B T)$ mit $H_i = E_i + pV_i$.

Für alle Ensemble lässt sich als abstrakte makroskopische Zustandsgröße durch

$$S = -k_B \sum_i w_i \ln w_i \quad (7.114)$$

die Entropie definieren, die ebenso wie die Energie als thermodynamisches Potential für das mikrokanonische Ensemble verwendet werden kann. Potentiale für das kanonische und das isotherm-isobare Ensemble sind die freie Energie

$$F = U - TS \quad (7.115)$$

beziehungsweise die Gibbs-Energie

$$G = U + pV - TS, \quad (7.116)$$

wobei die mittlere Energie des Systems als innere Energie U definiert wird. Durch Ableitung der thermodynamischen Potentiale nach ihren Zustandsvariablen erhält man die zu ihnen konjugierten Zustandsgrößen, also beispielsweise $U = F + T(\partial F/\partial T)$.

Während die Zustandsvariablen einen Makrozustand festlegen und einen festen Wert besitzen, ist für die zugehörigen Zustandsgrößen nur der Mittelwert eindeutig bestimmt. Bei endlicher Systemgröße fluktuieren die Zustandsgrößen um diesen Mittelwert herum. Für makroskopische Systeme mit Teilchenzahlen in der Größenordnung der Avogadro-Zahl sind diese Fluktuationen vernachlässigbar, für bei MD-Simulationen übliche Systemgrößen können die Fluktuationen bedeutsam sein.

Experimentelle Untersuchungen werden in der Regel bei konstanter Temperatur und meist auch bei konstantem Druck durchgeführt. Für den Vergleich zwischen Experiment und MD-Simulation eignet sich deshalb das NpT-Ensemble am besten. Eine MD-Simulation bei konstanter Temperatur und konstantem Druck erfordert zusätzliche Algorithmen, die als Thermostaten (Kap. 8) beziehungsweise Barostaten (Kap. 9) bezeichnet werden.

Eine physikalische Größe A, die mit einer MD-Simulation bestimmt werden soll, hängt immer vom Mikrozustand des Systems ab und damit auch von den Wahrscheinlichkeiten w_i, mit denen die Mikrozustände angenommen werden. Für die zu verschiedenen Zeitpunkten t_k im Lauf einer Trajektorie bestimmten Werte A_k ist daher eine statistische Auswertung erforderlich. Für eine korrekte Abschätzung des statistischen Fehlers muss untersucht werden, wie stark die einzelnen Werte korreliert sind.

7.6.2 Verständnisfragen

7.1 Ensemble
Wofür steht in der statistischen Mechanik der Begriff des Ensembles?

7.2 Makrozustand
Wodurch lässt sich der Makrozustand eines Ensembles eindeutig bestimmen?

7.3 Thermodynamisches Potential
Welche Informationen lassen sich aus einem thermodynamischen Potential gewinnen?

7.4 Temperaturfluktuationen
Inwiefern kann ein kanonisches Ensemble Temperaturfluktuationen aufweisen?

7.5 Temperatur im mikrokanonischen Ensemble
Warum lässt sich ein System, dessen Temperatur konstant ist, in einem mikrokanonischen Ensemble nur unzureichend simulieren?

7.6.3 Aufgaben

7.6 Entropie
Zeigen Sie, dass die durch eine Summe über alle Wahrscheinlichkeiten w_i der Mikrozustände i definierte Entropie

$$S = -k_\text{B} \sum_i w_i \ln w_i \quad \text{mit} \quad \sum_i w_i = 1$$

maximal wird, wenn alle Wahrscheinlichkeiten gleich groß sind, wenn also für alle Mikrozustände i gilt

$$w_i = \frac{1}{\Omega},$$

wobei Ω die Anzahl der erlaubten Mikrozustände ist.

7.7 Innere Energie
Zeigen Sie, dass sich die innere Energie U mit Hilfe der kanonischen Zustandssumme Z in der Form

$$U = \frac{1}{Z} \frac{\partial Z}{\partial \beta}$$

schreiben lässt.

7.8 Mittleres Quadrat der Energie
Zeigen Sie, dass sich das mittlere Quadrat der Energie wie folgt schreiben lässt:

$$\langle E^2 \rangle = \frac{1}{Z} \frac{\partial^2 Z}{\partial \beta^2}.$$

7.9 Entropie des idealen Gases

Die Energie eines idealen Gases mit $N = 6 \cdot 10^{23}$ Teilchen sei

$$E = \frac{3}{2} N k_\mathrm{B} T \;. \tag{7.117}$$

Um welchen Betrag ΔS wächst die Entropie, wenn die Temperatur von 300 K auf 310 K erhöht wird?

7.10 Wärmekapazität des idealen Gases

Berechnen Sie die Wärmekapazitäten C_V und C_p des idealen Gases bei konstantem Volumen beziehungsweise konstantem Druck. Nutzen Sie den Gleichverteilungssatz,

$$U = \frac{3}{2} N k_\mathrm{B} T \;, \tag{7.118}$$

und die Zustandsgleichung idealer Gase,

$$pV = N k_\mathrm{B} T \;. \tag{7.119}$$

7.11 Standardfehler korrelierter Daten

Bei einer MD-Simulation für ein Protein werde in Abständen von 20 ps der Gyrationsradius R_G des Proteins berechnet. Dabei werden die Werte 14, 12, 12, 13, 15, 14, 12, 11, 11, 12 (Angaben in Å) erhalten. Wie groß ist der mittlere Gyrationsradius $\overline{R_\mathrm{G}}$ und wie genau ist dieser Mittelwert?

Literatur

Bartelmann, Matthias u. a. (2015). *Theoretische Physik*. Berlin Heidelberg: Springer Spektrum.

Boltzmann, Ludwig (2003). „Further Studies on the Thermal Equilibrium of Gas Molecules". In: *History of Modern Physical Sciences*. Bd. 1. World Scientific, S. 262–349. ISBN: 978-1-86094-347-8 978-1-84816-133-7. DOI: https://doi.org/10.1142/9781848161337_0015.

Boltzmann, Ludwig (1872). „Weitere Studien über das Wärmegleichgewicht unter Gasmolekülen". In: *Sitzungsberichte der Akademie der Wissenschaften* 66, S. 275–370.

Elber, R. und M. Karplus (1987). „Multiple Conformational States of Proteins: A Molecular Dynamics Analysis of Myoglobin". In: *Science* 235.4786, S. 318–321. DOI: https://doi.org/10.1126/science.3798113.

Erdmann, Martin, Thomas Hebbeker und Alexander Schmidt (2020). *Statistische Methoden in der Experimentalphysik*. Hallbergmoos: Pearson.

Flyvbjerg, H. und H. G. Petersen (1989). „Error estimates on averages of correlated data". In: *The Journal of Chemical Physics* 91.1, S. 461–466. DOI: https://doi.org/10.1063/1.457480.

Frenkel, Daan und Berend Smit (2001). *Understanding molecular simulation: from algorithms to applications*. Computational science series. San Diego, Calif.: Acad. Press.

Genheden, Samuel und Ulf Ryde (2012). „Will molecular dynamics simulations of proteins ever reach equilibrium?" In: *Physical Chemistry Chemical Physics* 14.24, S. 8662.

Huang, Kerson (Dec. 2011). *Lectures on Statistical Physics and Protein Folding*. Bd. 133. Physik. ISBN: 981-256-150-1.

Jacobs, Konrad (1972). *Einige Grundbegriffe der topologischen Dynamik*. Selecta mathematica 4. Berlin Heidelberg: Springer. ISBN: 978-3-540-05782-6 978-0-387-05782-8.

Mandt, Stephan (2013). „Ultrakalt und doch heißer als unendlich heiß". In: *Physik Journal* 12.3, S. 21–23.

Moerner, W. E. und David P. Fromm (2003). „Methods of single-molecule fluorescence spectroscopy and microscopy". In: *Review of Scientific Instruments* 74.8, S. 3597–3619.

Scheraga, Harold A., Mey Khalili und Adam Liwo (2007). „Protein-Folding Dynamics: Overview of Molecular Simulation Techniques". In: *Annual Review of Physical Chemistry* 58.1, S. 57–83.

Schindelin, H u. a. (1994). „Crystal structure of CspA, the major cold shock protein of Escherichia coli." In: *Proceedings of the National Academy of Sciences* 91.11, S. 5119–5123. DOI: https://doi.org/10.1073/pnas.91.11.5119.

Schneider, Sven u. a. (2018). „Single molecule FRET investigation of pressure-driven unfolding of cold shock protein A". In: *The Journal of Chemical Physics* 148.12, S. 123336. DOI: https://doi.org/10.1063/1.5009662.

Stella, L. und S. Melchionna (1998). „Equilibration and sampling in molecular dynamics simulations of biomolecules". In: *The Journal of Chemical Physics* 109.23, S. 10115–10117.

Walton, Emily B. und Krystyn J. VanVliet (2006). „Equilibration of experimentally determined protein structures for molecular dynamics simulation". In: *Physical Review E* 74.6.

Weiss, Shimon (1999). „Fluorescence Spectroscopy of Single Biomolecules". In: *Science* 283.5408, S. 1676–1683.

Wolf, Maarten G. u. a. (2010). „g_membed: Efficient insertion of a membrane protein into an equilibrated lipid bilayer with minimal perturbation". In: *Journal of Computational Chemistry* 31.11, S. 2169–2174. DOI: https://doi.org/10.1002/jcc.21507.

Wu, Ta-You (1975). „Boltzmann's H theorem and the Loschmidt and the Zermelo paradoxes". In: *International Journal of Theoretical Physics* 14.5, S. 289–294. DOI: https://doi.org/10.1007/BF01807856.

Thermostate

8

Inhaltsverzeichnis

8.1 Eigenschaften von Thermostaten 264
8.2 Isokinetische Thermostate 270
8.3 Berendsen-Thermostat 272
8.4 Velocity-Rescale-Thermostat 276
8.5 Nosé-Hoover-Thermostat 277
8.6 Langevin-Thermostat.. 281
8.7 Andersen-Thermostat 282
8.8 Wissenscheck... 284

Während das mikrokanonische Ensemble simuliert werden kann, indem das zweite Newton'sche Gesetz (oder der Hamilton-Formalismus) zu diskreten Zeitpunkten angewendet wird, erfordert das kanonische Ensemble zusätzlich einen Algorithmus, der auf mikroskopischer Ebene die Wirkung eines externen Wärmebads im Experiment nachahmen soll. Solche Algorithmen werden in der Molekulardynamik (MD) als Thermostaten bezeichnet. Zwangsläufig ändern sie die tatsächliche Dynamik der Teilchen und führen deshalb unter Umständen nur zu statistisch korrekten Ergebnissen, indem sie dafür sorgen, dass die Häufigkeit, mit der die einzelnen Zustände auftreten, proportional zum zugehörigen Boltzmann-Faktor $e^{-E/k_B T}$ sind.

In diesem Kapitel werden zunächst die Eigenschaften diskutiert die ein Thermostat besitzen sollte. Anschließend werden sechs verschiedene Thermostaten vorgestellt, die bei MD-Simulationen weit verbreitet und typisch für verschiedene Ansätze in der Entwicklung von Thermostaten sind. Alle diese Verfahren verwenden eine *kinetische Temperatur* genannte Größe, die auf mikroskopischer Ebene die thermodynamische Temperatur eines Ensembles nachahmt.

Eine ausführliche und weiter in die Tiefe gehende Behandlung von Thermostaten findet sich in der Neuauflage des Standardwerks „Computer Simulation of Liquids" von Allen und Tildesley (Allen und Tildesley 2017) sowie in bekannten Darstellungen der Molekulardynamik wie beispielsweise (Frenkel und Smit 2001; Tuckerman 2015; Leimkuhler und Matthews 2015). Eingehende Vergleiche verschiedener Thermostaten finden sich auch in Übersichtsartikeln von Hünenberger (Hünenberger 2005) und Sri Harish und Patra (Sri Harish und Patra 2021). Tobias, Martyna und Klein zeigen an Hand von MD-Simulationen für ein Trypsin-Inhibitor exemplarisch die Unterschiede, die bei Rechnungen im mikrokanonischen Ensemble und im kanonischen Ensemble mit verschiedenen Thermostaten für in Wasser gelöste große Biomoleküle auftreten (Tobias et al. 1993).

8.1 Eigenschaften von Thermostaten

Die allgemeine Aufgabe eines Thermostaten ist es, MD-Simulationen für ein System zu ermöglichen, das sich in einem äußeren Wärmebad mit konstanter Temperatur befindet. Es lassen sich dabei drei besondere Fälle hervorheben:

1. Die Equilibrierung eines Systems abseits vom thermischen Gleichgewicht.
2. Die Berechnung der relativen Häufigkeiten verschiedener durch die Positionen q festgelegter Konformationen des Systems im kanonischen Ensemble.
3. Die Berechnung der Dynamik des Systems im kanonischen Ensemble.

Es gibt eine Reihe von Thermostaten, die mehr oder weniger gut für diese Fälle geeignet sind. Allen ist gemeinsam, dass sie eine mikroskopische Temperatur verwenden, die praktisch immer über die kinetische Energie definiert wird.

8.1.1 Mikroskopische Temperatur

Die thermodynamische Temperatur T ist eine makroskopische Zustandsgröße, die in der statistischen Mechanik für ein Ensemble von Systemen definiert wurde (Kap. 7). Ein Thermostat für MD-Simulationen im kanonischen oder isotherm-isobaren Ensemble benötigt zum Vergleich mit der thermodynamischen Temperatur eine Größe, die sich aus dem Mikrozustand eines einzelnen Systems berechnen lässt. Diese Größe muss, wenn man sie über alle Systeme des Ensemble mittelt, gleich der thermodynamischen Temperatur T sein. Der naheliegende Weg zur Konstruktion einer solchen Größe führt unter Verwendung des Gleichverteilungssatzes (siehe Abschn. 7.3.3) zu einer über die kinetische Energie eines Systems mit N Teilchen definierten kinetischen Temperatur

$$T_{\text{kin}} = \frac{2}{3Nk_{\text{B}}} E_{\text{kin}} . \tag{8.1}$$

Bei einem System mit Nebenbedingungen (siehe etwa Abschn. 5.4) verringert sich die Zahl der Freiheitsgrade von $3N$ auf $3N - N_c$, wobei N_c für die Zahl der constraints steht. Der einfacheren Darstellung wegen schreiben wir trotzdem stets $3N$, meinen damit aber stets die tatsächliche Anzahl $3N - N_c$ der Freiheitsgrade.

8.1 Eigenschaften von Thermostaten

Eine Alternative zur kinetischen Temperatur stellt eine sogenannte Konfigurationstemperatur[1] dar, die nur von den Kräften zwischen den Teilchen des Systems und damit – in Abwesenheit geschwindigkeitsabhängiger Kräfte – nur von den momentanen Positionen q eines Systems abhängt. Für eine solche von Rugh und von Jepps, Ayton und Evans (Rugh 1997; Jepps et al. 2000) vorgeschlagene Konfigurationstemperatur T_{config} lieferten Butler et al. (Butler et al. 1998) einen Ausdruck, der die Berechnung von T_{config} während einer MD-Simulation erlaubt. Für genügend große Teilchenzahl N gilt in guter Näherung

$$T_{\text{config}} = -\frac{1}{k_{\text{B}}} \frac{\sum_{I=1}^{N} \left(\sum_{J \neq I} \boldsymbol{F}_{I,J} \right)^2}{\sum_{I=1}^{N} \sum_{J \neq I} \nabla_{I,J} \cdot \boldsymbol{F}_{I,J}}, \qquad (8.2)$$

wobei $\boldsymbol{F}_{I,J}$ die Kraft ist, die Atom I auf Atom J ausübt, und

$$\nabla_{I,J} = \frac{\partial}{\partial \boldsymbol{R}_{I,J}} \qquad (8.3)$$

der Gradient bezüglich des Abstandsvektors

$$\boldsymbol{R}_{I,J} = \boldsymbol{R}_J - \boldsymbol{R}_I \qquad (8.4)$$

zwischen den beiden Atomen ist. Der erste Thermostat, der diese Konfigurationstemperatur verwendet, wurde von Butler und Travis vorgeschlagen (Braga und Travis 2005).

▶ **Merksatz 8.1**
Die Temperatur T ist eine makroskopische Zustandsvariable, die nur für ein kanonisches (oder isotherm-isobares) Ensemble von Mikrozuständen definiert ist. Für einen durch eine MD-Simulation erzeugten einzelnen Mikrozustand kann man ersatzweise die kinetische Temperatur

$$T_{\text{kin}} = \frac{2}{3 N k_{\text{B}}} E_{\text{kin}} \qquad (8.5)$$

verwenden, die man über den Gleichverteilungssatz aus der kinetischen Energie erhält.

---

[1] Bei einem System, das aus vielen Molekülen besteht, ist in der Literatur Konfiguration die gängige Bezeichnung für die Angabe der Positionen (nicht aber der Geschwindigkeiten) aller Atome. Diese Bezeichnungsweise weicht von der Beschreibung einzelner Moleküle ab, wo stattdessen der Begriff Konformation für die Angabe aller Positionen üblich ist.

8.1.2 Equilibrierung

Zu Beginn einer jeden MD-Simulation im kanonischen Ensemble steht die Equilibrierung. Sie stellt sicher, dass die kinetische Temperatur T_kin des mikroskopischen Systems gleich der thermodynamischen Temperatur T des Ensembles ist. Alle in diesem Kapitel vorgestellten Thermostaten eignen sich zur Equilibrierung, auch wenn der Nosé-Hoover-Thermostat wegen seiner Neigung zur Oszillation für diese Aufgabe mit Vorsicht zu verwenden ist. Bei ausreichend großer Teilchenzahl kann sich an eine Equilibrierung im kanonischen Ensemble auch eine MD-Simulation im mikrokanonischen Ensemble anschließen, da beide Ensemble im Grenzfall unendlich großer Syteme im Grundsatz exakt gleiche Ergebnisse liefern, sofern die Simulation im NVE-Ensemble mit der konstanten Energie E durchgeführt wird, die dem Erwartungswert $\langle E \rangle$ der Energie im kanonischen Ensemble entspricht. Gerade bei nicht zu großen Teilchenzahlen wird es jedoch in der Regel vorteilhafter sein einen Thermostaten zu verwenden.

8.1.3 Konformationen im kanonischen Ensemble

Im kanonischen Ensemble besitzt ein Mikrozustand i mit der Energie E_i eine Wahrscheinlichkeit, die propotional zu seinem Boltzmann-Faktor ist,

$$w_i = \frac{1}{Z} e^{-E_i/k_\text{B}T} , \tag{8.6}$$

mit der kanonischen Zustandssumme Z als Normierungsfaktor. Wenn wir die Gesamtenergie E_i in die Anteile der kinetischen und der potentiellen Energie zerlegen,

$$E_i = E_{i,\text{kin}} + V_i , \tag{8.7}$$

können wir für das Verhältnis der Wahrscheinlichkeiten zweier Mikrozustände mit den Werten V_i und V_j für die potentielle Energie die Aussage

$$\left\langle \frac{w_i}{w_j} \right\rangle_p = e^{-(V_i - V_j)/k_\text{B}T} \tag{8.8}$$

treffen, wobei die Mittelung über alle Impulse erfolgt. Gl. (8.8) wird selbstverständlich von allen Thermostaten erfüllt, die das kanonische Ensemble reproduzieren, die also die korrekten Wahrscheinlichkeiten (8.6) liefern. Aber auch Thermostaten, die kein kanonisches Ensemble erzeugen, können dieser Gleichung genügen, beispielsweise der isokinetische Gauß-Thermostat (Abschn. 8.2.1). Thermostaten, die nur Gl. (8.8) erfüllen, aber kein kanonisches Ensemble generieren, liefern die gleichen Informationen wie ein Monte-Carlo-Verfahren. Mit solchen Verfahren lassen sich im kanonischen Ensemble alle Eigenschaften eines Systems berechnen, die nur von den Positionen q und nicht von den Impulsen p abhängen, nicht aber Eigenschaften, die auch von der Dynamik des Systems beeinflusst werden.

8.1 Eigenschaften von Thermostaten

8.1.4 Ergodizität

Eine wichtige Eigenschaft eines Thermostaten ist die Ergodizität, also die Fähigkeit Trajektorien zu erzeugen, die im Laufe der Zeit allen zugänglichen Punkten des Phasenraums beliebig nahe kommen. Voraussetzung dafür ist natürlich, dass der Integrator, mit dem der Thermostat kombiniert wird, ebenfalls ergodisch ist. Unter den weiter unten vorgestellten Thermostaten weist vor allem der Nosé-Hoover-Thermostat in dieser Hinsicht Schwächen auf. D'Alessandro, Tenenbaum und Amadei (D'Alessandro et al. 2002) haben in einer Vergleichsstudie die Ergodizität verschiedener Thermostaten dadurch verglichen, dass sie die maximalen Ljapunow-Exponenten (siehe auch Abschn. 6.3.1) bestimmten. Hohe Exponenten, wie sie insbesondere beim isokinetischen Gauß-Thermostaten auftreten, deuten auf eine sehr effiziente Abtastung des Phasenraums hin. Der Berendsen-Thermostat weist etwas kleinere Exponenten auf, besonders niedrig sind sie beim Nosé-Hoover-Thermostaten. Die aus den niedrigen Ljapunow-Exponenten gefolgerte mangelhafte Ergodizität dieses Thermostaten wurde auch auf andere Weise bestätigt (siehe Abschn. 8.5).

8.1.5 Dynamik im kanonischen Ensemble

Der Selbstdiffusionskoeffizient von Wasser oder die Faltungsrate eines Proteins lassen sich mit Hilfe von MD-Simulationen nur bestimmen, wenn die Dynamik des Systems genügend genau simuliert wird. Dazu ist es nicht ausreichend, dass der verwendete Thermostat ein kanonisches Ensemble erzeugt, das heißt die einzelnen Mikrozustände mit der Wahrscheinlichkeit (8.6) generiert, sondern es muss auch sichergestellt werden, dass die zeitliche Entwicklung der Mikrozustände der Newton'schen Dynamik entspricht. Alle hier vorgestellten Thermostaten können diese Forderung bestenfalls näherungsweise erfüllen, denn die Kopplung des simulierten Systems an das äußere Wärmebad kann nicht auf die gleiche Weise erfolgen, wie in realen Systemen. Eine umfangreiche Untersuchung des Einflusses verschiedener Thermostaten auf die die Dynamik der simulierten Systeme findet sich bei Basconi und Shirts (Basconi und Shirts 2013). Ansätze, die reale Dynamik im kanonischen Ensemble bestmöglich zu simulieren, werden beispielsweise von Tuckerman beschrieben (Tuckerman 2015). Hier werden diese Ansätze nicht behandelt, da sie den Rahmen dieser Darstellung sprengen würden.

8.1.6 Aufteilung der kinetischen Energie

Alle hier behandelten Thermostaten sorgen dafür, dass die kinetische Temperatur T_{kin} sich der thermodynamischen Temperatur T annähert. Dadurch ist jedoch noch nicht automatisch gesichert, dass sich die kinetische Energie auch in gleicher Weise aufteilt wie im realen System. Die Aufteilung kann sich hier auf verschiedene Teilsysteme beziehen, beispielsweise auf ein Protein und das umgebende Wasser, oder auf die Anteile von Translationen, Rotationen und Schwingungen von Molekülen an der gesamten kinetischen Energie. So berichten Mor und Levy (Mor et al. 2008) von einer MD-Simulation mit dem Berendsen-Thermostaten (siehe Abschn. 8.3) eines Proteins mit angehefteter flexibler Polymerkette, bei der große Temperaturunterschiede zwischen dem Protein und der Polymerkette auftraten. Diese Unterschiede verschwanden, wenn stattdessen der Langevin-Thermostat (siehe Abschn. 8.6) verwendet wurde. Häufig wird auch beobachtet, dass ein in Wasser gelöstes Makromolekül eine niedrigere Temperatur besitzt als das umgebende Wasser (Hünenberger 2005). Ein besonders spektakuläres Beispiel, das als „fliegender Eiswürfel" bekanntgeworden ist, wurde von Harvey, Tan und Cheatham (Harvey et al. 1998) veröffentlicht: Unter bestimmten Bedingungen kann nahezu die gesamte kinetische Energie des Systems der Translation des Massenmittelpunktes und der Rotation um diesen Punkt zugeordnet werden, während kaum kinetische Energie mit den internen Freiheitsgraden verbunden ist (siehe auch Braun et al. 2018). Untersuchungen hierzu wurden unter anderem von Halonen, Neefjes und Reischl (Halonen et al. 2023) angestellt, mit dem Ergebnis, dass in dieser Hinsicht der vergleichsweise alte Langevin-Thermostat (siehe Abschn. 8.6) besser abschneidet als neuere Verfahren.

▶ **Merksatz 8.2**
Alle gängigen Thermostate für MD-Simulationen stellen sicher, dass die gesamte kinetische Energie des simulierten Systems gemäß dem Gleichverteilungssatz der vorgegebenen thermodynamischen Temperatur T entspricht.

In ungünstigen Umständen kann sich die gesamte kinetische Energie jedoch sehr ungleichmäßig auf verschiedene Teile des Systems und auf verschiedene Arten von Freiheitsgraden verteilen. Proteine können so deutlich kälter als das sie umgebende Wasser sein. Ein weiteres Beispiel für dieses Phänomen sind die „fliegenden Eiswürfel".

8.1.7 Energiefluktuationen

Selbst wenn ein geeigneter Algorithmus sicherstellt, dass der Mittelwert der kinetischen Temperatur, $\overline{T_{kin}}$, mit der thermodynamischen Temperatur T des kanonischen Ensembles übereinstimmt, unterscheiden sich beide Größen in ihren Fluktuationen. Während T als makroskopische Zustandsvariable des kanonischen Ensembles konstant ist und keine Fluktuationen aufweist, schwankt T_{kin} umso stärker je kleiner das simulierte System ist. Diese Schwankungen beruhen zum einen darauf, dass das System Energie aus dem Wärmebad aufnehmen oder an das Wärmebad abgeben kann, zum anderen darauf, dass potentielle Energie in kinetische Energie umgewandelt werden kann oder umgekehrt.

Ein Algorithmus, der dafür sorgt, dass T_{kin} zu jeder Zeit gleich T ist, unterdrückt Fluktuationen der Energie und führt deshalb zu einer Dynamik, die von der des kanonischen Ensembles abweicht. Dies gilt auch dann, wenn Schwankungen der kinetischen Temperatur zwar nicht verhindert, aber doch stark gedämpft werden. Wie in Kap. 7 gezeigt, sind die Schwankungen der kinetischen Temperatur umgekehrt proportional zur Wurzel der Teilchenzahl:

$$\sqrt{\langle (T_{\text{kin}} - T)^2 \rangle} = \sqrt{\frac{2}{3N}}\, T\ . \tag{8.9}$$

Diese Schwankungen treten auch in Systemen auf, in denen es keine potentielle Energie gibt (zum Beispiel harte Kugeln). Sie beruhen auf der spontanen Aufnahme und Abgabe von Energie an das umgebende Wärmebad. Physikalische Eigenschaften des simulierten Systems, die von solchen Schwankungen abhängen, wie etwa die Wärmekapazität, können nicht richtig berechnet werden, wenn der Thermostat die Fluktuationen verfälscht.

8.1.8 Erhaltungsgrößen

Ein mikrokanonisches Ensemble erhält Energie, Impuls und Drehimpuls exakt, bei einem kanonischen Ensemble gilt dies nur für die Mittelwerte. Bei MD-Simulationen mit periodischen Randbedingungen bleibt der Drehimpuls unabhängig vom Ensemble nicht streng erhalten. Manche Thermostaten erhalten aber auch den linearen Impuls nicht, was zu absurden Artefakten wie den in Abschn. 8.1.6 erwähnten „fliegenden Eiswürfeln" führen kann.

8.1.9 Verbindung von Integrator und Thermostat

Der einfachste Weg, die Berechnung der Newton'schen Dynamik durch einen Integrator mit einem Thermostaten zu verbinden, wird durch das folgende Schema beschrieben:

1. Zu Beginn werden Startwerte q'_0 und Impulse v'_0 für Positionen und Geschwindigkeiten gewählt.
2. Mit Hilfe eines Integrators werden aus den bisher berechneten Positionen $q'_0, \ldots, q'_k$ und Geschwindigkeiten $v'_0, \ldots, v'_k$ neue Positionen q'_{k+1} und Geschwindigkeiten v_{k+1} zum Zeitpunkt t_{k+1} berechnet.
3. Mit einem Thermostaten werden aus den Geschwindigkeiten v_{k+1} mit der kinetischen Temperatur T_{kin} neue Geschwindigkeiten v'_{k+1} mit der kinetischen Temperatur T'_{kin} so bestimmt, dass sich die kinetische Temperatur der thermodynamischen annähert: $|T'_{\text{kin}} - T| \leq |T_{\text{kin}} - T|$.
4. Der Index k wird um eins erhöht und das Verfahren wird mit Schritt 2 fortgesetzt, solange die Abbruchzeit t_n nicht erreicht wurde.

Diese naive Verbindung von Integrator und Thermostat ist zwar grundsätzlich für alle Integratoren und Thermostaten möglich, aber in manchen Fällen nicht optimal. Ein Beispiel für eine verbesserte Integration von Integrator und Thermostat wird in Abschn. 8.6 gezeigt.

8.2 Isokinetische Thermostate

Die isokinetischen Thermostate halten die kinetische Energie konstant auf dem Wert

$$E_{\text{kin}} = \frac{3N}{2} k_B T , \qquad (8.10)$$

so dass nach jedem Schritt die kinetische Temperatur T_{kin} gleich der thermodynamischen Temperatur T ist. Anders als in realen Systemen gibt es bei MD-Simulationen mit isokinetischen Thermostaten also keine Schwankungen der kinetischen Energie.

8.2.1 Gauß-Thermostat

Der Gauß'sche isokinetische Thermostat (Hoover et al. 1982; Evans und Morriss 1983a, b, 1990; Morriss und Dettmann 1998) lässt sich konstruieren, wenn man der Dynamik des Systems die Erhaltung der kinetischen Energie als constraint (siehe Abschn. 5.4) hinzufügt. Unter der Nebenbedingung konstanter kinetischer Energie korrigiert das Gauß-Verfahren die ursprüngliche Dynamik dabei in einer solchen Weise, dass die Summe C der massengewichteten quadratischen Abweichungen der vom Thermostaten berechneten Beschleunigungen $\dot{v}$ von den Beschleunigungen a ohne Thermostat,

$$C = (\dot{v} - a)^t \, \mathsf{M} \, (\dot{v} - a) , \qquad (8.11)$$

minimal wird, wobei die neuen Beschleunigungen die Form

$$\dot{v} = a - \xi v \qquad (8.12)$$

mit

$$\xi = \frac{v^t a}{v^t v} \qquad (8.13)$$

annehmen. Der Parameter ξ ist formal ein Lagrange'scher Multiplikator und hat physikalisch die Bedeutung eines Reibungsparameters, der sowohl positiv wie negativ werden kann. Gl. (8.12) unterscheidet sich von Gl. (8.61) des Langevin-Thermostaten zum einen durch das Fehlen eines stochastischen Terms, zum anderen dadurch, dass der Reibungsparameter ξ nicht frei wählbar ist, sondern durch Gl. (8.13) festgelegt wird. Das Ensemble, das vom Gauß-Thermostat erzeugt wird, ist nicht das kanonische Ensemble sondern ein sogenanntes isokinetisches Ensemble (Evans und Morriss 1983a, b), das durch die isokinetische Zustandssumme

$$Z' = \sum_i \delta(E_{\text{kin}} - 3N k_B T/2) \, e^{-E_{\text{pot},i}/k_B T} \qquad (8.14)$$

definiert wird, wobei das Kronecker-Delta

$$\delta(E) = \begin{cases} 1 & \text{für } E = 0 \\ 0 & \text{sonst} \end{cases} \qquad (8.15)$$

sicherstellt, dass nur Mikrozustände mit der durch die thermodynamische Temperatur T vorgegebenen kinetischen Energie gezählt werden. Der Gauß-Thermostat in der Form von Evans und Morriss kann zumindest für den Konfigurationsraum[2] (also für den Unterraum des Phasenraums, der nur von den möglichen Positionen der Atome gebildet wird) ein kanonisches Ensemble generieren. Das bedeutet, dass bei einer MD-Simulation jede Konfiguration (die durch die Positionen aller N Teilchen definiert ist) mit genau der Häufigkeit auftritt, mit der sie auch im kanonischen Ensemble auftreten sollte (Frenkel und Smit 2001; Evans und Morriss 1990; Nose 1984b; Tuckerman et al. 1999). Für alle Größen, die ausschließlich von den Positionen der Teilchen und nicht von deren Geschwindigkeiten abhängen, kann daher eine MD-Simulation mit einem solchen Thermostaten die exakten Mittelwerte des kanonischen Ensembles liefern.

8.2.2 Naive Geschwindigkeitsskalierung

Der Gauß-Thermostat ist nicht das einzige isokinetische Verfahren zur Geschwindigkeitsregelung. Ein besonders einfacher isokinetischer Thermostat, die naive Geschwindigkeitsskalierung, multipliziert nach jedem Schritt des Integrators alle von diesem berechneten Geschwindigkeiten v mit dem gleichen Faktor α und erhält so neue Geschwindigkeiten

$$v' = \alpha v . \tag{8.16}$$

Durch den Skalierungsfaktor

$$\alpha = \sqrt{\frac{T}{T_{\text{kin}}}} \tag{8.17}$$

stellt dieser Thermostat sicher, dass die neue kinetische Temperatur T'_{kin} gleich der thermodynamischen Temperatur T ist:

$$T'_{\text{kin}} = \frac{2E'_{\text{kin}}}{3Nk_{\text{B}}} \tag{8.18}$$

$$= \frac{1}{3Nk_{\text{B}}} (v')^{\text{t}} \mathsf{M}(v') \tag{8.19}$$

$$= \frac{1}{3Nk_{\text{B}}} \frac{T}{T_{\text{kin}}} v^{\text{t}} \mathsf{M} v \tag{8.20}$$

$$= \frac{2E_{\text{kin}}}{3Nk_{\text{B}}} \frac{T}{T_{\text{kin}}} \tag{8.21}$$

$$= T . \tag{8.22}$$

---

[2] Ähnlich wie schon bei der Konfigurationstemperatur (siehe Abschn. 8.1.1) wird auch hier der Übereinstimmung mit der Literatur halber vom Konfigurations- statt von einem Konformationsraum gesprochen.

Anders als beim Gauß-Thermostaten wird hier kein isokinetisches Ensemble (und auch kein kanonisches Ensemble) erzeugt, das heißt die Wahrscheinlichkeiten für die unterschiedlichen Konfigurationen werden nicht korrekt berechnet. Die Geschwindigkeitsskalierung muss fortlaufend wiederholt werden, da sich die Abstände zwischen den Teilchen nach jedem Zeitschritt des MD-Integrators ändern und dadurch potentielle in kinetische Energie umgewandelt werden kann und umgekehrt. Die naive Geschwindigkeitsskalierung lässt sich auf einfache Weise mit jedem Integrator kombinieren, der auch die Geschwindigkeiten berechnet, indem nach jedem Integratorschritt (oder auch nach einer Anzahl von Integratorschritten) die Geschwindigkeitsskalierung (8.16) durchgeführt wird. Die naive Geschwindigkeitsskalierung ist sowohl deterministisch als auch zeitumkehrinvariant, es lassen sich aber isokinetische Varianten dieses Thermostaten konstruieren, die stochastisch und nicht zeitlich reversibel sind.

8.2.3 Moderne isokinetische Verfahren

Die weitere Entwicklung der isokinetischen Thermostaten ist besonders mit der Technik der Operatorzerlegung, insbesondere den RESPA-Verfahren (siehe auch Abschn. 6.6.1) verbunden, wodurch sich Algorithmen konstruieren lassen, die auch bei sehr langen Zeitschritten eine hohe Stabilität aufweisen (Minary et al. 2003). In Kombination mit Nosé-Hoover-Ketten sind solche Algorithmen auch dazu geeignet, das Problem von Resonanzen (siehe auch Abschn. 6.4.1.3 und 6.6.1.7) zu vermeiden (Minary et al. 2004), durch die der Zeitschritt von Integratoren andernfalls empfindlich begrenzt wird.

8.3 Berendsen-Thermostat

Der Berendsen-Thermostat (auch *weak coupling thermostat* genannt) stellte eine Fortentwicklung der isokinetischen naiven Geschwindigkeitsskalierung dar (Berendsen et al. 1984). Die Bezeichnung „schwache Kopplung" rührt von der Tatsache her, dass dieser Thermostat nicht in einem Schritt die kinetische Temperatur der thermodynamischen angleicht, wie das bei den isokinetischen Verfahren der Fall ist. Stattdessen formuliert der Berendsen-Thermostat eine Differentialgleichung erster Ordnung für die kinetische Temperatur und wirkt dadurch wesentlich sanfter auf die Dynamik des Systems ein. Der Thermostat erreicht dies, indem bei jedem Schritt die Änderung von T_{kin} proportional zur Differenz $T - T_{kin}$ gewählt wird. Dazu werden die Geschwindigkeiten wie bei der isokinetischen Geschwindigkeitsskalierung mit einem Faktor multipliziert,

$$v' = \alpha v, \qquad (8.23)$$

8.3 Berendsen-Thermostat

der Skalierungsfaktor aus Gl. (8.17) wird jedoch durch einen von einer Zeitkonstanten τ abhängigen Faktor

$$\alpha = \sqrt{1 + \frac{\Delta t}{\tau}\left(\frac{T}{T_{\text{kin}}} - 1\right)} \quad (8.24)$$

ersetzt.

Im Grenzfall $\tau = \Delta t$ verhält sich der Berendsen-Thermostat wie die isokinetische Geschwindigkeitsskalierung, das heißt die kinetische Energie bleibt konstant, und im Limes $\tau \to \infty$ verliert der Thermostat seine Wirkung. Das heißt, es wird ein mikrokanonisches Ensemble erzeugt und die gesamte Energie bleibt konstant. Die Fluktuationen der kinetischen Energie können also nicht stärker werden als im mikrokanonischen Ensemble, wo die kinetische Energie nur durch Verringerung oder Erhöhung der potentiellen Energie wachsen beziehungsweise sinken kann. Damit unterschätzt der Berendsen-Thermostat die Fluktuationen der kinetischen Energie, denn im kanonischen Ensemble kann auch die Gesamtenergie fluktuieren, das heißt die kinetische und die potentielle Energie können gleichzeitig zu- oder abnehmen. Beim Berendsen-Thermostaten wird das Ausmaß der Temperaturfluktuationen also durch die Zeitkonstante τ bestimmt. Bei kleinem τ werden die Fluktuationen fast vollständig unterdrückt, bei großem τ entstehen die Fluktuationen fast ausschließlich durch Verschiebungen zwischen potentieller und kinetischer Energie und nicht durch einen Energieaustausch mit dem äußeren Wärmebad und sind vergleichbar mit den Fluktuationen, die in einem mikrokanonischen Ensemble auftreten (siehe Abb. 8.1). Üblicherweise wird für die Zeitkonstante τ ein Wert gewählt, der etwa zwei Größenordnungen über dem Zeitschritt liegt.

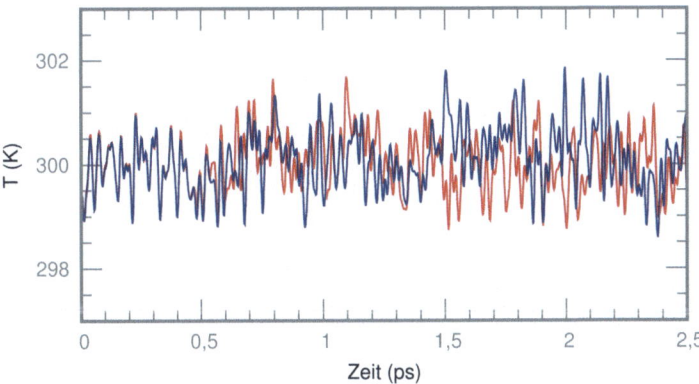

Abb. 8.1 Temperaturfluktuationen aus einer *NVT*-Simulation mit dem Berendsen-Thermostaten mit $\tau = 100\,\text{fs}$ (rot) und aus einer *NVE*-Simulation (blau)

8.3.1 Kinetik erster Ordnung

Wir betrachten die Kinetik der Temperaturdifferenz

$$\theta = T - T_{\text{kin}} \qquad (8.25)$$

zwischen der thermodynamischen Temperatur T und der kinetischen Temperatur T_{kin}. Nach einem Schritt des Thermostaten ändert sich diese Differenz um

$$\Delta\theta = -\frac{\Delta t}{\tau}\theta \qquad (8.26)$$

(siehe Vertiefung 8.1). Im Grenzfall $\Delta t \to 0$ wird Gl. (8.26) zu einer Differentialgleichung erster Ordnung mit der Exponentialfunktion $\theta_0 \exp(-t/\tau)$ als Lösung. Die Zeitkonstante τ kann also als Lebensdauer der Temperaturdifferenz θ verstanden werden: In der Zeit τ verringert sich θ um den Faktor e, vorausgesetzt τ ist sehr viel größer als der Zeitschritt Δt.

Vertiefung 8.1: Kinetik des Berendsen-Thermostaten
Durch Anwendung des Berendsen-Thermostaten ändert sich die Temperaturdifferenz $\theta = T - T_{\text{kin}}$ um

$$\Delta\theta = \theta' - \theta = (T - T'_{\text{kin}}) - (T - T_{\text{kin}}) = -(T'_{\text{kin}} - T_{\text{kin}}). \qquad (8.27)$$

Mit Hilfe der Definition der kinetischen Temperatur

$$T_{\text{kin}} = \frac{2E_{\text{kin}}}{3Nk_B} \qquad (8.28)$$

und der kinetischen Energie

$$E_{\text{kin}} = \frac{1}{2}v^t M v \qquad (8.29)$$

folgt dann

$$\Delta\theta = -\frac{1}{3Nk_B}\left[\alpha^2 v^t M v - v^t M v\right] = -T_{\text{kin}}(\alpha^2 - 1). \qquad (8.30)$$

wobei die skalierten Geschwindigkeiten v' durch αv ersetzt wurden. Da für den Skalierungsfaktor des Berendsen-Thermostaten

$$\alpha^2 - 1 = \frac{\Delta t}{\tau}\left(\frac{T}{T_{\text{kin}}} - 1\right) \qquad (8.31)$$

8.3 Berendsen-Thermostat

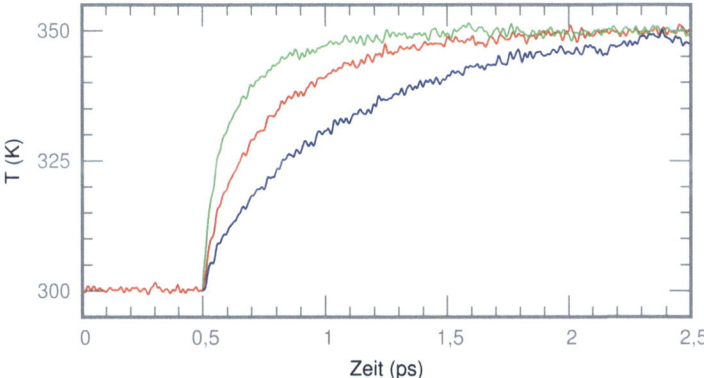

Abb. 8.2 Temperatursprung von 300 K auf 350 K simuliert mit dem Berendsen-Thermostaten mit Zeitkonstanten τ von 50 fs (grün), 100 fs (rot) und 200 fs (blau)

gilt, folgt schließlich

$$\Delta\theta = -\frac{\Delta t}{\tau}(T - T_{\text{kin}}) = -\frac{\Delta t}{\tau}\theta \,. \tag{8.32}$$

Dadurch, dass der Berendsen-Thermostat die Annäherung der kinetischen an die thermodynamische Temperatur bei einer hinreichend groß gewählten Zeitkonstanten τ nur allmählich vollzieht, werden zu starke (und notwendigerweise „unphysikalische") Eingriffe in die Dynamik des zu simulierenden Systems vermieden und es werden vergleichsweise glatte Trajektorien erzeugt. Die Zeit, bis das System ein thermodynamisches Gleichgewicht erreicht, verlängert sich entsprechend (siehe Abb. 8.2).

8.3.2 Kein bekanntes Ensemble

Über die Verteilungsfunktion der vom Berendsen-Thermostaten erzeugten Impulse ist nichts bekannt, wohingegen genauere Aussagen über die Verteilungsfunktion für die Positionen möglich sind (Morishita 2000). Der Berendsen-Thermostat erzeugt ein Ensemble, das zwischen dem isokinetischen und dem mikrokanonischen liegt und keinem experimentell verwirklichbaren Ensemble entspricht, also auch nicht dem kanonischen Ensemble, was als Hauptnachteil des Berendsen-Thermostaten anzusehen ist. Weiterhin ist die Integration der Systemdynamik durch den Berendsen-Thermostaten nicht mehr zeitlich reversibel und in manchen Fällen wird der Gleichverteilungssatz verletzt, weil Energie von hochfrequenten in niederfrequente Schwingungen verlagert wird (Mor et al. 2008). Bei MD-Simulationen wird dieser Thermostat deshalb nur noch selten verwendet und durch andere Verfahren wie etwa den v-Rescale-Thermostaten ersetzt.

8.4 Velocity-Rescale-Thermostat

Der Bussi-Donadio-Parrinello-Thermostat (Bussi et al. 2007), besser als Velocity-Rescale- oder, kürzer, als v-Rescale-Thermostat bekannt, kann als modifizierter Berendsen-Algorithmus aufgefasst werden. Die Modifikation besteht darin, dass bei jedem Schritt eine stochastisch bestimmte Menge an kinetischer Energie zu- oder abgeführt wird. Wie bei der naiven Geschwindigkeits-Skalierung und dem Berendsen-Thermostaten werden die Geschwindigkeiten bei jedem Schritt des Thermostaten mit einem Skalierungsfaktor α multipliziert:

$$v' = \alpha v . \tag{8.33}$$

Im v-Rescale-Thermostaten wird dieser Skalierungsfaktor durch die Gleichung

$$\alpha = \sqrt{1 + \zeta \left(\frac{T}{T_{\text{kin}}} \overline{x^2} - 1 \right) + 2x_1 \sqrt{\frac{1}{3N} \frac{T}{T_{\text{kin}}} \zeta(1-\zeta)}} \tag{8.34}$$

festgelegt. Hier sind $x_1, \ldots, x_{3N}$ standardnormalverteilte Zufallszahlen, deren Quadratsumme die normierte Varianz

$$\overline{x^2} = \frac{1}{3N} \sum_{i=1}^{3N} x_i^2 \tag{8.35}$$

besitzt, und

$$\zeta = 1 - e^{-\Delta t/\tau} \tag{8.36}$$

beschreibt die asymptotische Zeitabhängigkeit des Skalierungsfaktors. Für $\tau \gg \Delta t$ gilt näherungsweise

$$\zeta \approx \frac{\Delta t}{\tau} \tag{8.37}$$

und wenn wir uns zudem auf große Systeme mit $N \gg 1$ beschränken, können wir Gl. (8.34) in eine Form bringen, die den Vergleich mit dem Skalierungsfaktor (8.24) des Berendsen-Thermostaten erleichtert:

$$\alpha = \sqrt{1 + \frac{\Delta t}{\tau} \left(\frac{T}{T_{\text{kin}}} \overline{x^2} - 1 \right)} . \tag{8.38}$$

In dieser Näherung unterscheiden sich der Berendsen- und der v-Rescale-Thermostat durch den Faktor $\overline{x^2}$ auf der rechten Seite von Gl. (8.38), der dazu führt, dass die kinetische Energie des Systems gemäß der Boltzmann-Statistik um die Energie $3Nk_B T/2$

schwankt. Im Limes $N \to \infty$ strebt $\overline{x^2}$ gegen eins und der Berendsen- und der v-Rescale-Thermostat sind identisch.

Auf diese Weise erzeugt der v-Rescale-Thermostat ein kanonisches Ensemble. Zudem erhält dieser Thermostat den linearen Impuls und, in Abwesenheit periodischer Randbedingungen, auch den Drehimpuls. Derzeit ist der Velocity-Rescale-Thermostat einer der am häufigsten verwendeten Thermostate.

8.5 Nosé-Hoover-Thermostat

Der Nosé-Hoover-Thermostat (Nose 1984a, b; Hoover 1985) steht für eine Klasse von Thermostaten, die den Phasenraum um einen zusätzlichen Freiheitsgrad und den zu diesem konjugierten Impuls erweitern. Der zusätzliche Freiheitsgrad dient als Wärmebad, der das ursprüngliche System an einen Temperaturparameter T koppelt. In der Formulierung von Nosé skaliert ein zusätzlicher Freiheitsgrad s die Geschwindigkeiten des Systems. Diesem Skalierungsfaktor wird eine effektive Masse Q zugeordnet, die eine vergleichbare Rolle spielt wie die Zeitkonstante τ im Berendsen-Thermostaten. In Vertiefung 8.2 wird gezeigt, dass der Ansatz von Nosé auf die Bewegungsgleichungen

$$\dot{q} = \mathsf{M}^{-1} p$$
$$\dot{s} = Q^{-1} s^2 p_s$$
$$\dot{p} = -\frac{\partial V}{\partial q} - Q^{-1} s p_s p$$
$$\dot{p}_s = 3Nk_B s^{-1}(T_{\text{kin}} - T) \,. \tag{8.39}$$

führt. In einer Formulierung von Hoover (Hoover 1985) und Martyna (Martyna et al. 1992) wird der Skalierungsfaktor s und der dazu konjugierte Impuls p_s durch eine verallgemeinerte Reibungskonstante

$$\eta = \frac{s p_s}{Q} \tag{8.40}$$

ersetzt, wodurch sich die Bewegungsgleichungen zu

$$\dot{q} = \mathsf{M}^{-1} p$$
$$\dot{p} = -\frac{\partial V}{\partial q} - \eta p$$
$$\dot{\eta} = 3Nk_B \frac{T_{\text{kin}} - T}{Q} \,. \tag{8.41}$$

vereinfachen lassen. Die zeitabhängige Reibungskonstante η kann positiv oder negativ werden, je nachdem ob die kinetische Temperatur T_{kin} größer oder kleiner als die thermodynamische Temperatur T ist. Der Nosé-Hoover-Thermostat hat mit dem

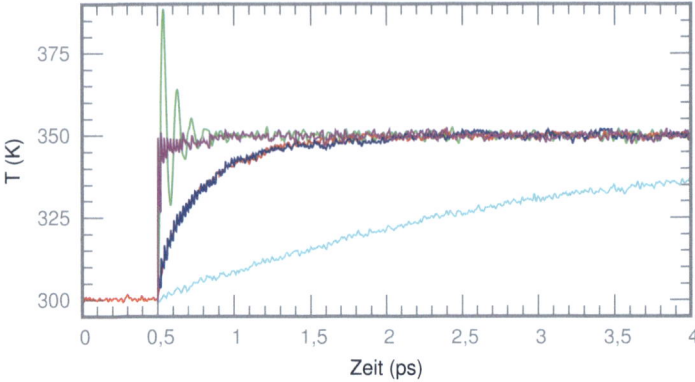

Abb. 8.3 Temperatursprung von 300 K auf 350 K simuliert mit verschiedenen Thermostaten mit vergleichbarer Parameterisierung: Berendsen (rot), Nosé-Hoover (grün), v-Rescale (blau), stochastisch (violett), Langevin (türkis)

Berendsen-Thermostaten die schwache Kopplung an das Wärmebad durch eine Skalierung der Geschwindigkeiten gemeinsam, die weniger stark als bei den isokinetischen Thermostaten ist, gesteuert durch die effektive Masse Q beziehungsweise die Zeitkonstante τ. Beide Thermostaten sind deterministisch und erzeugen vergleichsweise glatte Trajektorien. Anders als der Berendsen-Thermostat erzeugt der Nosé-Hoover-Thermostat aber ein kanonisches Ensemble, sofern das System außer dem Energieerhaltungssatz keinem weiteren Erhaltungssatz unterliegt. Da der Nosé-Hoover-Thermostat auf dem Weg ins thermische Gleichgewicht oszilliert, ist der Algorithmus weniger geeignet für die Equilibrierung von Systemen, die sich weitab vom Gleichgewicht befinden. Ein Vergleich der Temperaturentwicklung auf dem Weg ins Gleichgewicht zeigt, dass andere Thermostaten einen gleichmäßigeren Temperaturverlauf aufweisen (Abb. 8.3).

Der Nosé-Hoover-Thermostat tastet nur einen beschränkten Teil des zugänglichen Phasenraums ab und ist deshalb nicht ergodisch, wie schon Hoover für den harmonischen Oszillators (Hoover 1985) und später Toxvaerd für Moleküle (Toxvaerd und Olsen 1990) gezeigt haben. Die mangelnde Ergodizität des Thermostaten kann durch die Hinzunahme weiterer Freiheitsgrade, die eine sogenannte Nosé-Hoover-Kette bilden, gemildert werden (Martyna et al. 1992). Eine solche Kette ist auch für die Erzeugung eines kanonischen Ensembles erforderlich, wenn mehr als ein Erhaltungssatz vorliegt.

Eine einfache Kombination des Geschwindigkeits-Verlet-Algorithmus (siehe Abschn. 6.5.2)

$$q_{k+1} = q_k + \Delta t\, v_k + \frac{1}{2}\Delta t^2\, a_k \tag{8.42}$$

$$v_{k+1} = v_k + \frac{1}{2}\Delta t\, (a_k + a_{k+1}), \tag{8.43}$$

8.5 Nosé-Hoover-Thermostat

mit dem Nosé-Hoover-Thermostaten führt auf die Gleichungen

$$q_{k+1} = q_k + \Delta t\, v_k + \frac{1}{2}\Delta t^2 (a_k - \eta_k v_k) \tag{8.44}$$

$$v_{k+1} = v_k + \frac{1}{2}\Delta t\, [(a_k - \eta_k v_k) + (a_{k+1} - \eta_{k+1} v_{k+1})] \,. \tag{8.45}$$

Diese Gleichungen haben zwei Nachteile: Zum einen zerstören sie die Zeitumkehrinvarianz, die für sich genommen sowohl der Geschwindigkeits-Verlet-Algorithmus als auch der Nosé-Hoover-Thermostat besitzen. Zum anderen verwandeln sie die explizite Gl. (8.43) in die implizite Gl. (8.45), denn die Geschwindigkeit v_{k+1} taucht auf beiden Seiten dieser Gleichung auf. Die Gl. (8.44) und (8.45) lassen sich jedoch derart in mehrere Halbschritte der Länge $\Delta t/2$ zerlegen, dass sich ein expliziter und zeitlich reversibler Algorithmus ergibt (Martyna et al. 1996).

Vertiefung 8.2: Herleitung der Nosé-Hoover-Gleichungen

Ausgehend von der Lagrange-Funktion (siehe Anhang) des untersuchten Systems im mikroskopischen Ensemble,

$$L_{\text{Nose}} = \frac{1}{2} \dot{q}^{\text{t}} \mathsf{M} \dot{q} - V(q)\,, \tag{8.46}$$

konstruierte Nosè (Nose 1984a, b) eine Lagrange-Funktion für ein erweitertes System, bei dem als zusätzlicher Freiheitsgrad eine Größe s auftritt, die Zeitdifferenzen skaliert,

$$\Delta t' = s\, \Delta t\,, \tag{8.47}$$

und selber von der Zeit abhängt, $s = s(t)$. Mit Hilfe dieses Skalierungsfaktors werden die realen Positionen q und Geschwindigkeiten $\dot{q}$ in virtuelle Positionen und Geschwindigkeiten

$$q' = q \quad \text{und} \quad \dot{q}' = \frac{\dot{q}}{s} \tag{8.48}$$

transfomiert. Der Skalierungsfaktor selbst soll invariant unter dieser Transformation sein:

$$s' = s\,. \tag{8.49}$$

Mit den virtuellen Positionen und Geschwindigkeiten lautet die Lagrange-Funktion für das erweiterte System dann

$$L'_{\text{Nose}} = \frac{1}{2} (s'\dot{q}')^{\text{t}} \mathsf{M}\, (s'\dot{q}') - V(q') + \frac{1}{2} Q\dot{s}'^2 - 3Nk_{\text{B}}T \ln s'\,. \tag{8.50}$$

Die Lagrange-Funktion L'_{Nose} beschreibt die Entwicklung des erweiterten Systems im mikroskopischen Ensemble. Durch die Kopplung des zusätzlichen Freiheitsgrades s an den Temperaturparameter T dient s als Wärmebad für das ursprüngliche System. Die effektive Masse Q beschreibt die Trägheit von s. Mit Hilfe der zu L'_{Nose} gehörenden konjugierten Impulse

$$p' = \frac{\partial L'_{\text{Nose}}}{\partial \dot{q}'} = \mathsf{M} s'^2 \dot{q}' \qquad (8.51)$$

$$p'_s = \frac{\partial L'_{\text{Nose}}}{\partial \dot{s}'} = Q\dot{s}' \qquad (8.52)$$

lässt sich die zugehörige Hamilton-Funktion (siehe Anhang)

$$H'_{\text{Nose}} = \frac{1}{2}(s'^{-1}p')^{\mathsf{t}}\mathsf{M}^{-1}(s'^{-1}p') + V(q') + \frac{1}{2}Q^{-1}p'^{2}_{s} + 3Nk_{\text{B}}T \ln s' \qquad (8.53)$$

konstruieren. Die kanonischen Gleichungen hierzu lauten

$$\dot{q}' = \frac{\partial H_{\text{Nose}}}{\partial p'} = s'^{-1}\mathsf{M}^{-1}(s'^{-1}p')$$

$$\dot{s}' = \frac{\partial H}{\partial p'_s} = Q^{-1}p'_s$$

$$\dot{p}' = -\frac{\partial H_{\text{Nose}}}{\partial q'} = -\frac{\partial V}{\partial q'}$$

$$\dot{p}'_s = -\frac{\partial H_{\text{Nose}}}{\partial s'} = s'^{-1}\left[(s'^{-1}p')\mathsf{M}^{-1}(s'^{-1}p') - 3Nk_{\text{B}}T\right]. \qquad (8.54)$$

Mit Hilfe von Gl. (8.47), (8.48) und (8.49) und den Beziehungen

$$p = \frac{p'}{s'} \quad \text{und} \quad p_s = \frac{p'_s}{s} \qquad (8.55)$$

und

$$\frac{\mathrm{d}}{\mathrm{d}t'} = \frac{\mathrm{d}t}{\mathrm{d}t'}\frac{\mathrm{d}}{\mathrm{d}t} = \frac{1}{s}\frac{\mathrm{d}}{\mathrm{d}t'} \qquad (8.56)$$

lassen sich die erhaltenen Bewegungsgleichungen in eine Form transformieren, die von den realen Positionen und Impulsen abhängen:

$$\dot{q} = \mathsf{M}^{-1}p$$

$$\dot{s} = Q^{-1}s^2 p_s$$

$$\dot{p} = -\frac{\partial V}{\partial q} - Q^{-1}sp_s p$$

$$\dot{p}_s = 3Nk_{\text{B}}s^{-1}(T_{\text{kin}} - T), \qquad (8.57)$$

wobei die kinetische Temperatur

$$T_{\text{kin}} = \frac{p\,\mathsf{M}^{-1}\,p}{3Nk_B} \quad (8.58)$$

verwendet wurde. Um die Dynamik des ursprünglichen Systems zu berechnen, ist der Skalierungsfaktor s entbehrlich. Üblicherweise wird deshalb ein zeitabhängiger Reibungsparameter

$$\eta = \frac{s p_s}{Q} \quad (8.59)$$

verwendet, um die Bewegungsgleichungen weiter zu vereinfachen:

$$\dot{q} = \mathsf{M}^{-1} p$$
$$\dot{p} = -\frac{\partial V}{\partial q} - \eta p$$
$$\dot{\eta} = 3Nk_B \frac{T_{\text{kin}} - T}{Q}. \quad (8.60)$$

8.6 Langevin-Thermostat

Die Langevin-Gleichung

$$\dot{v} = a - \gamma v + R \quad (8.61)$$

mit dem stochastischen Term R, dessen Größe durch die Gleichung

$$\langle R(0) R(t)^{\mathsf{t}} \rangle = 2\gamma \mathsf{M}^{-1} k_B T \delta(t) \quad (8.62)$$

festgelegt wird, wurde ursprünglich aufgestellt, um die Bewegung mesoskopischer Teilchen in Flüssigkeiten zu beschreiben. Der Einfluss der mikroskopischen Freiheitsgrade wird dabei in der Reibungskonstanten γ zusammengefasst, die sowohl die Größe des deterministischen bremsenden Terms $-\gamma v$ als auch der stochastischen Kraftstöße $\mathsf{M} R$ bestimmt. Wenn das System sich im Gleichgewicht befindet, führen diese Kraftstöße dem System im Mittel genauso viel Energie zu, wie ihm durch den Reibungsterm entzogen wird.

Die Langevin-Gleichung ist das Vorbild für die Entwicklung der Langevin-Thermostaten, den ersten Thermostaten, die bei MD-Simulationen eingesetzt wurden (Ermak und Buckholz 1980; Allen 1980; Van Gunsteren und Berendsen 1982; Brünger et al. 1984). Eine modernere Version eines Langevin-Thermostaten wurde in Anlehnung an den Geschwindigkeits-Verlet-Algorithmus als symplektischer Integrator konstruiert (Leimkuhler und Matthews 2013) und wird durch die Gleichungen

$$v_{k+1/2} = v_k + \frac{1}{2}\Delta t\, a_k \tag{8.63}$$

$$q_{k+1/2} = q_k + \frac{1}{2}\Delta t\, v_{k+1/2} \tag{8.64}$$

$$v'_{k+1/2} = v_{k+1/2}\, e^{-\gamma \Delta t} + \Delta t\, R \tag{8.65}$$

$$q_{k+1} = q_{k+1/2} + \frac{1}{2}\Delta t\, v'_{k+1/2} \tag{8.66}$$

$$v_{k+1} = v'_{k+1/2} + \frac{1}{2}\Delta t\, a_{k+1} \tag{8.67}$$

beschrieben. Die Gl. (8.64) und (8.66) berechnen die neuen Positionen und die Gl. (8.63) und (8.67) die neuen Geschwindigkeiten in jeweils zwei Halbschritten. Mit Gl. (8.65) wird eine Änderung der Geschwindigkeit durch einen Reibungsterm und einen stochastischen Beschleunigungsterm eingefügt, der die Größe

$$R = \mathsf{M}^{-1/2} x \sqrt{\frac{\gamma k_B T}{\Delta t}(1 - e^{-2\gamma \Delta t})} \tag{8.68}$$

hat, wobei x ein $3N$-dimensionaler Vektor standardnormalverteilter Zufallszahlen ist. Solange das simulierte System eine kinetische Temperatur T_{kin} hat, die kleiner als die thermodynamische Temperatur T ist, entzieht der Reibungsterm dem System weniger Energie als durch die Kraftstöße im Mittel zugeführt wird. Für $T_{kin} > T$ ist es umgekehrt, sodass sich das System auf ein Gleichgewicht mit $T_{kin} = T$ zubewegt. Je kleiner die Reibungskonstante γ gewählt wird, desto länger dauert es, bis das Gleichgewicht erreicht wird, desto weniger wird aber auch das System durch Eingriffe gestört, die im realen System in dieser Art nicht vorhanden sind.

8.7 Andersen-Thermostat

Der Andersen-Thermostat (Andersen 1980), der älteste Thermostat mit stochastischer Kopplung an ein Wärmebad, unterscheidet sich in einer Hinsicht von allen bisher vorgestellten Thermostaten: Es ist ein lokaler Algorithmus, bei dem stets einzelne Teilchen an das Wärmebad koppeln, während die anderen Verfahren global sind und alle Teilchen gleichzeitig an das Wärmebad koppeln.

Bildlich kann man sich die Wirkung des Andersen-Thermostaten so vorstellen, dass das simulierte System von einem virtuellen idealen Gas, das als Wärmebad dient, durchdrungen wird, und dass die virtuellen Teilchen des Gases mit den realen Teilchen des simulierten Systems kollidieren können und so Impuls und Energie übertragen (Abb. 8.4). Allerdings wird die Dynamik des virtuellen Gases nicht simuliert, sondern es wird als konstanter Parameter eine Frequenz ν gewählt, mit der sich

8.7 Andersen-Thermostat

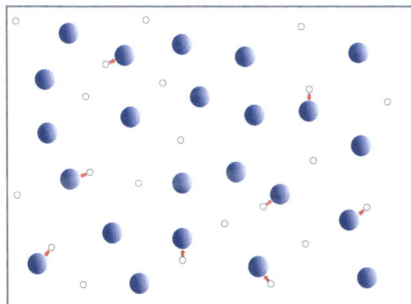

Abb. 8.4 Die gefüllten blauen Kreise stehen für die Teilchen des realen Systems deren Dynamik berechnet wird. Die offenen grauen Kreise stellen ein virtuelles ideales Gas dar, dessen Dynamik nicht berechnet wird. Stattdessen werden die Impulse so ausgewürfelt, dass sie der Maxwell-Boltzmann'schen Geschwindigkeitsverteilung entsprechen

die Wahrscheinlichkeit

$$w = \nu \, \Delta t \tag{8.69}$$

berechnen lässt, dass ein reales Teilchen mit einem virtuellen zusammenstößt. Für die Stoßfrequenz ν wird von Andersen ein Wert von

$$\nu \approx \frac{2}{3} \frac{\lambda_T \sqrt[3]{V}}{k_B N} \tag{8.70}$$

vorgeschlagen, wobei λ_T die thermische Leitfähigkeit des Systems angibt. Nach einer Kollision erhält das reale Teilchen eine zufällig ausgewählte Geschwindigkeit gemäß der Maxwell-Boltzmann'schen Geschwindigkeitsverteilung (7.36). Auf diese Weise erzeugt der Andersen-Thermostat ein kanonisches Ensemble. Ein Problem des Andersen-Thermostaten liegt darin, dass sich die Änderung der kinetischen Energie bei jedem Schritt auf nur wenige Atome verteilt, wodurch es zu vergleichsweise abrupten Änderungen in der Dynamik kommt.

8.7.1 Kollisionsfrequenz

Eine zu niedrige Kollisionsfrequenz ν erschwert es dem System unterschiedliche Energiewerte gemäß der Boltzmann-Verteilung anzunehmen, eine zu hohe Frequenz verlangsamt die Bewegung des Systems durch den Konfigurationsraum. Außerdem verzerrt eine zu hohe Frequenz die Korrelation zwischen der Bewegung der Teilchen des Systems. Größen, die von der Dynamik des Systems abhängen, wie etwa Selbstdiffusionskoeffizienten, die über den zeitlichen Abfall der Geschwindigkeitsautokorrelationsfunktion berechnet werden können, lassen sich in diesem Fall nicht berechnen.

8.8 Wissenscheck

Nach einer Zusammenfassung dieses Kapitel bieten Verständnisfragen und Aufgaben die Möglichkeit, das Verständnis der behandelten Themen zu vertiefen.

8.8.1 Zusammenfassung

Die Aufgabe eines Thermostaten ist es, in einer MD-Simulation den Einfluss eines äußeren Wärmebads nachzubilden. Dazu wird eine mikroskopische Temperatur verwendet, die die thermodynamische Temperatur nachbilden soll. In der Regel ist dies die über den Gleichverteilungssatz definierte kinetische Temperatur, in seltenen Fällen wird eine Konfigurationstemperatur genommen.

Alle hier behandelten Thermostaten sind dazu geeignet, ein System ins Gleichgewicht zu bringen. Sie unterscheiden sich jedoch darin, welches Ensemble sie erzeugen. Die v-Rescale-, Nosé-Hoover-, Langevin- und Andersen-Thermostaten erzeugen ein kanonisches Ensemble und der isokinetische Gauß-Thermostat tastet immerhin den Konfigurationsraum des kanonischen Ensembles richtig ab. Der Berendsen-Thermostat dagegen generiert kein Ensemble, das sich experimentell verwirklichen lässt.

Eine Besonderheit des v-Rescale-Thermostaten ist die Impulserhaltung, wodurch extreme Ungleichheiten in der Energieverteilung, wie sie etwa beim Berendsen-Thermostaten auftreten („fliegende Eiswürfel"), vermieden werden. Unterschiede zwischen den Thermostaten gibt es auch bei der Ergodizität. Der Nosé-Hoover-Thermostat ist bekannt für seine Probleme bei der vollständigen Abtastung des Phasenraums. Diese lassen sich durch Hinzufügen zusätzlicher Freiheitsgrade zumindest mindern. Allgemein gilt, das die stochastischen Thermostate (v-Rescale, Langevin, Andersen) weniger Probleme mit der Ergodizität haben als die deterministischen Verfahren (isokinetisch, Berendsen, Nosè-Hoover).

Die globalen Thermostaten verteilen die zur Temperaturregelung notwendigen Störungen der Dynamik des Systems gleichmäßiger als ein lokaler Thermostat wie der Andersen-Thermostat dies vermag und erzeugen deshalb glattere Trajektorien. Grundsätzlich gilt jedoch, dass jeder Thermostat Eingriffe in die Dynamik der simulierten Systeme vornimmt, die in realen Systemen nicht vorkommen. Wenn mit einer MD-Simulation Größen untersucht werden sollen, die von der Dynamik und damit von zeitlichen Korrelationen abhängen (zum Beispiel Diffusionskoeffizienten), ist es deshalb ratsam, auf mögliche Artefakte des Thermostaten zu achten. Bei der Berechnung von Größen, die nur auf der Konfiguration des Systems, also auf den Positionen aller Teilchen beruhen, stellen die Eingriffe des Thermostaten in die Dynamik dagegen kein Problem dar. In diesen Fällen ist es ausreichend, wenn der Thermostat den Konfigurationsraum richtig abtastet, weshalb auch der isokinetische Gauß-Thermostat, der kein kanonisches Ensemble generiert, richtige Ergebnisse liefert. Beim Berendsen-Thermostaten ist dies nur näherungsweise der Fall, so dass dieser Thermostat nur noch für Vergleichsstudien eingesetzt werden sollte.

8.8.2 Verständnisfragen

8.1 Kinetische und thermodynamische Temperatur
Was ist der Unterschied zwischen der kinetischen Temperatur T_{kin} und der thermodynamischen Temperatur T?

8.2 Arbeitsweise eines Thermostaten
Erklären Sie die grundsätzliche Arbeitsweise eines Thermostaten.

8.3 Stochastische Thermostaten
Was sind die Vor- und Nachteile stochastischer Thermostaten?

8.4 Notwendigkeit von Thermostaten
Kann man auf Thermostaten verzichten und MD-Simulationen auch dann im mikroskopischen Ensemble durchführen, wenn das reale System bei konstanter Temperatur beobachtet wird?

8.8.3 Aufgaben

8.5 Kollisionsfrequenz
Schätzen Sie mit Gl. (8.70) ab, welche Kollisionsfrequenz für den Andersen-Thermostaten empfohlen wird, wenn eine mit Wasser gefüllte Box mit einem Volumen von 1000 nm^3 und 100.000 Atomen simuliert werden soll. Verwenden Sie einen Wert von 0,6 J m^{-1} s^{-1} für die Wärmeleitfähigkeit von Wasser.

8.6 Isokinetischer Gauß-Thermostat
Zeigen Sie, dass der isokinetische Gauß-Thermostat die kinetische Energie konstant lässt, wenn Sie die Gl. (8.12) und (8.13) zusammen mit einem infinitesimalen Zeitschritt dt verwenden. Vernachlässigen Sie dabei Terme der Ordnung dt^2.

8.7 Berendsen-Thermostat
Vereinfachen Sie den Ausdruck (8.24) für den Skalierungsfaktor für den Fall $\tau \gg \Delta t$ so, dass er linear von Δt abhängt.

Literatur

Allen, M.P. (1980). „Brownian dynamics simulation of a chemical reaction in solution". In: *Molecular Physics* 40.5, S. 1073–1087. https://doi.org/10.1080/00268978000102141.

Allen, Michael Patrick and Dominic J. Tildesley (2017). *Computer simulation of liquids*. 2nd ed. Oxford: Oxford university press. ISBN: 978-0-19-880320-1.

Andersen, Hans C. (1980). „Molecular dynamics simulations at constant pressure and/or temperature". In: *The Journal of Chemical Physics* 72.4, S. 2384–2393. https://doi.org/10.1063/1.439486.

Basconi, Joseph E. and Michael R. Shirts (2013). „Effects of Temperature Control Algorithms on Transport Properties and Kinetics in Molecular Dynamics Simulations". In: *Journal of Chemical Theory and Computation* 9.7, S. 2887–2899. https://doi.org/10.1021/ct400109a.

Berendsen, H. J. C. u. a. (1984). „Molecular dynamics with coupling to an external bath". In: *The Journal of Chemical Physics* 81.8, S. 3684–3690. https://doi.org/10.1063/1.448118.

Braga, Carlos und Karl P. Travis (2005). „A configurational temperature Nosé-Hoover thermostat". In: *The Journal of Chemical Physics* 123.13, S. 134101. https://doi.org/10.1063/1.2013227.

Braun, Efrem, Seyed Mohamad Moosavi, und Berend Smit (2018). „Anomalous Effects of Velocity Rescaling Algorithms: The Flying Ice Cube Effect Revisited". In: *Journal of Chemical Theory and Computation* 14.10, S. 5262–5272. https://doi.org/10.1021/acs.jctc.8b00446.

Brünger, Axel, Charles L. Brooks, und Martin Karplus (1984). „Stochastic boundary conditions for molecular dynamics simulations of ST2 water". In: *Chemical Physics Letters* 105.5, S. 495–500. https://doi.org/10.1016/0009-2614(84)80098-6.

Bussi, Giovanni, Davide Donadio, und Michele Parrinello (2007). „Canonical sampling through velocity rescaling". In: *Journal of Chemical Physics* 126, S. 014101. https://doi.org/10.1063/1.2408420.

Butler, B. D. u. a. (1998). „Configurational temperature: Verification of Monte Carlo simulations". In: *The Journal of Chemical Physics* 109.16, S. 6519–6522. https://doi.org/10.1063/1.477301.

D'Alessandro, M., A. Tenenbaum, und A. Amadei (2002). „Dynamical and Statistical Mechanical Characterization of Temperature Coupling Algorithms". In: *The Journal of Physical Chemistry B* 106.19, S. 5050–5057. https://doi.org/10.1021/jp013689i.

Ermak, Donald L. und Helen Buckholz (1980). „Numerical integration of the Langevin equation: Monte Carlo simulation". In: *Journal of Computational Physics* 35.2, S. 169–182. https://doi.org/10.1016/0021-9991(80)90084-4.

Evans, Denis J. und Gary P. Moriss (1990). *Statistical Mechanics of Nonequilibrium Liquids*. Academic Press. https://doi.org/10.1016/C2013-0-10633-2.

Evans, Denis J. und G.P. Morriss (1983a). „Isothermal-isobaric molecular dynamics". In: *Chemical Physics* 77.1, S. 63–66. https://doi.org/10.1016/0301-0104(83)85065-4.

Evans, Denis J. und G.P. Morriss (1983b). „The isothermal/isobaric molecular dynamics ensemble". In: *Physics Letters A* 98.8, S. 433–436. https://doi.org/10.1016/0375-9601(83)90256-6.

Frenkel, Daan und Berend Smit (2001). *Understanding molecular simulation: from algorithms to applications*. Computational science series. San Diego, Calif.: Acad. Press.

Halonen, Roope, Ivo Neefjes, und Bernhard Reischl (2023). „Further cautionary tales on thermostatting in molecular dynamics: Energy equipartitioning and non-equilibrium processes in gas-phase simulations". In: *The Journal of Chemical Physics* 158.19, S. 194301. https://doi.org/10.1063/5.0148013.

Harvey, Stephen C., Robert K.-Z. Tan, und Thomas E. Cheatham (1998). „The flying ice cube: Velocity rescaling in molecular dynamics leads to violation of energy equipartition". In: *Journal of Computational Chemistry* 19.7, S. 726–740. https://doi.org/10.1002/(SICI)1096-987X(199805)19:7<726::AID-JCC4>3.0.CO;2-S.

Hoover, William G. (1985). „Canonical dynamics: Equilibrium phase-space distributions". In: *Physical Review A* 31.3, S. 1695–1697. https://doi.org/10.1103/PhysRevA.31.1695.

Hoover, William G., Anthony J. C. Ladd, und Bill Moran (1982). „High-Strain-Rate Plastic Flow Studied via Nonequilibrium Molecular Dynamics". In: *Physical Review Letters* 48.26, S. 1818–1820. https://doi.org/10.1103/PhysRevLett.48.1818.

Hünenberger, Philippe H. (2005). „Thermostat Algorithms for Molecular Dynamics Simulations". In: *Advanced Computer Simulation*. Ed. by Dr. Christian Holm und Prof. Dr. Kurt Kremer. Vol. 173. Berlin, Heidelberg: Springer Berlin Heidelberg, S. 105–149. https://doi.org/10.1007/b99417.

Jepps, Owen G., Gary Ayton, und Denis J. Evans (2000). „Microscopic expressions for the thermodynamic temperature". In: *Physical Review E* 62.4, S. 4757–4763. https://doi.org/10.1103/PhysRevE.62.4757.

Leimkuhler, B. und Charles Matthews (2015). *Molecular dynamics: with deterministic and stochastic numerical methods*. Cham: Springer.

Leimkuhler, Benedict und Charles Matthews (2013). „Robust and efficient configurational molecular sampling via Langevin dynamics". In: *The Journal of Chemical Physics* 138.17, S. 174102. https://doi.org/10.1063/1.4802990.

Martyna, Glenn J., Michael L. Klein, und Mark Tuckerman (1992). „Nosé–Hoover chains: The canonical ensemble via continuous dynamics". In: *The Journal of Chemical Physics* 97.4, S. 2635–2643. https://doi.org/10.1063/1.463940.

Martyna, Glenn J., Mark E. Tuckerman u. a. (1996). „Explicit reversible integrators for extended systems dynamics". In: *Molecular Physics* 87.5, S. 1117–1157. https://doi.org/10.1080/00268979600100761.

Minary, P., M. E. Tuckerman und G. J. Martyna (2004). „Long Time Molecular Dynamics for Enhanced Conformational Sampling in Biomolecular Systems". In: *Physical Review Letters* 93.15, S. 150201. https://doi.org/10.1103/PhysRevLett.93.150201.

Minary, Peter, Glenn J. Martyna und Mark E. Tuckerman (2003). „Algorithms and novel applications based on the isokinetic ensemble. I. Biophysical and path integral molecular dynamics". In: *The Journal of Chemical Physics* 118.6, S. 2510–2526. https://doi.org/10.1063/1.1534582.

Mor, Amit, Guy Ziv und Yaakov Levy (2008). „Simulations of proteins with inhomogeneous degrees of freedom: The effect of thermostats". In: *Journal of Computational Chemistry* 29.12, S. 1992–1998. https://doi.org/10.1002/jcc.20951.

Morishita, Tetsuya (2000). „Fluctuation formulas in molecular-dynamics simulations with the weak coupling heat bath". In: *The Journal of Chemical Physics* 113.8, S. 2976–2982. https://doi.org/10.1063/1.1287333.

Morriss, Gary P. und Carl P. Dettmann (1998). „Thermostats: Analysis and application". In: *Chaos: An Interdisciplinary Journal of Nonlinear Science* 8.2, S. 321–336. https://doi.org/10.1063/1.166314.

Nose, Shuichi (1984a). „A unified formulation of the constant temperature molecular dynamics methods". In: *The Journal of Chemical Physics* 81.1, S. 511–519. https://doi.org/10.1063/1.447334.

Nose, Shuichi (1984b). „A molecular dynamics method for simulations in the canonical ensemble". In: *Molecular Physics* 52.2, S. 255–268. https://doi.org/10.1080/00268978400101201.

Rugh, Hans Henrik (1997). „Dynamical Approach to Temperature". In: *Physical Review Letters* 78.5, S. 772–774. https://doi.org/10.1103/PhysRevLett.78.772.

Sri Harish, M. und Puneet Kumar Patra (2021). „Temperature and its control in molecular dynamics simulations". In: *Molecular Simulation* 47.9, S. 701–729. https://doi.org/10.1080/08927022.2021.1907382.

Tobias, Douglas J., Glenn J. Martyna und Michael L. Klein (1993). „Molecular dynamics simulations of a protein in the canonical ensemble". In: *The Journal of Physical Chemistry* 97.49, S. 12959–12966. https://doi.org/10.1021/j100151a052.

Toxvaerd, S. und O. H. Olsen (1990). „Canonical molecular dynamics of molecules with internal degrees of freedom". In: *Berichte der Bunsengesellschaft für physikalische Chemie* 94.3, S. 274–278.

Tuckerman, M. E, C. J Mundy und G. J Martyna (1999). „On the classical statistical mechanics of non-Hamiltonian systems". In: *Europhysics Letters (EPL)* 45.2, S. 149–155. https://doi.org/10.1209/epl/i1999-00139-0.

Tuckerman, Mark E. (2015). *Statistical mechanics: theory and molecular simulation*. Oxford: Oxford Univ. Press.

Van Gunsteren, W.F. und H.J.C. Berendsen (1982). „Algorithms for brownian dynamics". In: *Molecular Physics* 45.3, S. 637–647. https://doi.org/10.1080/00268978200100491.

Barostate 9

Inhaltsverzeichnis

9.1 Eigenschaften von Barostaten 290
9.2 Berendsen-Barostat 297
9.3 Andersen-Barostat 298
9.4 Parrinello-Rahman-Barostaten 301
9.5 Wissenscheck 303

Während Experimente an Gasen sowohl bei konstantem Volumen als auch bei konstantem Druck durchgeführt werden, ist bei Untersuchungen von Flüssigkeiten, insbesondere bei der Untersuchung von großen, in Wasser gelösten Biomolekülen, der konstante Druck die vorherrschende Bedingung. Um diese in einer Simulationsrechnung zur Molekulardynamik (MD) zu verwirklichen, wird ein Algorithmus zur Druckregelung, ein sogenannter Barostat, benötigt. Diese Algorithmen können sowohl bei der Erzeugung eines isotherm-isobaren *(NpT)*, eines isoenthalpisch-isobaren *(NpH)* und auch eines isoentropisch-isobaren Ensembles eingesetzt werden. Da die beiden letztgenannten Ensembles eher selten verwendet werden, beschränken wir uns hier auf das *NpT*-Ensemble, verbinden also den Gebrauch eines Barostaten stets mit dem eines Thermostaten.

Makroskopisch ist der Druck als Quotient aus der Kraft und der Fläche definiert, auf die diese Kraft ausgeübt wird. Um das Konzept des Drucks auf mikroskopische Systeme zu übertragen, wird das sogenannte atomare Virial verwendet: Die Summe aller Skalarprodukte aus den Ortsvektoren der Teilchen und den auf diese Teilchen wirkenden Kraftvektoren zuzüglich der doppelten kinetischen Energie wird als momentaner Druck definiert. Mit Hilfe dieser Definition lassen sich dann Barostaten konstruieren, die ein isotherm-isobares Ensemble erzeugen. Im einfachsten

© Der/die Autor(en), exklusiv lizenziert an Springer-Verlag GmbH, DE, ein Teil von
Springer Nature 2025
H. Paulsen, *Molekulardynamik*, https://doi.org/10.1007/978-3-662-70863-7_9

Fall, dem Berendsen-Barostaten, wird bei jedem Schritt des Barostaten das Volumen des Systems um einen bestimmten Faktor λ skaliert, indem alle Koordinaten mit $\sqrt[3]{\lambda}$ multipliziert werden. Zusätzlich zum Berendsen-Thermostaten werden der Andersen- und der Parrinello-Rahman-Barostat vorgestellt, die besonders weitverbreitet sind. Eine ausführliche und weiter in die Tiefe gehende Behandlung von Barostaten findet sich in der Neuauflage des Standardwerks „Computer Simulation of Liquids" von Allen und Tildesley (Allen und Tildesley 2017) sowie in bekannten Darstellungen der Molekulardynamik wie beispielsweise (Frenkel und Smit 2001; Leimkuhler und Matthews 2015). Neuere und komplexere Barostaten finden sich insbesondere bei Tuckerman (Tuckerman 2015), eine Zusammenfassung über den Einfluss von Barostaten auf die berechneten Eigenschaften von Flüssigkeiten bei Ke et al. (Ke et al. 2022) und eine Übersicht über Barostaten mit ergänzenden dynamischen Variablen bei Yamauchi et al. (Yamauchi et al. 2019).

9.1 Eigenschaften von Barostaten

Der Zweck eines Barostaten besteht darin, MD-Simulationen bei konstantem äußeren Druck durchzuführen. Zunächst muss der Barostat den inneren Druck des simulierten Systems mit dem äußeren Druck ins Gleichgewicht bringen. Danach kann der Barostat dazu verwendet werden den Phasenraum des isotherm-isobaren Ensembles abzutasten. Alle Barostaten benötigen einen momentanen Druck p_{mom} des Systems, der aus dem augenblicklichen Mikrozustand des Systems abgeleitet und mit dem äußeren Druck p verglichen werden kann.

9.1.1 Momentaner Druck

Der thermodynamische Druck ist eine für ein Ensemble definierte makroskopische Zustandsvariable (Kap. 7). Er ist definiert als das Verhältnis aus einer Kraft F und einer Fläche A, auf die diese Kraft angewandt wird:

$$p = \frac{F}{A}. \tag{9.1}$$

In festen Körpern, wo auch Scherkräfte parallel zu Flächen auftreten können, werden Kraft und Fläche durch Vektoren und der Druck durch einen Tensor, der auch anisotrop sein kann, beschrieben. Wir beschränken uns hier aber auf Gase und Flüssigkeiten und sehen den Druck deshalb ausschließlich als skalare Größe an. Die Fläche und die senkrecht auf sie einwirkende Kraft sind makroskopische Größen, sind also für die Bestimmung des Drucks in MD-Simulationen nicht nutzbar. Ein Barostat für MD-Simulationen im isotherm-isobaren Ensemble benötigt zum Vergleich mit dem thermodynamischen Druck aber eine Größe, die Eigenschaft eines Mikrozustands ist und im Grenzfall unendlich großer Systeme mit dem thermodynamischen Druck übereinstimmt. Der übliche Weg, eine solche Größe zu definieren,

9.1 Eigenschaften von Barostaten

führt (siehe Vertiefung 9.1) über ein Virial auf den Ausdruck

$$p_{\text{mom}} = \frac{1}{3V} \left[3Nk_B T + \sum_{i=1}^{N} \mathbf{R}_I \cdot \mathbf{F}_I^{(\text{int})} \right] \quad (9.2)$$

oder, in generalisierten Koordinaten,

$$p_{\text{mom}} = \frac{1}{3V} \left[3Nk_B T + \mathbf{q}^t \mathsf{M} \mathbf{a} \right]. \quad (9.3)$$

für den Momentandruck, wobei durch

$$(F_{x,1}, F_{y,1}, F_{z,1}, \ldots, F_{x,N}, F_{y,N}, F_{z,N})^t = -\frac{\partial H}{\partial \mathbf{q}} \quad (9.4)$$

die Kräfte angegeben werden, die die Teilchen gegenseitig aufeinander ausüben. Der so definierte Momentandruck p_{mom} kann als Gegenstück zur kinetischen Temperatur T_{kin} bei den Thermostaten angesehen werden. In beiden Fällen geht es darum, für eine makroskopische Größe (Temperatur oder Druck) eine entsprechende Größe zu finden, die sich aus dem Mikrozustand des Systems berechnen lässt. Wenn die internen Kräfte überwiegend anziehend sind, wird der zweite Summand in den eckigen Klammern in den Gl. (9.2) und (9.3) negativ. Bindende Kräfte liefern also einen negativen Druckbeitrag.

▶ **Merksatz 9.1** Der thermodynamische Druck, der in einer Flüssigkeit oder in einem Gas herrscht, ist eine makroskopische Zustandsvariable, die nur für ein Ensemble definiert ist.
Für einen Mikrozustand kann man mit Hilfe des atomaren Virials einen Momentandruck

$$p_{\text{mom}} = \frac{1}{3V} \left[3Nk_B T + \sum_{i=1}^{N} \mathbf{R}_I \cdot \mathbf{F}_I^{(\text{int})} \right] \quad (9.5)$$

definieren, der im Grenzfall unendlich großer Systeme mit dem thermodynamischen Druck übereinstimmt.

Vertiefung 9.1: Momentandruck
Der übliche Weg, eine solche Größe zu definieren, führt über das sogenannte atomare Virial

$$\Xi = \left\langle \frac{1}{2} \sum_{I=1}^{N} \mathbf{R}_I \cdot \frac{\partial H}{\partial \mathbf{R}_I} \right\rangle, \quad (9.6)$$

wobei die $\boldsymbol{R}_I$ für die Ortsvektoren der N Teilchen stehen und H die Hamilton-Funktion (oder Energie) des Systems ist. Wir gehen davon aus, dass das betrachtete System ergodisch ist, und können die Erwartungswertbildung in (9.6) sowohl als Zeit- als auch als Ensemblemittelung verstehen. Wenn die kinetische Energie nur von den Geschwindigkeiten und die potentielle Energie quadratisch von den Orten abhängt, ist das Virial Ξ (bis auf eine unerhebliche Konstante) gleich der potentiellen Energie. Bei einem konservativen System schreiben wir

$$F_I = -\frac{\partial H}{\partial \boldsymbol{R}_I}, \qquad (9.7)$$

um das Virial in Abhängigkeit der Kräfte $\boldsymbol{F}_I$ zu schreiben, die auf die Teilchen wirken:

$$\Xi = \left\langle -\frac{1}{2} \sum_{I=1}^{N} \boldsymbol{R}_I \cdot \boldsymbol{F}_I \right\rangle. \qquad (9.8)$$

Wir unterscheiden zwischen äußeren Kräften $\boldsymbol{F}_I^{(\mathrm{ext})}$, die den äußeren Druck p vermitteln, und inneren Kräften $\boldsymbol{F}_I^{(\mathrm{int})}$, die die Wechselwirkungen zwischen den Teilchen des Systems beschreiben:

$$\boldsymbol{F}_I = \boldsymbol{F}_I^{(\mathrm{ext})} + \boldsymbol{F}_I^{(\mathrm{int})} \qquad (9.9)$$

und zerlegen entsprechend das Virial in ein äußeres und ein inneres Virial:

$$\Xi = \Xi^{(\mathrm{ext})} + \Xi^{(\mathrm{int})} = \left\langle -\frac{1}{2} \sum_{I=1}^{N} \boldsymbol{R}_I \cdot \boldsymbol{F}_I^{(\mathrm{ext})} \right\rangle + \left\langle -\frac{1}{2} \sum_{I=1}^{N} \boldsymbol{R}_I \cdot \boldsymbol{F}_I^{(\mathrm{int})} \right\rangle. \qquad (9.10)$$

Das äußere Virial läßt sich in drei kartesische Komponenten zerlegen:

$$\Xi^{(\mathrm{ext})} = \left\langle -\frac{1}{2} \sum_{I=1}^{N} x_I F_{x,I}^{(\mathrm{ext})} \right\rangle + \left\langle -\frac{1}{2} \sum_{I=1}^{N} y_I F_{y,I}^{(\mathrm{ext})} \right\rangle + \left\langle -\frac{1}{2} \sum_{I=1}^{N} z_I F_{z,I}^{(\mathrm{ext})} \right\rangle. \qquad (9.11)$$

Da wir an großen Biomolekülen in wässrigen Lösungen interessiert sind, gehen wir von einer räumlichen Isotropie aus, so dass alle drei Summanden des äußeren Virials den gleichen Wert ergeben. Wir berechnen nun die x-Komponente des äußeren Virials für ein System mit harten Wänden an den Positionen $-a/2$ und $+a/2$. Der Einfachheit halber nehmen wir an, dass alle Teilchen die gleichen Massen m und Geschwindigkeitsbeträge $|v_x| = v$ besitzen. Die Kollision eines Teilchens mit einer Wand soll sich in einem kurzen Zeitraum δt abspielen, der viel kleiner ist als die Zeit a/v, die das Teilchen benötigt, um die Simulationsbox von links nach rechts zu durchqueren. In jedem Intervall δt

9.1 Eigenschaften von Barostaten

kollidiert deshalb nur eine kleine Zahl n aller Teilchen mit der rechten Wand. Die rechte Wand übt insgesamt eine Kraft $-pa^2$ (in negative x-Richtung) auf die n stoßenden Teilchen aus. Hier ist a^2 die Oberfläche der rechten Wand und p der äußere Druck. Auf ein einzelnes Teilchen I wirkt daher die Kraft

$$F_{x,I}^{(\text{ext})} = -\frac{pa^2}{n}. \tag{9.12}$$

Bei der Summation innerhalb des äußeren Virials wirkt die Kraft nur auf n von N Teilchen und die x-Koordinate ist für jedes Teilchen gleich $a/2$. Bei Zusammenstößen mit der linken Boxwand wechseln Koordinate und Kraft beide das Vorzeichen. So erhalten wir aus der Summe von Stößen gegen die linke und die rechte Boxwand

$$\left\langle -\frac{1}{2}\sum_{I=1}^{N} x_I F_{x,I}^{(\text{ext})} \right\rangle = -\frac{1}{2}n\left(-\frac{a}{2}\right)\frac{pa^2}{n} - \frac{1}{2}n\frac{a}{2}\left(-\frac{pa^2}{n}\right) = \frac{1}{2}pa^3. \tag{9.13}$$

Wir ersetzen a^3 durch das Boxvolumen V und nehmen an, dass die hergeleitete Beziehung in gleicher Weise für alle drei Summanden des äußeren Virials gilt und erhalten so

$$\Xi^{(\text{ext})} = \left\langle -\frac{1}{2}\sum_{I=1}^{N} \boldsymbol{R}_I \cdot \boldsymbol{F}_I^{(\text{ext})} \right\rangle = \frac{3}{2}pV. \tag{9.14}$$

Für den Fall, dass die potentielle Energie quadratisch in den Koordinaten ist, gilt der Gleichverteilungssatz und das gesamte Virial Ξ muss den Wert $3Nk_\text{B}T/2$ annehmen und es folgt

$$\Xi = \left\langle -\frac{1}{2}\sum_{I=1}^{N} \boldsymbol{R}_I \cdot \boldsymbol{F}_I^{(\text{int})} \right\rangle + \frac{3}{2}pV = \frac{3}{2}Nk_\text{B}T. \tag{9.15}$$

Für den äußeren Druck p gilt also:

$$p = \frac{1}{V}\left[Nk_\text{B}T - \left\langle -\frac{1}{3}\sum_{I=1}^{N} \boldsymbol{R}_I \cdot \boldsymbol{F}_I^{(\text{int})} \right\rangle\right]. \tag{9.16}$$

Als Schätzung für den thermodynamischen Druck führen wir den Momentandruck

$$p_\text{mom} = \frac{1}{V}\left[Nk_\text{B}T + \frac{1}{3}\sum_{I=1}^{N} \boldsymbol{R}_I \cdot \boldsymbol{F}_I^{(\text{int})}\right] \tag{9.17}$$

ein. Statt durch kartesische Koordinaten $\boldsymbol{R}_I$ kann der Momentandruck auch mit Hilfe der generalisierten Koordinaten $\boldsymbol{q}$ ausgedrückt werden:

$$p_{\text{mom}} = \frac{1}{V}\left[Nk_{\text{B}}T - \frac{1}{3}\boldsymbol{q}^{\text{t}}\frac{\partial H}{\partial \boldsymbol{q}}\right]. \tag{9.18}$$

Für den Sonderfall, dass alle inneren Kräfte verschwinden,

$$\boldsymbol{F}_I^{(\text{int})} = 0 \quad \text{für} \quad I = 1, \ldots, N, \tag{9.19}$$

liefert unser Ausdruck für den Momentandruck die Zustandsgleichung idealer Gase:

$$p_{\text{mom}} = \frac{Nk_{\text{B}}T}{V}. \tag{9.20}$$

Wenn anziehende innere Kräfte vorhanden sind, treiben diese stets ins Gleichgewicht zurück und $\boldsymbol{R}_I$ und $\boldsymbol{F}_I^{(\text{int})}$ unterscheiden sich im Vorzeichen, so dass der Ausdruck

$$\frac{1}{3}\sum_{I=1}^{N}\boldsymbol{R}_I \cdot \boldsymbol{F}_I^{(\text{int})} \tag{9.21}$$

kleiner als null wird und als negativer Druck in einer Flüssigkeit oder in einem realen Gas mit anziehenden Kräften interpretiert werden kann. Der oben abgeleitete Ausdruck für den Momentandruck ist auch gültig, wenn der Gleichverteilungssatz nicht anwendbar ist. Um das zu zeigen, leiten wir den Ausdruck

$$\left\langle \frac{1}{2}\sum_{I=1}^{N}\boldsymbol{R}_I \cdot \boldsymbol{p}_I \right\rangle \tag{9.22}$$

nach der Zeit ab und erhalten wegen $\boldsymbol{F}_I = \mathrm{d}\boldsymbol{p}_I/\mathrm{d}t$

$$\left\langle \frac{1}{2}\frac{\mathrm{d}}{\mathrm{d}t}\sum_{I=1}^{N}\boldsymbol{R}_I \cdot \boldsymbol{p}_I \right\rangle = \left\langle \frac{1}{2}\sum_{I=1}^{N}\boldsymbol{v}_I \cdot \boldsymbol{p}_I \right\rangle + \left\langle \frac{1}{2}\sum_{I=1}^{N}\boldsymbol{R}_I \cdot \boldsymbol{F}_I \right\rangle. \tag{9.23}$$

Wir bilden von der linken Seite dieser Gleichung den Erwartungswert durch zeitliche Mittelung,

$$\left\langle \frac{\mathrm{d}}{\mathrm{d}t}(\ldots) \right\rangle_t = \lim_{\tau \to \infty} \frac{1}{\tau} \int_0^\tau \frac{\mathrm{d}}{\mathrm{d}t}(\ldots)\,\mathrm{d}t = \lim_{\tau \to \infty} \frac{1}{\tau}[\ldots]_0^\tau, \tag{9.24}$$

und erhalten so, unter der Annahme, dass Orte und Impulse beschränkt sind,

$$\left\langle \frac{1}{2}\frac{\mathrm{d}}{\mathrm{d}t}\sum_{I=1}^{N}\boldsymbol{R}_I \cdot \boldsymbol{p}_I \right\rangle_t = \lim_{\tau \to \infty}\frac{1}{\tau}\left[\sum_{I=1}^{N}\boldsymbol{R}_I \cdot \boldsymbol{p}_I\right]_0^\tau = 0. \tag{9.25}$$

Die Beschränkung der Impulse ist gerechtfertigt, da das Boltzmann-Gewicht von Zuständen mit hoher Energie exponentiell abfällt. Die Orte sind wegen des vorgegebenen Volumens beschränkt. Das Virial ist also gleich dem Mittel der kinetischen Energie,

$$\left\langle -\frac{1}{2}\sum_{I=1}^{N} \mathbf{R}_I \cdot \mathbf{F}_I \right\rangle = \left\langle \frac{1}{2}\sum_{I=1}^{N} m\mathbf{v}_I^2 \right\rangle = \frac{3}{2}Nk_BT \,, \tag{9.26}$$

auf die wir den Gleichverteilungssatz in jedem Fall anwenden können. Den Index für die Zeitmittelung an den Erwartungswertklammern haben wir weggelassen, da wir die Ergodizität des Systems vorausgesetzt hatten.

9.1.2 Equilibrierung

Die Equilibrierung des Systems gleicht den momentanen Druck des Systems dem thermodynamischen Druck an. Bei großen Systemen kann sich an die Equilibrierung im isotherm-isobaren Ensemble eine Simulation im mikrokanonischen oder kanonischen Ensemble anschließen. Wird diese Simulation bei einem konstanten Volumen V durchgeführt, das dem durchschnittlichen Volumen $\langle V \rangle$ bei einer Simulation im isotherm-isobaren Ensemble gleicht, sind Ergebnisse zu erwarten, die umso besser übereinstimmen je größer das System ist. Die Barostaten, die besonders gut für die Equilibrierung geeignet sind (zum Beispiel der Berendsen-Barostat), erzeugen kein isotherm-isobares Ensemble, wohingegen Barostaten, die das korrekte Ensemble generieren, während der Equilibrierung zu starken Oszillationen neigen. In der Praxis kombiniert man deshalb gerne den Berendsen-Barostaten für die Zeit der Equilibrierung mit dem Parrinello-Rahman- oder einem vergleichbaren Barostaten für die Abtastung des Phasenraums und die Datenerhebung. Ein Vorschlag, beide Aufgaben in einem Algorithmus zu vereinigen, kommt von Bernetti und Bussi (Bernetti und Bussi 2020), die einen der wenigen stochastischen Barostaten vorstellen.

9.1.3 Fluktuationen des Volumens

Im Ideal wird ein Barostat nicht nur den korrekten Mittelwert für das System des Volumens liefern, sondern auch die Fluktuationen des Volumens und des momentanen Drucks richtig berechnen. Anders als der thermodynamische Druck p, der als makroskopische Zustandsvariable des isotherm-isobaren (oder isoenthalpisch-isobaren) Ensembles konstant ist, schwankt der momentane Druck – ebenso wie die kinetische Temperatur T_{kin} – um seinen Mittelwert, und zwar umso stärker je geringer die Teilchenzahl N ist. Ursache dieser Schwankungen sind zum einen Fluktuationen bei den anziehenden und abstoßenden Kräften zwischen den Atomen des Systems und zum anderen Fluktuationen des externen Drucks, die auf nanoskopischen Skalen auch in realen Systemen mit konstantem Druck auftreten. Um physikalische Eigenschaften des simulierten Systems zu berechnen, die von Schwankungen des Drucks und des Volumens abhängen, wie etwa die Kompressibilität, muss der Barostat die Fluktuationen des realen Systems möglichst genau reproduzieren.

Für die isotherme Kompressibilität und die Fluktuation des Volumens gilt folgender Zusammenhang (siehe auch Vertiefung 7.4):

$$\kappa = \frac{1}{k_B T} \frac{\langle V^2 \rangle - \langle V \rangle^2}{\langle V \rangle}. \tag{9.27}$$

Mit

$$\Delta V = \sqrt{\langle V^2 \rangle - \langle V \rangle^2} \tag{9.28}$$

erhalten wir

$$\frac{\Delta V}{\langle V \rangle} = \sqrt{\frac{k_B T \kappa}{\langle V \rangle}}. \tag{9.29}$$

Für ein Gas bei 300 K mit einer Kompressibilität von $\kappa = 10^{-5}\,\text{Pa}^{-1}$ und einem Volumen von $V = 8\,\text{nm}^3$ erhält man so eine Fluktuation von $\Delta V = 18\,\text{nm}^3$, die mehr als doppelt so groß wie das eigentliche Volumen ist. Für ein gleich großes Wasservolumen bei gleicher Temperatur aber einer Kompressibilität von $\kappa = 4{,}475 \cdot 10^{-10}\,\text{Pa}^{-1}$ erhält man dagegen eine wesentlich geringere Fluktuation von $\Delta V = 0{,}12\,\text{nm}^3$. Selbstverständlich sind diese Abschätzungen nur als sehr grobe Orientierungen zu gebrauchen, denn die Kompressibilität ist eine makroskopische Größe, die nicht ohne Weiteres für mikroskopische Systeme verwendet werden kann.

9.1.4 Verbindung von Integrator, Thermostat und Barostat

Ein naiver Weg, die Simulation im kanonischen Ensemble und die Kalkulation eines Barostaten zusammenzuführen, besteht in Ergänzung des Schemas aus Abschn. 8.1.9 in dieser Abfolge von Schritten:

1. Zu Beginn werden Startwerte q_0'' und Impulse v_0'' für Positionen und Geschwindigkeiten gewählt.
2. Mit Hilfe eines Integrators werden aus den bisher berechneten Positionen $q_0'', \ldots, q_k''$ und Geschwindigkeiten $v_0'', \ldots, v_k''$ neue Positionen q_{k+1}' und Geschwindigkeiten v_{k+1} zum Zeitpunkt t_{k+1} berechnet.
3. Mit einem Thermostaten werden aus den Geschwindigkeiten v_{k+1} mit der kinetischen Temperatur T_{kin} neue Geschwindigkeiten v_{k+1}' mit der kinetischen Temperatur T_{kin}' so bestimmt, dass sich die kinetische Temperatur der thermodynamischen annähert: $|T_{\text{kin}}' - T| \leq |T_{\text{kin}} - T|$.

4. Aus den Positionen q'_{k+1} und den Geschwindigkeiten v'_{k+1} werden neue Positionen q''_{k+1} und Geschwindigkeiten v''_{k+1} so bestimmt, dass sich der neue mikroskopische Druck dem thermodynamischen Druck annähert: $|p''_{\text{mom}} - p| \leq |p_{\text{mom}} - p|$.
5. Der Index k wird um eins erhöht und das Verfahren wird mit Schritt 2 fortgesetzt, solange die Abbruchzeit t_n nicht erreicht wurde.

Wie bei den Thermostaten ist auch hier die naive Verbindung nicht die optimale Integration von Integrator, Thermostat und Barostat. Hinweise zu fortgeschrittenen Verfahren unter Nutzung der Operatorzerlegung finden sich beispielsweise bei Tuckerman (Tuckerman 2015).

9.1.5 Skalierung der Simulationsbox

Alle im Folgenden vorgestellten Barostaten skalieren die Simulationsbox. Bei der Berechnung von Größen, die von globalen Koordinaten (siehe Abschn. 4.3.1) abhängen, wie etwa Diffusionskoeffizienten, kann die Skalierung der Boxgröße zu Artefakten führen. Ein diffundierendes Teilchen bewegt sich nach genügend langer Zeit in weit entfernte Nachbarboxen (siehe zum Beispiel Abb. 6.3). In diesem Fall ist der zurückgelegte Weg ein Vielfaches der Boxlänge, wodurch der schon innerhalb der Simulationsbox unphysikalische Effekt der Abstandsskalierung um ein Vielfaches verstärkt werden kann. Wege, diese Artefakte bei der Auswertung zu korrigieren, finden sich beispielsweise bei Bullerjahn et al. (Bullerjahn et al. 2023).

9.2 Berendsen-Barostat

Ein robuster Algorithmus zur Druckregulierung, der sogenannte Berendsen-Barostat, wurde von Berendsen et al. (Berendsen et al. 1984) vorgestellt. Dieser Algorithmus ähnelt in vieler Hinsicht dem gleichnamigen Thermostaten und ist ebenfalls für den Einsatz bei neuen Simulationsrechnungen nicht mehr zu empfehlen, da dieser Barostat nicht das isotherm-isobare sondern ein unbekanntes Ensemble generiert. Dieser früher viel verwendete Barostat ist aber didaktisch sehr wertvoll, weil er als einfachster Algorithmus seiner Art die Wirkung eines Barostaten besonders gut veranschaulicht.

Der Berendsen-Barostat skaliert nach jedem Integrator- und Thermostatenschritt[1] alle kartesischen Koordinatenvektoren R_I mit einem Faktor

$$\lambda = \sqrt[3]{1 + \frac{\Delta t}{\tau}\kappa(p_{\text{mom}} - p)}, \tag{9.30}$$

---

[1] Tatsächlich ist es auch möglich diesen Barostaten nicht nach jedem sondern nach jeweils einer festen Anzahl von Integratorschritten auszuführen.

der sich aus der Kompressibilität κ des Systems, dem Zeitschritt Δt des Integrators, einer Zeitkonstanten τ und der Differenz zwischen Momentandruck p_{mom} und thermodynamischem Druck p berechnet, und erzeugen so neue Koordinatenvektoren

$$R'_I = \lambda R_I \quad \text{für} \quad I = 1, \ldots, N . \tag{9.31}$$

Eine genaue Kenntnis der Kompressibilität κ ist nicht so entscheidend, wie es zunächst aussehen mag, da nur der Quotient aus κ und der frei wählbaren Zeitkonstanten τ in die Berechnung des Skalierungsfaktors einfließt. Gleichzeitig wird gemäß

$$V' = \lambda^3 V \tag{9.32}$$

auch das Volumen der Simulationsbox skaliert. Für die Differenz

$$\Pi = p_{\text{mom}} - p \tag{9.33}$$

zwischen dem momentanen und dem thermodynamischen Druck etabliert der Berendsen-Barostat eine Kinetik erster Ordnung

$$\frac{d\Pi}{dt} = \frac{\kappa}{\tau} \Pi , \tag{9.34}$$

sofern die Zeitkonstante τ sehr viel größer als der Zeitschritt Δt ist (siehe Aufgabe 9.5). Für die zeitliche Entwicklung der Druckdifferenz folgt daraus

$$\Pi(t) = \Pi(0) e^{-t/\tau} . \tag{9.35}$$

Die Zeitkonstante τ kann also als Lebensdauer der Differenz zwischen momentanem und thermodynamischem Druck aufgefasst werden.

Im Grenzfall $\tau = \Delta t$ wird der Momentandruck des Systems nach jedem Schritt des Barostaten auf den thermodynamischen Druck eingestellt (siehe Aufgabe 9.6). Das System weist in diesem Fall keine Fluktuationen des Momentandrucks auf. Im entgegengesetzten Grenzfall $\tau = \infty$ verliert der Barostat seine Wirkung und das Volumen des Systems bleibt konstant wie im mikrokanonischen oder kanonischen Ensemble. Mit dem Berendsen-Thermostaten lassen sich daher nie die Fluktuationen erreichen, die im isotherm-isobaren Ensemble auftreten können, wo der momentane Druck und das Volumen fluktuieren können.

9.3 Andersen-Barostat

Der Andersen-Barostat (Andersen 1980), der – anders als der Berendsen-Thermostat – keine Gemeinsamkeit mit dem gleichnamigen Thermostaten hat, sondern stattdessen eine Verwandtschaft zum Nosé-Hoover-Thermostaten erkennen lässt, erweitert die dynamischen Variablen des Systems um das Volumen V. Der zu V konjugierte Impuls $p_V = m_V \dot{V}$ hat die Dimension eines Drucks. Die verallgemeinerte Masse

9.3 Andersen-Barostat

m_V, die die Dimension einer Masse geteilt durch die vierte Potenz einer Länge hat, beschreibt die Trägheit des Volumens. Eine Herleitung der Bewegungsgleichungen

$$\dot{q} = v + q \frac{\dot{V}}{3V} \tag{9.36}$$

$$\dot{v} = a - v \frac{\dot{V}}{3V} \tag{9.37}$$

$$\dot{V} = \frac{p_V}{m_V} \tag{9.38}$$

$$\dot{p}_V = -p + \frac{1}{3V} \left(v^{\text{t}} \mathbf{M} v + q^{\text{t}} \mathbf{M} a \right) \tag{9.39}$$

$$= p_{\text{mom}} - p \tag{9.40}$$

ist in Vertiefung 9.2 skizziert. Das Volumen V ändert sich nicht, wenn der konjugierte Impuls p_V null ist und dieser ändert sich nicht, wenn der momentane Druck gleich dem thermodynamischen ist. Eine naive Diskretisierung der obenstehenden Bewegungsgleichungen führt auf die Vorschrift

$$q' = q \left(1 + \Delta t \frac{p_V}{3 m_V V} \right) \tag{9.41}$$

$$v' = v \left(1 - \Delta t \frac{p_V}{3 m_V V} \right) \tag{9.42}$$

$$V' = V + \Delta t \frac{p_V}{m_V} \tag{9.43}$$

$$p'_V = p_V + \Delta t \left(p_{\text{mom}} - p \right), \tag{9.44}$$

nach der bei jedem Schritt des Barostaten die alten Variablen q, v, V und p_V durch die neuen Werte q', v', V' und p'_V ersetzt werden. Für die Größe m_V, die die Trägheit des Volumens beschreibt, können im Prinzip beliebige Werte gewählt werden, solange nur Eigenschaften berechnet werden sollen, die von der Konfiguration des Systems abhängen (Andersen 1980). Sollen auch Größen bestimmt werden, die von der Dynamik des Systems beeinflusst werden, empfiehlt es sich, m_V so zu wählen, dass die vom Barostaten erzeugte Dynamik des Volumens mit der Zeitskala der natürlichen Volumenfluktuationen übereinstimmt. Tuckerman (Tuckerman 2015) schlägt

$$m_V = (3N + 1) k_{\text{B}} T \tau_p^2 \tag{9.45}$$

vor, wobei die Zeitkonstante τ_p die Zeitskala der natürlichen Volumenfluktuationen wiedergibt.

Sofern sichergestellt wird, dass der Gesamtimpuls des Systems nach jedem Schritt null bleibt, erzeugt der Andersen-Barostat ein in sehr guter Näherung isoenthalpisch-isobares oder – in Verbindung mit einem Thermostaten – ein isotherm-isobares Ensemble. Neuformulierungen dieses Barostaten wurden unter anderem von Hoover (Hoover 1985; Hoover 1986) und Martyna et al. (Martyna et al. 1994) vorgestellt, wobei nur die letzte Variante unter allen Umständen das korrekte isotherm-isobare Ensemble generiert (Allen und Tildesley 2017; Tuckerman 2001).

Vertiefung 9.2: Herleitung des Andersen-Barostaten

Andersen betrachtet bei der Konstruktion seines Barostaten ein System mit der Lagrange-Funktion (siehe Anhang)

$$L(q, \dot{q}) = \frac{1}{2}\dot{q}^{\mathrm{t}} \mathsf{M} \dot{q} - U(q) \,. \tag{9.46}$$

Das Symbol U wird hier für die potentielle Energie verwendet und sollte nicht mit der inneren Energie aus Kap. 7 verwechselt werden. Die jeweilige Bedeutung von U muss dem Kontext entnommen werden. Anschließend werden die skalierten Variablen

$$\tilde{q} = V^{-1/3} q \tag{9.47}$$

eingeführt, die dimensionslos sind und bei einer kubischen Simulationsbox die Position der Atome als Bruchzahlen zwischen null und eins angeben. Danach wird mit den skalierten Variablen eine neue Lagrange-Funktion

$$\tilde{L}(\tilde{q}, \dot{\tilde{q}}, V, \dot{V}) = \frac{1}{2} V^{2/3} \dot{\tilde{q}}^{\mathrm{t}} \mathsf{M} \dot{\tilde{q}} - U(V^{1/3}\tilde{q}) + \frac{1}{2} m_V \dot{V}^2 - pV \tag{9.48}$$

formuliert, die der Lagrange-Funktion des ursprünglichen Systems ähnelt und Beiträge zur kinetischen und potentiellen Energie des Volumens enthält, das hier als dynamische Variable aufgefasst wird. Der Lagrange-Funktion (9.48) fehlen allerdings Beiträge zur kinetischen Energie, die von der zeitlichen Änderung des Volumens herrühren, und auftreten würden, wenn man die unskalierte Variablen q und $\dot{q}$ gemäß Gl. (9.47) durch $\tilde{q}$ und $\dot{\tilde{q}}$ substituieren würde. Mit den konjugierten Impulsen

$$\tilde{p} = \frac{\partial \tilde{L}}{\partial \dot{\tilde{q}}} = V^{2/3} \mathsf{M} \dot{\tilde{q}} \tag{9.49}$$

$$p_V = \frac{\partial \tilde{L}}{\partial \dot{V}} = m_V \dot{V} \tag{9.50}$$

wird aus der Lagrange-Funktion die Hamilton-Funktion

$$\tilde{H}(\tilde{q}, \tilde{p}, V, p_V) = \frac{1}{2} V^{-2/3} \tilde{p}^{\mathrm{t}} \mathsf{M}^{-1} \tilde{p} + U(V^{1/3}\tilde{q}) + \frac{1}{2m_V} p_V^2 + pV \tag{9.51}$$

abgeleitet. Wird der Andersen-Barostat in Verbindung mit einem (nahezu) energieerhaltenden Integrator verwendet, ist die Hamilton-Funktion (9.51) eine Erhaltungsgröße, die (abgesehen von der mit dem Volumen V verbundenen kinetischen Energie) der Enthalpie des Systems entspricht. Mit den kanonischen Gleichungen (siehe Anhang) erhält man aus $\tilde{H}$ die Bewegungsgleichungen

$$\dot{\tilde{q}} = \frac{\partial \tilde{H}}{\partial \tilde{p}} = V^{-2/3} \mathsf{M}^{-1} \tilde{p} \tag{9.52}$$

$$\dot{\tilde{p}} = -\frac{\partial \tilde{H}}{\partial \tilde{q}} = -\frac{\partial U}{\partial \tilde{q}} \tag{9.53}$$

$$\dot{V} = \frac{\partial \tilde{H}}{\partial p_V} = \frac{p_V}{m_V} \tag{9.54}$$

$$\dot{p}_V = -\frac{\partial \tilde{H}}{\partial V} = \frac{1}{3} V^{-5/3} \dot{\tilde{p}}^{\mathsf{t}} \mathsf{M}^{-1} \dot{\tilde{p}} - \frac{1}{3} V^{-2/3} \tilde{q}^{\text{kin}} \nabla U(V^{1/3} \tilde{q}) - p \tag{9.55}$$

für die skalierten Variablen. Die Bewegungsgleichungen

$$\dot{q} = v + q \frac{\dot{V}}{3V} \tag{9.56}$$

$$\dot{v} = a - v \frac{\dot{V}}{3V} \tag{9.57}$$

$$\dot{V} = \frac{p_V}{m_V} \tag{9.58}$$

$$\dot{p}_V = -p + \frac{1}{3V} \left(v^{\mathsf{t}} \mathsf{M} v + q^{\mathsf{t}} \mathsf{M} a \right) \tag{9.59}$$

für die unskalierten Variablen erhalten wir durch Umkehrung von Gl. (9.47).

9.4 Parrinello-Rahman-Barostaten

Der Parrinello-Rahman-Barostat (Parrinello und Rahman 1980; Parrinello und Rahman 1981; Parrinello und Rahman 1982; Nose und M. Klein 1983) besitzt anders als der Berendsen- oder Andersen-Barostat die Fähigkeit, anisotrope Systeme, deren Druck durch einen Tensor beschrieben wird, ins Gleichgewicht zu bringen. Dazu kann dieser Barostat auch die Form der Simulationsbox ändern. Da diese Eigenschaft, die für Festkörper sehr hilfreich ist, für isotrope Flüssigkeiten nicht benötigt wird, soll hier nur die isotrope Version des Parrinello-Rahman-Barostaten vorgestellt werden.

Die Herleitung des Parrinello-Rahman-Barostaten verläuft ähnlich wie beim Andersen-Barostaten, indem die Variablen, die das System beschreiben, mit einer zusätzlichen äußeren Variablen ergänzt werden, die (im isotropen Fall) das Volumen des Systems beschreibt. Da die weitere Herleitung mit der des Andersen-Thermostaten vergleichbar ist (siehe Vertiefung 9.2), sollen hier nur die resultierenden Bewegungsgleichungen präsentiert werden:

$$\dot{\boldsymbol{q}} = \boldsymbol{v} + \eta \left(\boldsymbol{q} - \boldsymbol{q}_\mathrm{m}\right) \quad (9.60)$$

$$\dot{\boldsymbol{v}} = \boldsymbol{a} - \eta \boldsymbol{v} \quad (9.61)$$

$$\dot{\eta} = \frac{1}{\tau_p^2} \frac{(p_\mathrm{mom} - p)V}{3Nk_\mathrm{B}T}. \quad (9.62)$$

Durch

$$\boldsymbol{q}_\mathrm{m} = (x_\mathrm{m}, y_\mathrm{m}, z_\mathrm{m}, x_\mathrm{m}, y_\mathrm{m}, z_\mathrm{m}, \ldots, x_\mathrm{m}, y_\mathrm{m}, z_\mathrm{m}) \quad (9.63)$$

werden die Positionen $\boldsymbol{q}$ um den Massenmittelpunkt $(x_\mathrm{m}, y_\mathrm{m}, z_\mathrm{m})$ korrigiert. Aus den Bewegungsgleichungen (9.60)–(9.62) lassen sich als einfachster Diskretisierungsvorschlag die Gleichungen

$$\boldsymbol{q}' = \boldsymbol{q} + \Delta t \, \eta \left(\boldsymbol{q} - \boldsymbol{q}_\mathrm{m}\right) \quad (9.64)$$

$$\boldsymbol{v}' = \boldsymbol{v}(1 - \Delta t \, \eta) \quad (9.65)$$

$$\eta' = \eta + \frac{\Delta t}{\tau_p^2} \frac{(p_\mathrm{mom} - p)V}{3Nk_\mathrm{B}T} \quad (9.66)$$

ableiten, die aus den durch Integrator und Thermostat bestimmten Variablen $\boldsymbol{q}$, $\boldsymbol{v}$ und η neue Variablen $\boldsymbol{q}'$, $\boldsymbol{v}'$ und η' erzeugen. Der Parrinello-Rahman-Barostat erzeugt ein isoenthalpisch-isobares oder isotherm-isobares Ensemble, je nachdem, ob er mit einem Thermostaten kombiniert wird. Häufig wird er gemeinsam mit dem Nosé-Hoover-Thermostaten eingesetzt. In jedem Fall sollte die Zeitkonstante τ_p des Parrinello-Rahman-Barostaten größer als die des Thermostaten sein.

Befindet sich ein System in einem Zustand, der weit vom Gleichgewicht entfernt ist, unterscheidet sich also der momentane Druck sehr deutlich vom thermodynamischen Druck, dann kann es beim Parrinello-Rahman-Barostaten zu großen Druckschwankungen kommen und es besteht die Gefahr, dass der Barostat instabil wird. In solchen Fällen ist es vorteilhaft, das System zunächst mit einem anderen Barostaten näher an das Gleichgewicht zu bringen (siehe auch Abb. 9.1).

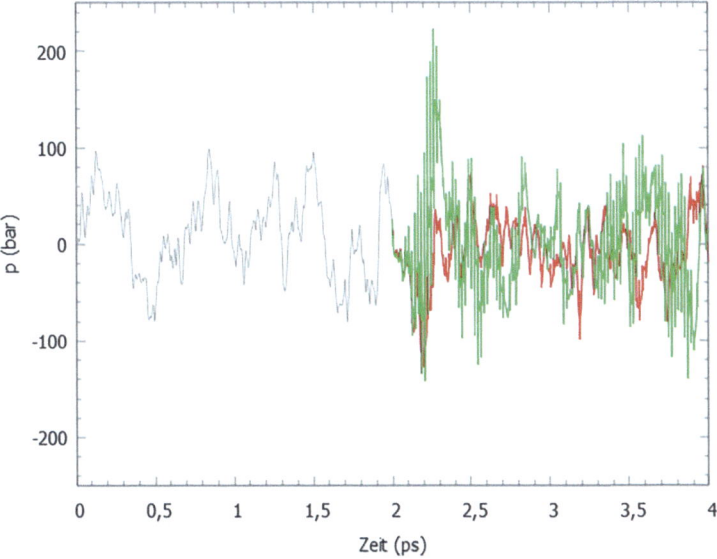

Abb. 9.1 Druckschwankungen in einer Wasserbox mit 12 nm Kantenlänge simuliert bei $T = 300$ K im *NVE*-Ensemble für Zeiten zwischen 0 und 2 ps und danach bei $T = 300$ K und $p = 1$ bar mit dem Berendsen- (rot) und dem Parrinello-Rahman-Barostaten (grün). Mit beiden Barostaten sind die Druckschwankungen um ein Vielfaches größer als der durchschnittliche Druck von 1 bar

9.5 Wissenscheck

Nach einer Zusammenfassung dieses Kapitel bieten Verständnisfragen und Aufgaben die Möglichkeit, das Verständnis der behandelten Themen zu vertiefen.

9.5.1 Zusammenfassung

Für MD-Simulationen im isotherm-isobaren (und im isoentropisch-isobaren) Ensemble wird ein Barostat genannter Algorithmus benötigt, der nach jedem Schritt des Integrators (und gegebenenfalls des Thermostaten) dafür sorgt, dass der momentane Druck des Systems sich dem äußeren Druck annähert. Der externe Druck wird als makroskopische Zustandsvariable gesehen, während der momentane Druck des Systems sich aus dessen Mikrozustand ableiten lassen soll und deshalb üblicherweise über das atomare Virial berechnet wird. Drei bekannte und weitverbreitete Verfahren sind die Berendsen-, Andersen- und Parrinello-Rahman-Barostaten. Während der Berendsen-Barostat analog zum gleichnamigen Thermostaten aufgebaut ist, sind die anderen beiden Barostaten besser mit dem Nosé-Hoover-Thermostaten zu vergleichen: Beide Barostaten koppeln das System an eine zusätzliche dynamische Variable, die eine eigene Trägheit besitzt und deren konjugierter Impuls nach jedem Schritt eine Änderung erfährt, die proportional zur Differenz zwischen dem äußeren und dem momentanen Druck ist. Der früher viel verwendete Berendsen-

Barostat gilt mittlerweile als überholt, ist aber sehr robust und immer noch geeignet, ein System, dessen momentaner Druck weit vom externen Druck entfernt liegt, ins Gleichgewicht zu bringen. Zudem hat dieser Barostat aufgrund seiner Einfachheit einen didaktischen Wert. Der Parrinello-Rahman-Barostat in Verbindung mit dem Nosé-Hoover-Thermostaten erzeugt das korrekte isotherm-isobare Ensemble, sollte aber mit Vorsicht gehandhabt werden, wenn sich das System deutlich außerhalb des Gleichgewichtes befindet.

9.5.2 Verständnisfragen

9.1 Momentandruck (1)
Was ist der Momentandruck und warum wird er von Barostaten verwendet?

9.2 Global und lokal
Thermostaten lassen sich in die Kategorien global und lokal einordnen. Wollte man die drei in diesem Kapitel vorgestellten Barostaten ebenso klassifizieren, welcher Kategorie müsste man sie zuordnen?

9.3 Momentandruck (2)
In welche beiden Bestandteile lässt sich der Momentandruck aufteilen?

9.4 Kohäsion
Welchen Einfluss haben kohäsive Kräfte, also anziehende Kräfte zwischen Atomen und Molekülen auf den Momentandruck?

9.5.3 Aufgaben

9.5 Berendsen-Barostat (1)
Zeigen Sie, dass durch den Berendsen-Barostaten für die Differenz $\Pi = p_{\text{mom}} - p$ eine Kinetik erster Ordnung etabliert wird, wenn die Zeitkonstante τ sehr viel größer als der Zeitschritt Δt ist.

9.6 Berendsen-Barostat (2)
Zeigen Sie, dass der Berendsen-Barostat im Grenzfall $\tau = \Delta t$ den momentanen Druck nach jedem Schritt auf den thermodynamischen einregelt.

9.7 Verallgemeinerte Masse
Welche Bedeutung hat die verallgemeinerte Masse m_V im Andersen-Barostat?

Literatur

Allen, Michael Patrick und Dominic J. Tildesley (2017). *Computer simulation of liquids*. 2nd ed. Oxford: Oxford university press. ISBN: 978-0-19-880320-1.

Andersen, Hans C. (1980). „Molecular dynamics simulations at constant pressure and/or temperature". In: *The Journal of Chemical Physics* 72.4, S. 2384–2393. DOI: https://doi.org/10.1063/1.439486.

Berendsen, H. J. C. u. a. (1984). „Molecular dynamics with coupling to an external bath". In: *The Journal of Chemical Physics* 81.8, S. 3684–3690. DOI: https://doi.org/10.1063/1.448118.

Bernetti, Mattia und Giovanni Bussi (2020). „Pressure control using stochastic cell rescaling". In: *The Journal of Chemical Physics* 153.11, S. 114107. DOI: https://doi.org/10.1063/5.0020514.

Bullerjahn, Jakob Tómas u. a. (2023). „Unwrapping NPT Simulations to Calculate Diffusion Coefficients". In: *Journal of Chemical Theory and Computation* 19.11, S. 3406–3417. DOI: https://doi.org/10.1021/acs.jctc.3c00308.

Frenkel, Daan und Berend Smit (2001). *Understanding molecular simulation: from algorithms to applications*. Computational science series. San Diego, Calif.: Acad. Press.

Hoover, William G. (1985). „Canonical dynamics: Equilibrium phase-space distributions". In: *Physical Review A* 31.3, S. 1695–1697. DOI: https://doi.org/10.1103/PhysRevA.31.1695.

Hoover, William G. (1986). „Constant-pressure equations of motion". In: *Physical Review A* 34.3, S. 2499–2500. DOI: https://doi.org/10.1103/PhysRevA.34.2499.

Ke, Qia u. a. (2022). „Effects of thermostats/barostats on physical properties of liquids by molecular dynamics simulations". In: *Journal of Molecular Liquids* 365, S. 120116. DOI: https://doi.org/10.1016/j.molliq.2022.120116.

Leimkuhler, B. und Charles Matthews (2015). *Molecular dynamics: with deterministic and stochastic numerical methods*. Cham: Springer.

Martyna, Glenn J., Douglas J. Tobias und Michael L. Klein (1994). „Constant pressure molecular dynamics algorithms". In: *The Journal of Chemical Physics* 101.5, S. 4177–4189. DOI: https://doi.org/10.1063/1.467468.

Nose, Shuichi und M.L. Klein (1983). „Constant pressure molecular dynamics for molecular systems". In: *Molecular Physics* 50.5, S. 1055–1076. DOI: https://doi.org/10.1080/00268978300102851.

Parrinello, M. und A. Rahman (1980). „Crystal Structure and Pair Potentials: A Molecular-Dynamics Study". In: *Physical Review Letters* 45.14, S. 1196–1199. DOI: https://doi.org/10.1103/PhysRevLett.45.1196.

Parrinello, M. und A. Rahman (1981). „Polymorphic transitions in single crystals: A new molecular dynamics method". In: *Journal of Applied Physics* 52.12, S. 7182–7190. DOI: https://doi.org/10.1063/1.328693.

Parrinello, M. und A. Rahman (1982). „Strain fluctuations and elastic constants". In: *The Journal of Chemical Physics* 76.5, S. 2662–2666. DOI: https://doi.org/10.1063/1.443248.

Tuckerman, Mark E. (2015). *Statistical mechanics: theory and molecular simulation*. Oxford: Oxford Univ. Press.

Tuckerman, Mark E. u. a. (2001). „Non-Hamiltonian molecular dynamics: Generalizing Hamiltonian phase space principles to non-Hamiltonian systems". In: *The Journal of Chemical Physics* 115.4, S. 1678–1702. DOI: https://doi.org/10.1063/1.1378321.

Yamauchi, Masataka, Yoshiharu Mori und Hisashi Okumura (2019). „Molecular simulations by generalized-ensemble algorithms in isothermal–isobaric ensemble". In: *Biophysical Reviews* 11.3, S. 457–469. DOI: https://doi.org/10.1007/s12551-019-00537-y.

Mathematische Grundlagen A

A.1 Vektoren und Matrizen

Spaltenvektoren werden im Text durch fettgedruckte lateinische Buchstaben dargestellt, zum Beispiel

$$\boldsymbol{r} = \begin{pmatrix} x \\ y \\ z \end{pmatrix}. \tag{A.1}$$

Zeilenvektoren werden als transponierte Spaltenvektoren aufgefasst und mit dem hochgestellten Buchstaben t gekennzeichnet:

$$\boldsymbol{r}^{\mathrm{t}} = (x, y, z). \tag{A.2}$$

Das Produkt aus einem Zeilenvektor

$$\boldsymbol{a}^{\mathrm{t}} = (a_x, a_y, a_z) \tag{A.3}$$

und einem Spaltenvektor

$$\boldsymbol{b} = \begin{pmatrix} b_x \\ b_y \\ b_z \end{pmatrix} \tag{A.4}$$

ist gleich dem Skalarprodukt beider Vektoren:

$$\boldsymbol{a}^{\mathrm{t}} \boldsymbol{b} = a_x b_x + a_y b_y a_z b_z. \tag{A.5}$$

Teilweise schreiben wir auch $\boldsymbol{a} \cdot \boldsymbol{b}$ für das Skalarprodukt. Dagegen steht das Produkt aus einem Spalten- und einem Zeilenvektor für das dyadische Produkt und ergibt eine quadratische Matrix:

$$\boldsymbol{ab}^{\mathrm{t}} = \begin{pmatrix} a_x b_x & a_x b_y & a_x b_z \\ a_y b_x & a_y b_y & a_y b_z \\ a_z b_x & a_z b_y & a_z b_z \end{pmatrix}. \tag{A.6}$$

Wir verwenden die Transposition auch für Matrizen, für die beispielsweise gilt

$$\mathsf{A} = \begin{pmatrix} A_{xx} & A_{xy} & A_{xz} \\ A_{yx} & A_{yy} & A_{yz} \\ A_{zx} & A_{zy} & A_{zz} \end{pmatrix} \iff \mathsf{A}^{\mathrm{t}} = \begin{pmatrix} A_{xx} & A_{yx} & A_{zx} \\ A_{xy} & A_{yy} & A_{zy} \\ A_{xz} & A_{yz} & A_{zz} \end{pmatrix}. \tag{A.7}$$

Für die Summe $\mathsf{C} = \mathsf{A} + \mathsf{B}$ und das Produkt $\mathsf{D} = \mathsf{AB}$ zweier $N \times N$-Matrizen A und B erhalten wir

$$c_{kl} = a_{kl} + b_{kl} \tag{A.8}$$

beziehungsweise

$$d_{kl} = \sum_{i=1}^{N} \sum_{j=1}^{N} a_{ki} b_{jl}, \tag{A.9}$$

wobei a_{kl}, b_{kl}, c_{kl} und d_{kl} Komponenten von A, B, C und D sind. Die Exponentialfunktion einer Matrix ist durch die Reihenentwicklung

$$\exp(\mathsf{A}) = \sum_{n=0}^{\infty} \frac{\mathsf{A}^n}{n!} \tag{A.10}$$

definiert, wobei A^0 gleich der Einheitsmatrix E ist, deren Elemente sämtlich gleich null sind, außer den Diagonalelementen, die gleich eins sind. Die Determinante einer 2×2-Matrix ist durch

$$\det \mathsf{A} = A_{xx} A_{yy} - A_{xy} A_{yx} \tag{A.11}$$

gegeben, für den allgemeinen Fall sei auf die Literatur verwiesen (Fischer 2014).

A.2 Differentialoperatoren

Zur Vereinfachung von Gleichungen mit Ableitungen nach mehreren Komponenten machen wir von der Konvention Gebrauch, einen Vektor mit partiellen Ableitungen als Komponenten als Ableitung nach einem Vektor zu schreiben. Die Ableitungen einer Funktion $H(\boldsymbol{q}, \boldsymbol{p}, t)$ nach den Komponenten von

$$\boldsymbol{q} = \begin{pmatrix} q_1 \\ \vdots \\ q_n \end{pmatrix} = (q_1, \ldots, q_n)^{\mathrm{t}} \tag{A.12}$$

A.2 Differentialoperatoren

schreiben wir also als

$$\begin{pmatrix} \partial H/\partial q_1 \\ \vdots \\ \partial H/\partial q_n \end{pmatrix} = \frac{\partial H}{\partial \boldsymbol{q}} \tag{A.13}$$

oder noch kürzer als

$$\frac{\partial H}{\partial \boldsymbol{q}} = \partial_{\boldsymbol{q}} H \ . \tag{A.14}$$

Alternativ verwenden wir auch den Nabla-Operator ∇, um räumliche Ableitungen auszudrücken:

$$\nabla_{\boldsymbol{q}} H = \partial_{\boldsymbol{q}} H \ . \tag{A.15}$$

Sofern klar ist, nach welchen Koordinaten wir ableiten wollen, verwenden wir den Nabla-Operator auch ohne Index. Für die zeitliche Ableitung schreiben wir

$$\frac{\partial H}{\partial t} = \partial_t H \tag{A.16}$$

oder wir verwenden einen oder zwei Punkte über dem Symbol, $\dot{H} = \partial_t H$ und $\ddot{H} = \partial_t^2 H$, um die erste beziehungsweise zweite zeitliche Ableitung zu kennzeichnen.

Literatur

Fischer, Gerd (2014). *Lineare Algebra*. Springer.

Theoretische Mechanik

B

Die Dynamik der in der klassischen Molekulardynamik untersuchten Systeme wird durch das zweite Newton'sche Gesetz vollständig beschrieben. Da die gekoppelten Differentialgleichungen zweiter Ordnung, die aus der Anwendung dieses Gesetzes folgen, sich nicht analytisch lösen lassen (von trivialen Ausnahmen abgesehen), muss eines der in Kap. 6 vorgestellten numerischen Integrationsverfahren verwendet werden. Für eine tiefergehende Analyse solcher Verfahren sind abstraktere Formulierungen der klassischen Mechanik wie der Lagrange- und besonders der Hamilton-Formalismus sehr hilfreich. Allerdings sind diese abstrakten Formulierungen recht anspruchsvoll und für eine Einführung in die Grundlagen der klassischen Molekulardynamik eigentlich entbehrlich. Als Kompromiss werden deshalb einige wichtige Grundlagen der theoretischen Mechanik in diesem Anhang skizziert, für eine umfangreichere Beschreibung sei auf Standardlehrbücher verwiesen (Bartelmann et al. 2018; Rebhan 2015; Fließbach 2015; Goldstein et al. 2006).

B.1   Der Lagrange-Formalismus

Der Lagrange-Formalismus gründet sich auf dem Hamilton'schen Prinzip, das besagt, dass die durch

$$S = \int_{t_0}^{t_1} L(\boldsymbol{q}, \dot{\boldsymbol{q}})\, \mathrm{d}t \tag{B.1}$$

definierte Wirkung extremal ist. Die zeitabhängigen Vektoren $\boldsymbol{q}(t)$ und $\dot{\boldsymbol{q}}(t)$ stehen für die f Koordinaten $q_1, \ldots, q_f$ und die dazugehörigen Geschwindigkeiten $\dot{q}_1, \ldots, \dot{q}_f$. Die Bewegungsgleichungen erhält man durch Lösung der f Lagrange-Gleichungen

$$\frac{\mathrm{d}}{\mathrm{d}t}\left(\frac{\partial L}{\partial \dot{q}_i}\right) - \frac{\partial L}{\partial q_i} = 0 \quad \text{mit} \quad i = 1, \ldots, f, \tag{B.2}$$

die wir auch in der Vektorgleichung

$$\frac{d}{dt}\left(\frac{\partial L}{\partial \dot{q}}\right) - \frac{\partial L}{\partial q} = 0 \tag{B.3}$$

zusammenfassen können.

B.2 Der Hamilton-Formalismus

Der Zustand eines mechanischen Systems mit f Freiheitsgraden (zum Beispiel $f = 3N$ für ein System mit N Atomen) ist im Rahmen des Hamilton-Formalismus vollständig beschrieben, wenn wir die Koordinaten $(q_1, \ldots, q_f)^t$ und die konjugierten Impulse $(p_1, \ldots, p_f)^t$ angeben können. Der einfacheren Schreibweise wegen fassen wir Koordinaten und Impulse in f-dimensionalen Vektoren zusammen:

$$\boldsymbol{q} = (q_1, \ldots, q_f)^t, \tag{B.4}$$

$$\boldsymbol{p} = (p_1, \ldots, p_f)^t. \tag{B.5}$$

Die konjugierten Impulse werden durch die Gleichung

$$\boldsymbol{p} = \partial_{\dot{q}} L(\boldsymbol{q}, \dot{\boldsymbol{q}}) \tag{B.6}$$

definiert. Die Hamilton-Funktion H ist durch

$$H(\boldsymbol{q}, \boldsymbol{p}) = \boldsymbol{p}^t \dot{\boldsymbol{q}} - L(\boldsymbol{q}, \dot{\boldsymbol{q}}) \tag{B.7}$$

gegeben. Bei mechanischen Systemen entspricht H in der Regel der Gesamtenergie des Systems. Wichtig ist hier, dass die Geschwindigkeiten $\dot{\boldsymbol{q}}$ im Rahmen des Hamilton-Formalismus keine unabhängigen Variablen der Hamilton-Funktion sind, sondern Funktionen der Koordinaten und der Impulse. Statt f Differentialgleichungen zweiter Ordnung wie der Lagrange-Formalismus liefert der Hamilton-Formalismus $2f$ Differentialgleichungen erster Ordnung für die Koordinaten und Impulse:

$$\dot{q}_i = \frac{\partial H}{\partial p_i} \quad \text{und} \quad \dot{p}_i = -\frac{\partial H}{\partial q_i} \quad \text{für } i = 1, \ldots, f \tag{B.8}$$

oder kürzer

$$\dot{\boldsymbol{q}} = \partial_p H \quad \text{und} \quad \dot{\boldsymbol{p}} = -\partial_q H. \tag{B.9}$$

Die kanonischen Gleichungen verflechten die Orts- und Impulskoordinaten miteinander. Aus diesem Grund wird der Hamilton-Formalismus auch als symplektische Formulierung der Mechanik (von altgriechisch *symplektikos:* verbindend, verflechtend, ineinander greifend) bezeichnet. Eine genauere Unterscheidung bezeichnet den Hamilton- und den dazu äquivalenten Lagrange-Formalismus als explizit beziehungsweise implizit symplektisch. Eine streng formale Definition für einen symplektischen Formalismus geben wir im Abschn. B.4 und zeigen dann in Abschn. B.5, dass der Hamilton-Formalismus auch diese formale Definition erfüllt.

Um die folgenden Betrachtungen etwas übersichtlicher zu gestalten, definieren wir die schiefsymmetrische $2f \times 2f$ Matrix

$$\mathsf{S} = \begin{pmatrix} 0_f & 1_f \\ -1_f & 0_f \end{pmatrix}, \tag{B.10}$$

bei der 0_f und 1_f für eine quadratische Nullmatrix beziehungsweise eine quadratische Einheitsmatrix der Dimension $f \times f$ stehen. Die kanonischen Gl. (B.9) bekommen so die Form

$$\begin{pmatrix} \dot{q} \\ \dot{p} \end{pmatrix} = \mathsf{S} \begin{pmatrix} \partial_q \\ \partial_p \end{pmatrix} H. \tag{B.11}$$

B.3 Der Phasenraum

Jeder mögliche Zustand unseres Systems wird eindeutig durch einen Vektor $(q, p)^t$ beschrieben und die Menge aller dieser Vektoren bezeichnen wir als Phasenraum Γ. Die zeitliche Entwicklung des Systems kann durch eine Kurve im Phasenraum beschrieben werden. Im Allgemeinen wird die zeitliche Entwicklung eines Zustands $(q, p)^t$ durch den sogenannten Phasenraumfluss

$$\Phi_\tau : \Gamma \to \Gamma, \quad \begin{pmatrix} q \\ p \end{pmatrix} \mapsto \begin{pmatrix} Q \\ P \end{pmatrix} \tag{B.12}$$

beschrieben, der einen beliebigen Anfangszustand $(q, p)^t$ zur Zeit t auf den späteren Zustand $(Q, P)^t = \Phi_\tau[(q, p)^t]$ zur Zeit $t + \tau$ abbildet. Aus der Abbildung Φ_τ, die einzelne Punkte des Phasenraums aufeinander abbildet, können wir auch eine Abbildung konstruieren, die Teilmengen des Phasenraumes aufeinander abbildet. Auch wenn es mathematisch nicht ganz korrekt ist, geben wir dieser Abbildung den gleichen Namen und wollen unter

$$B = \Phi_\tau(A) \quad \text{mit} \quad A, B \subset \Gamma \tag{B.13}$$

die Menge aller Zustände $(Q, P)^t$ zur Zeit $t + \tau$ verstehen, die aus Zuständen $(q, p)^t \in A$ zur Zeit t hervorgegangen sind. Eine solche Betrachtung ist insbesondere dann nützlich, wenn wir den Zustand eines Systems mit vielen Freiheitsgraden gar nicht exakt angeben können, sondern nur wissen, dass sich das System in irgendeinem Zustand $(q, p)^t \in A \subset \Gamma$ befindet.

Bei Systemen, die durch den Hamilton-Formalismus beschrieben werden können, ist Φ_τ durch die Hamilton-Funktion H eindeutig festgelegt, auch wenn es in der Regel keinen analytischen Ausdruck für Φ_τ geben wird. Eine für MD-Simulationen wichtige Eigenschaft des Phasenraumflusses ist, dass dieses Konzept auch dann angewandt werden kann, wenn die Dynamik des Systems nicht durch den Hamilton-Formalismus sondern durch ein numerisches Integrationsverfahren beschrieben wird.

B.4 Satz von Liouville

Der Satz von Liouville besagt, dass sich das Volumen, das ein Ensemble von Systemen im Phasenraum einnimmt, sich im zeitlichen Verlauf nicht ändert, sofern der Phasenraumfluss symplektisch ist. Wir werden im Folgenden definieren, was diese Eigenschaft bedeutet. Die Ableitung des neuen Zustands $(Q^t, P^t) = \Phi_\tau\left[(q^t, p^t)\right]$ nach dem ursprünglichen Zustand (q^t, p^t) schreiben wir mit Hilfe der in (A.16) definierten Operatoren ∂_q und ∂_p in Form einer Jacobi-Matrix

$$J = \begin{pmatrix} \partial_q \\ \partial_p \end{pmatrix}(Q^t, P^t) . \tag{B.14}$$

Aufgrund der Kettenregel der Differentiation gilt

$$\begin{pmatrix} \partial_q \\ \partial_p \end{pmatrix} = J \begin{pmatrix} \partial_Q \\ \partial_P \end{pmatrix} . \tag{B.15}$$

Wir nennen die Jacobi-Matrix J symplektisch, wenn die Gleichung

$$J^t S J = S \tag{B.16}$$

erfüllt ist. Wir bilden auf beiden Seiten dieser Gleichung die Determinante. Die Determinante von S ist offenbar eins. Außerdem machen wir uns zunutze, dass die Determinante eines Produktes von Matrizen gleich dem Produkt der Determinanten der einzelnen Matrizen ist, und erhalten so

$$\det J \cdot \det J^t = 1 . \tag{B.17}$$

Da die Determinante einer Matrix sich nicht ändert, wenn die Matrix transponiert wird, folgt aus der Bedingung (B.16), dass der Betrag der Determinante der Jacobi-Matrix gleich eins sein muss. Da die Jacobi-Matrix für $\tau \to 0$ stetig in die Einheitsmatrix übergehen soll, gilt sogar

$$\det J = 1 . \tag{B.18}$$

Wir setzen nun voraus, dass wir Teilmengen des Phasenraums messen können, und bezeichnen das Volumen einer Teilmenge $A \subset \Gamma$ mit $|A|$. Als einfaches Beispiel

B.4 Satz von Liouville

betrachten wir ein infinitesimales Hyperparallelogramm aus Γ das durch die Eckpunkte

$$(q^t, p^t)$$
$$(q^t + dq^t, p^t)$$
$$(q^t, p^t + dp^t)$$
$$(q^t + dq^t, p^t + dp^t)$$

festgelegt wird und das Volumen

$$|A| = (dq^t, 0) \, \mathsf{S} \begin{pmatrix} 0 \\ dp \end{pmatrix} = dq^t dp \tag{B.19}$$

hat. Durch die Abbildung Φ_τ wird A auf das Hyperparallelogramm $\Phi_\tau(A)$ mit den Eckpunkten

$$(Q^t, P^t)$$
$$(Q^t, P^t) + (dq^t, 0) \mathsf{J}^t$$
$$(Q^t, P^t) + (0, dp^t) \mathsf{J}^t$$
$$(Q^t, P^t) + (dq^t, dp^t) \mathsf{J}^t$$

und – wegen Gl. (B.16) – dem Volumen

$$|\Phi_\tau(A)| = (dq^t, 0) \, \mathsf{J}^t \, \mathsf{S} \, \mathsf{J} \begin{pmatrix} 0 \\ dp \end{pmatrix} = dq^t dp = |A| \tag{B.20}$$

abgebildet. Ein infinitesimales Phasenraumvolumen bleibt also unter einer symplektischen Abbildung Φ_τ erhalten. Für zwei infinitesimale Volumina $A_1, A_2 \subset \Gamma$ gilt außerdem

$$\Phi_\tau(A_1 \cup A_2) = \Phi_\tau(A_1) \cup \Phi_\tau(A_2) \,. \tag{B.21}$$

Wenn A_1 und A_2 disjunkt sind, also für $A_1 \cap A_2 = \{\}$, gilt zudem

$$\Phi(A_1) \cap \Phi(A_2) = \{\} \tag{B.22}$$

und damit

$$|\Phi_\tau(A_1 \cup A_2)| = |\Phi_\tau(A_1)| + |\Phi_\tau(A_2)| \,. \tag{B.23}$$

Wir können deshalb ein beliebiges Phasenraumvolumen $A \subset \Gamma$ als Summe von infinitesimalen Teilvolumina dA schreiben und

$$|\Phi_\tau(A)| = |A| \tag{B.24}$$

folgern und feststellen, dass jeder symplektische Phasenraumfluss volumenerhaltend ist.

Für die Betrachtung numerischer Verfahren, bei denen die zeitliche Entwicklung in diskreten Schritten berechnet wird, ist es nützlich zu wissen, dass eine Abbildung Φ, die sich als Hintereinanderausführung zweier symplektischer Abbildungen Φ_1 und Φ_2 darstellen lässt,

$$\Phi\left[\begin{pmatrix} q \\ p \end{pmatrix}\right] = \Phi_2\left[\Phi_1\left[\begin{pmatrix} q \\ p \end{pmatrix}\right]\right], \tag{B.25}$$

ebenfalls symplektisch ist. Wir können das schnell einsehen, wenn wir uns klarmachen, dass sich die zu Φ gehörende Jacobi-Matrix J als Produkt der zu Φ_1 und Φ_2 gehörenden Jacobi-Matrizen J_1 beziehungsweise J_2 schreiben lässt:

$$J = J_2 J_1 . \tag{B.26}$$

Es gilt dann

$$J^t S J = (J_2 J_1)^t\, S\, J_2 J_1 \tag{B.27}$$

$$= J_1^t J_2^t\, S\, J_2 J_1 \tag{B.28}$$

$$= J_1^t\, S\, J_1 \tag{B.29}$$

$$= S , \tag{B.30}$$

womit gezeigt ist, dass auch die Abbildung Φ symplektisch ist.

B.5 Symplektische Struktur des Hamilton-Formalismus

Die kanonischen Gleichungen des Hamilton-Formalismus können wir mit Hilfe der Matrix S in die folgende Form bringen:

$$\begin{pmatrix} \dot{Q} \\ \dot{P} \end{pmatrix} = S \begin{pmatrix} \partial_Q \\ \partial_P \end{pmatrix} H . \tag{B.31}$$

Wir multiplizieren diese Gleichung von links mit S^t und wegen $S^t S = 1_{2f}$ erhalten wir

$$S^t \begin{pmatrix} \dot{Q} \\ \dot{P} \end{pmatrix} = \begin{pmatrix} \partial_Q \\ \partial_P \end{pmatrix} H . \tag{B.32}$$

Wir transponieren diese Gleichung,

$$(\dot{Q}^t, \dot{P}^t) S = (\partial_Q^t, \partial_P^t) H , \tag{B.33}$$

und leiten das Ergebnis nach dem Ausgangszustand (q^t, p^t) ab, indem wir von links mit dem Operator $(\partial_q^t, \partial_p^t)^t$ multiplizieren:

$$\begin{pmatrix} \partial_q \\ \partial_p \end{pmatrix} (\dot{Q}^t, \dot{P}^t) S = \begin{pmatrix} \partial_q \\ \partial_p \end{pmatrix} (\partial_Q^t, \partial_P^t) H . \tag{B.34}$$

Wir verwenden (B.14) für die linke Seite dieser Gleichung und (B.15) für die rechte Seite und erhalten

$$\partial_t \, \mathsf{J} \, \mathsf{S} = \mathsf{J} \begin{pmatrix} \partial_Q \\ \partial_P \end{pmatrix} (\partial_Q^t, \partial_P^t) H . \tag{B.35}$$

Schließlich multiplizieren wir von rechts mit der transponierten Jacobi-Matrix und gelangen zu

$$\partial_t \, \mathsf{J} \, \mathsf{S} \, \mathsf{J}^t = \mathsf{J} \begin{pmatrix} \partial_Q \\ \partial_P \end{pmatrix} (\partial_Q^t, \partial_P^t) \, \mathsf{J}^t H . \tag{B.36}$$

Wegen $\mathsf{S}^t = -\mathsf{S}$ wechselt die linke Seite dieser Gleichung unter Transponierung ihr Vorzeichen, während die rechte Seite unverändert bleibt. Beide Seiten dieser Gleichung müssen daher gleich null sein, woraus folgt das JSJ^t eine Konstante ist. Den Wert dieser Konstanten können wir sofort erkennen, wenn wir $\tau = 0$ und damit $\mathsf{J} = \mathbf{1}_{2f}$ setzen. Es gilt also

$$\mathsf{JSJ}^t = \mathsf{S} \tag{B.37}$$

was gleichwertig zu Gl. (B.16) ist. Der Hamilton-Formalismus hat also eine symplektische Struktur, woraus folgt, dass der Satz von Liouville für alle Systeme gilt, deren Dynamik durch den Hamilton-Formalismus beschrieben wird.

B.6 Symplektische Integratoren

Im vorhergehenden Abschnitt haben wir gesehen, dass der Hamilton-Formalismus die formale Bedingung (B.16) erfüllt, die garantiert, dass der Phasenraum eine symplektische Struktur erhält. Diese Struktur kann außer durch den Hamilton-Formalismus hinaus auch durch numerische Integrationsmethoden erzeugt werden. Ausführliche Abhandlungen hierzu finden sich beispielsweise in Aufsätzen von Meiss (Meiss 1992) oder von Gray et al. (Gray et al. 1994) oder im Lehrbuch von Tuckerman (Tuckerman 2015). Wir skizzieren im Folgenden, wie sich ein symplektischer Integrator konstruieren lässt, und wenden dieses Vorgehen auf das Beispiel des symplektischen Euler-Verfahrens an.

B.7 Der Liouville-Operator

Wir definieren zu Beginn den Liouville-Operator[1]

$$\mathrm{i}L_H = -(\partial^{\mathrm{t}}_{\boldsymbol{Q}}, \partial^{\mathrm{t}}_{\boldsymbol{P}})\, SH \begin{pmatrix} \partial \boldsymbol{Q} \\ \partial \boldsymbol{P} \end{pmatrix}. \tag{B.38}$$

und schreiben damit die kanonischen Gl. (B.31) in der Form

$$\begin{pmatrix} \dot{\boldsymbol{Q}} \\ \dot{\boldsymbol{P}} \end{pmatrix} = \mathrm{i}L_H \begin{pmatrix} \boldsymbol{Q} \\ \boldsymbol{P} \end{pmatrix}. \tag{B.39}$$

Wir setzen voraus, dass die Hamilton-Funktion und damit auch der Liouville-Operator nicht explizit von der Zeit abhängt, und können deshalb eine formale Lösung dieser Differenzialgleichung angeben, indem wir den Liouville-Operator exponentieren:

$$\begin{pmatrix} \boldsymbol{Q} \\ \boldsymbol{P} \end{pmatrix} = \exp(\tau\, \mathrm{i}L_H) \begin{pmatrix} \boldsymbol{q} \\ \boldsymbol{p} \end{pmatrix}. \tag{B.40}$$

Hier wird das System zu Beginn, zur Zeit $t = 0$, durch den Zustandsvektor $(\boldsymbol{q}^{\mathrm{t}}, \boldsymbol{p}^{\mathrm{t}})$ und später, zur Zeit $t = \tau$, durch $(\boldsymbol{Q}^{\mathrm{t}}, \boldsymbol{P}^{\mathrm{t}})$ beschrieben. Wir gehen ganz naiv davon aus, dass sich ein Operator genauso exponentieren lässt wie eine Zahl und befassen uns erst später mit den Schwierigkeiten dieses Vorgehens. Die schlicht aussehende Differentialgleichung (B.40) kann bei flüchtiger Betrachtung eine einfache Lösbarkeit der Bewegungsgleichungen vortäuschen. Da die Zeit τ im Exponenten aber nicht mit einer Konstanten multipliziert wird, sondern mit einem Differentialoperator, sind wir einer geschlossenen Lösung der Bewegungsgleichungen in Wirklichkeit keinen Schritt näher gekommen. Wir werden aber sehen, dass Gl. (B.40) dafür eine gute Ausgangsposition für eine numerische Lösung der Bewegungsgleichungen liefert. Als ersten Schritt auf diesem Weg stellen wir die Exponentialfunktion des Liouville-Operators (den man, ähnlich wie die Exponentialfunktion des Hamilton-Operators in der Quantenmechanik, auch als Zeitentwicklungsoperator auffassen kann) als unendliche Reihe dar:

$$\exp(\tau\, \mathrm{i}L_H) = \sum_{n=0}^{\infty} \frac{(\tau\, \mathrm{i}L_H)^n}{n!}. \tag{B.41}$$

---

[1] Die imaginäre Einheit i in der Definition des Liouville-Operators wird in der Literatur nicht durchgängig verwendet. Die Schreibweise mit imaginärer Einheit betont die Analogie zwischen der Stellung des Liouville-Operators in den kanonischen Gleichungen und der Rolle des Hamilton-Operators in der Schrödinger-Gleichung.

B.8 Separable Hamilton-Funktionen

Sehr wichtig für eine numerische Lösung ist die Annahme, dass die Hamilton-Funktion separabel ist, dass sie sich also also Summe schreiben lässt aus einer kinetischen Energie, die nur von den Impulsen, und einer potentiellen Energie, die nur von den Koordinaten abhängt,

$$H(\boldsymbol{Q},\boldsymbol{P}) = T(\boldsymbol{P}) + V(\boldsymbol{Q}) \,. \tag{B.42}$$

Glücklicherweise ist das in typischen Molekulardynamiksimulationen der Fall, so dass wir den Liouville-Operator $\mathrm{i}L_H$ als Summe zweier Operatoren $\mathrm{i}L_T$ und $\mathrm{i}L_V$ schreiben können,

$$\mathrm{i}L_H = \mathrm{i}L_T + \mathrm{i}L_V \,, \tag{B.43}$$

die entsprechend Gl. (B.38) durch

$$\mathrm{i}L_T = (\partial_{\boldsymbol{Q}}^{\mathrm{t}}, \partial_{\boldsymbol{P}}^{\mathrm{t}})\, \mathsf{S}\, T \begin{pmatrix} \partial\boldsymbol{Q} \\ \partial\boldsymbol{P} \end{pmatrix} \quad \text{und} \quad \mathrm{i}L_V = (\partial_{\boldsymbol{Q}}^{\mathrm{t}}, \partial_{\boldsymbol{P}}^{\mathrm{t}})\, \mathsf{S}\, V \begin{pmatrix} \partial\boldsymbol{Q} \\ \partial\boldsymbol{P} \end{pmatrix} \tag{B.44}$$

definiert sind. Wir wenden den so definierten Operator $\mathrm{i}L_T$ nun auf den Zustandsvektor $(\boldsymbol{Q}^{\mathrm{t}}, \boldsymbol{P}^{\mathrm{t}})$ an und erhalten

$$\mathrm{i}L_T \begin{pmatrix} \boldsymbol{Q} \\ \boldsymbol{P} \end{pmatrix} = \left(\frac{\partial T}{\partial P_1}, \dots, \frac{\partial T}{\partial P_f}, 0, \dots, 0 \right) \begin{pmatrix} \partial\boldsymbol{Q} \\ \partial\boldsymbol{P} \end{pmatrix} \begin{pmatrix} \boldsymbol{Q} \\ \boldsymbol{P} \end{pmatrix}$$

$$= \left(\frac{\partial T}{\partial P_1}, \dots, \frac{\partial T}{\partial P_f}, 0, \dots, 0 \right)^{\mathrm{t}}, \tag{B.45}$$

da die kinetische Energie T ja nur von den Impulsen abhängt. Die erneute Anwendung von $\mathrm{i}L_T$ liefert nun

$$(\mathrm{i}L_T)^2 \begin{pmatrix} \boldsymbol{Q} \\ \boldsymbol{P} \end{pmatrix} = \left(\frac{\partial T}{\partial P_1}, \dots, \frac{\partial T}{\partial P_f}, 0, \dots, 0 \right) \begin{pmatrix} \partial\boldsymbol{Q} \\ \partial\boldsymbol{P} \end{pmatrix} \left(\frac{\partial T}{\partial P_1}, \dots, \frac{\partial T}{\partial P_f}, 0, \dots, 0 \right)^{\mathrm{t}}$$

$$= \left(\frac{\partial T}{\partial P_1} \frac{\partial}{\partial Q_1} \frac{\partial T}{\partial P_1}, \dots, \frac{\partial T}{\partial P_f} \frac{\partial}{\partial Q_f} \frac{\partial T}{\partial Q_f}, 0, \dots, 0 \right)^{\mathrm{t}}$$

$$= (0, \dots, 0, 0, \dots, 0)^{\mathrm{t}} \,. \tag{B.46}$$

Im Fall einer separierbaren Hamilton-Funktion ist der Operator $\mathrm{i}L_T$ also bezüglich der Anwendung auf $(\boldsymbol{Q}^{\mathrm{t}}, \boldsymbol{P}^{\mathrm{t}})$ nilpotent. Auf gleiche Weise können wir für $\mathrm{i}L_V$ argumentieren. Wir schreiben deshalb kurz

$$(\mathrm{i}L_T)^2 = (\mathrm{i}L_V)^2 = 0 \,. \tag{B.47}$$

Exponentialfunktionen von $\mathrm{i}L_T$ und $\mathrm{i}L_V$ lassen sich daher mit Hilfe einer Reihenentwicklung analog zu Gl. (B.41) radikal vereinfachen:

$$\exp(\tau\, \mathrm{i}L_T) = (1 + \tau\, \mathrm{i}L_T) \quad \text{und} \quad \exp(\tau\, \mathrm{i}L_V) = (1 + \tau\, \mathrm{i}L_V) \,. \tag{B.48}$$

B.9 Die Trotter-Faktorisierung

Wir könnten jetzt, mit der einfachen Beziehung

$$e^{a+b} = e^a e^b \tag{B.49}$$

im Hinterkopf, hoffen, dass eine exakte und zugleich einfache Lösung von Gl. (B.40) möglich wird, wenn wir den Liouville-Operator gemäß (B.43) und (B.48) ersetzen. Gl. (B.49) gilt unzweifelhaft, wenn a und b Zahlen sind. Für Operatoren a und b gilt sie nur, wenn diese vertauschen, wenn also $ab = ba$ gilt. Leider vertauschen iL_T und iL_V nicht (von trivialen Fällen, wo beispielsweise die potentielle Energie verschwindet, abgesehen), wie man sich schon an den einfachsten nichttrivialen Beispielen klarmachen kann (siehe etwa 3.10 in Tuckerman 2015). Es gilt also im Allgemeinen

$$iL_T \, iL_V \neq iL_V \, iL_T \,. \tag{B.50}$$

Eine Möglichkeit, zumindest Näherungen für die Exponentialfunktion des Liouville-Operators aufstellen, bietet die sogenannte Trotter-Faktorisierung (Trotter 1959). Die allgemeine Form einer solchen Zerlegung lautet

$$\exp(\tau \, iL_H) = \prod_{j=1}^{n} \exp(c_j \tau \, iL_T) \exp(d_j \tau \, iL_V) + \mathcal{O}(\tau^{n+1}) \tag{B.51}$$

mit der Nebenbedingung

$$\sum_{j=1}^{n} c_j = \sum_{j=1}^{n} d_j = 1 \,. \tag{B.52}$$

B.10 Das symplektische Euler-Verfahren

Das einfachste Beispiel für eine solche Faktorisierung ist die Näherung

$$\exp(\tau \, iL_H) \approx \exp(\tau \, iL_T) \exp(\tau \, iL_V) \,. \tag{B.53}$$

Wir setzen den Näherungsausdruck für $\exp(\tau \, iL_H)$ in Gl. (B.40) ein und beschränken uns der besseren Übersicht halber auf ein System mit nur einem Freiheitsgrad. Die dem Freiheitsgrad zugeordnete Masse sei m und F gebe die Kraft zu Beginn an, so dass wir für die separierten Liouville-Operatoren

$$iL_V = -\frac{\partial V}{\partial q} = F \partial_p \quad \text{und} \quad iL_T = \frac{p}{m} \partial_q \tag{B.54}$$

schreiben können. Wir erhalten dann

$$\begin{pmatrix} Q \\ P \end{pmatrix} = (1 + \tau \, iL_T)(1 + \tau \, iL_V) \begin{pmatrix} q \\ p \end{pmatrix} \tag{B.55}$$

$$= (1 + \tau \, iL_T) \begin{pmatrix} q \\ p + \tau F \end{pmatrix} \tag{B.56}$$

$$= \begin{pmatrix} q + \tau(p + \tau F)/m \\ p + \tau F \end{pmatrix} \tag{B.57}$$

$$= \begin{pmatrix} q + \tau P/m \\ p + \tau F \end{pmatrix} \tag{B.58}$$

Mit $\tau = \Delta t$, $(Q, P) = (q^{(k+1)}, p^{(k+1)})$ und $(q, p) = (q^{(k)}, p^{(k)})$ erhalten wir das symplektische Euler-Verfahren

$$\begin{pmatrix} q^{(k+1)} \\ p^{(k+1)} \end{pmatrix} = \begin{pmatrix} q^{(k)} + \tau p^{(k+1)}/m \\ p^{(k)} + \tau F^{(k)} \end{pmatrix}. \tag{B.59}$$

Wir wir gesehen haben, lässt sich dieses Verfahren gemäß der rechten Seite von Gl. (B.53) als Hintereinanderausführung zweier Transformation

$$\phi_1 = \exp(\tau \, iL_V) \quad \text{und} \quad \phi_2 = \exp(\tau \, iL_T) \tag{B.60}$$

darstellen, die beide aus einer Hamilton-Funktion stammen, nämlich $H_1 = V$ und $H_2 = T$ und damit symplektisch sind. Wie am Ende von Abschn. B.4 gezeigt, ist die Hintereinanderausführung zweier symplektischer Transformationen ebenfalls symplektisch, und deshalb trägt das oben genannte Euler-Verfahren seinen Namen zu Recht.

Literatur

Bartelmann, Matthias u. a. (2018). *Mechanik*. Theoretische Physik. Berlin: Springer Spektrum.
Fließbach, Torsten (2015). *Mechanik*. Lehrbuch zur theoretischen Physik. Berlin: Springer Spektrum.
Goldstein, Herbert, Charles P. Poole und John L. Safko (2006). *Klassische Mechanik*. Weinheim: Wiley-VCH.
Gray, Stephen K., Donald W. Noid und Bobby G. Sumpter (1994). „Symplectic integrators for large scale molecular dynamics simulations: A comparison of several explicit methods". In: *The Journal of Chemical Physics* 101, S. 4062–4072. DOI: https://doi.org/10.1063/1.467523.
Meiss, J. D. (1992). „Symplectic maps, variational principles, and transport". In: *Reviews of Modern Physics* 64, S. 795-848. DOI: https://doi.org/10.1103/RevModPhys.64.795.
Rebhan, Eckhard (2015). *Mechanik*. Berlin: Springer.

Trotter, H. F. (1959). „On the Product of Semi-Groups of Operators". In: *Proceedings of the American Mathematical Society* 10, S. 545. DOI: https://doi.org/10.2307/2033649.

Tuckerman, Mark E. (2015). *Statistical mechanics: theory and molecular simulation.* Oxford: Oxford Univ. Press.

Lösungen zu Verständnisfragen und Aufgaben

C

Lösungen zu Kap. 2

2.1 Startstruktur
Bei kleineren Peptiden kann die Startstruktur durch einen Struktureditor erstellt werden. Bei Proteinen sind experimentelle Daten aus Röntgenkristallografie, NMR oder Kryoelektronenmikroskopie erforderlich. Zunehmend lassen sich Strukturen auch mit Methoden der Bioinformatik gewinnen.

2.2 Topologie
In einer quantenmechanischen MD-Simulation wird die Dynamik des Systems durch die Schrödinger-Gleichung und die Coulomb-Wechselwirkung bestimmt. Man benötigt dann nur die Masse und Ladung der Kerne, ihre anfängliche Position und die Anzahl der Elektronen. Bei einer klassischen MD-Simulation wird die Dynamik dagegen durch eine Reihe von empirischen Potentialen beschrieben, für die zusätzliche Informationen gebraucht werden, die in der Topologie gegeben werden.

2.3 Wasser
Es gibt Verfahren, den Einfluss der Wassermoleküle auf das Biomolekül indirekt zu berücksichtigen, zum Beispiel durch eine geänderte elektrische Permittivität. Man spricht dann auch von MD-Simulationen mit implizitem Wasser, die deutlich schneller sind als solche mit Wassermolekülen (explizites Wasser), dafür aber auch als weniger zuverlässig gelten.

2.4 Simulationsbox
Möchte man ein einzelnes Biomolekül im Vakuum oder mit implizitem Wasser simulieren, kann auf eine Simulationsbox verzichtet werden. Sobald die Simulation jedoch mehrere Moleküle umfasst, ist die Box notwendig, da sich die Moleküle sonst über kurz oder lang unendlich weit voneinander entfernen würden.

2.5 Equilibrierung
Sofern es nicht wegen zu hoher potentieller Energie der Startstruktur zu numerischer Instabilität kommt, kann eine MD-Simulation auch ohne Equilibrierung durchgeführt werden. In den ersten Pikosekunden der Trajektorie befindet sich das System dann allerdings nicht im Gleichgewicht, weshalb die Ergebnisse aus der Auswertung der Trajektorie etwas verzerrt sein können. Bei einer Länge der Trajektorie von 5000 ns, wie in diesem Kapitel, dürfte diese Verzerrung allerdings kaum ins Gewicht fallen.

2.6 Thermostat
Die Ergebnisse einer NVE-Simulation können denen einer NVT-Simulation sehr nahe kommen, wenn man die Energie des Systems (zum Beispiel durch die Wahl der Anfangsgeschwindigkeiten) so geschickt wählt, dass sie der mittleren Energie einer NVT-Simulation gleicht. Eine exakte Übereinstimmung ist aber nicht möglich, da in einer NVE-Simulation Fluktuationen der Energie, wie sie von einem Thermostaten erzeugt werden, fehlen. Inwieweit dies für die eigene Fragestellung von Bedeutung ist, lässt sich nicht allgemein beantworten.

2.7 Zeitdauer
Die Zeitdauer, die simuliert werden soll, hängt von den Phänomenen ab, die untersucht werden sollen. Proteinfaltung etwa ist ein Vorgang, der sich auf einer Zeitskala von 10^{-6} s bis 10^4 s stattfindet, von der gegenwärtig nur ein kleiner Teil durch MD-Simulationen abgedeckt werden kann.

Wenn der Phasenraum abgetastet werden soll, hängt die erwünschte Zeitdauer der Simulation sehr davon ab, wie hoch die Barrieren der Gibbs-Energie zwischen verschiedenen Bereichen des Phasenraums sind.

Lösungen zu Kap. 3

3.1 Koordinaten (1)
Wenn wir für jeden Atomkern drei kartesische Koordinaten angeben, verwenden wir insgesamt $3N$ Koordinaten, wodurch wir nicht nur die relative Lage der einzelnen Atome zueinander festlegen, sondern auch die Lage des Massenmittelpunktes und die Orientierung des Moleküls im Raum. Zur Beschreibung des „Moleküls an sich" tragen die letzten beiden Angaben, die sechs Koordinaten entsprechen – drei für die Lage des Massenmittelpunktes und drei für die Orientierung des Moleküls, nichts bei, sie sind also entbehrlich. Verwenden wir interne statt kartesische Koordinaten, kommen wir deshalb mit $3N - 6$ Koordinaten aus.

3.2 Unschärferelation
Je genauer die Position eines Elektrons in einem Atom oder Molekül bestimmt ist, je kleiner also die Ortsunschärfe ist, desto größer muss nach der Heisenberg'schen Unschärferelation die Impulsunschärfe und damit auch die Unschärfe der kinetischen Energie sein. Die kinetische Energie ist nie negativ und im günstigsten Fall null. Mit steigender Unschärfe muss deshalb auch der durchschnittlich gemessene Wert dieser Energie größer werden. Wird die Lokalisierung zu stark, hält das Elek-

tron sich beispielsweise in einem zu engen Abstand um einen Kern herum auf, dann kann der Anstieg in der kinetischen Energie nicht mehr durch ein Absenken der potentiellen Energie kompensiert werden. Die Unschärferelation erzwingt also ausgedehnte Atome und Moleküle – im Widerspruch zur klassischen Physik, nach der die Elektronen im Kern ruhen müssten.

3.3 Wasserstofforbitale
Die Wasserstofforbitale, also die exakten Lösungen für die möglichen Wellenfunktionen eines Elektrons im H-Atom, können mit Hilfe einer effektiven Kernladungszahl so modifiziert werden, dass sie die Orbitale der Elektronen in schweren Atomen approximieren. Die gesamte elektronische Wellenfunktion eines schweren Atoms lässt sich – unter weitgehender Vernachlässigung der Elektronenkorrelation – als Produkt solcher modifizierten Wasserstofforbitale darstellen. Bildet man Linearkombinationen (LCAO) solcher Orbitale an verschiedenen Atomen, erhält man Molekülorbitale (MO), also Einteilchen-Wellenfunktionen für Elektronen im Molekül.

3.4 Pauli-Prinzip
Nach dem Pauli-Prinzip müssen elektronische Vielteilchen-Wellenfunktionen antisymmetrisch sein, das heißt bei Vertauschung zweier Elektronen muss die Wellenfunktion ihr Vorzeichen wechseln. Bei einer Wellenfunktion, die als Produkt von Orbitalen dargestellt wird, bedeutet dies, dass keine zwei Orbitale in allen vier Quantenzahlen übereinstimmen dürfen. Wären die Elektronen stattdessen Bosonen, würde die Wellenfunktion bei Vertauschung ihr Vorzeichen behalten und alle Elektronen befänden sich im tiefstliegenden Orbital, dem 1s-Orbital des Wasserstoffs ähnlich. Die Atome wären dann nicht in der Lage, gerichtete Bindungen einzugehen, und würden statt Molekülen nur Gase, Flüssigkeiten und Festkörper bilden.

3.5 Born-Oppenheimer-Näherung
Im Gültigkeitsbereich der Born-Oppenheimer-Näherung entspricht die geometrische Molekülstruktur denjenigen Kernkoordinaten $\underline{R}$, die die Potentialhyperfläche $V_{PES}(\underline{R})$ minimieren.

Kann diese oder eine vergleichbare Näherung nicht angewandt werden, steht nur eine von Kern- und Elektronenkoordinaten abhängige Wellenfunktion zur Verfügung, aus der sich nur eine Aufenthaltsdichteverteilung für die Kernkoordinaten $\underline{R}$ gewinnen lässt. Vernachlässigt man die Korrelation der Bewegung der verschiedenen Kerne, lässt sich für jeden Kern ein Ort finden, an dem seine Aufenthaltswahrscheinlichkeitsdichte maximal wird, und so eine geometrische Struktur des Moleküls konstruieren. Natürlich ist es fraglich, ob sich eine so erhaltene Struktur sinnvoll verwenden lässt, wenn sich die Born-Oppenheimer-Näherung schon im Grundzustand nicht anwenden lässt.

3.6 Konfigurationswechselwirkung
Bei einer Produktdarstellung der Wellenfunktion kann jedes Elektron nur mit der mittleren Ladungsdichte der übrigen Elektronen wechselwirken. Die Korrelation der Elektronenbewegung kann mit einem solchen Ansatz für die Wellenfunktion

nicht erfasst werden. Trotzdem kann mit der Produktdarstellung die elektronische Struktur des Moleküls oder des Atoms im Wesentlichen beschrieben werden, da der Einfluss der Korrelation meist klein ist. Will man diesen Einfluss trotzdem berücksichtigen, kann die Wellenfunktion verbessert werden, indem statt eines Produktes von Orbitalen eine Linearkombination verschiedener solcher Produkte verwendet wird.

3.7 Lennard-Jones-Potential
Die ersten beiden Ableitungen von V_{LJ} am Ort $R = R_0$ lauten

$$\left.\frac{\partial V_{\mathrm{LJ}}}{\partial R}\right|_{R=R_0} = -\frac{12 E_0}{R_0}\left[\left(\frac{R_0}{R}\right)^{13} - \left(\frac{R_0}{R}\right)^{7}\right]_{R=R_0} = 0$$

und

$$\left.\frac{\partial^2 V_{\mathrm{LJ}}}{\partial R^2}\right|_{R=R_0} = +\frac{12 E_0}{R_0^2}\left[13\left(\frac{R_0}{R}\right)^{14} - 7\left(\frac{R_0}{R}\right)^{8}\right]_{R=R_0} > 0$$

und erfüllen die notwendige und hinreichende Bedingung für ein Minimum.

3.8 Koordinaten (2)
Das Wassermolekül besteht aus $N = 3$ Atomen und ist nichtlinear. Für die geometrische Beschreibung sind daher $3N - 6 = 3$ Koordinaten erforderlich, zum Beispiel zwei O-H-Bindungsabstände und ein H-O-H-Bindungswinkel. Das Kohlendioxidmolekül hat ebenfalls 3 Atome, ist aber linear, weshalb wir für seine Beschreibung $3N - 5 = 4$ Koordinaten benötigen.

3.9 Quantenzahlen
Für die Indexierung der Wasserstofforbitale werden vier Quantenzahlen verwendet. (1) Die Hauptquantenzahl n bestimmt die Energie des Elektrons und die Kugelschale, in der es sich überwiegend aufhält. (2) Die Bahndrehimpulsquantenzahl ℓ legt die Form des Orbitals fest und hat bei schweren Atomen auch Einfluss auf die Energie. (3) Die magnetische Quantenzahl m gibt die Orientierung des Orbitals im Raum an. (4) Die Spinquantenzahl s beschreibt die Orientierung des intrinsischen Elektronenspins.

3.10 Geschwindigkeit des Elektrons
Im Grundzustand ($n = 1$) hat das Elektron im Wasserstoffatom die Energie

$$E_1 = -\frac{e^4}{32(\pi \varepsilon_0 \hbar)^2 m_{\mathrm{e}}} = 1\,\mathrm{Ry} \approx 2{,}18 \cdot 10^{-18}\,\mathrm{J}\,.$$

Mit dem klassischen Ausdruck $m_{\mathrm{e}} v^2/2$ für die kinetische Energie folgt dann für die Wurzel aus der mittleren quadratischen Geschwindigkeit

$$v_{\mathrm{rms,e}} \approx 2{,}19 \cdot 10^6\,\mathrm{m\,s}^{-1}\,.$$

Das Elektron ist also im Durchschnitt um mehr als zwei Größenordnungen langsamer als das Licht und muss deshalb nicht relativistisch behandelt werden. Bei den innersten Elektronen sehr schwerer Atome ist dies nicht der Fall.

3.11 Geschwindigkeit des Protons
Da der Gesamtimpuls verschwindet, gilt

$$m_p v_{\text{rms,p}} = m_e v_{\text{rms,e}}$$

und damit

$$v_{\text{rms,p}} = \frac{m_e}{m_p} v_{\text{rms,e}} \,.$$

Da das Proton etwa 1836-mal schwerer als das Elektron ist, ist es um den gleichen Faktor langsamer und für die Geschwindigkeit folgt

$$v_{\text{rms,p}} \approx 1192 \, \text{m s}^{-1} \,.$$

3.12 Mittelung der Elektronenbewegung
Wir bezeichnen die Periodendauer der Streckschwingung mit T_n und die Umlaufzeit des Elektrons mit T_e. Für das Elektron nehmen wir die Geschwindigkeit $v_{\text{rms,e}}$ aus Aufgabe 3.10 und erhalten so das Verhältnis

$$\frac{T_n}{T_e} = \frac{T_n v_{\text{rms,e}}}{2\pi a_0} = \frac{10^{-14} \, \text{s} \cdot 2{,}19 \cdot 10^6 \, \text{m s}^{-1}}{2\pi \cdot 0{,}529 \cdot 10^{-10} \, \text{m}} \approx 66 \,.$$

In diesem einfachen Modell wird der Wasserstoffkern während einer Streckschwingungsperiode etwa 66-mal vom Elektron umrundet. Im Laufe seiner Bewegung spürt der Wasserstoffkern deshalb praktisch nur eine gemittelte elektronische Ladungsdichte. Bei schweren Atomen trifft dies in noch höherem Maße zu.

Lösungen zu Kap. 4

4.1 Berechnung des Diffusionskoeffizienten
Für die Berechnung des Diffusionskoeffizienten müssen die Koordinaten des Ions verwendet werden, dem man auf seinem Weg durch benachbarte Boxen folgt. Die Summe $X^2 + Y^2 + Z^2$, also das Abstandsquadrat dieses Ions von seinem Ausgangspunkt (in *globalen* Koordinaten), wird im Mittel linear mit der Zeit wachsen.

Würde man stattdessen für die Berechnung des Abstandsquadrats die Koordinaten des äquivalenten Ions innerhalb der Simulationsbox nehmen, also die lokalen Koordinaten x, y und z, erhielte man den nach oben beschränkten Ausdruck

$$x^2 + y^2 + z^2 \leq 3a^2 \,, \tag{C.1}$$

so dass der nach Gl. (4.18) berechnete Diffusionskoeffizient mit wachsendem τ gegen null streben würde.

4.2 Koordinaten bei periodischen Randbedingungen

Ein diffundierendes Teilchen kann nach Gl. (4.18) in der Zeit τ etwa eine Strecke der Größenordnung $\sqrt{6D\tau}$ zurücklegen. Wenn diese Strecke groß gegen die Kantenlänge a der Simulationsbox wird, ist es nur noch vom Zufall aber nicht mehr von der Simulationszeit τ abhängig, welche Position das Teilchen innerhalb derjenigen Box einnimmt, die es erreicht hat. Im Zweidimensionalen lässt sich das am Beispiel des Torus aus Abb. 4.4 veranschaulichen. Mit wachsender Simulationszeit wächst auch die Anzahl der möglichen Umrundungen des Torus, also die Windungszahl. Die Position auf dem Torus wird dagegen mit größerem τ immer zufälliger.

Je größer also die Simulationszeit ist, desto mehr wird ein Histogramm der x-Koordinaten einer waagerechten Linie ähneln: Alle x-Koordinaten im Intervall zwischen 0 und a kommen dann mit gleicher Häufigkeit vor.

4.3 Zeitliche Entwicklung der Koordinaten

(a) Für die Koordinate X erhalten wir

$$\begin{aligned}
X(2\,\text{fs}) &= X(0) + 2\,\text{fs} \cdot v_x \\
&= 0{,}0001\,\text{nm} - 2\,\text{fs} \cdot 200\,\text{m/s} \\
&= 10^{-13}\,\text{m} - 2 \cdot 10^{-15}\,\text{s} \cdot 2 \cdot 10^2\,\text{m\,s}^{-1} \\
&= -0{,}0003\,\text{nm}\,.
\end{aligned} \tag{C.2}$$

Auf gleiche Weise erhalten wir $Y(2\,\text{fs}) = 5{,}0006\,\text{nm}$ und $Z(2\,\text{fs}) = 3{,}2154\,\text{nm}$. (b) Die lokalen Koordinaten geben die Position eines aus Nachbarboxen eingewanderten Spiegelbildes an und können nur Werte zwischen 0 und 5 nm annehmen. Wir erhalten so $x(2\,\text{fs}) = 4{,}9997\,\text{nm}$, $y(2\,\text{fs}) = 0{,}0006\,\text{nm}$ und $z(2\,\text{fs}) = 3{,}2154\,\text{nm}$.

4.4 Volumen einer Simulationsbox

Ein regelmäßiges Sechseck mit der Kantenlänge a lässt sich in sechs gleichseitige Dreiecke mit der Kantenlänge a und der Höhe $h = a\sqrt{3}/2$ zerlegen (Abb. C.1). Die Sechseckfläche F entspricht sechsmal der Fläche eines der Dreiecke:

$$F = 6\,\frac{1}{2}ah = \frac{3\sqrt{3}}{2}a^2\,. \tag{C.3}$$

Ein hexagonales Prisma mit der Höhe b und diesem Sechseck als Grundfläche hat daher das Volumen

$$V_P = bF = \frac{3\sqrt{3}}{2}a^2 b\,. \tag{C.4}$$

Damit die Inkugel des Prismas dieses so gut wie möglich ausfüllt, muss die Höhe b des Prismas gleich dem zweifachen Radius der Inkugel sein, und dieser mit dem Radius r_i des Inkreises des Sechsecks übereinstimmen. r_i ist gleich der Höhe h der gleichseitigen Dreiecke und damit folgt

$$V_P = \frac{9}{2}a^3\,. \tag{C.5}$$

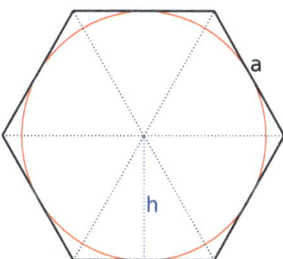

Abb. C.1 Die Aufsicht auf ein gleichmäßiges hexagonales Prisma liefert ein regelmäßiges Sechseck mit Kantenlänge a, das sich in sechs gleichseitige Dreiecke zerlegen lässt. Die Höhe dieser Dreiecke (blaue unterbrochene Linie) ist gleich dem Radius des Inkreises (rote Linie) des Sechseckes

Das Volumen der Inkugel beträgt

$$V_K = \frac{4}{3}\pi r_i^3 = \frac{\sqrt{3}}{2}\pi a^3 \,. \tag{C.6}$$

Die Inkugel füllt also den Bruchteil

$$\frac{V_K}{V_P} = \frac{\sqrt{3}\pi}{9} \approx 60\,\% \tag{C.7}$$

des Prismavolumens aus. Das Verhältnis zwischen dem Volumen der Inkugel und dem der Simulationsbox ist beim hexagonalen Prisma also etwas besser als beim Würfel ($\approx 52\,\%$), aber nicht so gut wie beim Oktaederstumpf ($\approx 68\,\%$).

4.5 Abstände

Die x- und y-Koordinaten beider Atome sind identisch, es gilt also

$$d_x = d_y = 0 \,, \tag{C.8}$$

so dass der Abstand allein durch die Differenz der z-Koordinaten bestimmt wird. Aus Gl. (4.5) folgt

$$\begin{aligned} d_z &= z_1 - z_0 + a\left\lfloor \frac{1}{2} - \frac{z_1 - z_0}{a} \right\rfloor \\ &= 3{,}92\,\text{nm} - 0{,}03\,\text{nm} + 4\,\text{nm}\left\lfloor \frac{1}{2} - \frac{3{,}92\,\text{nm} - 0{,}03\,\text{nm}}{4\,\text{nm}} \right\rfloor \\ &= 3{,}89\,\text{nm} - 4\,\text{nm} \\ &= -0{,}11\,\text{nm} \,. \end{aligned} \tag{C.9}$$

Daraus ergibt sich ein Abstand zwischen beiden Atomen von

$$d_{1,0} = \sqrt{d_x^2 + d_y^2 + d_z^2} = 0{,}0121\,\text{nm} \,. \tag{C.10}$$

Lösungen zu Kap. 5

5.1 Kovalent gebundene Atome
Im harmonischen Potential für eine kovalente Bindung sind bereits sämtliche Wechselwirkungen zwischen den verbundenen Atomen enthalten.

5.2 Defekte des harmonischen Potentials
Das harmonische Potential liefert für $R = 0$ einen konstanten Wert, während der tatsächliche Potentialverlauf divergieren würde, wenn Atomkerne Punktladungen wären (berücksichtigt man die Ausdehnung der Kerne und die Kernkräfte bleibt das Potential natürlich auch für $R = 0$ endlich, was für praktische Rechnungen aber keinen Unterschied macht). Für sehr große Abstände wird das harmonische Potential beliebig groß, während das tatsächliche Potential für $R \to \infty$ asymptotisch gegen einen konstanten Wert strebt, der üblicherweise gleich null gesetzt wird. Das harmonische Potential kann also die Bildung und das Aufbrechen von Bindungen nicht beschreiben. Außerdem ist das harmonische Potential anders als das tatsächliche symmetrisch und kann deshalb die Ausdehnung von Bindungen bei Erhöhung der Temperatur nicht erklären.

5.3 Mittlerer Abstand und Gleichgewichtsabstand
Bei einem zweiatomigen Molekül am absoluten Temperaturnullpunkt können (je nach Philosophie der Parametrisierung) Gleichgewichtsabstand R_0 und mittlerer Abstand $\langle R \rangle$ übereinstimmen. Bei höheren Temperaturen wird der mittlere Abstand mit der Temperatur wachsen. Wenn das Molekül aus mehreren Atomen besteht, können mehrere geometrische Parameter frustriert sein, das heißt es ist unter Umständen nicht möglich, dass alle Potentiale, die die Bindungen beschreiben, gleichzeitig ihren tiefsten Wert annehmen. Dies gilt besonders für Moleküle mit ringförmigen Strukturen. In diesen Fällen wird der Gleichgewichtsabstand R_0 auch bei $T = 0$ K vom gemessenen mittleren Abstand $\langle R \rangle$ abweichen.

5.4 Vergleich der Bindungsstärken
Bei kovalenten Bindungen beobachtet man Bindungsenergien im Bereich von mehreren $100\,\text{kJ}\,\text{mol}^{-1}$, während die Bindungsenergie bei Wasserstoffbrückenbindungen typischerweise etwa um eine Größenordnung geringer ist, bei Van-der-Waals-Bindungen sogar um zwei Größenordnungen.

5.5 Elektrische Neutralität
Im Rahmen einer Multipolentwicklung lässt sich die Coulomb-Wechselwirkung zwischen der Simulationsbox und ihren periodisch verschobenen Abbildern als Summe von Monopol-Monopol-, Dipol-Monopol-, Dipol-Dipol-, Dipol-Quadrupol- und höheren Multipol-Multipol-Termen darstellen. Ist die Simulationsbox elektrisch nicht neutral, ist auch der elektrische Monopol nicht null, was dazu führt, dass der Monopol-Monopol-Beitrag divergiert. Der Grund dafür ist die lange Reichweite der Coulomb-Wechselwirkung. Mit steigendem Abstand R von der Simulationsbox steigt die Anzahl der periodisch verschobenen Abbilder dieser Box in diesem

Abstand mit R^2, während der Beitrag dieser Abbilder zum Coulomb-Potential nur mit R^{-1} abfällt.

5.6 Coulomb-Wechselwirkungen
Ein empirisches Potential enthält die Coulomb-Wechselwirkung in verschiedenen Hierarchiestufen: Innerhalb eines Moleküls stellen die kovalenten Bindungen, die auf der Coulomb-Wechselwirkung beruhen, den energetisch größten Beitrag. Der verbleibende Teil der Wechselwirkung, der nicht durch den kovalenten Beitrag abgedeckt wird, wird im empirischen Potential näherungsweise durch das Lennard-Jones-Potential (für Van-der-Waals-Anziehung und Pauli-Abstoßung) und die Coulomb-Wechselwirkung der Partialladungen wiedergegeben. Was im empirischen Kraftfeld unter Coulomb-Wechselwirkung firmiert, ist also eine Restwechselwirkung, die nur den Teil der Coulomb-Kräfte umfasst, der nicht schon in den anderen Beiträgen zum empirischen Potential enthalten ist.

5.7 Eichung des Potentials
Aus dem abstandsabhängigen Potential $V(R)$ erhalten wir die Kraft

$$F = -\frac{\partial V}{\partial R}.$$

Durch Addition einer Konstanten C erhalten wir das neue Potential $V'(R) = V(R) + C$, aus dem die Kraft

$$F' = -\frac{\partial V'}{\partial R} = -\frac{\partial V}{\partial R} = F$$

folgt. Die Addition einer Konstanten zum Potential, was einer passenden Eichung gleichkommt, ändert also die auftretenden Kräfte nicht und damit nicht die Dynamik des simulierten Systems.

5.8 Streckschwingungen
Bei einem harmonischen Potential wird die Kraft durch das Hooke'sche Gesetz beschrieben:

$$F = -K(R - R_0).$$

Nach Einsetzen dieser Kraft in das zweite Newtonsche Gesetz erhält man

$$m_H \ddot{R} = -K(R - R_0).$$

Als Lösung dieser Differentialgleichung setzen wir

$$R(t) = R_0 + A \sin(\omega t + \phi)$$

an, mit den Randbedingungen A und ϕ und

$$\omega = 2\pi f = \sqrt{\frac{K}{m_H}}.$$

Für die Kraftkonstante K folgt daraus

$$K = m_H(2\pi)^2 f^2 = 1{,}67 \cdot 10^{27}\,\text{kg}\,(2\pi \cdot 10^{14}\,\text{Hz})^2 \approx 659\,\text{N\,m}^{-1}\,.$$

5.9 Lennard-Jones-Potential (1)
Die Kraft ist gleich dem negativen Gradienten des Potentials:

$$F = -\frac{\partial V_{LJ}}{\partial R} = -\frac{12 E_0}{R_0}\left[\left(\frac{R_0}{R}\right)^{13} - \left(\frac{R_0}{R}\right)^7\right]$$

Für $R = R_0$ ist die Kraft F offensichtlich null, gleichzeitig erreicht das Potential für diesen Abstand sein Minimum: $V(R_0) = -E_0$.

5.10 Lennard-Jones-Potential (2)
Wir entwickeln das Lennard-Jones-Potential um R_0 herum in eine Taylor-Reihe bis zur zweiten Ordnung:

$$V(R) = V_{LJ}(R_0) + (R-R_0)\left.\frac{\partial V_{LJ}}{\partial R}\right|_{R=R_0} + (R-R_0)^2 \frac{1}{2}\left.\frac{\partial^2 V_{LJ}}{\partial R^2}\right|_{R=R_0}$$

Nach Definition des Gleichgewichtsabstandes verschwindet die erste Ableitung des Lennard-Jones-Potentials für $R = R_0$. Mit einer Kraftkonstanten

$$K = \left.\frac{\partial^2 V_{LJ}}{\partial R^2}\right|_{R=R_0}$$

erhalten wir dann als Approximation das harmonische Potential

$$V(R) = V_{LJ}(R_0) + \frac{1}{2}K(R-R_0)^2\,.$$

5.11 Approximation durch Gitterladungen
Das Coulomb-Potential der Gitterladungen lautet

$$\begin{aligned}
V_G &= \frac{q}{4\pi\varepsilon_0}\left(\frac{\epsilon}{x - a(n+1)} + \frac{1-\epsilon}{x - an}\right) \\
&= \frac{1}{4\pi\varepsilon_0}\frac{q}{x}\left(\frac{\epsilon}{1 - a(n+1)/x} + \frac{1-\epsilon}{1 - an/x}\right) \\
&\approx \frac{1}{4\pi\varepsilon_0}\frac{q}{x}\left(\epsilon + \epsilon\frac{a(n+1)}{x} + 1 + \frac{an}{x} - \epsilon - \epsilon\frac{an}{x}\right) \\
&= \frac{1}{4\pi\varepsilon_0}\frac{q}{x}\left(1 + \frac{a(n+\epsilon)}{x}\right) \\
&\approx \frac{1}{4\pi\varepsilon_0}\frac{q}{x - a(n+\epsilon)}
\end{aligned}$$

Für $x \gg an$ erzeugen die Gitterladungen also näherungsweise das gleiche Potential wie die ursprüngliche Ladung.

5.12 Dipol-Dipol-Wechselwirkungen
Das Coulomb-Potential für die gezeigte Anordnung zweier Dipole lautet:

$$\begin{aligned}
E_{\text{pot}} &= \frac{q^2}{4\pi\epsilon_0}\left(-\frac{1}{r+d} + \frac{1}{r} + \frac{1}{r} - \frac{1}{r-d}\right) \\
&= \frac{q^2}{4\pi\epsilon_0 r}\left(2 - \frac{1}{1+d/r} - \frac{1}{1-d/r}\right) \\
&= \frac{q^2}{4\pi\epsilon_0 r}\left(2 - \frac{1-d/r}{1-d^2/r^2} - \frac{1+d/r}{1-d^2/r^2}\right) \\
&= \frac{q^2}{4\pi\epsilon_0 r}\left(2 - \frac{2}{1-d^2/r^2}\right) \\
&\approx \frac{q^2}{2\pi\epsilon_0 r}\left(1 - 1 - \frac{d^2}{r^2}\right) \\
&\approx -\frac{(dq)^2}{2\pi\epsilon_0 r^3} \\
&\approx -\frac{1}{4\pi\epsilon_0}\frac{2p^2}{r^3},
\end{aligned}$$

wobei $p = dq$ das Dipolmoment der Moleküle ist. Für große Abstände kann also die Wechselwirkung der beiden Moleküle als Dipol-Dipol-Wechselwirkung beschrieben werden, die mit der dritten Potenz des Abstandes abfällt.

Lösungen zu Kap. 6

6.1 Trajektorie
Mit $q(t_k)$ wird der Positionsvektor des Systems zur Zeit $t_k = k\Delta t$ angegeben, wie er aus der exakten Lösung folgt. q_k dagegen gibt den Positionsvektor als Ergebnis einer numerischen Integration an. Bei Ljapunow-instabilen Systemen kann der Unterschied zwischen $q(t_k)$ und q_k exponentiell mit der Zeit wachsen.

6.2 Lokale Genauigkeit
Eine MD-Simulation muss auch Molekülschwingungen mit den höchsten Frequenzen (meist Streckschwingungen von kovalenten Wasserstoffbindungen) noch zuverlässig beschreiben. Die dazu nötige Anzahl von Integrationsschritten hängt auch von der lokalen Genauigkeit des Integrators ab, die daher möglichst hoch sein sollte. Die Genauigkeit der Koordinaten über längere Zeiträume, also die globale Genauigkeit, lässt sich nicht eindeutig aus der lokalen Genauigkeit ableiten.

6.3 Ljapunow-Instabilität
Wenn die Trajektorie mit einem symplektischen Integrator erzeugt wurde, wird ange-

nommen, dass es eine sogenannte Schattentrajektorie gibt, die sich nie weit von der berechneten Trajektorie entfernt und die eine exakte Trajektorie des Systems zu leicht verschiedenen Anfangsbedingungen darstellt, also typisch für das simulierte System ist.

6.4 Phasenraum
Bei einer exakten Lösung bleibt der Phasenraum erhalten. Erfüllt ein Integrator die Phasenraumerhaltung nicht (weil er nicht symplektisch ist), dann kann es sein, dass sich das System im Laufe der Zeit auf ein Teilgebiet des erlaubten Phasenraums beschränkt, im Extremfall auf einen einzigen Punkt. Auf diese Weise ist es nicht möglich durch eine längere Simulation den Phasenraum zu „samplen", das heißt eine repräsentative Auswahl von Zuständen des Systems zu erhalten.

6.5 Verlet-Verfahren
Alle Verlet-Verfahren (Positions-Verlet, Geschwindigkeits-Verlet, Leap-Frog) sind symplektisch und zeitlich reversibel. Sie erhalten deshalb den Phasenraum und eine Größe, die der Energie bei genügend kleinem Zeitschritt beliebig nahe kommt. Außerdem haben diese Verfahren eine Genauigkeit, die mindestens von der Ordnung 2 ist.

6.6 Multiskalenverfahren
Einige Kräfte, wie die kovalenten Bindungskräfte, ändern sich schnell, andere wie die Coulomb-Kräfte zwischen weit entfernten Atomen nur langsam. Multiskalenverfahren versuchen MD-Simulationen dadurch zu beschleunigen, dass langsam veränderliche Kräfte seltener berechnet werden als schnell veränderliche.

6.7 Implizite Verfahren
Das Ziel impliziter Verfahren ist es, längere Zeitschritte durch eine Erhöhung der Genauigkeit zu ermöglichen. Die höhere Genauigkeit wird durch die implizite Lösung von Gleichungen erreicht, was eine mehrfache (teure) Berechnung der Kräfte erfordert, wodurch der durch die längeren Zeitschritte erreichte Vorteil meist wieder mehr als wettgemacht wird.

6.8 Zeitumkehrinvarianz des impliziten Euler-Verfahrens
Nach Ersetzung erhalten wir

$$q_{-k-1} = q_{-k} - \frac{1}{2}(v_{-k} + v_{-k-1})\Delta t$$
$$v_{-k-1} = v_{-k} - \frac{1}{2}(a_{-k} + a_{-k-1})\Delta t .$$

Wir verschieben die Größen auf der Zeitachse, indem wir zu den Indizes $2k+1$ addieren, und ordnen die Gleichungen neu,

$$q_{k+1} = q_k + \frac{1}{2}(v_{k+1} + v_k)\Delta t$$
$$v_{k+1} = v_k + \frac{1}{2}(a_{k+1} + a_k)\Delta t ,$$

und erhalten so wieder die ursprünglichen Gleichungen, wodurch die Zeitumkehrinvarianz gezeigt wurde.

6.9 Zeitumkehrinvarianz des Geschwindigkeits-Verlet-Algorithmus
Nach Ersetzung erhalten wir

$$q_{-k-1} = q_{-k} - v_{-k}\Delta t + \frac{1}{2}a_{-k}\Delta t^2$$
$$v_{-k-1} = v_{-k} - \frac{1}{2}(a_{-k} + a_{-k-1})\Delta t .$$

Wir verschieben die Größen auf der Zeitachse, indem wir zu den Indizes $2k+1$ addieren, und ordnen die Gleichungen neu:

$$q_{k+1} = q_k + v_{k+1}\Delta t - \frac{1}{2}a_{k+1}\Delta t^2$$
$$v_{k+1} = v_k + \frac{1}{2}(a_{k+1} + a_k)\Delta t .$$

Wenn wir in der oberen Gleichung v_{k+1} substituieren, erhalten wir wieder die ursprünglichen Gleichungen,

$$q_{k+1} = q_k + v_k\Delta t + \frac{1}{2}a_k\Delta t^2$$
$$v_{k+1} = v_k + \frac{1}{2}(a_{k+1} + a_k)\Delta t ,$$

wodurch die Zeitumkehrinvarianz gezeigt wurde.

6.10 Positions-Verlet-Algorithmus
Bei der Herleitung des Positions-Verlet-Algorithmus mit Hilfe der Taylor-Reihe waren wir davon ausgegangen, dass die Positionen q_{k-1} und q_k exakt waren, und kamen so auf einen Positionsfehler der Ordnung $\mathcal{O}(\Delta t^4)$. Wenn nun einer der Ausgangswerte q_{k-1} und q_k nur die Genauigkeit $\mathcal{O}(\Delta t^3)$ hat (beispielsweise weil wir ihn mit dem Geschwindigkeits-Verlet-Algorithmus erzeugt haben), dann addiert sich dieser Fehler der Ordnung $\mathcal{O}(\Delta t^3)$ zum obengenannten Fehler der Ordnung $\mathcal{O}(\Delta t^4)$, was in der Summe einen Fehler der Ordnung $\mathcal{O}(\Delta t^3)$ ergibt.

6.11 Energieerhaltung
Wegen $a = -q$ lautet das symplektische Euler-Verfahren

$$Q = q + p\Delta t - q\Delta t^2$$
$$P = p - q\Delta t$$

und für die Erhaltungsgröße folgt

$$\tilde{H}(Q, P) = \frac{1}{2}\left(P^2 + Q^2 - QP\Delta t\right)$$
$$= \frac{1}{2}\left[(p - q\Delta t)^2 + (q + p\Delta t - q\Delta t^2)^2 - (q + p\Delta t - q\Delta t^2)(p - q\Delta t)\Delta t\right]$$
$$= \frac{1}{2}\left(p^2 + q^2 - qp\Delta t\right)$$
$$= \tilde{H}(q, p)$$

6.12 Geschwindigkeiten im Positions-Verlet-Algorithmus
Wir verwenden eine Taylor-Entwicklung bis zur dritten Ordnung für $\boldsymbol{q}_{k+1}$ und $\boldsymbol{q}_{k-1}$:

$$\boldsymbol{q}_{k+1} = \boldsymbol{q}_k + \boldsymbol{v}_k \Delta t + \frac{1}{2}\boldsymbol{a}_k \Delta t^2 + \frac{1}{6}\boldsymbol{j}_k \Delta t^3 + \mathcal{O}(\Delta t^4)$$
$$\boldsymbol{q}_{k-1} = \boldsymbol{q}_k - \boldsymbol{v}_k \Delta t + \frac{1}{2}\boldsymbol{a}_k \Delta t^2 - \frac{1}{6}\boldsymbol{j}_k \Delta t^3 + \mathcal{O}(\Delta t^4).$$

Subtraktion der zweiten von der ersten Gleichung liefert nach Auflösung

$$\boldsymbol{v}_k = \frac{\boldsymbol{q}_{k+1} - \boldsymbol{q}_{k-1}}{2\Delta t} - \frac{1}{6}\boldsymbol{j}_k \Delta t^2 + \mathcal{O}(\Delta t^3).$$

Für den Ruck $\boldsymbol{j}_k$ verwenden wir

$$\boldsymbol{j}_k \approx \frac{\boldsymbol{a}_{k+1} - \boldsymbol{a}_{k-1}}{2\Delta t}$$

als Schätzung und erhalten so

$$\boldsymbol{v}_k = \frac{\boldsymbol{q}_{k+1} - \boldsymbol{q}_{k-1}}{2\Delta t} - \frac{1}{12}(\boldsymbol{a}_{k+1} - \boldsymbol{a}_{k-1})\Delta t + \mathcal{O}(\Delta t^3).$$

6.13 Liouville-Operator
Wir schreiben den Propagator $\exp(iL_1\Delta t)$ als Reihenentwicklung

$$e^{iL_1\Delta t} = 1 + iL_1\Delta t + \frac{1}{2}(iL_1\Delta t)^2 + \frac{1}{6}(iL_1\Delta t)^3 + \ldots$$

Für den in der Zeit gespiegelten Operator $\exp(-iL_1\Delta t)$ erhalten wir auf gleiche Weise

$$e^{-iL_1\Delta t} = 1 - iL_1\Delta t + \frac{1}{2}(iL_1\Delta t)^2 - \frac{1}{6}(iL_1\Delta t)^3 + \ldots$$

Multiplikation beider Gleichungen ergibt

$$\begin{aligned}e^{iL_1\Delta t}e^{-iL_1\Delta t} &= \left[1 + iL_1\Delta t + \frac{1}{2}(iL_1\Delta t)^2 + \frac{1}{6}(iL_1\Delta t)^3 + \ldots\right]\\ &\quad - iL_1\Delta t\left[1 + iL_1\Delta t + \frac{1}{2}(iL_1\Delta t)^2 + \frac{1}{6}(iL_1\Delta t)^3 + \ldots\right]\\ &\quad + \frac{1}{2}(iL_1\Delta t)^2\left[1 + iL_1\Delta t + \frac{1}{2}(iL_1\Delta t)^2 + \frac{1}{6}(iL_1\Delta t)^3 + \ldots\right]\\ &\quad - \frac{1}{6}(iL_1\Delta t)^3\left[1 + iL_1\Delta t + \frac{1}{2}(iL_1\Delta t)^2 + \frac{1}{6}(iL_1\Delta t)^3 + \ldots\right] + \ldots\end{aligned}$$

Wenn wir diese unendliche Reihe nach Potenzen von $iL_1\Delta t$ sortieren, erhalten wir

$$e^{iL_1\Delta t}e^{-iL_1\Delta t} = 1.$$

Also ist der in der Zeit gespiegelte Propagator $\exp(-iL_1\Delta t)$ der inverse Propagator zu $\exp(iL_1\Delta t)$ und beide sind damit zeitlich reversibel. Auf genau gleiche Weise lässt sich die Zeitumkehrinvarianz von $\exp(iL_2\Delta t)$ zeigen.

6.14 Symplektischer Hamilton-Formalismus
Die Jacobi-Matrix lautet nach Durchführung der Ersetzungen:

$$\mathsf{J} = \begin{pmatrix} 1 & \frac{1}{m}\mathrm{d}t \\ \frac{\partial F}{\partial q}\mathrm{d}t & 1 + F\,\mathrm{d}t \end{pmatrix}$$

Wir erhalten dann

$$\begin{aligned}\mathsf{J}^t\mathsf{S}_2\mathsf{J} &= \begin{pmatrix} 1 & \frac{\partial F}{\partial q}\mathrm{d}t \\ \frac{1}{m}\mathrm{d}t & 1 + F\,\mathrm{d}t \end{pmatrix}\begin{pmatrix} 0 & 1 \\ -1 & 0 \end{pmatrix}\begin{pmatrix} 1 & \frac{1}{m}\mathrm{d}t \\ \frac{\partial F}{\partial q}\mathrm{d}t & 1 + F\,\mathrm{d}t \end{pmatrix}\\ &= \begin{pmatrix} 1 & \frac{\partial F}{\partial q}\mathrm{d}t \\ \frac{1}{m}\mathrm{d}t & 1 + F\,\mathrm{d}t \end{pmatrix}\begin{pmatrix} \frac{\partial F}{\partial q}\mathrm{d}t & 1 + F\,\mathrm{d}t \\ -1 & -\frac{1}{m}\mathrm{d}t \end{pmatrix}\\ &= \begin{pmatrix} 0 & 1 + F\,\mathrm{d}t - \frac{1}{m}\frac{\partial F}{\partial q}\mathrm{d}t^2 \\ \frac{1}{m}\frac{\partial F}{\partial q}\mathrm{d}t^2 - 1 - F\,\mathrm{d}t & 0 \end{pmatrix}\end{aligned}$$

Wenn wir $\mathrm{d}t$ gegen null streben lassen erhalten wir

$$\mathsf{J}^t\mathsf{S}_2\mathsf{J} = \begin{pmatrix} 0 & 1 \\ -1 & 0 \end{pmatrix} = \mathsf{S}_2$$

Also ist der Hamilton-Formalismus symplektisch.

Lösungen zu Kap. 7

7.1 Ensemble
Ein Ensemble ist eine gedachte große (idealerweise unendliche) Menge gleichartiger und voneinander unabhängiger Systeme. Die Thermodynamik trifft Aussagen über Größen, die über ein Ensemble gemittelt werden. Bei ergodischen Systemen kann die Mittelung über das Ensemble durch eine zeitliche Mittelung für ein einzelnes System ersetzt werden.

7.2 Makrozustand
Der Makrozustand eines Ensembles wird durch die Angabe von Wahrscheinlichkeiten für die Mikrozustände des Systems festgelegt. Gibt es eine kontinuierliche Menge von Mikrozuständen, muss statt diskreter Wahrscheinlichkeiten eine Wahrscheinlichkeitsdichte angegeben werden.

7.3 Thermodynamisches Potential
Der Gleichgewichtszustand eines Ensembles ist dadurch gekennzeichnet, dass das thermodynamische Potential extremal wird. Ein mikrokanonisches Ensemble zum Beispiel befindet sich im Gleichgewicht, wenn die Entropie ihren maximalen Wert angenommen hat. Mit Hilfe der Ableitungen des thermodynamischen Potentials nach seinen natürlichen Zustandsvariablen lassen sich die konjugierten Zustandsgrößen des Ensembles bestimmen. Beispielsweise liefert die Ableitung des thermodynamischen Potentials $G(N, p, T)$, der Gibbs-Energie, nach der Zustandsvariablen p die dazu konjugierte Zustandsgröße, das Volumen:

$$V = \frac{\partial G}{\partial p}.$$

7.4 Temperaturfluktuationen
Im kanonischen Ensemble ist die Temperatur eine natürliche Zustandsvariable der freien Energie $F(N, V, T)$ und hat einen konstanten Wert. Die Temperatur ist aber nur für das Ensemble als Ganzes definiert und nicht für einzelne Systeme. Will man für ein einzelnes System eine Größe bestimmen, die gleich der Temperatur ist, wenn man sie über alle Systeme des Ensembles mittelt, bietet sich die kinetische Energie an, die nach dem Gleichverteilungssatz proportional zur Temperatur ist. Die kinetische Energie ist im kanonischen Ensemble Schwankungen unterworfen. Dies gilt übrigens auch für das mikrokanonische Ensemble: Zwar ist dort die Gesamtenergie konstant, es kommt aber ständig zu einem Austausch zwischen kinetischer und potentieller Energie. Eine über die kinetische Energie definierte Temperatur weist deshalb in beiden Ensembles Fluktuationen auf.

7.5 Temperatur im mikrokanonischen Ensemble
Bei einer MD-Simulation im mikrokanonischen Ensemble muss die Energie E als konstante Größe vorgegeben werden. Es gibt aber in der Regel keine Möglichkeit auszurechnen, wie groß E gewählt werden muss, damit das System die gewünschte

Temperatur T besitzt. Eine Ausnahme bilden nur sehr einfache Systeme wie etwa ein ideales Gas für das der Gleichverteilungssatz den Zusammenhang

$$T = \frac{2E}{3Nk_B}$$

liefert. Außerdem treten bei einem isothermen System Energiefluktuationen auf, die sich im mikrokanonischen Ensemble nicht simulieren lassen.

7.6 Entropie
Wir nehmen an, es seien nicht alle Wahrscheinlichkeiten gleich. Dann muss es mindestens zwei Wahrscheinlichkeiten w_α und w_β mit

$$w_\alpha > \frac{1}{\Omega} > w_\beta$$

geben, die wir mit

$$\overline{w} = \frac{1}{2}\left(w_\alpha + w_\beta\right) \quad \text{und} \quad \varepsilon = \frac{1}{2}\left(w_\alpha - w_\beta\right)$$

in die Form

$$w_\alpha = \overline{w} + \varepsilon \quad \text{und} \quad w_\beta = \overline{w} - \varepsilon\,.$$

bringen können. Die Summe

$$s = w_\alpha \ln w_\alpha + w_\beta \ln w_\beta$$

hat ihr Maximum bei $\varepsilon = 0$, denn die Ableitung von s nach ε,

$$\begin{aligned}\frac{\partial s}{\partial \varepsilon} &= \frac{\partial}{\partial \varepsilon}\left[(\overline{w}+\varepsilon)\ln(\overline{w}+\varepsilon) + (\overline{w}-\varepsilon)\ln(\overline{w}-\varepsilon)\right] \\ &= \ln(\overline{w}+\varepsilon) + 1 - \ln(\overline{w}-\varepsilon) - 1 \\ &= \ln\frac{\overline{w}+\varepsilon}{\overline{w}-\varepsilon},\end{aligned}$$

verschwindet genau für $\varepsilon = 0$. Wir können also neue Wahrscheinlichkeiten

$$w'_1, w'_2, w'_3, \ldots$$

bilden mit $w'_i = w_i$ außer $w'_\alpha = w'_\beta = \overline{w}$, die zu einer höheren Entropie

$$S' = -k_B \sum_i w'_i \ln w'_i > -k_B \sum_i w_i \ln w_i = S$$

führen. Wenn die neuen Wahrscheinlichkeiten w'_i alle gleich sind, haben wir die maximale Entropie erreicht. Andernfalls finden wir wieder zwei Wahrscheinlichkeiten w'_γ und w'_δ mit

$$w'_\gamma > \frac{1}{\Omega} > w'_\delta$$

und können die Entropie auf die oben beschriebene Weise weiter erhöhen, bis schließlich die maximale Entropie

$$S = k_B \ln \Omega(E)$$

erreicht wird.

7.7 Innere Energie
Wir setzen für die Zustandssumme die Definition aus Merksatz 7.3 ein und führen die Ableitung nach der Temperatur aus:

$$\begin{aligned}
-\frac{1}{Z}\frac{\partial Z}{\partial \beta} &= -\frac{1}{Z}\frac{\partial}{\partial \beta}\sum_i e^{-E_i/k_B T} \\
&= -\frac{1}{Z}\frac{\partial}{\partial \beta}\sum_i e^{-\beta E_i} \\
&= \frac{1}{Z}\sum_i e^{-\beta E_i} E_i \\
&= \frac{1}{Z}\sum_i E_i e^{-E_i/k_B T} \\
&= U.
\end{aligned}$$

7.8 Mittleres Quadrat der Energie
Wir beginnen mit der Definition des mittleren Quadrates der Energie und formen dann um:

$$\begin{aligned}
\langle E^2 \rangle &= \sum_i w_i E_i^2 \\
&= \frac{1}{Z}\sum_i E_i^2 e^{-E_i/k_B T} \\
&= \frac{1}{Z}\sum_i E_i^2 e^{-\beta E_i} \\
&= \frac{1}{Z}\sum_i \frac{\partial^2}{\partial \beta^2} e^{-\beta E_i} \\
&= \frac{1}{Z}\frac{\partial^2 Z}{\partial \beta^2}.
\end{aligned}$$

7.9 Entropie des idealen Gases
Wir setzen den Ausdruck $E = (3/2)Nk_\mathrm{B}T$ in Gl. (7.11) ein,

$$\frac{\mathrm{d}S}{\mathrm{d}T} = \frac{3Nk_\mathrm{B}}{2T},$$

und integrieren dann von T_1 bis T_2:

$$S(T_2) - S(T_1) = \frac{3}{2}Nk_\mathrm{B} \ln \frac{T_2}{T_1}.$$

Nach Einsetzen der vorgegebenen Werte kommen wir auf eine Entropiedifferenz von

$$\Delta S = \frac{3}{2} \cdot 6 \cdot 10^{23} \cdot 1{,}38 \cdot 10^{-23}\,\mathrm{J\,K^{-1}} \ln \frac{310}{300} \approx 0{,}41\,\mathrm{J\,K^{-1}}.$$

7.10 Wärmekapazität des idealen Gases
Für die Wärmekapazität bei konstantem Volumen erhalten wir

$$C_V = \frac{\partial U}{\partial T} = \frac{3}{2}Nk_\mathrm{B}.$$

Um die Wärmekapazität bei konstantem Druck zu bestimmen, leiten wir die Enthalpie H nach der Temperatur ab und bekommen so

$$\begin{aligned} C_p &= \frac{\partial H}{\partial p} \\ &= \frac{\partial U}{\partial T} + p\frac{\partial V}{\partial T} \\ &= \frac{5}{2}Nk_\mathrm{B}, \end{aligned}$$

wobei wir im letzten Schritt die Zustandsgleichung idealer Gase genutzt haben.

7.11 Standardfehler korrelierter Daten
Als Mittelwert der gegebenden Gyrationsradien bekommen wir

$$\overline{R_\mathrm{G}} \approx 12{,}6\,\text{Å}.$$

Mit Hilfe von Gl. (7.112) berechnen wir eine Korrelationszeit von

$$\tau \approx 28{,}1\,\mathrm{ps}$$

und erhalten dann mit Gl. (7.113) eine Schätzung von

$$\Delta \overline{R_\mathrm{G}} \approx 0{,}83\,\text{Å}.$$

für den Fehler des Mittelwertes. Ohne Berücksichtigung der Korrelation hätten wir nur einen halb so großen Fehler erwartet.

Lösungen zu Kap. 8

8.1 Kinetische und thermodynamische Temperatur
Der Kehrwert der thermodynamischen Temperatur gibt an, wie stark sich die Entropie eines Systems ändert, wenn ihm Energie zugeführt wird:

$$\frac{1}{T} = \frac{\partial S}{\partial E}.$$

Die thermodynamische Temperatur ist deshalb (ebenso wie die Entropie) nur für ein Ensemble definiert und kann nicht aus dem Mikrozustand eines Systems gewonnen werden. Die kinetische Temperatur

$$T_{\text{kin}} = \frac{2E_{\text{kin}}}{3Nk_B}$$

dagegen kann aus den momentanen Geschwindigkeiten oder Impulsen eines Systems und damit für einen bestimmten Mikrozustand berechnet werden. Aus dem Gleichverteilungssatz folgt, dass beide Temperaturen im Limes unendlich großer Systeme zusammenfallen:

$$\lim_{N \to \infty} T_{\text{kin}} = T.$$

8.2 Arbeitsweise eines Thermostaten
In der Regel wird ein Thermostat im Wechsel mit dem Integrator aufgerufen, auch wenn es möglich ist zwischen zwei Schritten eines Thermostaten mehrere Schritte des Integrators auszuführen. Bei jedem Schritt berechnet der Thermostat zunächst die momentane kinetische Temperatur. Anschließend werden die Geschwindigkeiten oder Impulse des Systems so verändert, dass die kinetische Temperatur sich der thermodynamischen annähert oder sie sogar erreicht. Die Änderungen der Geschwindigkeiten können auf sehr verschiedene Weisen geschehen, die charakteristisch für den jeweiligen Thermostaten sind. Die einfachste Möglichkeit ist eine gleichmäßige Skalierung aller Geschwindigkeiten.

8.3 Stochastische Thermostaten
Stochastische Thermostaten tasten den Phasenraum meist besser ab als deterministische. Durch das Zufallselement vermeiden sie die Gefahr in bestimmten Bereichen des Phasenraums gefangen zu bleiben. Als Nachteil stochastischer Thermostaten kann man die fehlende Zeitumkehrinvarianz ansehen.

8.4 Notwendigkeit von Thermostaten
Tatsächlich lassen sich manche Fragestellungen auch im mikrokanonischen Ensemble behandeln, selbst wenn das reale System am besten durch ein kanonisches Ensem-

ble beschrieben wird. Dazu muss die konstante Gesamtenergie E des mikrokanonischen Ensembles genaus so groß gewählt werden wie der Erwartungswert $\langle E \rangle$ der Energie im kanonischen Ensemble – dieser ist aber so gut wie nie bekannt und muss deshalb zuerst durch eine Simulation mit Thermostat bestimmt werden. Außerdem lassen sich durch eine Simulation im mikrokanonischen Ensemble keine Größen bestimmen, die von Fluktuationen der Gesamtenergie abhängen.

8.5 Kollisionsfrequenz
Nach Gl. (8.70) kann die Kollisionsfrequenz durch

$$\nu = \frac{2}{3} \frac{0{,}6 \, \text{J}\,\text{m}^{-1}\,\text{s}^{-1}\,\text{K}^{-1} \cdot \sqrt[3]{10^{-24}\,\text{m}^3}}{1{,}38 \cdot 10^{-23}\,\text{J}\,\text{K} \cdot 100\,000}$$
$$= 3 \cdot 10^9 \, \text{s}^{-1}$$

abgeschätzt werden. Die Wahrscheinlichkeit, dass ein Atom während eines Zeitschrittes $\Delta t = 2\,\text{fs}$ eine Kollision erleidet, beträgt also etwa $6 \cdot 10^{-6}$. Das heißt, dass etwa alle zwei Zeitschritte eines von den 100 000 Atomen eine Kollision erleidet.

8.6 Isokinetischer Gauß-Thermostat
Die kinetische Energie vor der Anwendung des Thermostaten lautet

$$E_\text{kin} = \frac{1}{2} v^\text{t} \mathsf{M} v \, .$$

Für die neuen Geschwindigkeiten nach Anwendung des Thermostaten schreiben wir

$$v' = v + \text{d}t\, a - \text{d}t\, \frac{v^\text{t} a}{v^\text{t} v} v$$

und erhalten so die neue kinetische Energie

$$\begin{aligned}
E'_\text{kin} &= \frac{1}{2} (v')^\text{t} \mathsf{M} v' \\
&= \frac{1}{2} \left(v + \text{d}t\, a - \text{d}t\, \frac{v^\text{t} a}{v^\text{t} v} v\right)^\text{t} \mathsf{M} \left(v + \text{d}t\, a - \text{d}t\, \frac{v^\text{t} a}{v^\text{t} v} v\right) \\
&= E_\text{kin} + \text{d}t \left(a - \frac{v^\text{t} a}{v^\text{t} v} v\right)^\text{t} \mathsf{M} v \\
&= E_\text{kin} + \text{d}t \left(a^\text{t} \mathsf{M} v - v^\text{t} \frac{v^\text{t} a}{v^\text{t} v} \mathsf{M}\, v\right) \\
&= E_\text{kin} \, ,
\end{aligned}$$

wobei wir die Terme mit $\text{d}t^2$ weggelassen haben. Die Anwendung des Gauß-Thermostaten erhält somit die kinetische Energie. Für endlich große Zeitschritte Δt

können wir Terme der Ordnung Δt^2 nicht mehr weglassen und müssen die Berechnung der neuen Geschwindigkeiten anders formulieren.

8.7 Berendsen-Thermostat
Mit Hilfe der Näherungsformel $(1 + x)^\alpha \approx 1 + \alpha x$, die für $|x| \ll 1$ aus der Taylor-Entwicklung bis zur ersten Ordnung folgt, erhalten wir für den Skalierungsfaktor

$$\alpha = \sqrt{1 + \frac{\Delta t}{\tau} \left(\frac{T}{T_{\text{kin}}} - 1 \right)}$$
$$= 1 + \frac{\Delta t}{2\tau} \left(\frac{T}{T_{\text{kin}}} - 1 \right).$$

Lösungen zu Kap. 9

9.1 Momentandruck (1)
Der in Gl. (9.2) definierte Momentandruck lässt sich aus den Positionen und Geschwindigkeiten aller Atome zu einem gegebenen Zeitpunkt, also aus einem Mikrozustand des Systems berechnen. Der thermodynamische Druck des Systems hingegen ist eine Eigenschaft des Ensembles und kann deshalb von einem Algorithmus zur Druckregulierung nicht verwendet werden.

9.2 Global und lokal
Bei den hier vorgestellten Barostaten werden die Koordinaten und Geschwindigkeiten aller Atome gleichmäßig skaliert, es sind also globale Algorithmen.

9.3 Momentandruck (2)
Der über das atomare Virial definierte Momentandruck hat zwei Bestandteile, die von der kinetischen und von der potentiellen Energie abhängen. Der Beitrag der kinetischen Energie sorgt immer für einen positiven Druck, der – in Abwesenheit von Kräften zwischen den Teilchen – dem Druck des idealen Gases entspricht. Der Beitrag der potentiellen Energie kann für einen negativen oder einen positiven Beitrag zum Druck sorgen, je nachdem, ob die Kräfte zwischen den Teilchen anziehend oder abstoßend sind.

9.4 Kohäsion
Kohäsive Kräfte versuchen die Atome und Moleküle zusammenzuziehen und erzeugen so einen negativen Druckbeitrag, der dem positiven kinetischen Beitrag entgegenwirkt.

9.5 Berendsen-Barostat (1)
Für $\tau \gg \Delta t$ betrachten wir den Zeitschritt als praktisch infinitesimal und schreiben das skalierte Volumen als

$$V' = \alpha V = V + \frac{\text{d}t}{\tau} \kappa V \Pi$$

Zusammen mit

$$V' - V = \frac{dV}{dp}(p'_{\text{mom}} - p_{\text{mom}}) = -\kappa V(\Pi' - \Pi)$$

erhält man dann

$$d\Pi = -\frac{dt}{\tau}\Pi$$

und damit eine Kinetik erster Ordnung

$$\frac{d\Pi}{dt} = -\frac{1}{\tau}\Pi .$$

9.6 Berendsen-Barostat (2)
Für $\tau = \Delta t$ lautet der Skalierungsfaktor

$$\lambda = \sqrt[3]{1 + \kappa(p_{\text{mom}} - p)} .$$

Für das skalierte Volumen ergibt sich daraus

$$\begin{aligned}
V' &= \lambda^3 V \\
&= [1 + \kappa(p_{\text{mom}} - p)]V \\
&= V - \frac{1}{V}\frac{dV}{dp}(p_{\text{mom}} - p)V \\
&= V - (V - V_p) \\
&= V_p ,
\end{aligned}$$

wobei mit V_p das Volumen gekennzeichnet wird, dass einem Momentandruck $p_{\text{mom}} = p$ entspricht. Aus $V' = V_p$ folgt $p'_{\text{mom}} = p$.

9.7 Generalisierte Masse
Im Grenzfall $m_V \to \infty$ lässt der Andersen-Barostat Positions- und Geschwindigkeitsvektoren unverändert. Für endliche Werte von m_V sind die Änderungen proportional zu dem Quotienten $\Delta t / m_V$. Beispielsweise gilt

$$\boldsymbol{q}' - \boldsymbol{q} = \frac{\Delta t}{m_V}\boldsymbol{q}\frac{p_V}{3V} .$$

Stichwortverzeichnis

A
Ab-initio-Rechnung, 25
Absättigung, 31
Abschirmung, 50, 139
Abschneide
 ~frequenz, 131
 ~funktion, 123–125, 132
 ~parameter, 123, 183
Abstandsskalierung, 290, 297, 298, 300, 301

Additivität, **106**, 108, 109, 112, 115, 116
Aktivierungsenergie *siehe* Energie, Aktivierungs~
Algorithmus, expliziter, 212, 215, 279
AlphaFold, 10
AMBER-Programm, 9
Andersen-Barostat *siehe* Barostat, Andersen-
Andersen-Thermostat *siehe* Thermostat, Andersen-
Anfangsbedingung, 172, 175, 178, 179, 200, 201, 254
anharmonisches Potential *siehe* Potential, anharmonisches
Anharmonizität, **111**
Anisotropie, 127, 290, 301
antibindendes Orbital *siehe* Orbital, antibindendes
Antisymmetrie, 47, 48, 74
Atom
 Dummy~, 149
 ~hypothese, 25, 28
 ~kern, 34–37, 39, 42, 43, 51, 52, 55, 58–60, 66, 69, 70, 73, 76, 105, 106, 112

~koordinaten *siehe* Koordinaten, Atom~

~ladung, 79
Modell~ *siehe* Modellatom
~modell, 29–31, 41
~orbital *siehe* Orbital, Atom~
~radius, 29, 40, 145
~typ, 9, 11, 32, 80, 144, 145
Attraktor, 185, 191
Aufenthaltswahrscheinlichkeitsdichte, 45, 47, 69, 79, 119
Aufbauprinzip, 50
Ausschließungsprinzip *siehe* Pauli-Prinzip
Avogadro-Zahl, 2, 236, 237, 245

B
Back-Differentiation-Formula *siehe* Gear-Algorithmus
Bahnkurve, 162, 174, 177
Barostat, 4, 16, 250, 259, 289, 290, 295–297
 stochastischer, 295
 Andersen-, 298–301
 Berendsen-, 16, 290, 295, 297, 298, 301
 Parrinello-Rahman-, 16, 290, 295, 301, 302
Beeman
 Algorithmus, 200
 Methode, 200, 212
Berendsen-Barostat *siehe* Barostat, Berendsen-
Berendsen-Thermostat *siehe* Thermostat, Berendsen
Beschattungslemma, 174–176

Biegeschwingung *siehe* Schwingung, Biege~
bindendes Orbital *siehe* Orbital, bindendes
Bindung
  chemische, 3, 4, 9–11, 26, 27, 31–35, 51, **66**, 66, **68, 69, 71, 72, 75–77, 79, 80**, 98, 108–110, 112, 113, 116–118, 121
  Doppel~, 31, 79, 112, 144
  Dreifach~, 31, 80
  Einfach~, 34, 79, 110, 112, 144
  ~energie, 29, 40, 44, **52**, 53–55, **73, 76**, 110, 121, 144
  ~länge, 54, 59, 108, 109, 116, 139, 143, 145, 179, 235
  ~streckschwingung *siehe* Schwingung, Streck~
  ~winkel, **36, 37**, 59, 108, **112, 113**, 116, 122, 139, 144, 146
Bioinformatik, 10
Blocktransformation, 257
Bohrscher Radius, 40
Boltzmann
  -Faktor, 237, 238, 243, 244, 263, 266, 295
  -Konstante, 18, 225
  -Verteilung, 237, 239, 240, 243, 283
Born-Huang-Näherung, 52
Born-Mayer-Potential *siehe* Potential, Born-Mayer-
Born-Oppenheimer-Näherung, 27, 34, 49, 52, 53, 55, 57–63, 65, 66, 68, 71, 79, 105
Bowen-Asonov-Lemma *siehe* Beschattungslemma
Box, 7, 9, 12, 13, 16, 87–93, 95–102, 132–138, 165, 173, 181, 194, 235, 236, 250, 285, 292, 297, 298, 301, 323, 327, 328, 330
  kubische, 91, 95, 96, 123, 132, 134, 300
  ~länge, 12, 36, 88–90, 93, 95, 96, 99, 100, 123, 129, 132, 138, 250
  orthorhombische, 93, 99
  ~volumen, 90, 100, 293
  ~wand, 12, 88–90, 92, 292, 293
Brownsche Molekularbewegung, 29
Buckingham-Potential *siehe* Potential, Buckingham-
Bussi-Donadio-Parrinello-Thermostat *siehe* Thermostat, v-Rescale-

C

Chaos, 162, 172, 174, 176
Charakter, symplektischer, 143, 175, 177, 180–183, 187, 190–194, 196, 197, 201, 205, 208, 210, 214, 215, 282, 312–314, 316, 317, 321
CHARMM-Kraftfeld *siehe* Kraftfeld, CHARMM-
CHARMM-Programm, 9, 127
chemische Bindung *siehe* Bindung, chemische
Constraint *siehe* Zwangsbedingung
Coulomb-Potential *siehe* Potential, Coulomb-
Cutoff *siehe* Abschneideparameter

D

Dalton-Modell, 29
De-Broglie-Wellenlänge, 38, 39
Delokalisierung, 71
Determinante, 308, 314
deterministisch, 184, 272, 278, 281
DFT *siehe* Dichtefunktionaltheorie
Dialaninpeptid, 35, 106
Dichtefunktionaltheorie (DFT), 78, 111, 127
Diederwinkel, 36, 108, 113–117, 122, 144, 145, 235
  uneigentlicher, 116
Differentialoperator, 308, 318
Diffusionskoeffizient, 94, 100, 283, 297
Dipol
  -Dipol-Wechselwirkung, 128
  induzierter, 118, 127
  ~moment, 119, 127, 133, 146, 147
  -Monopol-Wechselwirkung, 128, 129
Diskretisierung, 4, 14, 139, 151, 161, 162, 164, 170, 214, 299, 302
Dispersionskraft *siehe* Van-der-Waals-Kraft
Dissoziationsenergie *siehe* Energie, Dissoziations~
Diwasserstoffkation, 66
Dodekaeder
  rhombisches, 90
  verlängertes rhombisches, 90
Doppelbindung *siehe* Bindung, Doppel~
Doppelpendel, 174, 175
Drehimpulserhaltung, 92, 193, 269, 277
Drei-Körper-Problem, 161
Dreieckiges Prisma *siehe* Prisma, dreieckiges
Dreifachbindung *siehe* Bindung, Dreifach~
Dreipunktmodell *siehe* Wassermodell, Dreipunkt-
Druck

~fluktuationen *siehe* Fluktuationen, Druck~
Momentan~, 16, 289–291, 295, 298, 299, 302
~regelung *siehe* Barostat
Dummyatom *siehe* Atom, Dummy~

E
Edelgas, 30
Eigen
 ~funktion, 42, 43, 57
 ~wert, 42, 52, 57, 58, 60, 61, 169
Einfachbindung *siehe* Bindung, Einfach~
Einheitsmatrix, 313, 314
Einheitszelle, 36
Einteilchen
 -Schrödinger-Gleichung *siehe* Schrödinger-Gleichung, Einteilchen-
 -Wellenfunktion *siehe* Wellenfunktion, Einteilchen-
Einzelmolekülspektroskopie, 223, 252, 254
Elektronegativität, 33, 126, 145
Elektronen
 ~affinität, 37
 ~hülle, 30, 50
 ~korrelation *siehe* Korrelation der Elektronenbewegung
 ~masse, 43, 53
 ~schale, 45, 50, 51, 118, 120
 ~spin, 42, 43, 46–51, 73, 76, 118, 120, 244
elektronische Schrödinger-Gleichung *siehe* Schrödinger-Gleichung, elektronische
Elementarladung, 30, 37, 39, 126
empirisches Potential *siehe* Potential, empirisches
Energie
 Aktivierungs~, 19, 59
 ~barriere, 19, 115, 253
 Dissoziations~, 112
 ~drift, 166, 168–171, 176, 181
 ~eigenwert, 42, 43, 58, 60, 61
 ~entartung, 60, 61, 115, 239
 ~erhaltung, 123, 170, 174, 181, 270, 278
 ~fluktuationen *siehe* Fluktuationen, Energie~
 freie, 231, 241–243
 Gibbs-, 8, 17–19, 231, 248
 Helmholtz-, 231
 ~hyperfläche *siehe* Potentialhyperfläche
 innere, 240–242, 244, 247, 249, 259, 300
 Ionisations~, 50
 kinetische, 13–15, 39, 40, 49, 56, 70–72, 121, 123, 169, 171, 174, 201, 209, 237, 239, 240, 244, 245, 264, 267, 268, 270, 272, 273, 276, 292, 319
 ~landschaft, 17, 18, 58
 ~minimierung, 13, 14
 ~niveau, 43, 53, 60, 62, 240
 potentielle, 13–15, 32, 39, 40, 42, 49, 51, 56, 58, 69–72, 76, 108, 109, 117, 119–121, 123, 125, 126, 128, 163, 168–171, 209, 218, 237, 240, 246, 266, 268, 269, 272, 273, 292, 293, 300, 319, 320
Ensemble
 isoenthalpisch-isobares, 228, 289, 295, 299, 302
 isoentropisch-isobares, 289
 isotherm-isobares, 4, 13, 15, 16, 224, 228, 231, 236, 248–250, 264, 289, 290, 295, 297–300, 302
 großkanonisches, 228
 kanonisches, 4, 13, 224, 226, 228, 231, 236, 237, 240–244, 246, 248–250, 263, 264, 266–273, 275, 277, 278, 283, 295, 296, 298
 mikrokanonisches, 4, 13, 14, 224, 228, 230, 231, 234, 236, 237, 242, 246, 259, 263, 264, 266, 269, 273, 275, 295, 298
 ~mittel, 194, 224, 252, 253, 292
Enthalpie, 146, 231, 248, 249, 301, 341
Entropie, 225–227, 230–233, 235, 238, 241, 242, 244, 249
Equilibrierung, 9, 13–16, 127, 235, 264, 266, 278, 295
Ergodizität, 177, 194, 252, 267, 278, 295
Erwartungswert, 16, 246, 247, 251, 256, 257, 266, 292, 294, 295
Eta-Theorem *siehe* H-Theorem
Euler-Verfahren, 162, 165–167, 178, 182, 188, 195, 214
 implizites, 180, 212
 Standard-, 166, 168, 169, 171, 176, 177, 180–182, 190, 214
 symplektisches, 167–169, 171, 177, 180–183, 192, 195, 196, 205, 207, 208, 212, 317, 320, 321
Ewald-Summation, 129, 137
explizites Lösungsmittel *siehe* Lösungsmittel, explizites

F
Fünfpunktmodell, 150
Fadenabstand, 18, 19
Faltungstheorem, 135

Fehlerschätzung, 256
Flächenwinkel, 116
Fluktuation, 99, 119
  Druck~, 16, 250–252, 296, 298
  Energie~, 179, 233, 234, 245, 246, 248, 268, 273
  Temperatur~, 234, 244–246, 248, 249, 268, 273
  Volumen~, 249, 251, 252, 295, 296, 299
Förster-Resonanz-Energie-Transfer (FRET), 10, 18, 139
Fourier-Transformation, 39, 130–138, 152
Franck-Condon-Übergang, 61
freie Energie *siehe* Energie, freie
FRET *siehe* Förster-Resonanz-Energie-Transfer

G
Gauß
  -Klammer, 94
  -Thermostat *siehe* Thermostat, Gauß-
  -Verfahren, 270
Gaußsche Fehlerfunktion, 131, 133
Gear-Algorithmus, 212
generalisierte Koordinaten *siehe* Koordinaten, generalisierte
Geschwindigkeits
  ~autokorrelation, 283
  -Verlet-Algorithmus *siehe* Verlet-Algorithmus, Geschwindigkeits-
Gibbs-Energie *siehe* Energie, Gibbs-
Gleichgewichts
  ~abstand, 27, 29, 30, 75, 76, 109–112, 121, 124, 144, 146
  ~winkel, 112, 146
Gleichverteilungssatz, 15, 109, 110, 126, 199, 237, 240, 245, 264, 275, 293–295
globale Koordinaten *siehe* Koordinaten, globale
GPU (Graphics Processing Units), 138
Größeneffekt, 99–101
GROMACS, 8
GROMOS-Kraftfeld *siehe* Kraftfeld, GROMOS-
großkanonisches Ensemble *siehe* Ensemble, großkanonisches
Gyrationsradius, 18, 19, 254

H
H-Theorem, 227
Halbschritt, 279, 282
Hamilton
  -Formalismus, 161, 163, 176, 179, 183, 184, 186, 190–192, 205, 215, 263, 311–314, 316, 317
  -Funktion, 163, 175, 182, 183, 185, 190, 193, 206, 209, 218, 280, 292, 300, 312, 313, 318, 319, 321
  -Funktion, Schatten-, 182, 183, 193
  -Operator, 41–43, 49, 55–57, 65–67, 78, 318
harmonisches Potential *siehe* Potential, harmonisches
Harte
  Kugeln *siehe* Kugeln, harte
  Wände *siehe* Wände, harte
Hartree
  -Fock-Verfahren, 49, 78
  -Produkt, 47, 48, 119
Hauptquantenzahl *siehe* Quantenzahl, Haupt~, 326
Hauptsatz der Thermodynamik, zweiter, 181, 225–227, 231
Heisenberg'sche Unschärferelation *siehe* Unschärferelation, Heisenberg'sche
Heliumdimer, 119–121
Helmholtz-Energie *siehe* Energie, Helmholtz-
hexagonales Prisma *siehe* Prisma, hexagonales
Hill-System, 33
holonome Zwangsbedingung *siehe* Zwangsbedingung, holonome
Hooke'sches Gesetz, 110, 112, 331
Hund'sche Regeln, 51
Hybridorbital *siehe* Orbital, Hybrid~

I
Implizites
  Euler-Verfahren *siehe* Euler-Verfahren, implizites
  Lösungsmittel *siehe* Lösungsmittel, implizites
Impuls
  ~erhaltung, 92
  konjugierter, 163, 173, 174, 277, 280, 298–300, 312
  ~koordinaten *siehe* Koordinaten, Impuls~
Induzierter Dipol *siehe* Dipol, induzierter
Infrarotspektrum, 109, 146
Inkompressibilität, 118
Inkugel, 90
innere Energie *siehe* Energie, innere
Integrator, 4, 14–16, 140, 141, 143, 161–166, 168, 171, 174–183, 185, 186, 188, 191–

Stichwortverzeichnis

195, 200, 201, 204, 212, 215, 230, 252, 267, 269, 271, 272, 282, 296–298, 300, 302, 311, 314, 317, 342
Ionisationsenergie *siehe* Energie, Ionisations~
isoenthalpisch-isobares Ensemble *siehe* Ensemble, isoenthalpisch-isobares
isoentropisch-isobares Ensemble *siehe* Ensemble, isoentropisch-isobares
isokinetischer Thermostat *siehe* Thermostat, isokinetischer
isotherm-isobare Zustandssumme *siehe* Zustandssumme, isotherm-isobare
isotherm-isobares Ensemble *siehe* Ensemble, isotherm-isobares
Isotropie, 292, 301, 302
Iterationsschritt, 143, 177, 178, 201, 213, 214, 258

J

Jacobi-Matrix, 188–190, 192, 196, 197, 218, 314, 316, 317, 337
Jahn-Teller-Effekt, 60, 61

K

kanonische
  Gleichungen, 163, 179, 184, 188, 190–192, 205, 206, 215, 301, 312, 313, 316, 318
  Zustandssumme *siehe* Zustandssumme, kanonische
kanonisches Ensemble *siehe* Ensemble, kanonisches
Keilstrichformel, 33
Kern
  ~koordinaten *siehe* Koordinaten, Kern~
  ~ladungszahl, 26, 42, 49–51, 56
  ~masse, 53, 56, 121
Kinetische
  Energie *siehe* Energie, kinetische
  Temperatur *siehe* Temperatur, kinetische
Kollisionsfrequenz, 283
Kompressibilität, 249, 250, 252, 296, 298
Konfigurations
  ~raum, 271, 283
  ~temperatur *siehe* Temperatur, Konfigurations~
  ~wechselwirkung, 74, 75, 78
Konformation, 101, 145, 223, 243, 255
  gestaffelte, 114–116
  verschattete, 114, 115
konjugierte Zustandsgröße *siehe* Zustandsgröße, konjugierte

konjugierter Impuls *siehe* Impuls, konjugierter
Konnektivität, 31, 33, 34
konservative Kraft *siehe* Kraft, konservative
konservatives Potential *siehe* Potential, koservatives
Koordinate
  Atom~, 107, 113, 141, 142
  generalisierte, 291, 294
  globale, 93–96, 98, 99, 297
  Impuls~, 39, 163, 164, 173, 174, 179, 182, 184, 185, 191, 192, 196, 198, 199, 201, 206, 266, 269, 275, 277, 280, 282, 296, 298–300, 312
  Kern~, 53, 56, 58–61, 66, 107
  lokale, 93–96, 98
  Normal~, 107, 109
  Reaktions~, 8, 17–19
  ~transformation, 107, 173, 187
Koordinate, Orts~, 39, 93, 95, 105, 112, 114, 146, 184, 289, 292, 312
Korrelation der Elektronenbewegung, 47–49, 76, 78, 117, 119, 120
Korrelationszeit, 257, 258
kovalente Bindung *siehe* Bindung, chemische
Kraft
  konservative, 163, 197
  ~konstante, 110, 112, 113, 127, 144, 146, 150
Kraftfeld, 4, 11, 37, 107, 116, 118, 121, 126–128, 143–147, 149, 151
  AMBER-, 147, 148, 151
  CHARMM-, 11, 148, 151
  GROMOS-, 151
  Martini-, 149
  MM2-, 145
  OPLS-, 151
  ~parameter, 146
  UFF-, 144, 145, 149
  universales, 149
Kristallografie, 36, 90, 165
kubische Box *siehe* Box, kubische
kubisches Potential *siehe* Potential, kubisches
Kugel, harte, 1, 29–31, 89, 106, 118, 121, 269
kurzreichweitiges Potential *siehe* Potential, kurzreichweitiges

L

Lösungsmittel
  explizites, 125

implizites, 125
Ladungsdichte, 33, 52, 55, 69, 71, 72, 75, 79, 133–136
Lagrange
 -Formalismus, 311–313
 -Funktion, 279, 280, 300
 -Interpolation, 138
Lagrange'scher Multiplikator, 140–143, 270

Landau-Notation, 177
Langevin
 -Gleichung, 5, 281
 -Thermostat *siehe* Thermostat, Langevin-

langreichweitiges Potential *siehe* Potential, langreichweitiges
Laplace-Operator, 42, 56, 64
LCAO-Näherung, 68–70, 73, 76, 77, 79, 80
Leap-Frog-Algorithmus, 199–201
Lennard-Jones-Potential, 29
Lie-Trotter-Produktformel *siehe* Trotter-Faktorisierung
LINCS (LINear Constraint Solver), 143
Liouville
 -Gleichung, 226
 -Operator, 205, 206, 209, 318–320
 Satz von, 183, 186, 191, 314, 317
Lipiddoppelschicht, 235
Ljapunow
 -Exponent, 172–174, 201, 267
 -Instabilität, 172, 175–177
lokaler Ortsvektor *siehe* Koordinaten, lokale

Loschmidt-Paradoxon, 227

M
Madelung-Konstante, 129
Makrozustand *siehe* Zustand, makroskopischer
Martini-Kraftfeld *siehe* Kraftfeld, Martini-
Massenmittelpunkt, 10, 34, 39, 55, 59, 99, 139, 254, 268, 302, 324
Maxwell-Boltzmann-Geschwindigkeitsverteilung, 15, 29, 165, 236, 239, 283
Membran, 92
mikrokanonische Zustandssumme *siehe* Zustandssumme, mikrokanonische
mikrokanonisches Ensemble *siehe* Ensemble, mikrokanonisches
Mikrozustand *siehe* Zustand, mikroskopischer
Minimum Image Convention, 95
Mirror Image, 90
MM2-Kraftfeld *siehe* Kraftfeld, MM2-

Modell
 ~atom, 4, 26, 118
 ~potential *siehe* Potential, Modell~
Molekül
 ~orbital *siehe* Orbital, Molekül~
 ~struktur, 34, 35, 51, 52, 58–60, 62, 113
molekulare Schrödinger-Gleichung *siehe* Schrödinger-Gleichung, molekulare
Momentandruck *siehe* Druck, Momentan~
Monopol-Monopol-Wechselwirkung, 330
Monte-Carlo-Simulation, 1, 19, 180, 253, 266
Morse-Potential *siehe* Potential, Morse-
Mulliken-Populationsanalyse, 79, 80
Multiskalenverfahren, 162, 180, 201, 204, 205, 210, 211
μVT-Ensemble *siehe* Ensemble, großkanonisches

N
Näherung, Adiabatische, 52, 66
NAMD (Nanoscale Molecular Dynamics program), 9
Nebenbedingung *siehe* Zwangsbedingung
Neumann-Wigner-Theorem, 62
NMR (Nuclear Magnetic Resonance), 7, 10, 18, 34, 139, 165
Noether-Theorem, 92
Normal
 ~koordinate *siehe* Koordinate, Normal~
 ~schwingung *siehe* Schwingung, Normal~
Nosé-Hoover-Thermostat *siehe* Thermostat, Nosé-Hoover
NpH-Ensemble *siehe* Ensemble, isoenthalpisch-isobares
NpT-Ensemble *siehe* isotherm-isobares Ensemble
nukleare Schrödinger-Gleichung *siehe* Schrödinger-Gleichung, nukleare
Nullpunktsschwingung *siehe* Schwingung, Nullpunkts~
NVE-Ensemble *siehe* Ensemble, mikrokanonisches
NVT-Ensemble *siehe* Ensemble, kanonisches

O
Oktaederstumpf, 90, 91
Ölfleckversuch, 28
Operator
 ~darstellung, 207, 208
 ~zerlegung, 272, 297
OPLS-Kraftfeld *siehe* Kraftfeld, OPLS-

Orbital, 26, 27, 42, 44–48, 51, 67–69, 71, 72, 76, 77, 79, 118, 120
   antibindendes, 67, 75
   Atom~, 68, 69, 71–73, 75–77, 80
   bindendes, 67, 69, 76, 77
   Hybrid~, 77
   Molekül~, 69, 70, 77
   p-, 44, 45, 50, 51, 69, 118
   s-, 45–47, 50, 51, 67, 69, 71–73, 76, 77, 118, 325
   Spin~, 47–49
Ordnungszahl *siehe* Kernladungszahl
orthorhombische Box *siehe* Box, orthorhombische
Ortskoordinate *siehe* Koordinate, Orts~
Ortsvektor
   globaler *siehe* Koordinaten, globale
   lokaler *siehe* Koordinaten, lokale
Oszillator, harmonischer, 54, 168, 171, 178, 181–184, 190, 192, 194, 203, 204, 210, 213, 278
Oxidationszahl, 26, 31, 32, 34

P
Parallelepiped, 90, 93, 94
Parallelisierbarkeit, 17
Paralleloeder, 90, 94
Parametrisierung, 3, 4, 11, 80, 107, 110, 112, 113, 116, 117, 119, 121, 122, 128, 143, **144**, **145**, 145, **146–149**, 150, **151**
Parrinello-Rahman-Barostat *siehe* Barostat, Parrinello-Rahman-
Parseval, Theorem von, 131
Partialladung, **37**, 79, 80, 126, 127, 144, 146, 147, 204, 331
Particle
   -Mesh-Ewald-Verfahren, 132, 137
   -Particle-Particle-Mesh-Verfahren, 137
Pauli
   -Abstoßung, 30, 117, 118, 121, 123
   -Prinzip, 48, 51, 73, 74, 117, 118
Peptid, 7–14, 18, 19, 127, 145
Periodendauer, 139, 178, 211
periodische Randbedingungen *siehe* Randbedingungen, periodische
Permittivität, 30, 100, 125, 126, 133
PES *siehe* Potentialhyperfläche
Phasenraum, **184, 185**
   Abtastung des, 17, 253, 267, 295
   ~fluss, 191, 313, 314, 316
   ~trajektorie, 227
   ~volumen, **185, 186**
   ~volumenerhaltung, 168, 177, 183, 186–189, 191, 193, 196

Plancherel, Satz von, 136
Planck'sches Wirkungsquantum, 38, 42, 224

PME *siehe* Particle-Mesh-Ewald-Verfahren
Polarisierbares Wassermodell *siehe* Wassermodell, polariserbares
Polarisierbarkeit, 127, 128, 144–147, 150
Polarisierung, 3, 127, 146
Positions-Verlet-Algorithmus *siehe* Verlet-Algorithmus, Positions-
Post-Hartree-Fock-Verfahren, 49, 120
Potential
   anharmonisches, 120
   Born-Mayer-, 118, 119, 121
   Buckingham-, 122, 144
   Coulomb-, **30**, 39, 47, 49, 52, 56, 73, 117, 123, 125, 126, 128, 129, 131–133, 135, 137, 138, 149
   empirisches, 1, 3, 4, 10, 27, 28, 30, 32, 52, 105–108, 110, 111, 113, 143
   harmonisches, 64, 110–113, 115, 117, 168, 204
   ~hyperfläche, 32, 52, 58–61
   konservatives, 170
   kubisches, 111, 113
   kurzreichweitiges, 95, 130–132
   langreichweitiges, 95, 99, 117, 130–132, 135–137
   Lennard-Jones-, 29, 30, 106, 122, 123, 125, 128, 144, 146, 150, 151
   Modell~, 29, 66, 108, 109
   Morse-, **112**, 112, 144
   periodisches, 115
   quartisches, 111–113
   thermodynamisches, **230, 231**, 241, 248, 249
potentielle Energie *siehe* Energie, potentielle

Predictor-Corrector-Methode, 200, 212, 213

Primärstruktur, 3
Prisma
   dreieckiges, 90
   hexagonales, 90, 91, 103, 328, 329
Produkt, dyadisches, 308
Produktionsrechnungen, 16, 17, 21
Promotion, 72, 77
Propagator, **206**, 208–210
Pseudo-Jahn-Teller-Effekt, 61
Punktladung, 125, 151

Q
QCISD(TQ), 120
Quantenzahl, 42, 44–46, 51

Bahndrehimpuls∼, 44, 45, 51, 68, 76
Haupt∼, 43–45, 51, 76
magnetische, 44, 45, 76
Spin∼, 42, 47, 50, 51, 73, 76
quartisches Potential *siehe* Potential, quartisches

R

Röntgenbeugung, 10, 33, 34
Radialteil *siehe* Wellenfunktion, Radialteil der
Rahman-Verfahren, 212–214
Randbedingung
 Artefakte periodischer, 99–101
 periodische, 4, 7, 12, 88, 90–92, 94, 99, 100, 123, 126, 133, 269, 277
RATTLE-Algorithmus, 143
Raum, reziproker, 95, 131, 132, 135, 136, 138
Reaktionskoordinaten *siehe* Koordinaten, Reaktions∼
Reibungsparameter, 270, 281
Renner-Teller-Effekt, 60
Replica, 16, 17, 252–254
Resonanz, 178, 179, 211, 272
RESPA-Verfahren, 180, 194, 205, 211, 272
Reversibilität, 179, 180, 201, 205, 208, 209, 212, 214, 272, 275
Rhombendodekaeder *siehe* Dodekaeder, rhombisches
RMSD (Root Mean Square Deviation), 18, 19
Rotationsbarriere, 115
Ruck, 195, 336
Runge-Kutta-Verfahren, 212, 214, 215

S

Scharmittel *siehe* Ensemblemittel
Schatten
 -Hamilton-Funktion *siehe* Hamilton-Funktion, Schatten-
 ∼trajektorie *siehe* Trajektorie, Schatten∼
Schrödinger-Gleichung
 Einteilchen-, 49, 53, 67, 68
 elektronische, 3, 10, 49, 52, 57, 58, 67, 68, 78
 molekulare, 52, 63, 68, 78
 nukleare, 52, 58, 105
 zeitabhängige, 41, 42
 zeitunabhängige, 42, 53
Schwerpunkt *siehe* Massenmittelpunkt
Schwingung
 Biege∼, 109, 204

Normal∼, 35, 116
Nullpunkts∼, 60
Streck∼, 3, 109, 116, 139, 146, 151, 178, 179, 204
Torsions∼, 109
Schwingungs
 ∼dauer *siehe* Periodendauer
 ∼energie, 54, 55, 64
 ∼frequenz, 35, 54, 109, 116
 ∼niveau, 54
Sekundärstruktur, 8
Selbstdiffusion, 100, 267, 283
Selbstwechselwirkung, 133, 136
SETTLE, 143
SHAKE, 143
SHAPE, 143
Shift-Funktion, 124
Simulationsbox *siehe* Box
Slater
 -Determinante, 48, 49, 78, 120
 -Regeln, 50
Smooth-Particle-Mesh-Ewald-Verfahren, 138
Spat *siehe* Parallelepiped
SPC-Wassermodell *siehe* Wassermodell, SPC-
Spiegelbild, 90, 91, 95, 97–100
Spin
 Elektronen∼ *siehe* Elektronenspin
 ∼orbital *siehe* Orbital, Spin∼
 ∼quantenzahl *siehe* Quantenzahl, Spin∼
SPME *siehe* Smooth-Particle-Mesh-Ewald-Verfahren
Standard-Euler-Verfahren *siehe* Euler-Verfahren, Standard
stochastischer Barostat *siehe* Barostat, stochastischer
Stoßfrequenz, 283
Streckschwingung *siehe* Schwingung, Streck∼
Struktur
 ∼aufklärung, 34
 ∼editor, 9, 10
 ∼formel, 33
Switch-Funktion, 124
symplektisches Euler-Verfahren *siehe* Euler-Verfahren, symplektisches

T

Teilsystem, 231–235, 239, 267
Temperatur, 223, 228, 230–241, 244–249, 252
 ∼fluktuationen *siehe* Fluktuationen, Temperatur∼

kinetische, 263, 266, 267, 269–272, 277, 281, 282, 295, 296
Konfigurations~, 265
thermodynamische, 264, 271, 275, 277, 282
thermodynamische Temperatur *siehe* Temperatur, thermodynamische
thermodynamisches Potential *siehe* Potential, thermodynamisches
Thermostat, 4, 15, 16, 201, 237, 240, 246, 259, 263–267, 269, 278, 289, 291, 296, 297, 302
  Andersen-, 282, 283, 302
  Berendsen-, 267, 268, 272–278, 290, 298
  Bussi-Donadio-Parrinello- *siehe* Thermostat, v-Rescale-
  Gauß-, 266, 267, 270–272
  isokinetischer, 174, 266, 267, 270–272, 278
  Langevin-, 268, 270, 281
  Nosé-Hoover, 266, 267, 277–279, 298, 302
  v-Rescale-, 15, 276, 277
TIP3P-Wassermodell *siehe* Wassermodell, TIP3P-
TIP4P-Wassermodell *siehe* Wassermodell, TIP4P-
TIP5P-Wassermodell *siehe* Wassermodell, TIP5P-
TIPnP-Modell *siehe* Wassermodell, TIPnP-
Topologie, 9–11
Torsions
  ~schwingung *siehe* Schwingung, Torsions~
  ~winkel *siehe* Diederwinkel
Torus, 94, 95
Trajektorie, 1, 14, 16–19, 161, 162, 164, 165, 172–176, 178–182, 185, 193, 194, 200–203, 206, 226, 252–255, 267, 275, 278
  Schatten~, 174–176, 193
Transferabilität *siehe* Übertragbarkeit
Translation, 34, 35, 90, 92, 102, 267, 268
Trotter-Faktorisierung, 207, 208, 210, 320

U
Übergangszustand, 19, 59
Überlappintegral, 69, 73, 79
Übertragbarkeit, **106**, 106
UFF-Kraftfeld *siehe* Kraftfeld, UFF-
uneigentlicher Diederwinkel *siehe* Diederwinkel, uneigentlicher
Ungleichgewichtszustand, 235

Universales Kraftfeld *siehe* Kraftfeld, universales
Unschärferelation, Heisenberg'sche, 38, 40, 47, 58, 70, 224

V
v-Rescale-Thermostat *siehe* Thermostat, v-Rescale-
Vakuum, 12, 87, 127, 133, 139, 146, 147
Valenz, 26, 31, 32, 34
  ~elektron, 33, 51, 53–55
Van-der-Waals
  -Kraft, 4, 30, 117–123, 126, 146, 150
  -Radius, 118, 119
Velocity-Rescale-Thermostat *siehe* Thermostat, v-Rescale-
verallgemeinerte Koordinaten *siehe* Koordinaten, generalisierte
verlängertes Rhombendodekaeder *siehe* Dodekaeder, verlängertes rhombisches
Verlet-Algorithmus, 140, 142, 143, 162, 165, 178, 180, 183, 194–198, 200, 205, 210, 211
  Geschwindigkeits-, 143, 174, 195, 199–203, 205, 209, 210, 213, 215, 278, 279, 282
  Positions-, 164, 183, 185, 195, 196, 198–203
Verteilungsfunktion, radiale, 88
Vibrations
  ~energie *siehe* Schwingungs, energie
  zustand, 32
Vielteilchen-Wellenfunktion *siehe* Wellenfunktion, Vielteilchen-
Vierpunktmodell *siehe* Wassermodell, Vierpunkt-
Virial, 291–293, 295
  ~atomares, 289, 291, 295
  ~äußeres, 291, 295
  ~inneres, 291, 295
  ~koeffizienten, 30
  ~theorem, 71, 72
Vollkugel, 254
Volumenfluktuationen *siehe* Fluktuationen, Volumen~

W
Wärmekapazität, 145, 146, 233, 245, 247, 269
Würfel, 90
Wände, harte, 12, 88, 92
wandnah, 88–90
Wasser

~box, 13
explizites *siehe* Lösungsmittel, explizites
implizites *siehe* Lösungsmittel, implizites
Wassermodell, 146, 147, 149–151, 235
  Dreipunkt-, 150
  polarisierbares, 150
  SPC-, 143, 146, 150, 151
  TIP3P-, 11, 143, 151
  TIP4P-, 151
  TIP5P-, 151
  TIPnP-, 151
  Vierpunkt-, 149
Wassermolekül, 31, 37, 74, 98, 149, 185, 234, 235, 246, 250, 254
Wasserstoff
  ~atom, 3, 26, 31, 33, 37, 38, 40–43, 46–49, 51, 53, 67, 69, 71, 74–77, 115, 126, 139, 145–147, 149, 151, 179, 204
  ~brücke, 18, 32, 117, 126
  ~molekül, 73, 74, 76, 78, 111
Wechselwirkung
  bindende, 108
  zwischenmolekulare, 147
Wellen
  ~länge, 29, 38, 39, 132
  ~paket, 39
Wellenfunktion, 1, 38, 41–49, 52–55, 57, 58, 60, 62, 64–67, 69–76, 78, 79, 90, 105, 118–120
  Radialteil der, 44, 45
  Einteilchen-, 46
  Vielteilchen-, 3, 47, 69
Wertigkeit *siehe* Valenz
Wiederkehrsatz, 227
WIGGLE, 143
Wigner-Seitz-Zelle, 90
Windungszahl, 95
Wirkung, 197, 198, 311
Wirkungsquantum *siehe* Planck'sches Wirkungsquantum

Z
Z-Matrix, 36
Zeit
  ~abhängige Schrödinger-Gleichung *siehe* Schrödinger-Gleichung, zeitabhängige
  ~entwicklungsoperator, 205, 318
  ~mittel, 224, 252–254, 256, 295
  ~schritt, 139, 141, 151, 167, 169–171, 175, 178, 179, 182, 183, 193, 195, 199, 200, 206, 210, 211, 213, 214, 226, 272–274, 298, 304
  ~umkehrinvarianz, 168, 176, 179, 180, 195, 200, 208, 226, 227, 272, 279
  ~unabhängige Schrödinger-Gleichung *siehe* Schrödinger-Gleichung, zeitunabhängige
Zustand
  makroskopischer, 185, 223, 225–228, 230, 232, 235, 240, 242–244, 248, 249, 252, 264, 268, 290, 295
  mikroskopischer, 224, 226, 227, 237, 239, 240, 243, 248, 253, 264, 266, 290, 291, 344
Zustandsgleichung
  idealer Gase, 2, 27, 29, 294
  realer Gase, 30
Zustandsgröße, 228, 230, 231, 236, 259
  konjugierte, 259
Zustandssumme
  isokinetische, 270
  isotherm-isobare, 248, 251
  kanonische, 237–239, 241, 243, 244, 248, 266
  mikrokanonische, 226, 237
Zustandsvariable, 228, 230, 240, 241, 243, 244, 248, 249, 252, 268, 295
Zwangs
  ~bedingung, 108, 127, 139–142, 264, 270, 320
  holonome, 140
  ~kraft, 140–142
zwischenmolekulare Wechselwirkung *siehe* Wechselwirkung, zwischenmolekulare

The manufacturer's authorised representative in the EU is Springer Nature Customer Service Centre GmbH, Europaplatz 3, 69115 Heidelberg, Germany. If you have any concerns regarding our products, please contact ProductSafety@springernature.com

Printed and bound by CPI Group (UK) Ltd, Croydon, CR0 4YY

26/03/2026

02078972-0004